# 天空的王者

## 如是观鸟集 猛禽卷

沈荣 / 著

张湘坤 / 绘　赵俊　岳汝华 / 等摄

封面摄影 / 丁传江　顾问 / 唐景文

吉林人民出版社

出 品 人：常　宏
选题策划：吴文阁
责任编辑：刘子莹
装帧设计：昌信图文

### 图书在版编目（CIP）数据

如是观鸟集 / 沈荣著. -- 长春：吉林人民出版社，
2025.4. -- ISBN 978-7-206-21927-6

Ⅰ . Q959.7-49

中国国家版本馆 CIP 数据核字第 2025JN4933 号

### 如是观鸟集：天空的王者
RU SHI GUAN NIAO JI：TIANKONG DE WANGZHE

著　　者：沈　荣
出版发行：吉林人民出版社（长春市人民大街 7548 号　邮政编码：130022）
咨询电话：0431-85378007
印　　刷：吉林省吉广国际广告股份有限公司
开　　本：889mm×1194mm　　　　　　1/16
印　　张：8　　　　　　　　　　字　　数：200 千字
标准书号：ISBN 978-7-206-21927-6
版　　次：2025 年 7 月第 1 版　　　印　　次：2025 年 7 月第 1 次印刷
定　　价：258.00 元（全三册）

如发现印装质量问题，影响阅读，请与出版社联系调换。

# 前　言

　　2016年，我们在松花江畔的长白岛上，拍摄了一部关于护鸟人的纪录片。一个春日的傍晚，夕阳西下，在岛上巨大的球形鸟笼前，一个小女孩坐在婴儿车里，她一边挥着胖胖的小手，一边喃喃地对着鸟笼里被救护的鸳鸯，说着"拜拜、拜拜"。

　　那可爱的小模样，每每想来总是让我内心温暖。多么希望，当我们大手牵小手，在江边看各种各样的水鸟时，不要只会告诉孩子，那是"鸭子"；多么希望，我们的孩子不是从超市的冰柜中，认识褪掉毛的鸡和鸭的模样。或许这才是我写《如是观鸟集》的初衷吧。如果有某一个孩子受到此书的启发，开始热爱鸟类，甚而把博物学当作未来的事业，那岂不是更好！

　　在我很小的时候，有两个记忆是关于鸟的。一个记忆是在北山庙会上看到的小鸟算卦，小鸟会用喙拉开小抽屉，从里面抽出卦签给它的主人，引来围观者惊叹！现在看来，能算卦的小鸟有很多种，尤以杂色山雀最常见。不同鸟类有不同的学习能力、逻辑能力和认知能力，鸟类的智慧超出人类想象，这一点深深令人着迷。另一个记忆是跟着大表哥去山上粘鸟，山坳里的雪厚厚的，没过膝盖，大表哥立了一张网，然后不知道他跑去哪里轰鸟，不一会儿一群鸟就飞了过来，有些就粘在了网上。鸟扑棱扑棱的，我不敢上前，也不知道大表哥后来拿那些鸟怎么着了，大表哥耍枪弄棒，养狗追猫，那些鸟的命运可想而知。"但即使这样，"吉林市野生动物保护协会的唐景文老师说，"20世纪七八十年代的野生鸟类数量，也比现在多很多！"

　　唐景文老师和我们纪录片的摄像，也是鸟类摄影师的丁传江老师，是引领我观鸟、护鸟的前辈。他们的鸟类知识和观鸟的实践经验十分丰富，唐老师还会用口技学鸟鸣诱鸟，跟他们走入山林，你会发现自己的视听范围被拓宽，自己感受的世界也因为飞鸟而丰富起来。

　　远古时代，我们的先人参天法地，观物取象，观鸟兽纹羽，创造了八卦，汲取到了天地的化育。在甲骨文中，"觀"字左边就是一只睁着圆圆眼睛的猫头鹰站在树上回头看的样子。显然，古人早就知晓了猫头鹰有着非凡的视力，由观鸟进而如鸟样观，因此观和看不同，祖先赋予了"观"字更广泛的内涵。

　　至于现代"观鸟"这一名称和技术，是在19世纪90年代，英国鸟类学家埃蒙德·塞卢斯，在其著作《观鸟》中提出来的。他主张：放下猎枪，拿起望远镜。他以科学研究为目的，燃起了在自然生境中观察鸟类的热情，却令博物馆派的鸟类学家陷入了危机。在那个年代，观鸟人并非主流。他宣扬：明日的动物学家应该是携带望远镜和笔记本，步出户外，随时准备记录下自己的观察与思考，而不是单纯地对着僵硬的标本做分类。这个观点在今天看来如此平常，在当时却是突破性的，这引来一些专业人士的嫉恨，也彻底改变了鸟类学。可以说，塞卢斯发起了野外鸟类学研究，启迪了后人，成为鸟类学史上极其重要的先驱人物。

　　现如今，全球观鸟的人超过百万。观鸟人来到野外，不仅使用望远镜，还依靠更先进的光学影像设备，记录鸟类各种各样的行为，令观鸟与研究鸟类成为更有趣的事情。我就是通过摄像机的取景器，近距离地看到鸟的千姿百态，才萌生对观鸟的热爱的。

　　每个观鸟人都有自己生命中的"第一只鸟"。虽然冬季的松花江边，有着几千只迁徙而来的水鸟栖息，我的"第一只鸟"却是旅鸟黑翅长脚鹬。当我看到这只穿着"红靴子"，"踩着高跷"的鸟时，它曼

妙的身姿深深地吸引了我，打破了我对水鸟的刻板印象。2022年冬天，我在广西养病的时候，特意去了上林东红湿地，那里曾是黑翅长脚鹬的栖息地。可惜，当我们到达的时候，群山环绕之地，裸露着干燥的土地。夕阳透过古老的渡槽心形的桥拱，散发出爱的气息，而我们却没看到任何一对水鸟家庭在这里生活的痕迹。

鸟类正经历着史无前例的演化巨变，那些数百万年来栖息的土地，迁徙时停留的补给区，繁殖时有着富庶食物的家园，慢慢被人类开发为农田、城市和郊区。气候的变化、河道的更改、有毒的农药、食物的匮乏，诸多因素在改变着鸟类的觅食、繁殖和迁徙。只有了解鸟类——我们长着羽毛和翅膀的朋友，了解它们的习性，了解它们的栖息地，了解它们和我们人类千丝万缕的关系，才能更好地爱护它们。

人类和鸟类一样，都是内嵌在自然之中的。虽然人类自古以来就开始了对鸟类的观察与研究，鸟类学的著作也浩如烟海，但鸟类的行为与智慧还是有很多未解之谜。在众多的书籍资料中，甄别良莠，用自己的经验去理解、消化，并非一件容易的事。我和鸟类真正相遇时，已经错过了我记忆力最好的年纪，但是好奇心丝毫没有减退，因为生活阅历的积累，好奇心反倒成为最大的动力，让我在观鸟、识鸟的过程中，体会到无穷的乐趣。我已原谅自己没有"好记性"这个事实，并用无限的感受力和同理心去提升认识、记忆一门学问的能力。因此，可以说这套书也是我的观鸟心得和读书笔记！所选鸟类，取自吉林省鸟类名录，这在动物地理分界中属于古北界。在古北界的鸟类中，候鸟比例很大，水禽和世界广布种比例也比较大，而攀禽等种类较少；食虫鸟类比例大，以果实等为食的种类比较少。

现在，观鸟成为我的日常爱好。在我家的后花园里，常常光顾的是喜鹊和麻雀，偶尔停留的是伯劳、普通鵟和几种鸲与鸫类的小鸟。我的书桌上就放着望远镜，随时可以观察来造访的朋友。葡萄、桑葚归喜鹊，紫苏和各种花的种子归麻雀。每年早春，我都会给小池塘里早早注水，麻雀就会在对面小学校园的屋顶上安家，开启忙碌的繁育季。尽管我非常期待麻雀可以为我消灭藤本月季上的蚜虫，但我也会在磨石上，留下小米、果仁、煎饼等食物，看着鸟妈妈喂食自己的宝宝，实在是件开心的事。整个春夏的早晨，鸟语花香，我们在屋内，麻雀在门外，大家一起"干饭"。我也投喂流浪猫，它们相安无事，因为流浪猫总是在午后慢悠悠地来，恰好和麻雀错开"干饭"的时间。雨季过后，草木疯长，各种飞蝶、昆虫悠然而往。我不会给生虫的果树喷农药，以保证昆虫和飞鸟有一个安全的环境。这小小的生境，也是一个浓缩了自然的生态系统。我由学习观鸟，到对植物感兴趣，再到学习查地图、设计观鸟路线……最深的感受就是，观鸟人学习的构架应相当广阔，从观察到描述，再到怎样看待整个自然界，甚至会影响每个人世界观的建立。因此，对我来说，观鸟之路，刚刚开始。

感谢此套丛书的总编吴文阁先生和编辑刘子莹女士对我的信任与鼓励，感谢诸多鸟类摄影师无私的帮助。还要特别感谢我的先生张湘坤，不仅在我生病手术期间，照顾我的生活起居，让我安心创作，还为此套丛书缺失的图片手绘鸟类插图，记录下我们有羽毛的朋友独特的生命故事，并使之能以艺术的姿态呈现。

沈 荣<br>2023年10月25日

# 目 录

## 鹰形目

### 鹗科    2

鹗

- 真正的鱼鹰
- 四处被扁的猛禽

### 鹰科    4

凤头蜂鹰 / 黑鸢 / 玉带海雕 / 白尾海雕 / 虎头海雕 / 秃鹫 / 蛇雕 / 白头鹞 / 白腹鹞 / 白尾鹞 / 鹊鹞 / 凤头鹰 / 赤腹鹰 / 日本松雀鹰 / 雀鹰 / 苍鹰 / 灰脸鹭鹰 / 普通鵟 / 大鵟 / 毛脚鵟 / 乌雕 / 草原雕 / 白肩雕 / 金雕 / 鹰雕

- 最凶的猛禽在这里
- 与蜂共舞的猛禽
- 鸢飞杳杳青云里
- 顶级捕食者
- 玉带海雕的厄运
- 鹰来了
- 禽戏冬江
- 人类的生活是否影响鸟类
- 空中的"猛虎"
- "座山雕"什么时候会举白旗
- 饮鸩止渴的鸩是蛇雕吗？
- "马戏团"之家
- 高空抛物
- 鹞子翻身
- 空中艺术家
- 猛禽怎么会做"伪娘"
- 低空猎手——白尾鹞
- 老鹰吃小鸡
- 湿地杀手——白腹鹞
- 别说我像喜鹊
- 丛林刺客
- 鸽子鹰会吃鸽子吗？
- 猛禽中的"小清新"
- 森林中的夺命太岁
- 最大的鹰和最小的鹰比较
- 带着人类的梦想翱翔
- 关爱后代是猛禽处于食物链顶端的原因之一
- 普通鵟不普通
- 大鵟不能狂
- 空中雪白豹
- 此花雕真是花
- 草原"大胃王"
- 帝王之雕
- 猛禽之王
- 山林霸主
- 几种日行性大雕的比较
- 假如猛禽遇见喜鹊

## 隼形目

### 隼科    46

红隼 / 红脚隼 / 黄爪隼 / 灰背隼 / 燕隼 / 猎隼 / 矛隼 / 游隼

- 鹰和隼的不同
- 头上三尺有猎手
- 世界上迁徙最远的猛禽
- 穿黄马甲的隼
- 隼中骑士
- 像雨燕的隼
- 几种小型隼的区别
- 几种大型隼的区别
- 隼中的战机
- 神俊海东青
- 游荡四海的豪情

## 鸮形目

### 鸱鸮科    62

红角鸮 / 雕鸮 / 长耳鸮 / 灰林鸮 / 雪鸮 / 日本鹰鸮 / 短耳鸮 / 纵纹腹小鸮 / 毛腿雕鸮 / 长尾林鸮 / 乌林鸮

- 带领结的猫头鹰
- 红角鸮棒槌鸟的传说
- 有耳朵的鸮
- 头上有角就称王
- 耳羽警示标
- 收集声音捕猎
- 为什么我们会耳聋
- 脸大吃得开
- 脸形写着"爱你哟"
- 眼睛也好使

- 还会"歪头杀"
- "迷彩服"的重要
- 无声飞行
- 扇子一样的翅膀
- 天生玄鸟
- 袖珍杀手
- 迷信也是一种保护
- 还记得海德薇吗

- 为什么受伤的总是你
- 睁一只眼闭一只眼
- 吃个老鼠还得吐皮
- 超级大长腿
- 废墟之母
- 密涅瓦的猫头鹰
- 一夫一妻制的猫头鹰
- 小鬼当家

- 不孝之名
- 白桦林中的精灵

- 猛禽中的隐者

**观鸟之旅** 89

**观鸟笔记** 116

**参考文献** 122

# 鹰形目

# 鹗科

## 真正的鱼鹰

鹗是猛禽中的特殊种类,在鹰形目中独立一科,一种。鹗是猛禽中专属捕食鱼的种类,也是真正的鱼鹰,还是世界上唯一可以全身没入水中抓鱼的猛禽。头部白色,喙黑色,头顶具有黑褐色的纵纹,枕部的羽毛稍微呈披针形延长,形成一个短的羽冠。贯眼黑纹一直延伸到颈部,腹部为白色,上胸有黄褐色粗纹形成胸带;当正常飞行时,鹗的翅膀显得窄而长,腕掌骨处形成尖角;尾羽上相间排列的横斑极为醒目,比较容易识别。外趾能反转,使四趾"三前一后"的常态变成"两前两后",并有刺突,可以牢牢抓住黏滑的鱼体;虽然不会游泳,但是羽毛亮滑不沾水。

鹗最擅长捕鱼,在突然下降前,悬停于湖面上,翅膀会半收拢向水中扎去,入水的刹那,两腿伸向头前,两翅向后呈一条直线冲入水中,水面上只看见翅膀的端部,然后两翅在水中缓慢扇动,翅膀露出水面越来越长,最后突然腾空而起带着鱼飞向空中,鱼头朝前,鹗如同骑在鱼身上,异常精彩。鹗在捕到鱼后会努力将鱼拉离水面,这样一来,鱼的挣扎就会减少很多,无论捕猎成功与否,鹗盘旋一周后,都会有一个抖动的动作,通过抖动将身上的水抖落下来,每次抖动都会在鹗的周围形成一团水雾,在阳光照射下会形成彩虹一样的效果,中间一只鹗,周围一个彩色光环,非常美妙。如果你直视其捕猎活动,那么鹗会盘旋在你的上方,以示炫耀,这种情况我已经观察到多次。

鹗在迁徙时,栖息在水中的野鸭等水禽会被惊飞,但是,从来没有见过鹗捕食鸟类,也见不到鹗有想要攻击其他鸟类的意图。分析认为,水鸟惧怕鹗,那是因为鹗具有猛禽的特征,远距离分不清种类,故而惊慌躲避。

通过观察发现,鹗在捕食野生鱼时,平均猎捕 4 次,可以捕到 1 条鱼;而在捕食饲养的鱼时,每捕必中,几乎达到 100%。所以,渔农非常厌恶鹗,想方设法进行驱逐和清理,这是对鹗最大的威胁。虽然鹗在全国都有分布,但是,很少见到,这就需要采取必要的保护措施,让这种神奇的鸟类很好地生存下去。

赵俊 摄

# 鹗 è

**Pandion haliaetus**
Osprey

国家二级重点保护野生动物
鹗科
鹰形目

## 四处被扁的猛禽

古人对于神态威猛、目光锐利的鹗极为推崇，因此有"如鹗瞻视""鹰瞵鹗视"等成语。汉朝末年的著名文学家孔融写的《荐祢衡表》中用"鸷鸟累百，不如一鹗"形容祢衡的才华出众。

如果放在当今，祢衡或者孔融要是看到鹗被各种鸟类"海扁"的画面，一定尴尬至极。

鹗的"才华出众"或许不虚，鹗极其擅长捕鱼，而似乎仅此一项长处而已。又因为善于捕鱼，鹗也成为众矢之的，江河湖海都可遇见掠夺它劳动果实的鸟。丢了食物或许不算惨，最惨的是命都不保，甚至被毁得"家破人亡"。

遇到猛禽中的王者——海雕、金雕那就自不必说，被真鹰包括苍鹰和雀鹰暴打，被鸢、鹞、隼、鸮追杀，那都是家常便饭。我曾看见鹗的两爪同时抓住两条大鳕鱼，腾空跃出水面，可遇见追击者鹗没有任何抵抗之力；见过隼追击鹗的画面，鹗不肯放弃抓到的鱼，勉强躲进水中，但把隼惹急了，它吃的可不只是鱼；可气的是，连吃蜗牛的蜗鸢也动了心，来打劫鹗；也别歧视吃小鱼、小虾的栗鸢属小弟——啸鸢，它也能袭击鹗，而啸鸢的体重只有栗鸢的2/3；普通鵟是以笨重著称的，飞行技术和其他方面在鵟属倒数第一，然而鹗连这类鸟都斗不过。在猛禽中做"受气包"也就罢了，可气的是，能"海扁"鹗的名单要更长……

贼鸥，当然一听名字就不是善类，它是空中强盗，鹗自然不是它的对手；大黑背鸥也曾因击落和溺杀鹗而一举成名，成为"不是猛禽的猛禽"；鸬鹚张开大嘴打劫过鹗；鹈鹕与鹗空战，这种笨重的大鸟甚至能以己之短克鹗之所长；体重只有大黑背鸥一半的海带鸥也追杀鹗；连未成年的银鸥也能打劫鹗；黑喉潜鸟是水中的捕猎者，居然也抢鹗的鱼；连水禽最底层的野鸭，也暴打过鹗；在国外，毫无捕猎战绩的军舰鸟扬名立万的原因是——打劫过鹗……

鹗也不是那种被动的鸟，它也信奉"攻击就是最好的防御"原则，一直都是主动出击，因此，打不过就是真的打不过。不仅体力打不过，智力也够呛。我曾见过一个乌鸦袭击鹗巢的视频，雌鹗迎敌而上，却被乌鸦引入森林，鹗的翅膀很快就被树枝挂住，乌鸦回来，一口一口啄食鹗的幼鸟，而雌鹗又被狐狸轻松掠走……

鹗的孵卵期长达1个多月，雏鸟孵出后还需喂养1个半月才长大离巢。鹗的巢穴一旦被金雕、苍鹰与雕鸮盯上，鹗基本就可以宣布繁殖失败。苍鹰只要发现鹗巢穴中的幼鸟，那么一窝幼鸟基本上就全军覆没了。苍鹰不会直接发动进攻，而是潜伏在旁边，等到亲鸟外出捕食时，它就伺机而动，把巢中的幼鸟全部吃光，一个不留。即使鹗发现天敌偷袭，除了飞到上空分散天敌的注意力外，也没有其他方法。

遇到这些动物，鹗还能反抗，装腔作势吓唬它们，但是遇到金雕，鹗的幼鸟就只能等死了。金雕有着强壮而巨大的翅膀，宛如匕首般足以致命的利爪，在它锐利的目光之下，任何猎物都无所遁形。金雕一旦找到鹗的巢穴，就会明目张胆地飞过去。这时候，如果鹗为了救幼崽奋起抵抗，那就麻烦了。金雕就会扑向鹗，这时鹗生存的概率会很小。金雕也会一锅端，鹗一家大大小小都会被金雕收拾干净。当然，鹗一般不会与金雕对着干，只能眼睁睁看着自己的幼鸟被金雕啄死，然后被叼到树上或岩石上慢慢地撕食。

现在我们可以看清鹗的真实实力了，但叹息归叹息，鹗的生命力也确实值得钦佩，不知道为什么它食性单一、本能特化、战斗力极差，还要整天被大中型猛禽捕杀和屠窝，在这种灭门大法下却照样能将物种延续下去……而且分布极广，近乎全世界。

# 鹰科

张湘坤 绘

## 最凶的猛禽在这里

　　鹰科成员复杂，不过尽你所想，最凶猛的飞禽都在这里了。鹰科是猛禽中最大的一个科，从巨大的秃鹫到娇小的松雀鹰，除鹗和隼形目以外，涵盖所有的白昼猛禽，包括鹰、鹞、鸢、雕、鸢、兀鹫、秃鹫等都在这里。

　　鹰科仿佛一个江湖，此间猛禽大小、习性皆不相同。有最大型和最凶猛的猛禽，也有小型的猛禽。有的食腐肉，如秃鹫；有的食鸟类，如雀鹰；有的食兽类，如角雕；有的食鱼，如渔雕；有的食爬虫，如蛇雕；有的食昆虫，如蜂鹰；还有的喜欢吃出人意料的食物，如食水果的棕榈鹫和专食蜗牛的蜗鸢。

　　鹰科喙切缘具弧状垂突，翅强健宽圆而钝，善于在高空持久盘旋翱翔，初级飞羽分开。脚爪强健，是捕食动物的利器。

## 凤头蜂鹰

**fèng tóu fēng yīng**

*Pernis ptilorhynchus*
Crested Honey buzzard

国家二级重点保护野生动物
鹰科
鹰形目

### 与蜂共舞的猛禽

"捅了马蜂窝"是很多"淘气包"的共同记忆，真的捅过马蜂窝的并不多，但"捅了马蜂窝"一直以来被认为是闯了大祸。不仅小孩被告诫离马蜂窝远一点，那是要命的事，连动物也会远离马蜂窝。但是世界之大，无奇不有，有一种鸟是专门以"捅马蜂窝"为生的，那就是凤头蜂鹰。

凤头蜂鹰，是鹰科中特殊的存在，中型猛禽而稍小，它的食物以膜翅目昆虫为主，主要捕食蜜蜂、黄蜂等，头部鳞片状羽毛可以防止蜂类的攻击，多厉害的蜂类也奈何不了凤头蜂鹰的攻击，它可以撕开蜂巢，取食蜂卵和幼虫。它的上嘴弯曲度比较小，因此，人们俗称为"直嘴鹰"，虽然也捕食啮齿类和病弱鸟类，但捕食率很低。

凤头蜂鹰在猛禽中稍显弱小，主要分布在东亚地区，所以又称"东方蜂鹰"。"凤头"一般是指鸟类的冠羽，中国大部分地区看到的凤头蜂鹰的凤头或有或无，其实非常不明显，只有西南地区和东南亚地区的留鸟才有明显的冠羽。凤头蜂鹰的"蜂"是指它们的主要食物是蜂蛹和蜂巢，这是和熊类一样钟爱蜂巢的鸟，也是敢于与蜂"共舞"的猛禽。

按理说，鹰科处在食物链的顶端，无论体形大小，它们都是肉食动物，凤头蜂鹰以小型的啮齿类动物、野兔、蛇类等体形较小的动物为食。但是在进化的过程中，凤头蜂鹰独辟蹊径，发现了"无鸟问津"而又遍布森林的野蜂巢，大块的蜂巢极富营养，富含蛋白质和矿物质的蜂蛹是幼鸟重要的食物来源。于是，凤头蜂鹰进化生长出坚固、紧密的羽毛，连脸上也覆盖着鳞片状的羽毛铠甲，用以抵挡数以万计的大黄蜂和它们极富杀伤力的锋利螫针。凤头蜂鹰能轻松飞向蜂巢，再用一双利爪，撕扯下一块蜂巢瞬间飞走。一旦蜂类开启"蜂海战术"，凤头蜂鹰就采取集体狩猎的办法，轮番攻击一个蜂巢，或者采取"调虎离山"之计，一只凤头蜂鹰引开蜂群，令其他凤头蜂鹰掠食马蜂窝，这在以单独狩猎为主流的猛禽中，另辟蹊径为"合作的艺术"。

为了更好地深入蜂巢啄取蜂蛹，它们的脚趾和爪尖变得纤细，头颈部也进化得较细长，虹膜呈金黄色或橙红色，时不时放出一道金光，眼周的羽毛变成了类似鱼鳞的致密状；喙变得较平直而细长，有一点勾曲，鼻孔形状就像只留了一道缝隙。这些适应性演化，都是与凶猛的野蜂相搏之时，必不可少的防护。凤头蜂鹰这样的装备令它在与群蜂"共舞"时，犹入"无人之境"，猎取蜂巢也如探囊取物一般。

在食物的猎取上，凤头蜂鹰避免了与其他猛禽的冲突，但因为本身的弱小，还是经常被金雕等一些猛禽攻击、捕杀。为了应对这些风险，凤头蜂鹰逐渐进化出"拟态"机制，成为世界上色型最多的猛禽之一，甚至一窝孵出来的幼鸟都有不同色型。从几乎全白到几乎全黑，并具有多种中间色型。这些不同的色型，对应着其他猛禽的模样，比如，拟乌雕色型、拟白腹隼雕色型、拟蛇雕色型、拟鹰雕色型等。这些"拟态"色型目的只有一个，就是让天敌误以为是鸢、雕等其他体形相似的猛禽，而不敢下手。

每年夏季，凤头蜂鹰就会从越冬地东南亚，飞往我国东北地区、俄罗斯东部、日本北部和朝鲜半岛等地繁殖。凤头蜂鹰每窝产卵2—3枚，一般为2枚，很少1枚。雏鸟一般会在20天左右开始换毛，成长特别快。在蜂巢幼虫的营养下，一个多月的时间，雏鸟就彻底换好了羽毛，这就意味着小蜂鹰不用再依靠父母，自己可以外出觅食了。

2020年的夏天，在我家花园的一处角落里，来了一小群马蜂，它们把一个小小的巢建在蔷薇花藤后面的墙角里。我发现的时候，它们的巢已经有小孩拳头大了。它们笃定这里十分安全，在我身前身后飞进飞出的时候，也没有丝毫慌张。关键的是，我也没有慌张。我不知道它们为什么会选择在这里安家，因为它们只有穿过花园的整个休闲区，才能回到巢中，很有可能与人撞个满怀。显然，花园里的花是它们选择这里的首要原因，但为什么只有十几只？现在想来，或许它们真正的家园，就毁于一只凤头蜂鹰，于是被迫四处安顿，有一小群就选择了我家的花园。还有一种可能，在离我家不远的东面和南面，原来都是小山，由于房地产商的扩张，小山被一点点铲平，树木也被连根拔起，那两年，两只小松鼠也常常穿过空旷的学校操场，来我家院子找食物。也许，那群马蜂的家，是毁于人类的扩张。后来，那个蜂巢像我拳头那么大的时候，冬天就来了，马蜂不知去向。第二年，它们也没有回来。现在，那个空空的蜂巢就在书架上，现在又多了一丝关于凤头蜂鹰的猜想在上面。

## 黑鸢
### *Milvus migrans*
### Black Kite

国家二级重点保护野生动物
鹰科
鹰形目

张湘坤 绘

## 鸢飞杳杳青云里

  鸢，也叫黑鸢或黑耳鸢，中型猛禽偏小，但是在空中飞行时，并不显得小，通体呈黑褐色，幼鸟身上布满白色斑点。最主要的体征是尾巴呈凹尾状，这是猛禽中的特殊存在，其他猛禽为平尾、圆尾和凸尾。所以，如果在空中发现老鹰，看到尾巴形状两边长、中央短，形成角状尾形的肯定是鸢。鸢的叫声非常有魔性，穿透力很强。在影视中，出现的鹰叫声多采用鸢的叫声。鸢的食性很杂，只要是肉，什么都吃，包括鱼、老鼠、小鸟、两栖动物、尸体，甚至包括垃圾场的垃圾。饿极了也会捕食鸡、鸭等家禽，有时公鸡会将鸢打败。现在鸢的数量已经很少了，但是在迁徙时还能看到数只形成的群体。

  鸢类有长而狭的翼，分叉很深的尾，薄弱的喙，两足只适于攫取昆虫、蛙类和小型爬行动物，有时也袭击家禽，在食物短缺时也食腐。这使鸢的生活范围十分广泛，从平原地区到4千米的高山地区，几乎都有分布。这也说明了，鸢的食物来源很广泛。很多鸟因为食性单一，又不肯食用自己平时不愿意吃的食物，所以在食物比较缺乏的时候常常饿死，而鸢就能做到绝对不挑食，即使自己不愿意吃的食物也要咽下去，只有这样，才能保证自己的生命不受威胁。

  鸢有五属八种，各种鸢均善于在天上做优美的翱翔动作。鸢的翅膀和尾部狭长，飞行时，翅膀保持轻微向下的弓形，腕关节明显向前突出。同时，头部和尾部轻轻下垂，振翅时，身体会略微上扬或下降，这个特点和鹞差不多，但在其他猛禽身上很少见。

  黑鸢尾部短，呈浅叉形，翱翔时几乎观察不到尾叉。飞行时轻快掠过，不会给人留下太深印象。黑鸢翅膀很短，翅尖更宽，飞翔时"手部"有6枚明显的翼指，翅下醒目的白色斑和分叉的方形尾羽是辨认此鸟的主要特征。和赤鸢相比，黑鸢更依赖水域，羽色更深，体形更为短粗而结实。

  鸢常见于城镇、乡村附近，多在高树上筑巢，终年留居在我国各省。或许是常见的原因，鸢对于中国人来说，是伴随着我们的历史和文明一同行进的。很多小孩子，或许还没有在天空中见过真正的鸢，可是在书本上，就先知道了一种叫作纸鸢的风筝和与风筝有关的民俗。

  风筝起源于中国，古代风筝主要是模仿鸢的形状做的。风筝问世后，很快被用于测量、传递信息、飞越险阻等军事需要，至今已2000多年。相传墨翟以木头制成木鸢，研制3年而成，是人类最早的风筝起源。后来，鲁班用竹子改进墨翟的风筝材质。直至东汉期间，蔡伦改进造纸术后，坊间才开始以纸做风筝，称为"纸鸢"。唐宋时期，由于造纸业的出现，风筝改由纸糊，很快传入民间，成为人们娱乐的玩具。

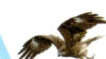

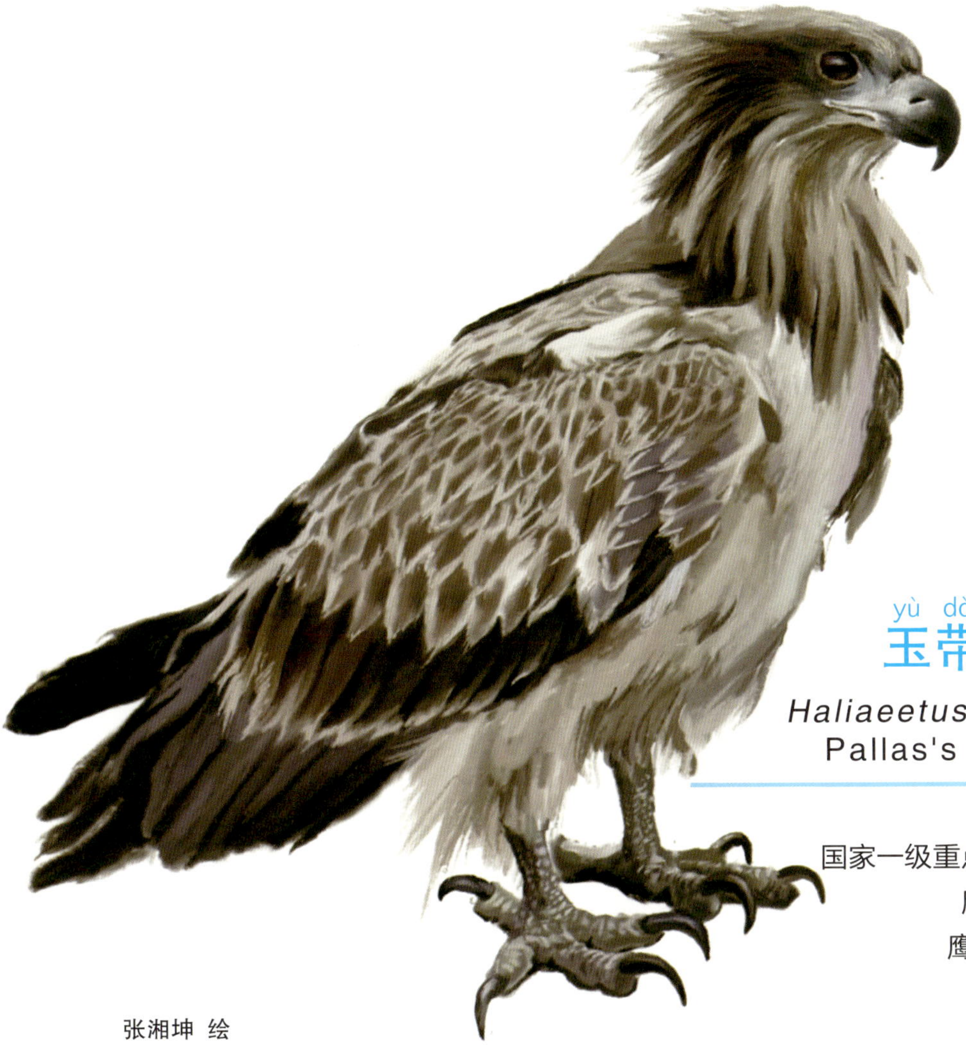

yù dài hǎi diāo
# 玉带海雕

*Haliaeetus leucoryphus*
Pallas's Fish Eagle

国家一级重点保护野生动物
鹰科
鹰形目

张湘坤 绘

## 顶级捕食者

Haliaeetus，为海雕的拉丁名，源于希腊语，就是海雕的意思，可见它是鸟类最古老的类群之一。海雕在全世界共有 8 种，分布几乎遍及全球。其中，大部分海雕尾巴是白色的，小部分海雕头是白色的。最著名的是美国的国鸟白头海雕，俗名是 BaldEagle，但其实白头海雕不是秃头，它的名字来源于“有斑纹的”（piebald）这个词，是指大块的颜色，即白色。世界上最大的雕是虎头海雕，重 5—9 千克，翼展 2.2—2.45 米，已经入选吉尼斯世界纪录。大多数海雕以鱼为食，但有时也会猎取其他动物，还不拒绝吃腐食。像军舰鸟一样，海雕也会以大欺小，抢海鸥或者鹈鹕捕获的鱼吃。此外，还有人曾看到 1 只白头海雕用喙衔着 1 根木棒捶打 1 只乌龟。

海雕一般在 5 岁时达到性成熟，一旦配对儿，便会保持同一配偶多年，甚至一生。海雕的巢穴巨大，直径超过 3 米，重量可以达到 3 吨。它们的巢可以常年使用，很多时候会延续好几代。海雕虽是顶级捕食者，但逃不过杀虫剂等污染物在体内积累的毒素影响，种群数量在大幅度减少。

# 玉带海雕的厄运

如果你看《中国药用动物志》的目录，那么一定会大吃一惊，从海里最低等的原生动物到鲸，从陆地上的小昆虫到各种哺乳动物，海里游的、路上走的，当然也包括天上飞的，不下千种都可以入药，且我们国家动物用药的历史已有3000年之久。

更让人吃惊的是，在书中玉带海雕的肉也是一种药材基源。书中文字记载，玉带海雕全年皆可捕猎，捕获后，剖腹除去内脏和羽毛，取肉鲜用。那你会想到，这味药可以用来治什么疾病吗？说来还是让人大跌眼镜，玉带海雕的药用价值是镇静、安神，主治精神疾病。

令人不可思议的是，玉带海雕数量的锐减是全球性的。曾几何时，玉带海雕的数量是很多的，并且分布范围很广。在亚洲如印度、哈萨克斯坦、缅甸、土库曼斯坦、尼泊尔等十几个国家都有原生玉带海雕生存繁衍。在欧洲如芬兰、荷兰、乌克兰之类的国家也有少量的玉带海雕活跃。我们国家曾有十几个省份以及地区都可以见到玉带海雕。可以说，它们曾是世界上繁衍状况最好的猛禽之一。因为它们的羽毛非常漂亮，并且数量多，所以并未被列为保护动物。因此，在很长一段时间内，这种美丽的猛禽曾遭到人类的大量猎杀。时至今日，我们国家的玉带海雕数量已经锐减，有些国家和地区的玉带海雕甚至已经区域性灭亡，比如，幅员辽阔的俄罗斯，如今其境内已经没有一只野生的玉带海雕了。

玉带海雕是海雕属中体形略小的猛禽，虽然喜欢捕鱼，但是也会捕食旱獭、野兔等兽类，以及雉鸡、野鸭等鸟类。它的眼睛呈绿色，看起来非常凶狠，在追捕野鸭时，会把野鸭吓得直接掉在地上。玉带海雕虽然分布很广，其数量却非常稀少，处于极度濒危状态。

玉带海雕作为大型猛禽，身材非常高大，双翅展开最多可达2.5米，几乎是成年人张开手臂后的1倍长，尤其是雄鸟的体形更大，体重最多可达4千克，体长也可以突破84厘米，杀伤力非常惊人。玉带海雕的外形和老鹰非常相似，但是它的腹部和四肢羽毛都呈黄褐色，且脑袋泛白。

玉带海雕之所以得名"玉带"，是因为它和玉带凤蝶一样，在飞行的时候能够明显看到它尾巴末端呈现一条10厘米宽的白色条纹，而且翅膀展开后，腹部和翅膀的前端连接成了一条错落的玉带状白斑。这使玉带海雕飞行的时候十分优雅悦目，只可惜此番景象并不能常见，一是因为玉带海雕稀少，二是因为那灵动的玉带只在它飞行时才可见，平时就只能看到它白色的脑袋。

玉带海雕属于海雕属，除了少数活跃在渔村附近，大多数玉带海雕并不在海上活动。不过，由于对水源的依赖，玉带海雕还是最喜欢生活在有湖泊、水塘的平原、高原上，以及有河流流经的湿地。

因此，我们可以看出玉带海雕的猎食范围很广，在它们生活的区域内，玉带海雕毫无疑问是处于食物链顶端的猎食者。它们不仅会猎杀水中的鱼类、岸边的水鸟，还会猎杀草原地带的许多啮齿类动物，比如兔子、老鼠等，连旱獭这样的大型啮齿类动物遇见了也不会放过。所以，在很多时候，牧民也要提防空中的玉带海雕，因为它们是有实力抓走羊羔的。

玉带海雕的叫声洪亮，且以聒噪的鸣叫而闻名于世，尤其是在繁殖期的时候，鸣叫得更加频繁。据说，即便是它翱翔在几千米远的高空，人们也能听到它来了。但是，玉带海雕在狩猎的时候十分安静，甚至连扇翅膀也是非常轻的。它有相当大的耐心，在狩猎草原上最爱的肥美旱獭时，它们会不惜守候一两个小时，而且纹丝不动。

然而，草原大面积灭鼠、灭虫以及玉带海雕赖以生存的大量湿地的污染和消失，加剧了玉带海雕的致危因素；加之玉带海雕会猎杀各种水鸟，而这些水鸟甚至包括天鹅、大雁等珍贵物种，所以这也给了人们猎杀玉带海雕的理由。

所幸的是，玉带海雕这种猛禽的繁育能力很强，在食物充足的年景，玉带海雕一窝最多可以产卵4枚，而且孵化期只需要5个星期左右。在野生环境中，幼鸟只需要父母抚育3个多月就可以离巢，然后成长为一个不折不扣的天空之王。

## 白尾海雕

*Haliaeetus albicilla*
White-tailed Eagle

国家一级重点保护野生动物
鹰科
鹰形目

丁传江 摄

## 鹰来了

白尾海雕是我国四种海雕之一，成鸟嘴、脚为黄色，爪黑色，后颈和胸部羽毛为较长的披针形；头、颈羽色较淡，成鸟多为暗褐色，尾巴纯白色。幼鸟和亚成体嘴是黑色的，通体黑褐两色相杂，尾巴上有白斑。雏雕在离开巢穴时，比它的父母体形还大，实际上这也比成年后的它自己大，那是因为成年后的海雕骨骼会有轻微收缩。

白尾海雕是一种大型猛禽，完全成熟的海雕体长可达1米，展开双翅可达2米多。它的视觉异常敏锐，即便翱翔于高空，也能洞察到树上、地面和水中的一切猎物。

海雕和鱼鹰一样以鱼为主食，但两者捕鱼各有其道。海雕不能像鱼鹰一样潜水，只能贴着水面飞行，用双爪插进水面捕鱼。此外，海雕的食性要广些，抓不到鱼的时候，也可以捕猎其他小动物。白尾海雕相对来说很好辨识，但有一种情况会让人困惑，那就是当白尾海雕飞到白云背景的天空中时，尾巴就会不见，变成了没有尾巴的"怪家伙"。想来这也是观鸟的乐趣所在吧！

白尾海雕非常适应寒冷的气候，在吉林市为冬候鸟，数量在5—7只，有时单只、有时成对活动。在冬天晴朗的天气里，就会见到白尾海雕在吉林市上空盘旋，气势雄伟，到4月初离去，秋末会再次来到松花江边。它每次在江边出现，都会引起人们的驻足与惊呼：鹰来了！

## 禽戏冬江

以长白岛越冬野鸭为主体的"禽戏冬江"，现在是吉林市的新八景之一，与中国四大自然景观之一的"吉林雾凇"相呼应，"冬季到凇城看野鸭"已然成为广大游客的必选项目。

北纬43.89度，东经126.58度，一个地图上找不到的地方，位于吉林市清源大桥与松江大桥之间，这里就是长白岛。高峰时有超过 20 种 5000 只水鸟在此越冬。据相关调查，吉林市松花江段的长白岛，是目前已知的我国境内最北端的大型水鸟越冬地。在这样的高纬度地区，常年有这样大规模的水禽群体越冬，在全世界范围内也是罕见的。这里堪称"中国水禽越冬的最北限"！

作为长白岛的常客，国家一级重点保护野生动物白尾海雕的每次光临，都会引起野鸭的巨大骚动。长白岛就像一个舞台，能从头至尾观赏一次"鹰来了"的戏剧，绝不会枉你在冰天雪地上驻足半日的时光。

白尾海雕大都住在下游乌拉街方向，在清澈的冬日里，白尾海雕雄赳赳、气昂昂地巡江而上，当到达长白岛时，就会引起这里的野鸭群起而攻之。数量最多的赤麻鸭会瞬间飞向天空，并围绕海雕盘旋以示驱赶，来维护领地的安全。有些勇敢的野鸭会撞击海雕，场面非常壮观。其实，赤麻鸭体形也很健硕，而且飞行敏捷，白尾海雕并不想正面冲突，只是不得不周旋，直到海雕发现水中的鱼，找准机会迅速下降，摆脱鸭群，野鸭才识趣地散开。偶有老弱病残的野鸭，撞上海雕的利爪，不幸殉难。但大多数时候，海雕的到来都使野鸭被动飞翔。白尾海雕的存在非常有利于松花江越冬水禽的种群健康，它及时把老弱病残抓走，特别是有传染性疾病的个体，这样可以防止疫病在鸭群中暴发。

其实，白尾海雕每年都在松花江上过冬，每天都会和几千只野鸭周旋，但它捕杀的野鸭屈指可数，大都是将患病者和不适者淘汰掉，绝不会赶尽杀绝，它们只是肩负着一份自己的使命。

海雕尽可能保持优雅地捕鱼，但是也有烦恼。因为总有游手好闲的灰喜鹊飞来，雀跃着在海雕的身前、身后，偷食残羹剩饭，让海雕不能清静进食。白尾海雕是一种和善的大雕，我曾经观察到它抓住一条鱼，喜鹊看到后，为了能吃上几口，竟然从后面进入白尾海雕的两腿之间进行抢食，虽然白尾海雕很反感，但是并没有伤害喜鹊。我经常看到这两只喜鹊尾随白尾海雕飞行，更甚的是，喜鹊缺少耐久的飞翔能力，飞累了竟然站在白尾海雕的肩膀上休息，白尾海雕还是宽容了它们。这个珍贵镜头被记者拍到并发表在《江城日报》上。白尾海雕远没有金雕善斗，松花江上来了一只金雕，金雕由东向西，白尾海雕由西向东，本来相安无事，但是，金雕直接攻击白尾海雕，两只大雕来了一场空战，两个回合后，金雕看着占不到便宜，便离去了。但这一切，对于在江岸上观望、拍摄的人们来说，都是一乐。每次人们都会因为看到一场完美的表演而心满意足。海雕的到来，不仅可以惊起野鸭群在空中壮观地飞舞，其本身巨大的体形、优雅的姿态也备受人们喜爱。

丁传江　摄

丁传江 摄

## 人类的生活是否影响鸟类

  动物和动物之间在生存上是相互联系的，假如你在鹰或者雕栖息的树附近，是很容易遇到响尾蛇的。因为从鹰巢上漏下来的食物残渣常常会吸引来很多小动物，而响尾蛇就是以这些小动物为食的。

  或许人类，尤其是在都市生活的人类，并不觉得鸟类和人类有什么关系。人类不知道自己会影响鸟类，他们一定会认为，人们与鸟类是平行生活在同一时间和空间的两种生物。

  当我读到美国自然主义作家艾温·威·蒂尔讲述的关于"标鹰人"（就是给猛禽做环志）布罗利先生的经历时，直接改变了这个想法。蒂尔和布罗利相遇时，布罗利先生正要完成人生中第九百三十二只鹰的环志，他的标鹰的爱好，给后人提供了许多关于鹰的知识，更揭示了一些前所未有的事实。

  布罗利有一个小木匣，里面是他在鹰巢里找到的东西，其中包括一个麻布袋、一只橡皮鞋、一根玉米棒、一个电灯泡、一条毛巾，还有瓶子、夹子、面包、蜡烛、糖以及各种贝壳。布罗利说白头海雕，特别是雄雕总是把许多奇奇怪怪的东西带回巢里。有一次，布罗利发现一只雌雕，在它自己的卵孵化后，又花了一个半月之久，孵化一个橡皮球；还有一次，布罗利在收工前，在一个鹰巢里找到一本《美国周刊》杂志，于是他就坐在巢沿，两旁各有一只雏雕，他读完了增刊里的一篇关于他的故乡加拿大的文章。

  当然，海雕的好奇，不仅能带回有趣的东西，也能带回危险，人类生活的险恶对于它们来说，还远远陌生着。布罗利在很多巢穴中发现鱼饵连带鱼线，这一定是海雕抓回鱼时一起带回来的，也可能它被颜色鲜艳的鱼饵吸引了。可是，这对于雏雕来说是危险的。布罗利曾在一只雏鹰的腿上取出过一个鱼钩，避免了幼鸟变成残疾。

  所以，千万不要再以为我们的生活不会影响其他生物，当我们生产制造大量的垃圾并随意抛弃时，一定要想一想，这些会不会对其他动物造成伤害。

## 虎头海雕

hǔ tóu hǎi diāo

*Haliaeetus pelagicus*
Steller's Sea Eagle

国家一级重点保护野生动物
鹰科
鹰形目

张湘坤 绘

# 空中的"猛虎"

在世界十大猛禽的排行榜里，不论怎么排，虎头海雕都会榜上有名。它是"海雕属"中最大型的成员，也是地球上平均最重的鹰，平均体重约为6.8千克，最重可达12.7千克；体长近1米，翼展最长可达2.6米。凭借双翅强大的飞行能力和爪子提供的攻击力，以及猛禽中最大的钩状鸟喙，虎头海雕成为当之无愧的王者，海陆空"通吃"。

之所以被称为"虎头海雕"，是因为它头部浅灰色的纵纹，看似虎斑，它们的叫声深沉而嘶哑，更容易让人联想起猛虎的狂啸。从外形上看，虎头海雕更像一位时尚教主，明黄色大嘴巴，披着带白色肩章的斗篷，接近黑色的体羽、白色的尾翼，穿着黄色靴子、白色长筒袜，还留着擦着黑色指甲油的长爪子。它展开双翼翱翔，偌大的天空舞台，使其他猛禽都黯然失色。

大马哈鱼是虎头海雕最喜欢的食物，它们会在距离水面6米左右的高度盘旋勘察，一旦发现目标就会俯冲而下，一击致命。像鲑鱼、大马哈鱼等鱼类，经常会丧生在虎头海雕的手中。它们大概一辈子也不会想到，空中之旅将会带它们走向一段不归之路。虎头海雕的巨爪如钩，而且爪子上凹凸不平，无论抓到什么鱼，都不会让它逃掉。曾有人做过比较，金雕和虎头海雕哪个更厉害，就以它们谁能轻松"叩开"大马哈鱼甲胄一样的外皮为测试标准，结果金雕败给了虎头海雕。这也难怪，作为全球最大的老鹰，金雕的大小只是它的1/3而已。

除了水中的猎物外，陆地上的许多啮齿类动物以及各种中等体形的哺乳动物，甚至狐狸也都是虎头海雕的猎杀对象。由于没有水面的掩护，这些暴露在陆地上的猎物在虎头海雕的眼皮底下逃生的概率更低。

如果水中、陆地上的猎物都无法满足这个空中霸王的话，那么天上飞的各种鸟类也会沦为虎头海雕攻击的对象。整个夏天，老鹰都在海岛狩猎，飞翔在上升气流中，它们在悬崖上巡逻，寻找三趾鸥群。在纪录片《蓝色星球》里，虎头海雕冲进三趾鸥群中，引起海鸥极度恐慌，混乱中，虎头海雕轻松捕获了一只三趾鸥。很多时候，各种大雁、野鸭以及珍贵的天鹅等，都会在空中遭到虎头海雕的袭击。

有数据显示，目前虎头海雕的全球数量在6000只左右，每年会有2000只飞到北海道越冬。

冬天的北海道不仅有皑皑白雪，还有鹤舞雕飞，宛如仙境。这里也是世界上拍摄飞禽的最佳地点之一。

虎头海雕作为冰雪海域的统治者，金黄硕大的喙仿佛王冠，它的两肩、两腿和尾翼皆为白色，仿佛被白雪覆盖，威武而具王者之风。在旭日映照下，大雕时而凌空起落翻飞扑打，时而盘踞觊觎寻觅时机，凌厉的眼神透露出傲慢和威严，巨大的喙和强有力的爪在白雪之上，看着就让人不寒而栗。

都说"鸟为食亡"，这句话用在虎头海雕身上正合适。冬天群居的虎头海雕之间就经常会为了一条鱼"大打出手"，在食物紧缺时，它们甚至会直接从其他动物嘴里抢食。未成年的虎头海雕一定要让成年的虎头海雕先吃，有挑衅者也多半不会成功，而当两只成年的虎头海雕打得不可开交时，得渔翁之利的常常是未成年海雕。

虎头海雕在幼鸟期，有诸多天敌，如猛禽、貂、猫科动物、熊等。虎头海雕从成功孵化到成年期，成活率只有50%左右。每巢产卵1—3枚，通常2枚，孵化期为50天左右。不管食物有多充足，雏雕都需要足够长的时间才能长大。通常只有1只幼鸟能存活到成年，繁殖率很低。在4—5岁时，幼雕才正式踏入性成熟的阶段。到了8—10岁时，小虎头海雕才正式长出成鸟的羽毛，而这是虎头海雕正式踏入成鸟的阶段。一旦完全长成，虎头海雕就没有天敌了。

作为一种大型猛禽，虎头海雕的寿命非常长，只要没有意外，大多数的虎头海雕都可以活25年左右。一夫一妻制更是很大程度地限制了虎头海雕的繁衍，因为一旦有一方丧生，另一方也等于走到了生命的尽头……

在中国，虎头海雕是国家一级重点保护野生动物。随着环境的变迁，尤其是工业污染的影响，在鸟纲家族里面，猛禽的日子不怎么好过，大部分都属于濒危物种。

赵俊 摄

## "座山雕"什么时候会举白旗

### 秃鹫
tū jiù

*Aegypius monachus*
Cinereous Vulture

国家一级重点保护野生动物
鹰科
鹰形目

飞翔的秃鹫，有着宽大的翅膀，就像左右平行的黑色"遮阳板"。秃鹫，人称"座山雕"，是我国境内最大的猛禽，也是目前世界上飞得最高的鸟之一，飞行高度可达万米以上。不过，秃鹫的形象的确不招人喜爱，那是你没有跟它交往过。它是一种极其重感情的鸟类，如果你跟它交往一段时间，你会深深地爱上它，它很快就会听懂简单的人语，聪明得不亚于一条小狗。

不要以为它只吃腐肉而没有战斗力，其实，它的猎捕能力很强，可以直接猎杀成年梅花鹿，可以直接抢走金雕的猎物，还可以抢夺白尾海雕和虎头海雕的食物，如此厉害主要是因为它的嘴，两侧嘴缘非常锋利，虽然主要是用来对付大型猎物坚韧皮肤的，但对付竞争对手绝对是最有效的武器。

"凡是存在的皆是合理的"，大自然中一物降一物，无论是鸟还是人，都不可以以貌取人。因为正是这种外貌不太可爱的鸟在高原上"清理尸体"，才使我们的地球得以呼吸。

腐烂的肉中含有大量的细菌和病毒，是什么超能力让其他动物望而却步的腐肉，成为秃鹫的饕餮大餐？科学家已经找到答案。首先，秃鹫有着强大的免疫系统，进化出抵抗这些致命病毒、细菌的抗体，这样先消灭对自己有害的细菌和病毒，同时过滤出对自己有益的细菌。留下来的细菌，就迅速在秃鹫的肠道里繁殖，把秃鹫吞进肚里的复杂食物分解掉，并转化成秃鹫需要的营养物质。其次，秃鹫有一个强大的胃，胃酸的酸性比人类胃酸高约10倍，能有效消灭大量摄入的致病细菌，使其对腐肉中的病原体具有极强的抵抗力；而且，秃鹫的食量惊人，1分钟能吞下大约1千克肉，一群秃鹫在很短时间内就能将1头牛吃得精光。

秃鹫除了吃腐肉外，也会主动进攻捕猎一些小动物。秃鹫与很多肉食动物一样，都是单独行动，在捕获猎物后，一旦确认周围没有危险，就会立刻扑到猎物的尸体上，狼吞虎咽地进食，脖子和脑袋都会变成红色，这是在告诫自己的同伴或其他鸟类不要轻易靠近。但是，强中自有强中手，当另一只强大的秃鹫来争夺猎物时，这只秃鹫无力反抗，只好把自己脖子的颜色变为白色，仿佛举起了白旗。秃鹫失败后并不会做出过分的举动，只是慢慢地恢复正常的体色，所谓大丈夫能屈能伸，好汉不吃眼前亏，举个白旗算什么？留得青山在，不怕没柴烧！

# 蛇雕
## shé diāo

*Spilornis cheela*
Crested Serpent Eagle

国家二级重点保护野生动物
鹰科
鹰形目

张湘坤　绘

## 饮鸩止渴的鸩是蛇雕吗？

　　Spilos 是希腊语，指斑点；ornis 指鸟类。蛇雕的学名反映出这种鸟的身体具有斑点。的确，蛇雕看起来像穿着一件缀着白点的长衫。它枕部的黑色羽冠也有白色横斑，而且呈扇形展开。

　　蛇雕以蛇为食，不过它们也吃蜥蜴、蛙、鼠类、鸟类和甲壳动物等。蛇雕的体形不算大，便于它们栖居于林地边缘和深山密林中。蛇雕可以在树干上行走，搜寻猎物。对于有毒的猎物，蛇雕必须出其不意、攻其不备，迅速而有力。相比于其他老鹰，蛇雕的翅膀比较短，尾巴比较长，这可以使蛇雕在茂密的林地里灵活地飞翔；长长的利爪，可以一下将蛇牢牢地钉在地上。其实，蛇是一种难以捕捉的动物，由于身体细长、滑溜，很不容易抓牢，而且当抓住一部分后，蛇体的其他部分会反过来卷缠，其巨大的缠力，往往使冒险者窒息而死。如果是毒蛇，还有一副难以抵御的毒牙，就更使很多进攻者望而却步，因此，专门以蛇为食的动物并不多见。

　　当然，蛇雕在进化的过程中是有备而来的。它的跗跖上覆盖着坚硬的鳞片，像一片片小盾牌紧密地连接在一起，不怕蛇的毒牙；身体上长着宽大的翅膀和丰厚的羽毛，像盾牌一样也能阻挡蛇的进攻；它的脚趾粗而短，能有力地抓住蛇滑溜的身体，使其难以逃脱。所以，当蛇被擒获之后，很难对蛇雕进行反击，这就是蛇雕能成为捕蛇能手的主要原因。

　　当蛇雕抓住蛇后，首先要处理的是蛇的头部。蛇雕的喙长而向下弯曲，喙尖如钩，如同一柄刺穿蛇体的匕首。蛇雕几下就将蛇斩首，吞进肚里。蛇雕的颚肌非常强大，可以将蛇的头部挤压成"肉酱"，如果是体形小一些的蛇，蛇雕就会直接将蛇整条吞下。有时失去头的蛇，仍然有力量反抗，可是进入蛇腹之后，无论怎么反抗，最后都会成为蛇雕的果腹之物！

　　如果在哺乳期，蛇雕就会将蛇的一段尾巴留在嘴的外边，以便回到巢中后，让配偶和雏鸟叼住这段尾巴，然后将整个蛇的身体拉出来吃掉。蛇雕的繁殖能力虽然比较弱，但是雄性蛇雕普遍对雌性蛇雕非常照顾，并且对后代也会尽最大的哺育责任，所以整个蛇雕家族还是比较繁荣昌盛的。即便到了今天，世界上也有多达 21 种不同的蛇雕亚种，它们的身影几乎遍布了亚洲所有物产丰盛的地区。它们也被很多网友戏称为"鸟中平头哥"，毕竟像平头哥那样吃"辣条"的都不简单。

　　在中国有一个成语叫作"饮鸩止渴"，出自《后汉书·霍谞传》，意思是喝毒酒解渴，比喻用错误的办法解决眼前的困难而不顾严重后果。饮鸩止渴中的鸩，是传说中的毒鸟，用它的羽毛浸的酒喝了能毒死人。最早在《山海经》中记载："鸩大如雕，紫绿色，长颈赤喙，食蝮蛇之头，雄名运日，雌名阴谐也。"古人认为，"鸩"这种鸟像雕，爱吃毒蛇的头，所以它自己也变得很毒，《左传》《史记》都有关于鸩的记载。屈原的《离骚》、李时珍的《本草纲目》中都有提到，那么鸩究竟是哪一种鸟呢？

　　很多人愿意相信蛇雕就是"鸩"，不过真正有毒性的鸟，诸如蓝顶鹛鸫（Ifrita kowaldi）、非洲距翅雁（Plectropterus gambensis）和欧洲鹌鹑（Coturnix coturnix）分属于不同的属，且都不属于林鸦鹟属。或许，人们愿意以这种方式保护蛇雕，毕竟能消灭毒蛇的鸟是珍贵的。

## bái tóu yào
# 白头鹞

*Circus aeruginosus*
Western Marsh Harrier

国家二级重点保护野生动物

鹰科

鹰形目

张湘坤 绘

17 / 鹰形目　如是观鸟集 **天空的王者**　猛禽卷

## 白腹鹞
bái fù yào

*Circus spilonotus*
Eastern Marsh Harrier

国家二级重点保护野生动物

鹰科

鹰形目

赵俊 摄

## 白尾鹞
### bái wěi yào

*Circus cyaneus*
Hen harrier

国家二级重点保护野生动物
鹰科
鹰形目

### "马戏团"之家

卡尔·林奈给鹞鹰起学名的时候，用了 Circus 这个词，意思是"马戏团"。想来，他一定是被鹞鹰在空中的旋转翻飞迷住了，才给了鹞鹰这样一个引人入胜的名字。白头鹞、白腹鹞、白尾鹞是这个"马戏团"的明星。它们不像有的猛禽那样，站在高处寻找猎物，它们占据了其他猛禽无法占据的生态位，那就是广阔的草原、湿地，它们的体重相对较轻，翅膀宽大，可以长期滞空，而不需要休息，很少看到它们停落，见到的多在空中缓慢飞行。它们更像侦察机，在空中盘旋来寻找猎物。跗跖细长，便于在草地和湿地抓捕猎物。鹞鹰仿佛天生的杂技演员，它们在求偶时，寻找猎物时，甚至在捕获猎物后，都会玩一段杂技表演。

### 高空抛物

有一个节目是观鸟人和鸟类摄影师都喜欢的，那就是"高空抛物"。白尾鹞雄鸟在捕获猎物后，会准确地计算和雌鸟的飞行距离，然后停留在雌鸟的上方，它要在空中将猎物抛给自己的伴侣，后者接住猎物后再返回鸟巢，给小鸟喂食。这些猎物包括小鸡、老鼠、鼹鼠和青蛙等。这个节目对于雌鸟来说是个考验，因为它要在恰当的时机，翻转身体，半侧着停悬在空中，伸出两爪，等待自己的"先生"抛下猎物，然后顺势接住，再翻身飞走。当然也有失手的时候，每当抛接动作失误时，双方便会发出失望的叫声。有时为了提高抛接的成功率，两只鸟儿会飞得很近，这样雌鸟便能轻松接住雄鸟抛来的猎物。它们看起来是天生的杂技艺术家，因为这行为显然不是后天习得的。

### 鹞子翻身

白头鹞是最大的鹞，飞行于芦苇之上寻找猎物，常常会在接近地面的时候，突然翻转身体，起到惊吓猎物的作用。中国人将这一行为起名为"鹞子翻身"，并运用到仿生武术中，在中国道教的发源地华山诞生的太极拳、太极扇等武功中，都有鹞子翻身这一招式，取的就是"鹞有钻林之巧，翻转侧翅穿天之技，束翅之法。鹞形重在挑扑二劲，身手速起速落，灵活多变，令人防不胜防"。

在华山的东峰，有一处最著名的险道叫鹞子翻身，是从东峰到下棋亭必经的一段绝壁。通道凿于上凸下凹的倒坎悬崖上，往下看，只见寒索垂于悬空，不见路径。游人

刘兆瑞 摄

至此，须面壁挽索，以脚尖探寻石窝，交替而下，其中几处须如鹞鹰一样左右翻转才得以通过，由此得名"鹞子翻身"。据说，鹞子翻身有120度，难怪从上往下望时，唯见云雾缭绕，寒索悬空，根本无路可走。这是鹞子翻身的可怕之处，你根本看不见路在何方。古人为此地取名"鹞子翻身"，显然是对鹞鹰在空中的表现观察细微。

## 空中艺术家

在表达爱意的时候，鹞鹰使盘旋飞舞更具有了艺术性。荷兰的鸟类学家多姆·塔克，描写了白头鹞的求偶舞蹈，这是雄鸟和雌鸟在决定共同筑巢之前表演的舞蹈。雄鸟向天空高处飞翔，然后全身旋转着往下掉落。它翻筋斗来回摇晃、旋转、飞翔，再翻筋斗直到地面。当雄鸟在掉落的半路上遇到雌鸟时，就把脚伸向对方，好像要把戒指送给对方似的。

不得不说，这是令人印象深刻的描述，难怪林奈给了它"马戏团"这个名字！鹞表演的动作，实际上都是纯粹的马戏技艺。只要举头望天，就可以看到一场马戏表演，而且是不收门票的，这真是件快乐的事呀！

## 猛禽怎么会做"伪娘"

白头鹞在自然界中是唯一会男扮女装的猛禽。那是因为白头鹞有很强的领域意识，当雄性入侵的时候，一场激烈的战斗便不可避免。在交配时期有一些白头鹞会男扮女装，以此来躲避争斗。它们将外表装扮成雌性，就连雌鸟的行为它们也能模仿得惟妙惟肖，这种行为必然会躲过其他雄性白头鹞的攻击。

## 低空猎手——白尾鹞

白尾鹞经常飞行在平原、湖泊、沼泽、荒野等开阔的地方，在低空鼓动两翼，长翅呈浅"V"字形，紧贴下方地面，一边飞一边搜寻猎物，一发现目标就立即悬停，然后极速降落，一个猛子扎进草丛，转眼间已经捕到猎物了。

与大多数鹰类不同，白尾鹞在田野中低空狩猎，无疑缩短了抓捕猎物的时间，也减少了体能的消耗。要想捍卫"低空猎手"的称号，一是依靠高超的飞行技巧，二是依靠敏锐的听觉定位猎物。因为对于昼行性猛禽来说，视觉是最重要的，但低空飞行限制了视角，所以白尾鹞的听觉特别好，它们有着像猫头鹰一样的面盘，面盘上羽毛形成的结构，构成了精妙的雷达，来收集声波，锁定猎物位置。所以，白尾鹞的捕食成功率比较高，"低空猎手"的名头不是白叫的。

科学家研究白尾鹞食性发现，白尾鹞喜欢在草地、山坡和湿地活动，它专门猎杀小型鸟类、鼠类、蛙、蜥蜴和大型昆虫等动物。白天活动和觅食，尤以早晨和黄昏最活跃。捕食主要在地上。常沿地面低空飞行搜寻猎物，发现猎物后便急速降到地面捕食。鼠类也是白尾鹞最常吃的食物。当它在低空中观察到田鼠踪迹时，会迅猛地降落到地面，一抓一个准，刚才还活蹦乱跳的田鼠，这会儿已经沦为白尾鹞的食物。运气好的时候，白尾鹞还能捕到野兔幼崽和肥美的鸭子、雏鸟来改善伙食。

白尾鹞幼鸟　赵俊　摄

## 老鹰吃小鸡

白头鹞对巢穴私密性的保护也与众不同，一般的猛禽总会在自己的巢穴附近进食，所以一些天敌很容易找到它们的藏身之处，并把它们消灭掉。白头鹞并不这样，它的进食方式是在哪儿逮到猎物就在哪儿吃，它的巢附近很少能看到动物的羽毛，这么做不仅会混淆天敌的判断，也给自己的生存带来安全。

白头鹞每年只孕育1次，每巢会有4—8枚卵。不过说到大自然的优胜劣汰，白头鹞还真是首屈一指，当它们的雏鸟出生后，白头鹞会喂养几天，观察它们的身体状况，如果这一窝里有发育不好的，白头鹞就会将弱小的雏鸟撕碎了给强壮的雏鸟吃。虽说这么做是为了适应大自然的残酷规律，但是从母亲的角度来看，这样未免太残酷了。更何况它不仅吃自家的孩子，其他鸟的雏鸟，还有家养的小鸡也都是它的猎物，再加上它有就地撕扯、吞食的习惯，让人不免对它的行为感到怒火中烧。

白头鹞显然让人又爱又恨，不过在鹞鹰家族，白头鹞的名声还不是最坏的，人们把最恐怖的名声给了白腹鹞。

## 湿地杀手——白腹鹞

白腹鹞又名"泽鹞"，它被鸟界喻为"湿地杀手"。春末夏初，沼泽地孕育着蓬勃的生机，那是水鸟最幸福、最忙碌的育雏时光。白腹鹞却在这时，装作若无其事地扇动着翅膀，在芦苇塘上空飞来飞去，扮演着一个极不光彩的角色。这个杀手不仅"杀戮成性"，而且非常"残忍"。繁殖期间，为了给孩子寻找食物，雄性白腹鹞每天工作长达13—15个小时，它的猎捕对象基本是灰雁、野鸭、黑水鸡等水鸟的幼鸟，它几乎每个小时都在抓幼鸟，每天至少给自己的宝宝喂养30多只水鸟幼鸟。有时为了让自己的宝宝顺利吞下猎物，白腹鹞还会将其他幼鸟的毛拔光，撕碎喂给宝宝。白腹鹞虽然凶残，却不敢对鹤和鹭的幼鸟下手，也许是因为鹤和鹭的体格强健吧，其实"弱肉强食"是自然界的生存法则。白腹鹞除了畏惧鹤和鹭外，还会经常遭到喜鹊、椋鸟、八哥的群殴。一只白腹鹞不小心踏入了喜鹊的领地，它原本想抓一只喜鹊回去喂食它的小宝宝，结果被数十只喜鹊团团围住，眼见不是喜鹊的对手，白腹鹞不得不落荒而逃。

事实上，在生态系统中，猛禽虽然个体数量较其他类群少，却处于食物链的顶层，扮演了十分重要的角色，有助于优化种群结构、维持生态系统平衡。如果一个地区有猛禽出没，就说明这里形成了较为健康完整的生态系统。

白尾鹞雌鸟 刘兆瑞 摄

## 鹊鹞 (què yào)

*Circus melanoleucos*
Pied Harrier

国家二级重点保护野生动物
鹰科
鹰形目

张湘坤 绘

## 别说我像喜鹊

鹊鹞体色比较独特，与其他鹞类不同，基本上是黑白配。外形和喜鹊有些相似，因此名为"鹊鹞"。不过说鹊鹞像喜鹊，第一个不愿意的肯定是鹊鹞，因为它绝不想沾上喜鹊的流氓气。人家鹊鹞也是独行侠，能动手时就自己动手，绝不会打群架，干讨人嫌的事。

鹊鹞的飞行速度在猛禽中比较出众，这主要得益于它独特的飞行技术，鹊鹞飞行时展开双翅，让双翅呈"V"字形，这样不仅能减少空气的阻力，还能展现自己完美的飞行姿势。鹊鹞是最接近森林的一种鹞子，总是沿着溪流和稻田缓慢地低空寻猎，主要捕食水生昆虫，在繁殖期能观察到捕食青蛙，这也是它捕食较大动物的极限，偶尔还可以捕食老弱病残的鸟类和啮齿类。近年来，鹊鹞的种群数量急剧减少，这主要是大量使用农药导致的。

鹊鹞活动的时间集中在上午和黄昏，中午是绝对不会出去的，因为它也知道那一身漆黑的外羽非常吸热，所以绝对不会在烈日下暴晒。除此之外，也是为了防止自身水分蒸发。

## fèng tóu yīng
# 凤头鹰

*Accipiter trivirgatus*
Crested Goshawk

国家二级重点保护野生动物
鹰科
鹰形目

张湘坤 绘

## 丛林刺客

鹰属鸟类都是狠角色，在森林中如同幽灵般存在，是小动物的梦魇，它们的捕猎方式如同猫科动物一样，隐蔽接近猎物，攻击速度极快，接近后突然发起攻击，一击命中，使小鸟、小兽猝不及防。它们猎取的猎物也较大，甚至超过自身体重的1倍。

凤头鹰是中型猛禽，略小于苍鹰，在中国可见的鹰类中排名第二。脑后一片冠羽是它们的标志，也是它们名字"凤头鹰"的由来。几乎所有凤头鹰的成鸟都有灰色的脸、黑色而清晰的喉中线和浅色的喉斑；上胸有棕黑色纵纹，从两胁到下腹则为均匀的锈色鳞纹，正面看是一身白褐相间的花衣裳。凤头鹰成鸟背部羽色是比较匀称的苍褐色，尾羽上有三四道宽但不是很黑的横斑，有很发达的白色"尾裙"。凤头鹰的食谱广泛，以蛙、蜥蜴、鼠类、昆虫等动物性食物为食，也吃鸟和小型哺乳动物。凤头鹰性情凶猛，在东北可以猎杀野鸭、雉鸡和鸠鸽等动物。

茂密的树林是它们最喜欢的地方。凤头鹰善隐藏且机警，常躲藏在树丛中，有时也栖于空旷处孤立的树枝上。它们会耐心寻找，等待猎物的出现，并在最合适的时机出手。

作为中型猛禽，凤头鹰却有着粗大、强健的脚爪，脚杆显得比其他鹰短一些，这也是一个特征，对识别幼鸟很重要。强健的脚爪使它们能制服比它们体形更大的鸟类，也能捕捉更强壮的啮齿类动物。这天生的大脚，是确保它们在第一次出手的时候，就能一击致命的关键。

鹰在天空中捕猎的时候，如果有失误，它们还有回转的空间和时间重新调整，甚至能在水面上矫正偏斜的角度和位置；但在坚硬的地面上捕捉猎物时，一失误就会引发致命的碰撞，尤其在面对大而重的猎物时，它们没有任何犯错的余地。在茂密的丛林中，到处是猎物抓捕失败后可以藏匿的退路。所以，它们不愿意长时间追击猎物，也不愿意猎杀距离较远的猎物。它们极其善于短距离擒拿，配合它们的大脚，在出其不意间，像刺客一样一击致命，在电光石火间就结束了战斗。

## 赤腹鹰
### chì fù yīng
*Accipiter soloensis*
Chinese Sparrowhawk

国家二级重点保护野生动物
鹰科
鹰形目

刘兆瑞 摄

# 鸽子鹰会吃鸽子吗？

**鸽子鹰会吃鸽子吗？**

我们换一个角度回答这个问题，鸽子的天敌是什么？最佳答案就是鸽子鹰。

鸽子鹰就是赤腹鹰，虽然属于小型猛禽，但最狠，速度也最快，翅膀尖而长，头至尾呈蓝灰色，外形很像鸽子，所以也叫鸽子鹰。赤腹鹰还有一个好识别的地方就是，亚成鸟虹彩是暗色的，同隼的虹彩相似，成鸟的虹彩是黄色的，脚也是橘黄色的。

赤腹鹰经常在山地森林以及林缘地带活动，喜欢开阔林地和农田地缘，村庄附近也可见。它们主要以蛙、蜥蜴等动物性食物为食，也吃小型鸟类、鼠类和昆虫；主要在地面上捕食，常站在树顶等高处，见到猎物则突然冲下捕猎。

如果说鸽子鹰和鸽子有一点相同的地方，那就是它们都是尽职尽责的父母。雌性赤腹鹰每次能够产下5枚卵，并且大小在30毫米左右。卵的颜色是淡青色，稍稍有些发白，并且上面还会有很多褐色的斑点，孵化期需要30天。在这30天里，赤腹鹰父母会每天使用新鲜的绿叶为鸟巢进行铺垫，因为对于孵化来说，湿度和温度一样重要。湿度对胚胎的发育影响与蛋内水分蒸发和胚胎物质代谢有紧密联系。在孵化过程中若湿度过低，蛋内水分会加速向外蒸发；若湿度过高，又会阻碍蛋内水分蒸发，湿度过高、过低都会破坏胚胎的正常代谢。

虽然赤腹鹰分布很广，却不常见，但因为繁育得当，赤腹鹰的种群保持着相当好的稳定水平。

# 日本松雀鹰

*Accipiter gularis*
Japanese Sparrowhawk

国家二级重点保护野生动物
鹰科
鹰形目

张湘坤 绘

# 猛禽中的"小清新"

每年的春分过后，北上的候鸟开始了自己充满希望的旅行，当它们到达北方的栖息地时，那里的春天刚刚开始。伴随候鸟一路北上的还有日本松雀鹰，它是我国最常见的小型迁徙猛禽之一，它虽然会稍晚于其他猛禽出现，但绝不会错过在东北茂密的针叶林和混交林间繁殖。日本松雀鹰主要以山雀、莺类等小型鸟类为食，也吃昆虫和蜥蜴。雌雄体形差别非常大，雌鸟要比雄鸟大得多。雄鸟一般最大可以捕杀棕鸟，而雌鸟却可以捕捉到斑鸠。日本松雀鹰在2岁后羽毛通常会由红褐色蜕变成蓝色，而且雄鸟的眼睛会变成漂亮的红色，雌鸟为黄色。

日本松雀鹰的外形和羽色很像松雀鹰，但喉部中央的黑纹较细，不像松雀鹰那样宽而粗；翅下和腋下的羽毛为白灰配，而松雀鹰的羽毛是棕黑配。体形与松雀鹰比较起来更紧凑，身体短粗，脚杆也短一些，加之颜色搭配简单，给人的印象就是"小清新"。

猛禽在进化的过程中，悄悄地分割着天空、海洋、荒野与森林，按自己喜欢的食物寻找栖息地。同时，它们喙的大小根据栖息地上一同生活的邻居而演化。虽然日本松雀鹰看起来没有鸽子大，但从它的喙就可以看出，它天生就是这些小鸟的天敌。因为体形较小，食量不大，行动敏捷，所以常被驯养来捕捉麻雀，因此野生种群受到非法猛禽交易的严重威胁。曾见驯养的日本松雀鹰每次脱离驯养人之手，只在几个展翼之间就会滑行降落，而降落后爪下必然有一只无辜的麻雀丧命。

日本松雀鹰的身体纹路多样，雌雄成幼各有不同，因此很难识别。体形有个比较与判断的办法：苍鹰的体形很大，翅展超过雀鹰1/3，更是日本松雀鹰的2倍有余。如果见到体形较小的雀鹰像鸽子一样飞近，就考虑是日本松雀鹰来了。

日本松雀鹰比其他鸟类繁殖晚一些，它的巢中总是要放一些新鲜的松针，这是其独有的特征，因此，在野外遇到巢中有松针的定是日本松雀鹰。在它繁殖的巢区附近非常安静，没有什么鸟会在这里活动，因为这里有一对"夺命太岁"哟。

日本松雀鹰攻击猎物时异常迅速，有人观察到一只日本树莺偶然飞离灌木丛，说时迟，那时快，只听到"嗖啪"的声音就被拿下了，"嗖"的声音是日本松雀鹰俯冲带出的风声，"啪"的一声是鹰爪击打在鸟身上的声音。这种速度，令小鸟防不胜防。日本松雀鹰战斗力也很强，甚至会捕猎燕子，因此，一旦进入燕子的领地，也是不受欢迎的，会受到燕群的激烈攻击。有人观察到在5月中旬日本松雀鹰迁徙季节，日本松雀鹰被燕群发现了，立即遭到攻击。这时又来了一只燕隼，一起攻击日本松雀鹰，搞得日本松雀鹰手忙脚乱，很是狼狈。但是，日本松雀鹰不怕红隼。迁徙季节，日本松雀鹰进入红隼的领地，也遭到红隼的攻击，两个回合下来红隼败北，说明日本松雀鹰战斗力还是很强的。它们的食物主要是鸟类，食量并不大，一只雄鸟每日平均捕猎麻雀大小的小鸟一只。

雀鹰
què yīng

*Accipiter nisus*
Eurasian Sparrowhawk

国家二级重点保护野生动物
鹰科
鹰形目

岳汝华 摄

## 森林中的夺命太岁

雀鹰是身形紧凑的猛禽，并且是一类隐秘的鸟，多隐藏在林间，因此它也不会有想象得那么大，最小的鹰就是雀鹰。

林奈给鹰属的鸟类拉丁名都赋予了 Accipiter 一词，意思是"取、拿、收"，并指出这是一类森林栖息和昼行性的捕食鸟类。仿佛森林就像鹰属鸟类的超市，食物随手取来即可。它们的确能做到，比如雀鹰，它就被称为"森林中的夺命太岁"。雀鹰可以在树冠层的树枝间高速穿行，非常灵活，捕猎时凌厉而迅猛，令猎物猝不及防。雀鹰可以猎杀超过自身体重2倍的猎物，以雀形目小鸟、昆虫和鼠类为食，也捕食鸽形目鸟类和榛鸡等小的鸡形目鸟类，有时还捕食野兔、蛇、昆虫幼虫，甚至会猎杀凶猛的喜鹊。

雀鹰是欧亚大陆上分布极广的一种猛禽，一般栖息在针叶林或者温带成分的阔叶林，以及针阔混交林中。在东北，山地森林中最常见的夏季繁殖猛禽就是雀鹰。

雀鹰雄鸟的体形与日本松雀鹰的雌鸟相仿，但是，尾巴较日本松雀鹰长近30毫米。雀鹰雌鸟比雄鸟大一些，可以猎杀喜鹊、鹌鹑、斑翅山鹑等猎物，因此，也见到有人将其驯化成猎鹰。雀鹰的尾巴长，转向好，攻击迅速，有人曾经观察到，一只中华攀雀在树干上吸食树液，一只雀鹰在30米处发起攻击，瞬间就捕获了中华攀雀，可见它的捕食能力之强。在城市或村庄，一旦有雀鹰进入，必然会引起家燕、灰喜鹊、喜鹊的骚动，或围攻或报警，如临大敌，这说明雀鹰是它们的天敌。

雀鹰雌雄差异较大，雄鸟一般只有雌鸟的2/3大小，有些雄鸟头部有一条显著的白色眉纹。成年雄鸟上体灰色，下体有锈红色的细横斑，红的程度因个体而异，脸颊也较多地沾红色，无喉线。成年雌鸟各亚种有一些差异，一般来说，从东北方向南下云南越冬的群体中，其雌鸟胸腹、脸颊也沾锈红；而在横断山区繁殖的群体，其雌鸟体色则略似苍鹰，但背部常有白斑，脸部不如多数苍鹰那么黑。雀鹰体形纤细，尾形长，脚杆和脚趾也明显比苍鹰、凤头鹰等的细长得多。在飞行中，其体形是一个很重要的识别特征，尤其对于毛色不典型的幼鸟更是如此。雀鹰越冬时多在林缘或者有树的开阔地上，生境不同于苍鹰，且能比苍鹰下到更低、更热的地方。

 如是观鸟集 **天空的王者** 猛禽卷 鹰形目 / 28

## cāng yīng
# 苍 鹰
### *Accipiter gentilis*
### Northern Goshawk

国家二级重点保护野生动物
鹰科
鹰形目

岳汝华 摄

## 最大的鹰和最小的鹰比较

苍鹰是鹰属中最大的猛禽，雌鸟大于雄鸟，最大体重1600克，性情凶猛，彪悍霸气，是最优秀的猎鹰。背部石板灰色，下体白色，密布横纹，眉纹白色并有黑色羽干纹。

最大的苍鹰体形明显比最小的雀鹰粗壮，胸部更宽阔，臀部更重。雀鹰的体形比苍鹰小，体形纤细，振翅更快，看起来更轻盈，且尾的基部没有苍鹰那么粗。苍鹰的尾部比雀鹰更短、更圆。

雀鹰的翅膀更宽，翅尖有5枚翼指，次级飞羽突出。雀鹰翅膀上的上臂部分短于苍鹰，但手部明显更长。雀鹰的颈部比苍鹰短。苍鹰与雀鹰相比，颈部更粗，头部更突出。苍鹰突出的次级飞羽使翅膀边缘呈S形。

苍鹰的跗跖短，雀鹰的跗跖长。雀鹰与更强壮的苍鹰相比，飞行路线不平直。苍鹰在飞行时，路线稳定，滑翔时间更长，同时振翅更慢、更浅。尽管振翅飞行的姿态有点类似于乌鸦，但苍鹰看起来明显更大，雀鹰明显比乌鸦小。

当城市周边林地被破坏时，雀鹰就经常在公园等人居住的环境中出现，而苍鹰很难在城市生活。

## 带着人类的梦想翱翔

人类从仰望天空,羡慕飞鸟的自由,到驯化猛禽按自己的意志飞翔,不知用了多长时间,且这古老的行为一直延续至今。那么,只需要一支箭或者一颗子弹就可以获得的猎物,为什么还要花时间、力气与金钱训练猎鹰呢?或许当你在西班牙观看猎鹰捕获猎物的场面,其惊心动魄甚至胜过西班牙斗牛时,你就知道答案了。

在西方有一本关于驯鹰术的权威著作,是一位帝王写的。他也被称为"世界的奇迹",他就是神圣罗马帝国皇帝、西西里和耶路撒冷的国王腓特烈二世。他以科学的态度论述了照料和训练50多只猎鹰的所有方面,因为他不仅仅搜集新品种,更重要的是繁殖、培育猛禽。他的著作为训练猛禽提供了一定的技术标准,因此影响深远。

正是因为帝王总是能拥有世界上最好的鹰隼,所以会在历史的记录中留下痕迹,还有一位西班牙的国王欧里克,就被当作西班牙第一个训练鹰猎的人。那是源于一次出行,国王放飞一只鸟,一只鹰便攻击抓获了鸟,国王龙颜大悦,于是就下令训练鹰捕获这些猎物。事实上,发明驯鹰方法并实践的绝不是国王级别的人物,他们只是沉迷于鹰隼狩猎,成了使用者。最早的鹰隼驯养术出现在中亚与小亚细亚一带是毫无疑问的,距今已有千年的历史。

在吉林市区北45千米,沿着逶迤的松花江,有一个依山傍水、风景秀丽的古老村庄,人们称为"打渔楼村",它还有个别称叫"鹰屯"。有清一代300年来,打渔楼村的满族世代以渔猎为业,也有着当时打牲乌拉最优秀的鹰猎手,并将祖先鹰猎的传统传承下来。

在鹰屯,被驯养最多的当属苍鹰,苍鹰是一种体大而强健的猛禽,具有极强的攻击性。上体为青灰色,无冠羽或喉中线,具有白色宽眉纹,成鸟下体为白色,具有粉褐色横斑,飞行时,两翼宽圆,在林地间,既能快速飞行又能翻转扭绕。而将成年的苍鹰驯化成猎人的帮手并不容易。一种熬鹰术千百年来一直在流传,那是一种通过长时间熬炼,消磨苍鹰的野性,让它们屈服于人类,并成为一种狩猎工具的办法。高傲、自由的鹰,经过一番挣扎后,最终会因悲愤、饥渴、疲劳、恐惧和无奈而屈服,成为受人摆布、逐兔叨雀的工具——狩猎完成后,猎物的肺会被作为奖励给猎鹰吃。要将野生的鹰驯化成这样一只悉通人性的猎鹰,需要付出异乎寻常的努力和耐心,人们给这个艰苦的过程起了一个恰如其分的名称——熬鹰术。

"熬鹰术"一般都会选择幼鹰,因为这时的苍鹰还不会飞,野性小,也没有独自生存的能力。熬鹰人将捕获的幼鹰带到专门的房间里,绑在粗麻绳上。同时,熬鹰人不许苍鹰休息、睡觉和进食。在熬鹰的过程中,熬鹰人必须全天候与苍鹰对视,以此让苍鹰逐渐习惯人类的气味和声音。在和苍鹰对视7天7夜的时间里,熬鹰人还会根据苍鹰的适应程度逐渐喂食,让它们对狩猎者渐渐产生依赖和信任。其中最残酷的一个过程是,为防止苍鹰膘肥懒惰,驯鹰人让它吞下裹着瘦肉片的麻线团,由于无法消化,苍鹰只好把麻线团吐出来,谓之"带轴"或"勒腰"。这样一来,苍鹰虽然变得饥肠辘辘,但肌肉依然强劲,一经展翅,便直插云霄。最后,经过一段时间的熬炼,苍鹰的野性会逐渐被消磨,开始对熬鹰人产生依赖,并习惯人类的驯养环境,这时就可以训练狩猎和飞行了。

但是,由于苍鹰桀骜不驯,永远不会真正的驯服。一旦有机会,它便会逃离人类的束缚。自古以来,由于苍鹰高强的狩猎能力,人们总是试图将其驯化,帮助猎人狩猎,只有少数个体经过驯化后,在一定的条件下,可以听从人类的召唤,绝大多数不会听从人类的召唤。

随着年龄的增加,2岁的鹰体色已经逐渐向成年鹰转化,但是,还有一些羽毛依然是雏鸟的羽毛,3岁的鹰体色已经与成年一样了,只是胸部横纹宽一些,虹彩是黄色的,已经可以参与繁殖了。4岁以上的鹰虹彩已经变成红色,胸部横纹也越来越窄,最后细得呈蠹状斑了。

苍鹰的天敌很少,主要为夜行的雕鸮、长尾林鸮,它们会趁着夜色攻击苍鹰。苍鹰也会在白天攻击猫头鹰,互有伤亡。

有人曾见到苍鹰捕获一只雉鸡,这时被金雕发现了,便立即下来抢夺食物,由于躲闪不及,苍鹰被金雕抓住了,反而将雉鸡放了。

# 灰脸𫛭鹰

*Butastur indicus*
Grey-faced Buzzard

国家二级重点保护野生动物
鹰科
鹰形目

赵俊 摄

## 关爱后代是猛禽处于食物链顶端的原因之一

　　灰脸𫛭鹰是中型偏小的猛禽，大部分为夏候鸟，极少数为留鸟。翅膀修长，喉部中央黑纹非常明显。来到占区后，灰脸𫛭鹰经常在占区上空盘旋飞行，并不时发出类似于"干啥"的叫声。整个夏天是灰脸𫛭鹰，当然也是所有鸟类最繁忙的抚育时间。东北地区的阔叶林受温暖季风的影响，降水充沛，繁茂的枝叶翻滚起绿色的喧嚣，悄悄掩盖着灰脸𫛭鹰的幼鸟在巢中发出的声响。但这些声响时刻被站在高处、离巢并不远的雌鹰关注。它们的母亲，一只雌性灰脸𫛭鹰，正站在一棵高大的冷杉树顶翘首以盼，眼睛上方的白眉格外醒目，它正一边看娃，一边等待自己的伴侣捕食归来。

　　雄性的灰脸𫛭鹰是一个称职而且勤劳的父亲，它竭尽所能捕获发现的一切食物，鼠、兔、蛇、蜥蜴、大型昆虫甚至蜈蚣、蟾蜍、五毒不惧。雄鹰在很远的地方时，雌鹰就会发现，它试图站在醒目而又方便的地方，让雄鹰能发现自己，从而顺利地完成食物交接。

　　生下来1个月左右的雏鹰食量和消化能力大得惊人，两只白色绒毛未褪的幼鸟，刚刚吞下鹰父猎捕的一条1.5米长的青蛇，鹰母又送回巢穴一条半米长的蜥蜴，即刻又进入了两只雏鹰的腹中。雌鹰是繁忙的，它要不停地喂养，同时兼顾修补巢穴的任务，雌鹰常叼起孩子吃剩的鸟类断翅飞出巢穴，吃掉残羹剩饭，顺便打扫干净巢穴。一旦鹰父长时间不交付猎食，鹰母还要在巢穴周边捕食蚂蚱、螳螂、甲虫让雏鹰充饥。雏鹰在吞食猎物时，大多是将猎物骨肉毛皮囫囵吞下，一点都不会剩下，一点都不会浪费。

　　鸟类的母性本能十分强烈，孩子几乎已经成年，但母亲还是会给它们撕裂猎物，喂进嘴里。关爱后代是它们处于食物链顶端的原因之一。

　　灰脸𫛭鹰的攻击力并不强，与其他猛禽邻居相处得比较好，很少发现相互攻击的情况。有人曾见到游隼攻击灰脸𫛭鹰，被吓得惊慌失措，狼狈逃窜。

　　在冬季，灰脸𫛭鹰主要捕食啮齿类动物，也会试图捕食鸟类，不过成功率很低。有人曾观察到它们试图捕食花尾榛鸡未果。

31 / 鹰形目　如是观鸟集 **天空的王者**　猛禽卷

普通鵟　赵俊 摄

# 普通鵟
## pǔ tōng kuáng

*Buteo japonicus*
Eastern Buzzard

国家二级重点保护野生动物
鹰科
鹰形目

## 普通鵟不普通

普通鵟生活在一个极其庞大的种群里，它们广泛分布于亚洲、非洲、美洲，因为它们非常常见，加上体形、战斗力都是中等水平，所以它们确实可以被称作"普通鵟"。

文献记载，普通鵟在我国没有繁殖记录，是冬候鸟和旅鸟。近年来，普通鵟多次发现在东北繁殖。它的生态位在林缘和林中，捕食时并不是在高空翱翔，而是在林中最低的树枝上瞭望，发现有啮齿类动物马上冲下捕食，反复此动作，直到吃饱为止。在冬天，你会发现雪地上经常有坑，两侧还有翅膀的划痕，这就是普通鵟的杰作。在严冬季节普通鵟有捕食家禽的行为，这在极度饥饿的情况下才会发生。在磐石市，一只饥饿的普通鵟突然捕食农家院子里的小鸡，将小鸡撵到篱笆处按住，农民发现后驱赶它，它也不跑，最后农民将它送到了野生动物救护部门。这只普通鵟刚送来时很是张狂，总想抓人，当递给它鸡肉时，立刻就安静了，变得非常温顺，眼睛的凶光也收了，让咋样就咋样，它好像突然明白，人还是很好的。

说它们不普通，实在是因为它们的生存之道还是比较耐人寻味的。首先，是它的体色多变，普通鵟的羽色主要受地域影响，有浅色型、棕色型、暗色型，这些色型还受年龄影响，通常年龄越大羽色越深。

其次，在性情上，和其他鹰相比，普通鵟往往是比较厌的猛禽，面对危险常常先选择逃跑。不论是面对喜鹊、乌鸦的欺负，还是体形比不上的鹫、战斗力比不上的雕、速度比不上的隼，普通鵟都会选择转身就走。谁让它颜值在鹰中只能排中等，也没有苍鹰的名望，飞起来还不如鸢那般优雅，各方面都中规中矩，但普通鵟并不狂，它用自己的方式，使种群生生不息。

普通鵟的食性非常广泛，它们除了捕食一些小型动物，也会捕蛇，捕蛇是一件很危险的事情，但是普通鵟处理起来就有些漫不经心。它用自己的利爪将蛇从中部抓起，迅速飞离地面，蛇会缠住它的双脚，它却不紧不慢地一边飞翔，一边用脚蹬着蛇的身体，一下将蛇摔到地上，然后抓起来再摔，反复几次，最终蛇就成为普通鵟的腹中餐了。

普通鵟活得好的原因还有一点，就是它的饮食习惯很灵活，在老鼠数量减少的年份里，隼的数量就会减少，但普通鵟则平静地改变自己的猎物，它可以在高速公路边上找到猎物，因此，在高速公路附近建立家族的鵟，比在森林里活得更好。

普通鵟和大多数猛禽一样崇尚自由，喜欢单独活动，但它也不是绝对独处，也会参加小群体的活动。这仍然是它的生存之道，它知道尽管自己十分强大，却抵抗不了敌人的围攻，这时候群体反抗胜算就会更大一些，所以普通鵟有时候也会出现在小群体的队伍中，和伙伴一同玩耍和御敌。

《欧洲、北非与中东猛禽飞行图鉴》的作者DickForsman提及他有一次去蒙古高原，观察到了一只雌性普通鵟和另一只同时有着普通鵟和漠鵟特征的雄性在繁育后代。在他看来，漠鵟和普通鵟相遇在蒙古高原，这样的杂交广泛存在，所以他认为，从生物物种形成的角度来说，"鵟"这个家族树还在开枝散叶的过程中，是一个相对年轻的属。他还拿出其他的证据，来说明我们目前区分出的不同种的鵟之间仍然存在广泛的杂交。比如，欧亚鵟与棕尾鵟，欧亚鵟与毛脚鵟，大鵟与棕尾鵟。在野外，鵟是比较容易见到的猛禽。所有鵟属种类最主要的特征是，在腕掌骨处都有一个明显的黑斑，这是与其他猛禽区分的主要特点。

由于自然环境不断地变化，生物原本的生活环境发生着改变，很多种鸟需要迁移到一个新的地区生活。这个时候就必然会与这个地区原本的物种产生交集，不论是主动的还是被动的，这样的杂交行为都在一定程度上促进了基因多样性的发展，新的物种对环境的应变能力又多了一个角度，也许最终还会发展成为一个新的亚种。就是在这种情况下，鵟属的物种原本的生命形式并没有减少，还出现了新生命形式的探索，那么大自然会对这种探索给予怎样的判别呢？相信普通鵟的生生不息就是一种回答。

## dà kuáng 大鵟

*Buteo hemilasius*
Upland Buzzard

国家二级重点保护野生动物
鹰科
鹰形目

赵俊 摄

# 大鵟不能狂

前一分钟，还站在冷杉树之巅，迎着微风俯瞰大地，一只大鵟像所有猛禽一样，承载着造物主的厚爱，威风凛凛地享受这天地之间唯我独尊的滋味；后一分钟，因为自己草率的判断，轻易地出击，这只大鵟转眼间陷入万劫不复的境地。

在食肉动物中，除了猫科外，鹰隼类是为数不多的能用嘴和脚爪完美配合进行捕猎的食肉家族。不过因为鸟类的骨骼中空，体重在博弈上并不占绝对优势，所以猛禽要靠一点速度弥补体重的不足，于是大多数猛禽在捕猎时，都要使出自己的"三板斧"：速度＋体重＋脚爪。这样可以在攻击的瞬间造成比较大的伤害。这对于没有什么攻击力的小动物来说，"三板斧"足以致命，所以猛禽面对蛙、蜥蜴、野兔、蛇、鼠类等小动物也用上这"三板斧"的招式，绝对屡试不爽。

比如，在金雕的视野里，倒霉的赤狐就恰恰分布在和金雕同一个栖息地，想象一下一只十来斤重的金雕从天空飞下来，相当于从二十层高楼上掉下来一个十来斤重的大花盆，而且这个花盆还有利爪，那么它砸到狐狸身上会是什么结局可想而知。大鵟的体重显然不如金雕，但很多时候大鵟有着金雕一样的野心，抓兔子显然满足不了它们霸气的欲望，抓狐狸、抓小鹿它们都渴望一试，然而由于猎物的体重已经超出它们体重1.5倍了，显然大多数抓捕以失败而告终。好在抓举不成，并不会对自己有何伤害，但有些时候，大鵟的狂心会害了自己。

回到开头谈到的画面，大鵟从树顶俯身飞下，冲向一只不到50厘米长、外表呆萌、黑色毛茸茸的动物。很显然，这只大鵟的年少无知让它交付了以生命为代价的学费，因为它不知道自己面对的本是一个狠角色，一只有着秘密武器的水貂。

水貂又叫美国水鼬，是中等体形的半水生鼬，躯体较长、四肢较短，却有着极强的灵活度，因此它们通常能捕杀比自己体形大好几倍的生物。水貂是完全的肉食生物，而且它们的菜单十分丰富，有牛蛙，有鱼类，也有虾蟹，基本上对于那些水禽来说，水貂就是可怕的天敌，即使是体积远大于水貂的生物也难逃它们的魔爪。有人曾看见一只水貂捕猎一只大雁鹅，它死死咬住大雁鹅的脖子并拖着鹅头下水，准备浸死大雁鹅。水貂在水里是把好手，它有着油滑厚实的毛皮，紧实的肌肉，发达的犬齿，更重要的是，在这样小小的身躯之下，还隐藏着一种极强的攻击力，它就是藏在水貂肛门附近的臭腺。一旦遇到捕食者，它们就会释放这些气味"感人"的分泌物，让对手瞬间无心再战斗。

这只大鵟遇见的就是这样一个战斗力非凡，而且永不妥协的对手。飞驰而下的大鵟一下就按住了水貂的颈部，水貂显然没有丝毫防备，缓过神来，水貂的后腿用力支起，大鵟也跳起来，水貂这时虽然仍被大鵟紧紧扣住喉咙，但它已经翻转身体，腹部朝上，一边发出凄厉的叫声，一边开始用前爪用力掰大鵟的脚爪，试图挣脱。虽然失去了速度带来的优势，站在地面的大鵟仍然紧紧钳住水貂的喉咙，它需要的只是时间和更多耐心，但显然水貂没有给它这个机会，放出了臭气，这只大鵟哪里知道江湖险恶，明枪易躲暗箭难防，臭气一熏，它蒙蒙地撒开了爪子。爪子一抬，水貂就摆脱了束缚，它半刻也没有迟疑，转头向鹰爪啃去，大鵟的脚关节瞬间被咬断，既不能着地起飞，也无法发挥利爪的优势，水貂顷刻间扑向大鵟的腹部，狠狠地咬下去，接下来，水貂连手带嘴一起控制鹰嘴，它咬住大鵟的下喙，还不断用前爪加固这个动作，最后紧紧咬住大鵟的前额，使鹰嘴朝向外侧，至此大鵟丧失了所有战斗力，最后捕猎不成反被杀。

大鵟的战斗力虽然比普通鵟和毛脚鵟强，但是总体上弱于鹰和隼，更没法跟雕比。主要也是因为捕食啮齿类动物，它的脚比较大，所以，捕获的猎物也要大一些。它的分布也很广，从草原到森林，到处都有它的身影。特别是在育雏期，大鵟经常捕食农村的鸡雏、鸭雏，这令农民很是反感。

早就有文献记载，大鵟被游隼击落吃掉的事件，已经并非偶然。现在也有新见到的记录，就是大鵟在空中翱翔的时候，一只游隼突然从高空俯冲下来，直接打击大鵟枕部，将大鵟击打至晕厥，直接掉落在地面上，随后将其颈椎咬断致死。

大鵟还是比较温顺的大鹰，有人曾经救护过其雏鸟，在长大后跟主人非常亲近，并会在玩够的时候自己回到笼子里。后来发现它捕食的本领已经学成了，放它回大自然还不愿意走，如果不是撵它走，它会一直留下来。

# 毛脚鵟
### máo jiǎo kuáng
*Buteo lagopus*
Rough-legged Hawk

国家二级重点保护野生动物
鹰科
鹰形目

赵俊 摄

## 空中雪白豹

鵟有"鸟中之豹"的美誉，分布在中国的四种鵟，每种都有霸气十足的"豹"款名。比如，毛脚鵟，又叫雪白豹、雪花豹；大鵟，又叫白鹭豹、豪豹；普通鵟，又叫土豹；棕尾鵟，又叫大豹。可见，毛脚鵟的家族都是"空中的豹子"，个个都不容小觑！

在我国，毛脚鵟为冬候鸟，主要是北极圈冬季冰雪太厚，捕食相对困难，我国东北虽然也是冰雪皑皑，但是相对暖和，广阔的农田中啮齿类动物很多，雪也不是很厚，潜藏在雪下的啮齿类动物很容易捕捉。毛脚鵟主要栖息于平原地带，即使在林区，也在开阔地带活动，从不进入森林。虽然有悬飞能力，但是并不耐久，所以，毛脚鵟必须找站台，这样便于瞭望，它们多喜欢站在电线杆、田头路边的树木上，发现有饵便立即捕下。它们对食物的要求不高，任何能捕获的动物都吃，比如，蟾蜍、蛙类、小鼠、小鸟等，有时也会捕食雉鸡。在冬季捕猎是件很不容易的事，毛脚鵟经常忍饥挨饿，勉强度日。因此，毛脚鵟很喜欢人类的投喂，如果有人投喂，它们就会很开心，并会记住你，友好地跟你互动。

毛脚鵟之所以被称为"雪白豹"，是因为它的羽色在猛禽中偏白，羽毛颜色搭配十分不俗，白与褐相间，形成了斑驳的色块，仿佛穿了一件"豹纹外衣"，霸气又漂亮。在它的家族里，毛脚鵟特别容易识别的一点就来自它的名字——"毛脚"，顾名思义它是一种足部覆盖着厚厚羽毛的猛禽。凌空而飞，毛脚鵟的"飞毛腿"格外飘逸，双腿上丰厚的羽毛，从腿一直覆盖到脚趾，就像穿了长款的"连体毛裤"。在繁殖季，毛脚鵟要生活在气候寒冷的极北地区苔原上，就连越冬也在东北这样的地方，因为有一身厚密、漂亮的羽毛和腿上的"毛裤"，所以它一点也不怕冷！

毛脚鵟的体形在鵟属中属于一般，成年以后的体重也不过1千克左右。当它展翅飞翔时，双翼宽大，眼神犀利，在不同的情景下，表情与神态也十分丰富、生动，有时还萌萌的。但是，它和它的"豹款"亲戚一样，都有一颗豹子胆，勇于挑战，不仅捕食本领高超，还敢于和强者斗争。比如，它就常常挑衅雪域上另一个颜值担当——雪鸮，虽然这挑战很有格调，但除非雪鸮懒得搭理，否则它根本占不到便宜。

毛脚鵟还是机灵的，在选址筑巢时，它就会避开其他猛禽。如果有其他猛禽在附近安家，它就会想尽办法驱赶其离开。毛脚鵟绝不交损友，绝不居恶邻，以防威胁到自己的宝宝！

毛脚鵟虽然名字粗犷并且看起来有几分搞笑，但它们是猛禽中最会筑巢的选手。毛脚鵟筑造的巢穴用枯枝和干草混搭，不仅舒适坚固而且结构比较复杂，无论是在悬崖峭壁上还是树上，它们都能想办法因地制宜，建造安全、舒适的家。

不得不说，毛脚鵟很有生存智慧，每年它都能冷静地分析年景，然后自动调节生育率。在正常情况下，毛脚鵟每窝会产3—4枚蛋；在食物匮乏的年份，它们就选择少生，一窝只产2—3枚蛋；在食物资源丰富的年份，就多生点，据动物学家观察，有的雪白豹一窝多达7枚蛋。这鸟生大事安排得妥妥的，这样就避免了难以养活幼鸟的情况发生。因此，在毛脚鵟家里，不会出现如金雕等其他猛禽幼鸟自相残杀的事情。

## wū diāo
## 乌雕

*Clanga clanga*
Greater Spotted Eagle

国家一级重点保护野生动物
鹰科
鹰形目

张湘坤 绘

## 此花雕真是花

　　成年的乌雕通体黑褐羽色，所以叫作乌雕，但是幼鸟的翼上以及背部具有明显的白色斑点及横纹，因此乌雕也被称为"花雕"。这个花雕不能当酒喝，却是雕属猛禽中颇威武的一种。乌雕的体长70厘米左右，体格不算最大，通体为黑褐色，背部略微缀有紫色光泽，体羽随年龄及不同亚种而有所变化。所有型的羽衣尾上覆羽均具有白色的"U"形斑，飞行时从上方可见，与草原雕不同。虹膜为褐色，喙为黑色，基部较浅淡；蜡膜和趾为黄色，爪为黑褐色；鼻孔为圆形，而其他雕类的鼻孔均为椭圆形。飞行时两翅宽长而平直，两翅不上举。尾比金雕或白肩雕短，尾上覆羽为白色，形成白色的腰。披毛的双腿，使乌雕粗壮的毛足给人以相当有力的感觉。

　　2014年，乌雕被单独划分建立了乌雕属，该属有3种：小乌雕、印度乌雕和乌雕。我国只有乌雕。在吉林西部湿地，乌雕为夏候鸟。乌雕多在白天活动，性情孤僻，叫声音调低沉而清晰；觅食多在林间空地、沼泽、河流和湖泊地区，也在林间沼泽和河谷地区活动。乌雕经常长时间地站立于树梢上狩猎，主要以野兔、鼠类、野鸭、蛙、蜥蜴、鱼和鸟类等小型动物为食，有时也吃动物尸体和大的昆虫。它们偶尔捕食家禽。

　　乌雕每每在天空飞过，都很有气势。乌雕和林雕很相似，当它出现在森林的上空时，很难一眼分辨出来，好在吉林省鸟类名录尚未有林雕的记录。从栖息地的偏好来看，花雕偏好旷野，从不进茂密的森林；而林雕则相反，可以说两者的栖息地泾渭分明。当然，为了不误认，还是要清楚两者尾部和羽翼上的差异。林雕的尾部较窄且长，翼的基部也较窄，翼面水平而指叉上翘明显。

　　乌雕腕关节处明显弯曲，翅膀深深弓起。翼指的深凹更加明显，更宽的翅膀使尾部显得更短，飞行略显笨重，振翅比其他大型雕类更快，幅度更小，小乌雕振翅比乌雕还要快。虽然小乌雕全身也是黑褐色底色，但背面从肩羽到覆羽及次级飞羽末端，都密布着极明显的白色或米色斑列，这些白斑会随着成熟而逐渐消失。幼雕尾羽末端有窄白带，到第五年才会达成乌羽色。幼雕的头也短粗，在飞行时，身体略显粗壮。翼宽长，前缘于腕部略突出，手部略小且钝，只有少数翼指，短尾打开，呈扇形。幼雕在滑翔时双翼基部略上提，翼端略下垂，呈浅M形，飞行姿势比乌雕更轻盈。

# 草原雕

cǎo yuán diāo

*Aquila nipalensis*
Steppe Eagle

国家一级重点保护野生动物
鹰科
鹰形目

赵俊 摄

## 草原"大胃王"

  草原雕最喜欢吃黄鼠，别看黄鼠小耳朵大眼睛，长得有点萌，却有偷吃农作物的习惯，被人称作"大眼贼"。黄鼠多散居，遇到危险情况能迅速打洞逃跑，可是它的天敌——草原雕抓它那是有一套的。一般来说，草原雕的捕食方式非常直接，它就在猎物的洞门口等着，来一个瓮中捉鳖。更多时候，草原雕也在高空盘旋或在树上观察黄鼠的行踪，虽然距离地面较远，但动作绝对迅速敏捷，而且悄无声息，直冲下来。抓到猎物后如果遇到意外情况，草原雕就会像雉鸡那样趴在草地上，看起来像一个小土堆，很难被发现，待危险远离，它才起身吃鼠。草原雕吃鼠也是从头开始，当吃到老鼠还剩半个身子时，才一吞而下。草原雕常借助地形打伏击，出奇制胜、一击必杀，以最少的消耗，捕杀猎物。

  草原雕是一种全深褐色的雕类。容貌凶狠，尾形平。它体长65厘米，翅膀张开足有2米。翱翔时，翅膀上举的"V"字形较浅。从名字上看，草原雕的栖息环境和草原相关。其实不然，草原雕的栖息地类型多样，比如，荒漠、半荒漠、稀疏的草原、开放的森林，分布在海拔700—3000米处，在中国西藏分布纪录可达4900米。

  草原雕的捕食时间也非常规律，大概是在早上的7—10点以及傍晚的时候，除了最爱的鼠类，草原雕的食谱上还有貂类、野兔、蛇、鸟类等小型脊椎动物以及昆虫，而且它们有时候吃尸体和腐肉，是草原上的"大胃王"。

  草原雕的活动范围很大，并会迁徙，最远可以到达非洲。草原灭鼠，使草原雕二次中毒，数量锐减。从救护的个体上看，草原雕还是很懂事的，对饲养员很友好。

bái jiān diāo

# 白肩雕

*Aquila heliaca*

Imperial Eagle

国家一级重点保护野生动物

鹰科

鹰形目

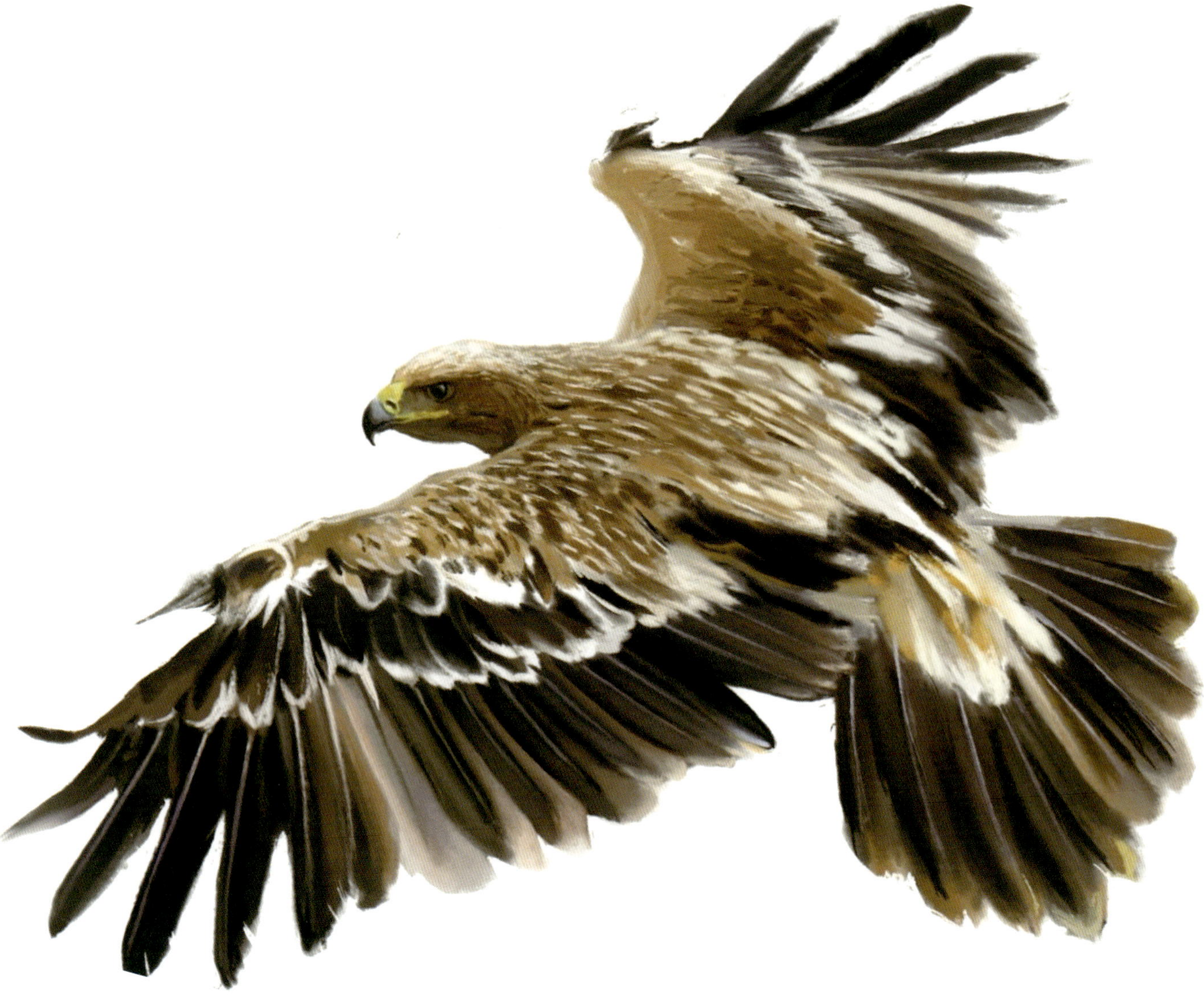

张湘坤 绘

# 帝王之雕

  白肩雕主要分布于中亚地区，我国比较少见，是一种略小于金雕的猛禽，它们对爱情非常忠贞，中亚科学家曾观察 84 对白肩雕的生活过程，几十年间没有一只有"出轨"行为，从配对开始就是一生守候，即使其中一只因故死去，另一只也会孤零零地走完余生。由于白肩雕寿命很长，夫妻可以维持到"金婚"。

  猛禽中的雕属一直是王者般的存在，白肩雕的英文名意为"帝王之雕"，更是诸王中的清流。白肩雕名字的由来，是因其在停栖时肩部有白色的斑块标识，威风凛凛，在黑褐色的体羽上极为醒目，只是飞行时并不容易见到。在吉林，白肩雕是旅鸟，往往在深秋时节到达。成年后的白肩雕体长足有 80 厘米，体重能达到七八斤。两条粗壮的毛腿，令人望而生畏；再加上白肩雕的鸟喙接近 5 厘米以及拥有一对钢钩般的爪子，其杀伤力非常惊人。猛禽以及其他鸟类，还包括一些猛禽的幼鸟都是白肩雕的猎食对象，另外，一些中小型哺乳动物或者啮齿类动物，甚至一些肉食性动物，都有可能沦为白肩雕的爪下亡魂。

  白肩雕和草原雕的区别是：草原雕整体色纯，成鸟为黄棕色。白肩雕与金雕的区别是：白肩雕头和脖颈处有黄色羽，蜡膜和嘴基也是黄色，额部深褐色；而金雕头和脖颈金黄色，上体赤褐色，翼覆羽有紫色光泽，比较起来，金雕的嘴更大，蜡膜和嘴裂都是黄色。

  成年白肩雕的尾部偏灰色，具有不明显的横细纹，末端有宽黑带，尾下覆羽米黄色，翼尖达到尾端。幼鸟全身淡褐色，后背覆羽有白色羽缘，飞羽为黑色；腹部布满单色纵斑，腿羽的颜色比父母的颜色淡，只有历经五六年，才会达成成鸟的羽色。

  在飞行时，白肩雕的头颈看起来颇长，羽翼也又宽又长，尾羽并不全部展开，呈半张短方形；在滑翔时，羽翼略显水平，翼端略微下垂；七枚指叉根根分明，划过长风在天空中留下长长的剪影。白肩雕不论是成鸟还是幼鸟，颈部前后都是淡色羽。成鸟的翼下羽色深，飞羽上有不明显的细横纹。幼鸟的羽色还要随年龄的增长而发生变化，张开宽阔的羽翼，可见上下两种深浅分明的羽色，上翼面羽色淡，飞羽色深，大覆羽末端及翼后各有一道白带，白色尾上覆羽明显；下翼面以及腹部羽色浅，密布细纵纹，飞羽颜色深；初级飞羽最内 3 枚，颜色尤其淡，形成翼窗。

  因为拥有非常强的飞行能力，白肩雕能够适应各种自然环境，无论是山地、草原、丘陵、森林，还是荒漠、沼泽地带，都是它们凌驾的疆域。只不过白肩雕栖息地不会高于海拔 1400 米，毕竟它们的食物不会飞这么高。在广袤的天空驰骋，白肩雕仍旧是孤独的鸟类，因为它们的数量并不多。

  按理说，论繁殖能力，雌性白肩雕一窝可以产卵两三枚，这个水平对于大型猛禽来说算是比较优秀的了。但是，白肩雕的繁衍率比较低，一是因为这种鸟的基数比较少、密度比较低，寻找配偶不易；二是因为白肩雕严格执行一夫一妻制，一对白肩雕从结成伴侣开始，这辈子都不会分开。可以说，它们是世界上最忠诚的鸟类，而对爱情过于忠贞，从某种程度上来说是野生动物生存繁衍的一种劣势。

  另外，论生存能力，白肩雕在建造巢穴方面也是一把好手，它们会选择最高大的树或者悬崖峭壁，用树枝、兽毛、枯草茎建造直径 1.5 米左右的巨大巢穴。这个尺寸的鸟巢对于野生鸟类来说，毫无疑问是别墅级的了。而且，白肩雕的巢穴建筑质量非常好，一般能使用很多年。

  但这一切都改变不了白肩雕的命运，因为人类的干扰，树木的砍伐使白肩雕的栖息地不断减少；猎食物种在菜单上逐渐减少；非法的交易、鸟巢的损坏，以及中毒、被电力线杀害等都是白肩雕的死亡威胁。只有了解、避免这一切，才是我们拯救大型猛禽主宰天空的使命。

# 金雕
jīn diāo

*Aquila chrysaetos*
Golden Eagle

国家一级重点保护野生动物
鹰科
鹰形目

岳汝华 摄

# 猛禽之王

金雕是北半球陆地上体形最大的一种猛禽，也是最多样化捕食的超级猎手，更是猛禽中的王中之王。它们的捕食范围十分广泛，小到昆虫，大到哺乳动物，甚至能对人类构成威胁，而且不管猎物是活是死。成年金雕的体长可达1米，体重7千克，展开双翼可达2米。

金雕是羽色为暗褐色的猛禽，因为后颈羽毛为赤褐色，羽端金黄，为披针形，在阳光下闪烁金光，故名"金雕"。未成年的金雕，则要花哨一些，两翼下各有一块长而清晰的白斑，整个体羽黑白相间，尾羽是白色的，具有较宽的黑色端斑，也呈黑白相间色，十分醒目。

巨大的翅膀，令金雕喜欢在开阔之地觅食，不仅视力极佳，可以看到几千米以外活动的野兔，还因为速度之快，每小时可达130千米，所以只要有足够开阔的疆土，就没有金雕逮不住的猎物。当金雕俯冲抓捕猎物时，它可以加速到每小时320千米，再用8厘米长的爪子猎杀猎物的要害部位，一旦内脏和血管遭到破坏，猎物就会快速死亡。这么快的速度不必为它操心，因为它能很好地控制，到了猎物面前总是能及时收住翅膀，将猎物逮住。很多时候，它也会采取抓起猎物并抛下山崖摔死的办法，这主要针对大型猎物，比如鹿或者其他蹄类动物。每当有大收获时，金雕会先吃掉猎物的内脏，然后将猎物分成两半，分批运送。这种方法固然聪明，却总是会上演剩下的猎物被其他动物偷走的情景。金雕有着宽大的尾羽，在复杂地形上空可以灵活地控制方向。遇到金雕不太饥饿的时候，它还会惊吓猎物，变化飞翔角度，"玩耍"一会儿再猎杀。金雕也会吃尸体，并经常抢夺其他猛禽和猛兽的食物。比如，金雕会从苍鹰、狐狸那里夺取食物。如果金雕发现同类在吃猎物，也会去抢夺，不是去抢猎物，而是直接攻击对手，迫使其放弃猎物，行为非常霸道。有人曾经观察到一对成年金雕在迁徙时，一只去捕食农家的鸡，当人类接近时，另一只直接冲向人类，这时如果人类去伤害捕猎的那一只，这只负责警戒的就会对人类发起攻击。其实，金雕的生活不总是那么好，由于体形大，吃得多，只要是能果腹就懒得捕食。有人曾经观察到，在一个水库，一只金雕飞来了，把水中的苍鹭、野鸭等都吓跑了，这个金雕并没有觊觎这些水鸟，而是落在水边，捡拾那些冲上岸的已经成鱼干的死鱼。

金雕是个"巢控"，除了每年决定孵化宝宝的巢穴，它们还会准备许多备用巢，多的甚至有十几个。它们大都把巢建在高大的乔木或者悬崖峭壁上。巢由枯枝堆积而成，一般在直径2米，高1米，巢内铺垫细枝、松针、草茎、毛皮等物。这么大的巢建造起来十分不易，金雕也愿意修补旧巢，没有意外的话会年年使用。幼鸟在巢里的时间很长，虽然产两枚卵并且都能孵化，但是，可以离巢的雏鸟多数只剩1只，主要是体形较大的会把弱小的啄死，这就使金雕的自然数量非常少，繁殖率低，生存也艰难，差不多需要3年的时间，才能学会父母的全部技能。虽然最基本的捕猎技巧是在离巢后慢慢熟练起来的，但寻觅猎物，在猎物出现时俯冲而下，或者从巢中缓慢滑翔，都是在巢里训练的。

人类在仰望翱翔的金雕时，一直渴望与这种高大威武的猛禽一起驰骋狩猎。在中亚和新疆一些少数民族中，就有驯养金雕捕猎的历史，超过了1000年之久。令人匪夷所思的是，在高度现代化的今天，还有一些国家的机场，启用猛禽这种既原始又奢侈的动物配置，清扫跑道上的野兔、狐狸，这也包括金雕。

# 鹰雕

*Nisaetus nipalensis*
Mountain Hawk-Eagle

国家二级重点保护野生动物
鹰科
鹰形目

## 山林霸主

鹰雕其实就是放大了的鹰，头部的羽冠显得脸很大，闭合时在头后形成一个指腹状的凸起。体形剽悍，翅膀短圆，适合在密林中穿行。大部分鹰雕是迁徙的，只有少数强壮的成年个体会滞留在北方越冬，只要不怕冷，食物就不成问题。

茂密的树林对于一些雕属猛禽来说，是可怕的陷阱，可是对于鹰雕来说，在山地、森林里生活，真是如鱼得水。它们既可以肆无忌惮地翱翔于天空，又可以自如穿梭在树枝间，捕捉林下的猎物。因此，在这样的生境里，它们少有敌手，可谓"称霸山林"。只是鹰雕对环境还是讲究的，要生活在海拔600-4000米的阔叶林和混交林，以及浓密的针叶林。冬季，鹰雕会迁移到低山丘陵和山脚林缘地带生活。它们的长尾巴和宽圆的翅膀适合在林下活动，那些树冠茂密、林下有空地的环境，是它们猎食的最佳地。猕猴、野兔、野鸡、蛇类、蜥蜴、鼬科动物和鼠类等是鹰雕的主食；它们喜欢在水边停落，这可能是因为水鸟体形较大，捕猎方便。因为它的跗跖被毛，所以不适合捕食鱼类。小鸟和大的昆虫，偶尔还有鱼类，丰富着鹰雕的菜谱。

南方的凤头鹰雕最明显的特征是头后有很长的黑色羽冠，比棕腹隼雕的羽冠显著得多，常常垂直竖立于头上。成年鹰雕的上半身呈棕色，有时呈紫铜色，下体有白色纹。未成年鹰雕通常拥有白色的头。鹰雕的虹膜为金黄色，喙为黑色，蜡膜为黑灰色，脚和趾为黄色，爪为黑色。腰部和尾上的覆羽有淡白色的横斑，尾羽上有宽阔的黑色和灰白色交错排列的横带，头侧和颈侧有黑色与皮黄色的条纹，喉部和胸部为白色，喉部还有显著的黑色中央纵纹，胸部有黑褐色的纵纹，腹部密布淡褐色和白色交错排列的横斑，跗跖上被有羽毛，与覆腿羽一样，都具有淡褐色和白色交错排列的横斑。翅膀很宽，在飞行时呈"V"形，翅膀下面和尾羽下面黑色与白色交错的横斑极为醒目。

鹰雕的眼睛比大多数鸟类的眼睛都大，因此也有着相当好的视觉灵敏度。不过肯定会有人想，这么大的眼睛，势必会增加雕的体重，因为眼睛是充满液体的结构，眼睛越大越会影响飞行。的确，鸟类是依靠飞翔而生存的，它们的身体也是为飞翔而设计配备的，只是经过上亿年的进化，鸟类身体重量的分布，经过绝妙的匹配，是不会影响飞行、狩猎的。

# 几种日行性大雕的比较

丁传江 摄

　　金雕主要生活在山地荒野，也会出现在森林沼泽地带；金雕是最大的雕类，尾长与翅宽接近，飞行时翼指十分明显，翅膀常抬起，在快速飞行时，翅膀有时保持水平或者略微下垂到一定角度，金雕是唯一在翱翔时可以看到翅膀弓起一定角度的雕类。

　　白肩雕主要栖息在平原和草原，不会出现在高海拔地区；白肩雕尾长和尾宽都短于翅宽，尾部边缘呈锐角；白肩雕翱翔时翅膀始终保持水平，只在高速振翅时，上臂扬起，手部略下垂，会呈"V"字形；与金雕相比，体形略小，颜色更暗；头部和颈部更明显。

　　乌雕主要出现在湿地生境中，临近森林繁殖。乌雕体形比金雕和白肩雕都小，看起来比鹭大一点，翅膀和尾部相对更短，头的突出部分不明显，身形更紧凑。在飞行时，乌雕的翅膀前后边缘看起来平行，振翅比其他雕类频繁，幅度也小；乌雕的翼指深凹使指和指之间更加明显，而更宽的翅膀又使尾部显得很短，所以不论是飞行还是滑翔，看起来都很笨重。

　　草原雕偏好开阔、干燥的生境，翅膀比乌雕的翅膀更长，头部要突出，体形与白肩雕相似，尾部也很短并且偏圆；飞行姿态很沉重，滑翔时翅膀也会微微隆起。

　　白尾海雕喜爱水域，体形巨大健壮，外形俊朗，翅膀长而宽，前后缘平行，翼指明显；头和巨大的喙明显突出在翅膀前方；白尾海雕滑翔时，翅膀大体保持水平，手部有时会略微下垂。

# 假如猛禽遇见喜鹊

象群听见蜜蜂的声音十秒钟就会跑开；水里的鲨鱼在看到成群的海豚出现时，都会选择不招惹；那么当天空之王猛禽遇到喜鹊时会怎么样呢？

猛禽按体形分有大、中、小三种，其实，不论哪种猛禽都有着尖钩状喙、强大的翅膀、高超的飞行技术和一双利爪，以及凶猛的天性。作为空中的老大，猛禽处于鸟类食物链的最顶端。苍鹰、秃鹫甚至会猎杀野兔、绵羊、小鹿和狐狸等，但大多数时候，猛禽遇见喜鹊都会网开一面。为什么猛禽遇见喜鹊会变得心慈手软呢？

我们再来看看喜鹊，喜鹊生活在城市中，很有人缘，人类活动越多的地方，喜鹊种群的数量往往就越多，而在人迹罕至的密林中，则难见喜鹊的身影。但喜鹊绝不是善鸟，它们性情凶暴，攻击性强。同时，喜鹊非常聪明，是唯一通过了镜子测试的非哺乳类动物。它和乌鸦同宗，智商居禽类之首。有证据表明，它们的智商和猿猴不相上下。喜鹊之所以不畏惧猛禽，是因为它们有一个相当智慧的策略，那就是群体作战。面对侵入自己领空的猛禽，它们会集群追击驱赶，宛如鸟界"黑帮"。

蜜蜂、海豚和喜鹊有一个共同特点是它们都具有极高的集体性与团结性，这是大象、鲨鱼和猛禽所惧怕的。凶猛的动物最怕有智商还有组织的动物，而猛禽的特性是独来独往，即便再强壮，也不愿意和100只鸟去打架。

所以，猛禽的内心也是无奈的。喜鹊非常团结，面对敌人的时候往往一呼百应，猛禽根本没办法进攻。对于猛禽来说，捕杀喜鹊太不划算了，有时候还会被它们追得到处跑，灰头土脸的。对于小型猛禽来说，它们根本打不过喜鹊。有些猛禽如金雕，根本不喜欢吃喜鹊肉，且一旦被喜鹊群缠上，很烦人。对于中型猛禽来说，也有不怕喜鹊的，如苍鹰，单只喜鹊见了苍鹰，只有逃命的份。有人曾见过一个视频，苍鹰双爪已制服了喜鹊，但喜鹊还张着大嘴，一口一口啄咬着上面的苍鹰，苍鹰似乎很淡定，找准机会啄食喜鹊的腹部，以致于羽毛乱飞，惨叫连连。这一过程用时相当长，让人无法确定，是喜鹊太难以制服，还是苍鹰在虐杀喜鹊，寻求一种报复的快感。

所以说，不是空中的猛禽不吃喜鹊，而是猛禽不愿意和喜鹊这种鸟作战。当然，如果一只喜鹊遇到猛禽，猛禽的胜率还是极高的，喜鹊也最好跑快点儿，要不然死得会很惨。

喜鹊更不是一种厚道的鸟，明知道猛禽不愿意搭理它们，它们却频繁骚扰，尤其是吃鱼的猛禽和吃腐肉的猛禽，喜鹊喜欢专门在它们身前、身后偷食残羹剩饭，防不胜防。猫头鹰白天视力不好，喜鹊经常有事没事就去撩几下，猫头鹰只能默默忍受。

喜鹊愿意管闲事是真的，但我也不太相信它会有正义感，看见猛禽捕猎鸽子，喜鹊前去骚扰，不见得是拔刀相助，或许趁火打劫、趁机抢食倒是可信些。

据说，喜鹊还有本事在死后很短的时间内，就让自己的尸体变得恶臭，谁遇见了都不想吃，以此留个全尸。所以，假如猛禽遇见喜鹊，你说它会如何呢？

# 隼形目

# 隼科

白学唯 摄

## 鹰和隼的不同

  隼属的学名来自拉丁语 Falco，意思为"镰刀、弯曲的刀片"，可能是以该属的成员拥有弯曲的喙、锋利的爪子以及翅膀张开的形状等特征命名的。隼属鸟类有 37 种，中国有 13 种，其中 11 种为留鸟。隼和鹰看起来很像，实际上它们的近亲是鹦鹉和鸣禽。在进化之路上，它们突围成为猛禽，拥有了利爪和尖锐的钩状喙，可以给猎物一击毙命的伤害。隼属鸟类的狩猎能力、异于常鸟的眼力，以及"疾行翼"带来的飞行速度，是将其推上食物链顶端的重要匹配。

  隼和鹰不同的地方，隼体形要小，喙上有齿状缺刻；翅膀细长而尖，这是它们最重要的识别特征。隼一般在半空中捕捉猎物，大量的鸟类是其主要食物；鹰则更倾向于捕捉地面上的食物。和大多数猛禽一样，隼的雌鸟比雄鸟体形大。隼的卵为异步孵化，先孵化出来的幼鸟更强壮，也更容易成活。

## 红隼 (hóng sǔn)

*Falco tinnunculus*
Common Kestrel

国家二级重点保护野生动物
隼科
隼形目

白学唯 摄

## 头上三尺有猎手

猛禽鸟类的羽色实在单调，所以但凡有些色彩，就令人不能不刮目相看，以至于略显夸张。红隼便是，与其说它的羽色为红色，不如说是茶色，所以红隼又名"茶隼"。红隼很受观鸟人或者鸟类摄影师的喜欢，因为和那些高高飞过的猛禽不同，红隼喜欢在旷野中低空飞行，为了等待、寻找猎物，它还最擅长悬停，当它停在空中或者站在乡间路边的电线杆上时，这对于观鸟人或者摄影师来说，是观察红隼最好的机会。可是，对于那些在地上跑来跑去的啮齿类动物来说就不妙了，头上三尺不仅有神明，还有自己的天敌。悬停时，红隼双翼伸展，翅膀边缘微微上扬，抬头看白灰相间的翅膀下面，如蝌蚪般的黑色斑点，连缀成完美的纹路；背部若隐若现的红褐色和黑色的翼端反差强烈，在阳光的照射下格外明艳，短而弯曲的喙看起来强壮有力，炯炯有神的目光紧盯地面，黄色的双爪蜷缩在下腹部，展现出攻击状态，并拢的尾翼时刻为俯冲做准备。除了著名的翠鸟、燕鸥和少数隼类，能像红隼一样有悬停本事的极少，悬停就像原地踏步，既不向前也不往后，通过振翅停驻在空中。所以，和其他隼类半空捕捉猎物不同，红隼喜欢俯冲捕食。

如果你想通过观察红隼，辨别风向，那也好办，因为红隼头部的位置总是正对着风来的方向。红隼自然也十分善于驾驭风，因此它的飞行看起来特别轻巧。它可以轻易从地面盘旋至高空，再滑翔到低空，它不需要像燕隼和游隼那般疾速振翅，只需要谨慎地快而浅地挥动翼端，便可在旷野中自由地飞来飞去，或者像蜂鸟那样悬停等待寻觅。

其他猛禽都在减少，唯独红隼一直隼丁兴旺，特别是城市高楼的崛起，与红隼喜欢的悬崖峭壁相似，所以，很多红隼涌入城市，成为城市居民的一员。在隼形目中，它属于小型隼，但是，红隼的体形略大于其他小型隼类，而且尾巴较长。

红隼的食物中有很大一部分是田鼠，堪称"猛禽中的捕鼠高手"。田鼠很多时候都藏在浓密的草丛中不易察觉，耐心地等待与守候是猎手的基本素质。红隼还有其他猛禽没有的功能——能看见紫外光，虽然眼球较其他隼类和猛禽小，但是在田鼠经常出没的田野上空振翅悬停，通过观察寻找田鼠行进时在路上留下的尿液反射出的紫外光，红隼便可追踪到田鼠的藏身之处。一旦锁定目标，红隼就会悄无声息地收拢双翅从天而降，抓住猎物后，再从地面突然飞起，迅速升上高空，红隼也可以在空中边飞边进食。因为领地小，性格又温和，所以红隼总是孤单地觅食，孤单地进食，不是性子急也不是怕被抢，那实在是自由的感觉。

红隼的战斗力一般，主要捕食啮齿类动物和小鸟，体形相等的鸟类都会战胜它，日本松雀鹰比它还小，却会轻松战胜它，在冬季它也有领地，主要是保护食源，如果另一只红隼进入它的领地，就会遭到无情攻击，并会驱逐很远。但是，乌鸦竟然能去欺负它，把它撵走。红隼最大的天敌是长尾林鸮，在长尾林鸮的食谱中，红隼占很大的比例，因此，红隼非常厌恶长尾林鸮，如果白天见到后，就会进行示威和驱赶。

## 红脚隼
### hóng jiǎo sǔn

*Falco amurensis*
Amur Falcon

国家二级重点保护野生动物
隼科
隼形目

赵俊 摄

## 世界上迁徙最远的猛禽

红脚隼是世界上迁徙旅程最远的猛禽，鸟类科学家通过卫星跟踪发现，红脚隼沿着东北亚向西南穿越印度及阿拉伯海，最终飞到非洲南部过冬，这个漫长的跨洲迁徙单程就超过1万多千米，是所有猛禽中距离最长的跨海迁徙。实际上，红脚隼越冬到非洲的这个种群，又叫阿穆尔隼，是在东北亚繁殖的，从西伯利亚至朝鲜北部，包括中国中北部和东北部地区；而另一个红脚隼种群分布在东欧至西伯利亚西部，在新疆西北部繁殖。两个种群极其相似，都是灰色羽，阿穆尔隼体形稍大一点，臀部为棕色，翼下覆羽为白色，而红脚隼翼下覆羽及腋羽为暗灰色而非白色。

和大多数猛禽拥有的黄色或者灰白色的脚爪不同，红脚隼有着红色的脚爪，这使它格外与众不同。作为一种灰色隼，红脚隼还有红色的蜡膜和红色的眼周，这样点点红色，在黑白灰色的羽色之间，十分醒目，再加上一双萌萌的大眼睛，一眨一眨的模样可爱极了。

红脚隼成年雄鸟的辨识并不难，但雌雄羽色差异较大。红脚隼雌鸟上体偏褐色，头顶棕红色，下体具有稀疏的黑色纵纹；眼区近黑色，颊、眼下斑块及领环偏白；两翼及尾灰色，尾下具有横斑，翼下覆羽褐色。未成年个体下体偏白而具有粗大纵纹，翼下黑色横斑均匀，眼下的黑色条纹似燕隼。阿穆尔隼雌性，额白色，头顶灰色具有黑色纵纹；背及尾灰色，尾部具有黑色横斑；翼下白色并有黑色斑点及横斑。亚成年和雌鸟相似，但下体斑纹为棕褐色而

不是黑褐色。雌鸟和幼鸟与燕隼相近，可以在停栖的时候分辨细节，蜡膜和脚的颜色若偏橙就是红脚隼。另外，红脚隼是集群性高的猛禽，会大群迁徙越冬，若看到大群的隼，很可能就是红脚隼。

红脚隼主要活动在东北亚疏林草原，以及开阔的林缘、湿地等环境。以昆虫为食，也捕食小型鸟类或两栖、爬行动物。由于它主要捕捉昆虫，人们又给红脚隼起了一个"蚂蚱鹰"的俗名。

红脚隼每年5月初迁来，它迁来时喜鹊已经开始孵化，由于不会营巢，红脚隼只能抢夺喜鹊巢，喜鹊也不是善茬，当然不会轻易言败。于是双方就会大打出手，发生激烈的争巢战斗，这种争斗可以持续几天时间，异常激烈，一个坚决不让，另一个势在必得，双方羽毛纷飞，从天上打到树上，相互追逐，相互撕扯。但是，最后还是以红脚隼夺巢胜利结束，而喜鹊也有备份，它知道巢可能被夺走，现建巢也来不及了，只能将备份的巢稍加修理，马上进行二次产卵。喜鹊就是鸟巢建筑师，它的巢如同宫殿一般，外围为棘刺，内部平整，然后用泥土做成碗状，再叼来大量牛毛形成软软的床垫。这必然会引起很多鸟类的嫉妒，燕隼、灰背隼、长耳鸮等都来霸占喜鹊巢。其他猛禽体形大且凶猛，喜鹊不是对手，只能乖乖让出；而红脚隼是吃蚂蚱的，体形较小，战斗力一般，所以喜鹊才会与之交战。一旦各自开始孵化，它们就又结成同盟，共同驱赶偷鸟卵的乌鸦。

49 / 隼形目　如是观鸟集 天空的王者　猛禽卷

张湘坤　绘

huángzhǎo sǔn
# 黄 爪 隼

*Falco naumanni*
Lesser Kestrel

国家二级重点保护野生动物
隼科
隼形目

## 穿黄马甲的隼

  黄爪隼是跟红隼形态很相近的猛禽，它俩在隼形目中是个例外，就是尾巴比其他隼的尾巴要长一些。它俩的体色、体形都很相似，只是黄爪隼体形略小，雄鸟上体没有黑色斑点，翼下覆羽也没有斑点，呈现皮黄色，下体斑点也很小。

  黄爪隼与红隼形态相似，习性相似，食性也相似，属于亲缘种，因此，它们之间的竞争一定是激烈的。黄爪隼的数量远远少于红隼，这应该是黄爪隼体形小，竞争不过红隼被挤压边缘化造成的，这需要对这种猛禽进行系统研究，找到它们濒危的原因，并采取有效措施挽救这个奇异的物种。

  乍一看，黄爪隼就像一只灰色小隼，穿了一件黄马甲。实际上，黄爪隼是红褐色隼。雄鸟头灰色，上体赤褐色而无斑纹，腰及尾蓝灰色；下体淡棕色，颏和臀部是白色；胸部具有稀疏黑点；尾近端处有黑色横带，末端呈白色。雌鸟的红褐色比雄鸟的重，加上上体横斑和斑点丰富，使雌性黄爪隼看起来更华丽端庄，而雄性则更艳丽。黄爪隼和红隼比较起来，很相似，但体形小且纤细，并且没有红隼眼下明显的深色条纹。黄爪隼在飞行时，翼尖并不太尖，雄鸟翼面大覆羽为蓝灰色，中央尾羽较突出；虽然也悬停，但频率与时间都少于红隼，倾向于短时间悬停，经常滑翔飘飞。黄爪隼尾部呈楔形，爪为黄色，而红隼爪是黑色。所以，黄爪隼的黄色爪是识别它的重要特征。

  黄爪隼虽然在东北较干旱的地区繁殖，却并不常见，它的繁殖范围从西南欧到蒙古，面积相当大。冬天迁徙到南方，远至非洲。

huī bèi sǔn

# 灰背隼

*Falco columbarius*

Merlin

国家二级重点保护野生动物

隼科

隼形目

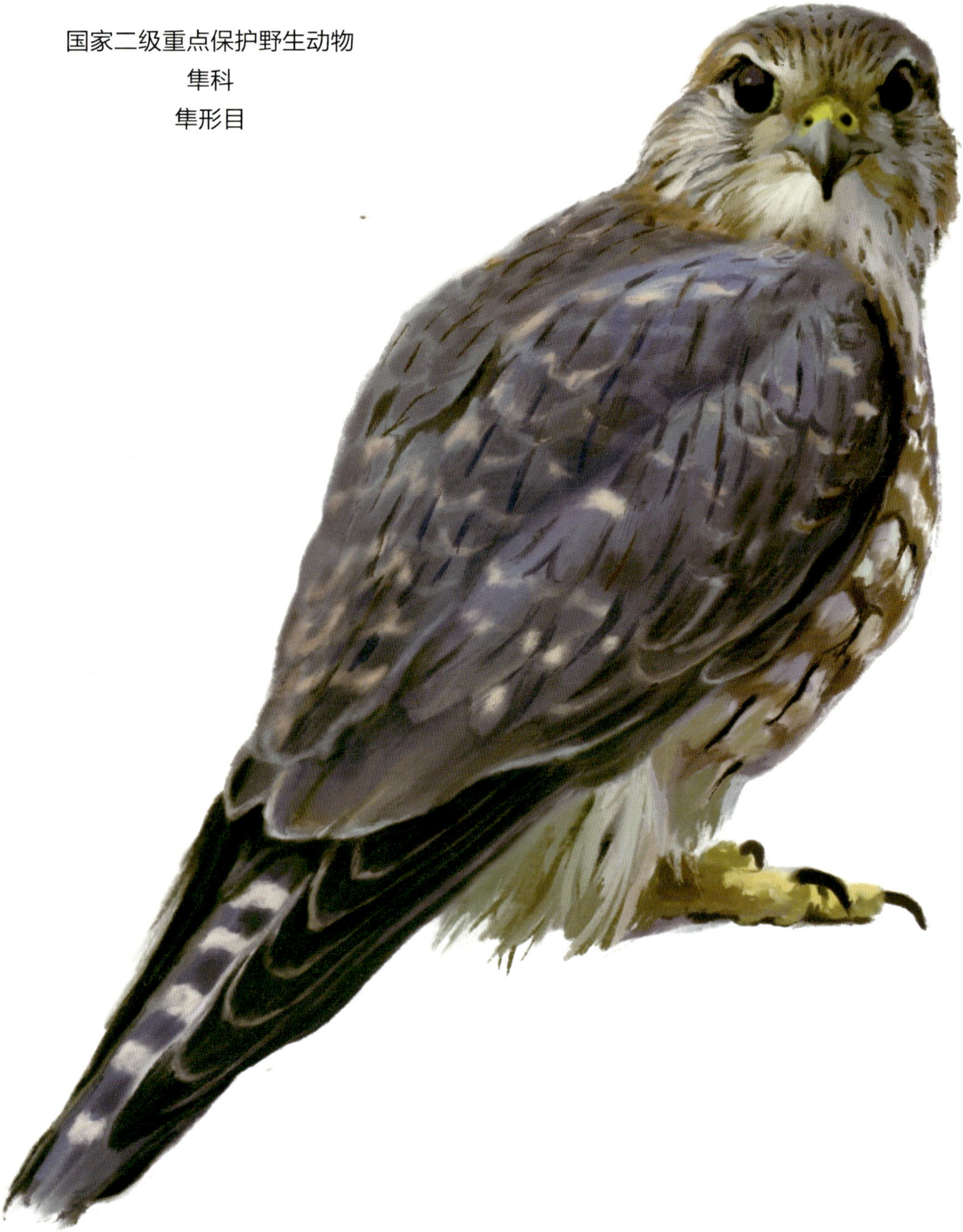

张湘坤 绘

# 隼中骑士

灰背隼的蓝灰色背羽像极了中世纪骑士的铠甲，又细又长的污白色眉纹和黑色的泪腺，增添了骑士般的器宇与悲情。灰背隼雄鸟成鸟眼上方有一道短而细的白色眉纹，眼角有黑色眼线，眼下还有一道深色髭纹。

作为小型猛禽，雄性灰背隼比雌性小，紧凑的结构，凌厉的气势，令人颇生慕心。从天空上往下俯视飞翔的雄性灰背隼，颜色、线条简单分明，蓝灰色的背影，双翼和尾端为黑色的色块。雌性灰背隼明显更大，羽毛图案和雄鸟相似，但灰色被棕色取代。上体棕色，下体偏白，胸及腹部多红褐色斑纹，侧翼出现粗糙的棕色条纹。翅膀和尾巴呈深褐色，带白色条纹。幼年或未成熟的灰背隼像妈妈，上体棕色，覆羽带有黑色的线斑，两侧还有大色斑。

灰背隼是一夫一妻制，和隼属的其他猛禽一样，灰背隼也不屑于筑巢，直接占领修复喜鹊、乌鸦和其他鸟类的旧巢。在开阔的苔原上，如果没有树巢可以占领，灰背隼也会在地上自己筑巢，不过就是衔几根枯枝浅浅盘成。于是，它们有更多时间巡视掌控自己的领地，成为小型鸟类的终结者。

灰背隼常常单独行动，没有任何羁绊，以极快的速度飞行，它们的羽翼相对较短，带着尖锐的鸣叫，快节奏地鼓翼，充满活力。长尾巴赋予了它们极大的敏捷性，对于猎捕鸟类来说，光有速度是不够的，还需要足够的灵敏与机警。那些体重不足50克的小型雀形目鸟类，一不小心就会成为灰背隼的盘中餐。它在高空中监视狩猎或故意飞过去冲走猎物。对于飞在面前的小鸟，总是逃不掉的，它也可以将一只鸟从飞行群中隔离出来，并在追逐后将其猎获。灰背隼偶尔会改善伙食，猎杀大型昆虫如蜻蜓和小型哺乳动物。所以，它们也会在地面狩猎，比如，蜥蜴、蛇、蛙类，在地面或开阔环境中的低栖处被灰背隼吃掉。它们更是鸽子的猎手，所以也叫作"鸽子鹰"。

灰背隼是小型隼，但是凶猛程度远远超过同类，攻击速度极快，会突然出现在视野中，用极快的速度追捕小鸟，甚至可以猎杀飞行能力很强的鸽子，鸽子体重是灰背隼的1倍以上，所以人们称其为"鸽虎"，是小鸟的梦魇。

有人曾经观察到一群小燕子每天都在空中快乐地飞舞，一天不知从哪里来了两只灰背隼，一左一右把燕群由西赶到东，燕群很是惊慌，连续3天都是这样，第4天早上，听到燕群在惊叫，顺声音望去，战场就在对面一棵突兀的大梨树上，这棵大梨树是棵独树，是棵野生的山梨树。村民认为这样的树有灵气，怕惹上麻烦，一般没人祸害它。这棵大梨树有十几米高，一只家燕和两只隼正在逆时针方向围绕大梨树高速旋转，两只隼不抓别的，只抓这一只家燕，轮番地俯冲，如同战斗机一样，只见那只小燕子在隼的肚皮下面滚动，隼却抓不到，争斗异常激烈，这只燕子飞出圈外还回来。两只隼的目标就是这只燕子，其他燕子都在半空中叫着助阵，这样连续争斗至少有20分钟，两只隼也没有抓住小燕子，悻悻地飞走了，从此再没有见到这两只隼。

看来大自然的生物也有规则，两只隼对燕群产生了巨大威胁，刚来时燕群有些慌乱，几天之后，就有小燕子挺身而出，这应该是燕群中的"燕王"。如果小燕子被抓，这群家燕以后的日子就不好过了；如果隼战败，它们就没脸在这里待下去了，必须到其他地方谋生。这些行为，甚为特殊，但是也都贯穿整个生态系统中。从猛禽捕食对象而言，一般都是选择老弱病残个体，很少攻击健康强壮个体，因为这样胜算很小，捕获率会降低，这个行为明摆着不是为了捕食，而是一场决斗，是争夺生存权的争斗。这些行为现实存在，但是没有人研究，应该涉及野生动物行为学方面的内容了。

赵俊 摄

### yàn sǔn
# 燕隼
*Falco subbuteo*
Eurasian Hobby

国家二级重点保护野生动物
隼科
隼形目

# 像雨燕的隼

燕隼的学名中 subbuteo 是拉丁语，sub 意为"接近"，buteo 意为"鵟"；hobby 来源于古法语 bobet，意为"隼"，是指飞上飞下像木马一样的动作。燕隼的体形较小，在 30 厘米左右，是黑白色的隼。翅膀很长，当翅膀折合时，翅尖几乎到达尾羽的端部，看上去很像燕子，所以叫作燕隼。燕隼雌雄同型。头顶、后颈和背部的羽色偏灰蓝，有着黄色的眼圈，眼睛褐色，蜡膜也是黄色；腿及臀棕色，胸部乳白色而具黑色纵纹。雌鸟略比雄鸟大些，腿及尾下覆羽细纹较多。幼鸟与成鸟相似，只是背羽偏褐色，下腹部的羽色会由柠檬黄色慢慢变为成鸟的橙色。如果飞行时速度不是过快，就可以看清尾下的橙色部分，这也是辨认燕隼的一个办法。在小型隼类中，燕隼和红脚隼雌鸟很像，但是区别在于燕隼显得非常骨感俊俏，身材很棒，腹部纵纹非常浓密，黑色髭斑明显，有点像戴了头盔。虽然它们没有游隼强大的力量，但因为优雅敏捷，令人难忘，它们也是少数能在空中捕捉燕子甚至雨燕的猛禽。

燕隼之所以像木马一样上上下下，是因为它喜欢在一个地域的上空做折线觅食，仿佛扫地机器人。它会从高空做直线滑翔，经过一段距离后，再折返，一路"吸扫"空中的昆虫，边飞边吃。如果你以为燕隼滑过来又飞走了，那就失算了，再等等它基本都会再回来。所以，观鸟人可以观察，如果它在滑翔的时候突然转向、加速，那很有可能就是发现了猎物；如果不停地低头抬着爪子，那就是在吃东西。燕隼只在昆虫很少的时候，才会花力气猎捕小型鸟，甚至蝙蝠。因此燕隼很少落到地面上，更喜欢高海拔的开阔林地带。

燕隼体形略大于红脚隼，夏候鸟，翅膀修长如同镰刀，与游隼很相似，只是更瘦弱、更灵活。燕隼在东北为夏候鸟，是飞得最快的一种小型隼；在北方为夏候鸟，主要捕食鸟类和昆虫，翅膀尖长，停立时翅膀尖远远超过尾巴，从形态上看非常像游隼的缩小型，它是小鸟的死敌。由于经常袭击小鸟，所有的小鸟都对它十分警惕，一旦出现燕隼那鬼魅般的暗影，所有的小鸟都会高声报警，虽然不同的小鸟报警声不同，但是相互都听得懂，迅速回避，家燕、金腰燕、白鹡鸰等则积极应战，集群驱赶燕隼。燕隼多采取低空沿着房檐或树木阴影隐蔽偷袭的方式接近小鸟，然后突然加速抓掠而去，有人多次观察到燕隼捕食麻雀、家燕、鹡鸰等小鸟，也见到袭击日本松雀鹰、红嘴鸥、灰椋鸟，虽然没抓到，却足以证明燕隼的凶悍。

家燕雏鸟刚离巢的时候，正是燕隼育雏的高峰，每天数十次偷袭燕群，如果偷袭不成，就会落荒而走，捕食的成功率并不高，燕子也不是完全被动地被捕食，也有很多办法对付燕隼的袭击。一是一旦发现有燕隼来袭，先发现的燕子会大声鸣叫报警，燕群会迅速飞向高空，这样既有利于发现燕隼来袭的方向，也可以居高临下攻击燕隼，燕群会不时地攻击燕隼，虽然燕子的喙没有攻击能力，但是它的粪便酸度很高，可以腐蚀燕隼的羽毛，因此燕隼很忌讳燕子往身上排便；二是有时被燕隼攻击的家燕会高速向下俯冲，然后进入房屋，这样不仅可以摆脱燕隼的捕杀，有时还会将燕隼摔死、摔伤，在这样高速俯冲的情况下，燕子可以钻进房屋，但是燕隼不敢。燕子非常熟悉窗户上的玻璃，有时利用玻璃调理猛禽，曾有人多次发现有雀鹰、燕隼等撞在窗户上受伤，多数是燕子的杰作。燕隼可以在空中抓住成年家燕，这种情况只观察到一次，我曾见到 4 只燕子在空中觅食，突然发现 1 只燕隼低空加速冲向燕子，一扑未中，估计燕子是吓蒙了在原地悬飞，燕隼一个鹞子翻身就把燕子抓住，迅速飞走了，其余 3 只燕子还在追赶，但已经是回天无力了，燕隼飞走的同时，逐渐把燕子张开的翅膀收拢了。

我在松花江见到几只过路的红嘴鸥在江面上飞翔，来了一只燕隼，从动作上看，燕隼要攻击红嘴鸥。我还在怀疑，这两种鸟体形差不多，红嘴鸥还要大些，正在怀疑，燕隼已经俯冲下去，红嘴鸥也知道燕隼的用意，双方相互了解各自的弱项，红嘴鸥知道怎么抵御燕隼的攻击。当燕隼俯冲的时候，红嘴鸥也迅速冲向江面，燕隼没敢抓。随后，燕隼第二次进行攻击，双方还是同时到水面分开，这时燕隼是不敢抓红嘴鸥的，如果打斗滚落江中，燕隼处于劣势，而红嘴鸥处于优势，就会把燕隼溺死，两个回合之后，燕隼悻悻地飞走了。灰椋鸟经常站在电线上，很少见到有天敌攻击它，一只燕隼如离弦的箭一样冲了过去，灰椋鸟大叫着迅速转弯逃离，才幸免于难。

燕隼虽然凶猛，但是，有个习性到现在也解释不了，它也有很"仁义"的地方。我曾发现一巢在一个独门独户的 30 米左右的大杨树上，不用想，这个巢一定是从喜鹊手里抢来的，发现的时候燕隼正是育雏期，两只亲鸟忙碌地来回育雏。在这户人家的电线上，站着一排家燕雏鸟，刚离巢，还不太会飞，燕隼归巢的时候，这些燕雏还与燕隼打招呼。这是一对死敌，在这里怎么成好邻居啦？如果燕隼捕食这些燕雏易如反掌，而且这时的燕隼最需要食物，甚至把蝗虫、蜻蜓都抓来育雏了，对待邻居却是重情重义，这里的家燕和这对燕隼朝夕相处，看来是万物皆有情。

## 几种小型隼的区别

红隼比较常见，黄爪隼就很罕见。不过仅靠外形，想要区分红隼和黄爪隼并不容易。黄爪隼比较苗条，翅膀也比红隼更窄、更尖；停歇时，翅尖几乎到达尾尖。红隼的翅膀和尾部都长，与大多数隼比起来，红隼翅膀基部更窄，在常规飞行时路线相当直。黄爪隼与红隼相比，尾部略短也更细；一些个体中央尾羽略长，尾部呈锥形，可以作为鉴别的依据。红隼振翅十分轻快，看起来轻飘飘不费力气，但没有冲劲。红隼一般独自捕猎和筑巢；黄爪隼则集群繁殖，一起捕食。

燕隼体形小，每个部位都比红隼纤细，翅膀更窄更细；

灰背隼色型与燕隼相似，但身体紧实且小得多，飞行时也显得僵硬很多，振翅缺少变化，只有尖端动。灰背隼翅膀基部较宽，这使它充满力量，尖尖的翅尖，使它飞行时身体前端看起来比较沉，就像小型的游隼。燕隼尾部短，末端平直；飞行有力，常使用长距离高空巡视飞行方式，翅膀向后倾斜。灰背隼与其他隼相比，更善于轻盈地振翅，因此也具有典型的快速度，不需要长距离滑翔，也不需要在天空巡视飞行，而是凭借力量和敏捷性，沿直线在近地面快速捕猎。

## 几种大型隼的区别

矛隼是最大的隼，堪比猛禽鵟，游隼的一些亚种也很大，但也没有矛隼大。猎隼比矛隼体形略小，但比游隼大些，紧追矛隼。只是猎隼的翅翼更窄、也更长；翅尖相当圆，与游隼不同。游隼的翅基宽，翅膀尖，前翼宽，手部呈明显的锥形。矛隼的翅膀基部比游隼的还宽，翅尖也更圆，前翼略长，手部锥形不明显。

游隼尾部长度中等，比其他大型隼类的短。矛隼的尾部比游隼的略长，具有相当宽、几乎突出的基部；猎隼比游隼的尾部长，没有矛隼那样厚实的臀部。

正常飞行时，游隼的翅膀在腕关节处略向前弯曲，翱翔时，翅膀略弓起；翅膀振翅快而僵硬，幅度小。矛隼振翅相当慢，与游隼形成鲜明的对比，幅度也相当小，仅翅尖运动。猎隼振翅更慢，幅度更小。

## 猎隼
*Falco cherrug*
Saker Falcon

国家一级重点保护野生动物
隼科
隼形目

赵俊 摄

## 隼中的战机

2017年，应卡塔尔王室的请求，经国家林业局批准，中国将甘肃境内捕获的10只猎隼用专机送往卡塔尔，以开展科学研究。中国的猎隼只是研究的一部分，事实上，卡塔尔的研究人员也获得了其他国家和地区的不同亚种，用以研究分析猎隼的遗传健康问题，指导卡塔尔在养殖和放飞过程中的保护工作。目前，卡塔尔的隼类研究处于国际领先地位。卡塔尔还大力资助世界各地的隼类繁育和保护工作，2015年，卡塔尔生态保护和鸟类协会曾出资在新疆阿勒泰地区建立中国首个隼类繁育中心，并为中国提供了31只卡塔尔隼。

卡塔尔人之所以重视隼类研究和保护，源于从古至今的游牧习俗滋养出的隼类驯养文化，这既是他们的贵族传统也是国民运动，是卡塔尔人世世代代的生活方式，隼早已成为卡塔尔人的忠实伴侣，驯养隼代表着人与鸟类之间的尊贵联盟。

猎隼有着相当帅气的外形，厚实的胸部使它拥有超强的飞行能力，用轻型战机形容猎隼也十分贴切，因为它们的翅膀较短，所以受空气阻力较小，能够使它们在空中飞行更灵活。猎隼经常捕猎野兔、野鼠等小型动物，面对金雕等大型猛禽，也会毫不畏惧地驱逐它们离开自己的领地。由于猎隼易于驯养，所以在历史上也是人类出色的狩猎助手。

有些北方游隼和猎隼特别像，从捕食种类上也可以区分猎隼和游隼，游隼主要捕食野鸭、鸥、鸠鸽类、乌鸦和鸡类等中小型鸟类，偶尔也捕食鼠类和野兔等小型哺乳动物；猎隼主要以中小型鸟类和野兔、鼠类等动物为食。从体形上比较，猎隼比游隼大，在50厘米左右，体重也比游隼重，一般在1.5–3斤。从翼形上比较，猎隼比游隼钝而色浅，猎隼雏鸟、亚成鸟的脚都是青黑色，只有成年后才逐渐变黄，而游隼都是黄色的。

成年猎隼颈背偏白色，头顶浅褐色。头部对比色少，眼下方具有不明显黑色条纹，眉纹白。上体为褐色杂以横斑，翼尖深褐色；下体偏白色，翼下大覆羽有黑色细纹。猎隼尾部有狭窄的白色羽端，比游隼的尾部长，没有矛隼那样厚实的臀部。

máo sǔn
# 矛隼

*Falco rusticolus*
Gyrfalcon

国家一级重点保护野生动物
隼科
隼形目

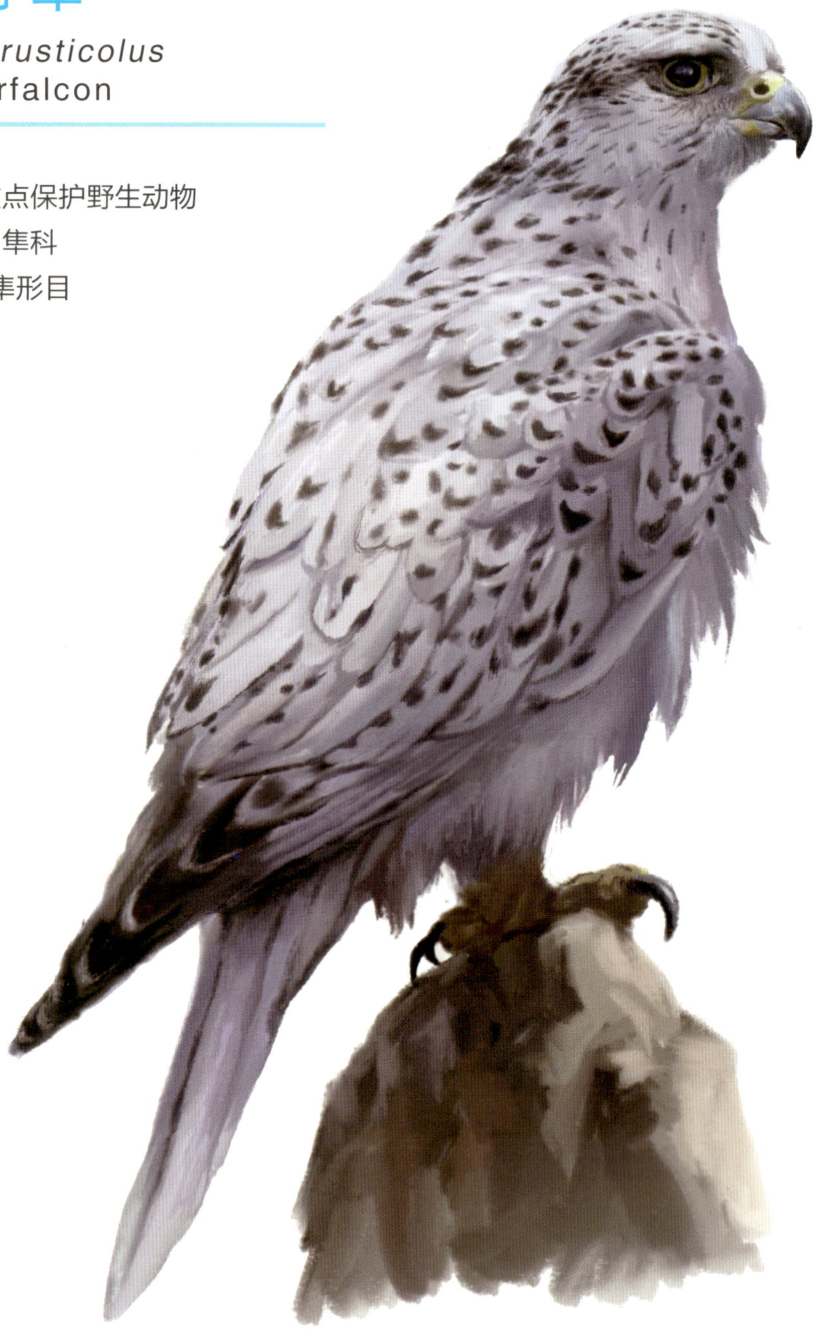

张湘坤 绘

## 神俊海东青

矛隼是最大的隼，堪比猛禽鹫，矛隼也是改变了一个国家命运的隼，因为它就是大名鼎鼎的“海东青”。“辽金衅起海东青，玉爪名鹰贡久停。”清代文人沈兆禔在《吉林纪事诗》中记录了这段历史。

据传，当年的辽国皇帝，“君臣尚猎，故有四时捺钵”。每年春天的捺钵，都会有一项重要活动，即到鸭子河（也就是今天的松花江边）捕杀天鹅。第一只捕杀的天鹅要由辽国皇帝亲自放飞海东青来猎取。当猎杀到头鹅以后，群臣纷纷进献酒米，以示庆贺，并各自在头上插鹅毛，举乐宴饮，这就是"头鹅宴"，此活动引得日后的金、元贵族纷纷效仿，从而演化成一种习俗。

北方的游牧民族，有着悠久的驯鹰历史，驯鹰的品种也有很多，为什么海东青如此声名赫奕呢？如果一定要使用飞禽狩猎，苍鹰、金雕显然更给力，况且金雕形体巨大，可以捕获狼、野猪那样的猎物。经过训练的金雕还可以帮助牧民看护羊群，而且相比于海东青，苍鹰、金雕更容易获得。然而，海东青之所以珍贵的真正原因是，它善于捕杀天鹅，获取珍珠。

女真人的先祖最初生活的地方，那里出产一种淡水珍珠——北珠，北珠颗粒硕大，珠光辉耀，鲜丽圆润。北珠的极品为淡金色，价值连城。但是，"怀揣"珍珠的珠蚌要每年十月才大熟，而此时湖面早已冰封，冰雪厚达数尺，要想获取珍珠绝非易事。可是，有一种天鹅专门以这里的珠蚌为食，珍珠自然就留在它们的胃里。所以，女真人驻足天地，仰望着海东青。

海东青，在肃慎语中为"雄库鲁"，意为"世界上飞得最高和最快的鸟"，有"万鹰之神"的含义。由此可见，女真人最早把它奉为神明，这和海东青的捕猎技能是息息相关的。海东青虽不如雕属个头大，但仍属于大型猛禽类，肌肉发达，身姿矫健。重1.31-2.1千克，体长56-61厘米，爪子像铁钩，捕食时快如闪电，俯冲的时速可达360千米，是雪豹的3倍，飞于空中，可以"无微不瞩"。海东青食量很大，吃饱一次可以20天不进食，特别适应北方的苦寒。这对于在北方属于夏候鸟的金雕来说，不在一个竞技赛道上。更重要的是，海东青善于以小博大，因为能捕获天鹅这种攻击力、防御力极强的大鸟，仅靠个头大是不够的。天鹅的体重差不多是海东青的10倍，不论是体重还是外形都相去甚远。天鹅又是少有能飞上万米高空的鸟类，而海东青可以飞得更高，在云霄之上俯冲天鹅的头部，骑在天鹅的颈上，控制其飞行的方向和角度，迫使其降落，这让鲜有天敌的天鹅只能任其宰割。

在宋辽时代，辽人以北珠与北宋进行贸易，以至于北珠猎手海东青的需求数量剧增，身价越来越高。辽国皇帝还专门成立了豢养海东青的机构——"鹰坊"。然而，辽国本土并不产海东青，统治者逼迫散居东北的女真部落及东北臣属五国每年上贡海东青，为了能让海东青按时、按量送达，他们还专门开辟了一条"鹰路"。后来，东北五国叛乱，为了保障这条"鹰路"顺畅通行不断流，辽国统治者不得不扶植一些女真部落为其护航，其中一支部落后来诞生了一位雄主——完颜阿骨打。

"九死一生，难得一名鹰"。海东青一般栖息在岩石海岸，这些地方环境艰险，交通不便，为了捕到一只，捕猎者需要在山上静候几十天，甚至付出生命代价。辽国统治者以纯白色羽毛的海东青为最尊贵，在猛禽中，只有矛隼才有白色个体。到了清朝，甚至达到了"若能上贡一只海东青，无论何罪，皆可免死"的地步。随着辽国统治者无休止地索要，捕鹰的难度越来越高，女真部落深受其扰，人人怨之。到了辽末，荒淫的天祚帝对于女真部落的搜刮和迫害，屡屡逼要海东青，完颜阿骨打抓住女真人供奉海东青的强大怒气，一统女真部落，攻伐辽国。因海东青而被灭国虽然只是一个表象，但在辽国的灭亡过程中，海东青确实也是导火索。

矛隼是可以猎杀天鹅的中型猛禽，天鹅尤其是疣鼻天鹅，体重是矛隼的5-7倍，大型隼攻击大型猎物时，不是用脚去抓，而是打，在高空呈45度角进行打击，打击的部位是猎物最薄弱的枕部，一旦被击中，瞬间昏迷或直接毙命。这是同等猛禽苍鹰做不到的。须知天鹅也是凶悍的鸟类，在育雏期间，可以攻击一切来犯之敌，天鹅翅膀具有很强的打击能力，如果被击中，那将会产生很严重的伤害。天鹅在空中飞行时头颈部会伸得很直，这更容易遭到矛隼的攻击，而且矛隼多采用在太阳方向进攻，将自己隐藏在阳光中，使猎物看不到自己进攻的方向而中招。

有的文献记载矛隼之所以叫矛隼，是因为飞得快，如同箭矢一样快。其实，矛隼是因身体白色羽毛上的黑斑呈矛头一样的花纹而形成的称呼。矛隼色型有好几种，有纯白的、斑点的、深色的和灰色的，主要鉴别特征是没有颚纹。

中国不产矛隼，矛隼都生活在北极圈内，只在雪大的年份，有些个体会迁徙到中国东北越冬，从古到今数量都很少，加上皇族的偏爱，它就被宠上天了。

## 游隼
yóu sǔn

*Falco peregrinus*
Peregrine Falcon

国家二级重点保护野生动物
隼科
隼形目

赵俊 摄

## 游荡四海的豪情

　　游隼在吉林属于夏候鸟,过了繁殖期,它便开始四处游荡。游隼拥有两项鸟类世界纪录:一是世界上速度最快的鸟类,俯冲时的瞬间时速超过 300 千米;二是和鱼鹰一样,同为世界上分布最广的鸟类,遍布全球各大洲。令人类羡慕的游荡四海的豪情,也是游隼名字的由来。

　　游隼属于中型猛禽,长 41-50 厘米,是大型隼中体形较小的种类。体长是雌性略大于雄性,也不过是从人类手肘到指尖的距离。体重也是雌性略大于雄性,不过对于游隼来说,羽色、大小、重量、个性、喜好每只或许都会充满变数。成年游隼头顶及脸颊接近黑色,有着醒目的黑褐色髭纹;上体呈蓝黑色,下体白色,胸部具有黑色纵纹。机警的双眸掩藏在眼周黑色的羽色里,脸部对比鲜明的黑褐色和白色斑纹,能起到将猎物惊飞的作用。游隼的飞行技巧高超,可运用多种方式飞行和猎食,这与它的体形构造是分不开的。游隼有着流线型的身材,从圆圆的脑袋到宽阔的胸膛,然后一路平滑变窄,在尾部呈楔形收尾。它的翅膀修长而尖锐,初级飞羽纤长保证了它的飞行速度,次级飞羽宽大,使游隼有足够的力量可以提起并携带猎物飞行。当它飞向高空往下俯冲的时候,会通过不断折叠翅膀调整速度。游隼每秒振翅 4.4 次,斑尾林鸽每秒振翅 5.2 次。游隼在水平飞翔时,很像鸽子,但因为翅膀更长、扬翅更高,还是可以区分开的。游隼停歇时,也有"鸽胸"的感觉,这是其他隼类少有的。

　　作为全天候的猛禽,平时游隼会缓缓翱翔在空中,一旦锁定目标,加速度惊人,不管飞得多高、多快的猎物,游隼都可以更高、更快,然后它会俯冲而下,用弯钩状的喙刺入鸟的颈椎,或直接爆头。它的腿部肌肉发达,脚趾长而有力,最具杀伤力的是后趾,这是四个脚趾中最长的一个,游隼单用这一个脚趾,就可以将猎物狠踢在地,仿佛瞬间完成一次切割手术,更像武侠世界的"一阳指"功夫。

　　真正见过游隼捕猎的人,一定会终生难忘的。就像约翰·亚力克·贝克在《游隼》那本书中写道的:"最难看见的,往往是那些最真实的事。"在书中无论看到怎样精彩的鸟类图片,合上书或许不久就不会想起那只鸟了。真正隐藏在自然中的鸟,或许是转瞬即逝,或许是惊鸿一瞥,但你永远不会忘记,相比较起来,图片中的鸟不过是蜡像而已。

《游隼》是作者用了整整十年，像追寻"圣杯"一样追寻家乡荒原上的游隼写的日记。那暗淡、荒凉、单调的土地，因为作者情感的投入，而变得如此丰富且迷人。潮来汐往，天光云影，生境上的一草一木、一鸟一虫，都洋溢着旺盛的生命力，每日以游隼为主角的不同画风，毫不停滞地上演着悲喜交集的故事。

"游隼正式的捕猎总是伴随着某种形式的嬉闹开始。"在毫无预兆中，游隼就杀死了猎物，但又习惯等上一小段时间，哪怕自己已经饿了，也要在确定猎物已经死掉后，才开始进食。它要避免多次惊吓同一种鸟，否则那群鸟就再也不会来到自己的领地了。它在父母那里学到了俯冲猎杀的技巧，知道自己最大的优势就是可以飞得更高，藏匿在高空，在猎物毫无察觉时，俯冲直下。它们一生都在苦练自己日趋完美的猎杀技，时机、角度、力度，它们不畏惧体形比自己大出许多的鸟类，甚至猛禽。游隼每天都要洗澡，它们的栖息地域很广，但少不了河流、湖泊，频繁地洗澡，一是为了洗掉自己身上的虱子，二是为了洗掉它们猎杀的鸟类身上可能转移过来的虱子，以让自己保持最佳的健康状态。

20世纪60年代中期的英国，对于游隼而言是"最晦暗无光的时期"：农药的大面积使用，正在摧毁这种自然界最强大、最成功的生物，使它们一度面临灭绝的危险。在约翰的心中，游隼仿佛就是他自己。或许可以说，《游隼》并不是一本观鸟的书，而是一本关于成为鹰的书，更是关于一个人，渴望成为人以外的存在。

游隼是一种令乌鸦恐惧的猛禽，我们知道，乌鸦在鸟类中是非常聪明且霸道的存在。很多猛禽都会被乌鸦戏耍，而无可奈何。但是，乌鸦一旦看到游隼，就立刻会被吓坏。有人曾经观察到，在一个林缘听到乌鸦叫，只见一只游隼从空中直接俯冲下来，乌鸦的毛被打落很多，乌鸦则利用树枝抵抗游隼的攻击，游隼反复7次攻击乌鸦，有3次将其羽毛击落。之后，游隼觉得这只乌鸦不好猎捕，便放弃攻击，转头向南飞去，对面的乌鸦立刻惊恐地叫了起来。

游隼最喜欢的猎物就是鸠鸽类，一群广场鸽可能是一对游隼的口粮，包括育雏。在鸽子少的地方，游隼会捕食野鸭、鸻鹬类、雉鸡类等鸟类，经常将野鸭击落。更有文献记载，游隼会捕食大鵟等猛禽。在近年的短视频中，我们也可以见到它们攻击进入巢区的大型鸟类，如鹈鹕、鸢等，包括金雕也会被攻击。

赵俊 摄

# 鸮形目

# 鸱鸮科

hóng jiǎo xiāo
## 红角鸮
*Otus sunia*
Oriental Scops Owl

国家二级重点保护野生动物
鸱鸮科
鸮形目

赵俊 摄

63 / 鸮形目　如是观鸟集 天空的王者　猛禽卷

diāo xiāo<br>
**雕鸮**<br>
*Bubo bubo*<br>
Eurasian Eagle-Owl

国家二级重点保护野生动物
鸱鸮科
鸮形目

岳汝华 摄

### cháng ěr xiāo
# 长耳鸮
*Asio otus*
Long-eared Owl

国家二级重点保护野生动物
鸱鸮科
鸮形目

赵俊 摄

### huī lín xiāo
# 灰林鸮
*Strix aluco*
Tawny Owl

国家二级重点保护野生动物
鸱鸮科
鸮形目

张湘坤 绘

### 雪鸮
### *Bubo scandiacus*
### Snowy Owl

国家二级重点保护野生动物
鸱鸮科
鸮形目

### 日本鹰鸮
### *Ninox japonica*
### Northern Boobook

国家二级重点保护野生动物
鸱鸮科
鸮形目

### 短耳鸮
duǎn ěr xiāo

*Asio flammeus*
Short-eared Owl

国家二级重点保护野生动物
鸱鸮科
鸮形目

赵俊 摄

### 纵纹腹小鸮
zòng wén fù xiǎo xiāo

*Athene noctua*
Little Owl

国家二级重点保护野生动物
鸱鸮科
鸮形目

赵俊 摄

máo tuǐ diāo xiāo
# 毛腿雕鸮

*Ketupa blakistoni*
Blakiston's Fish Owl

国家一级重点保护野生动物
鸱鸮科
鸮形目

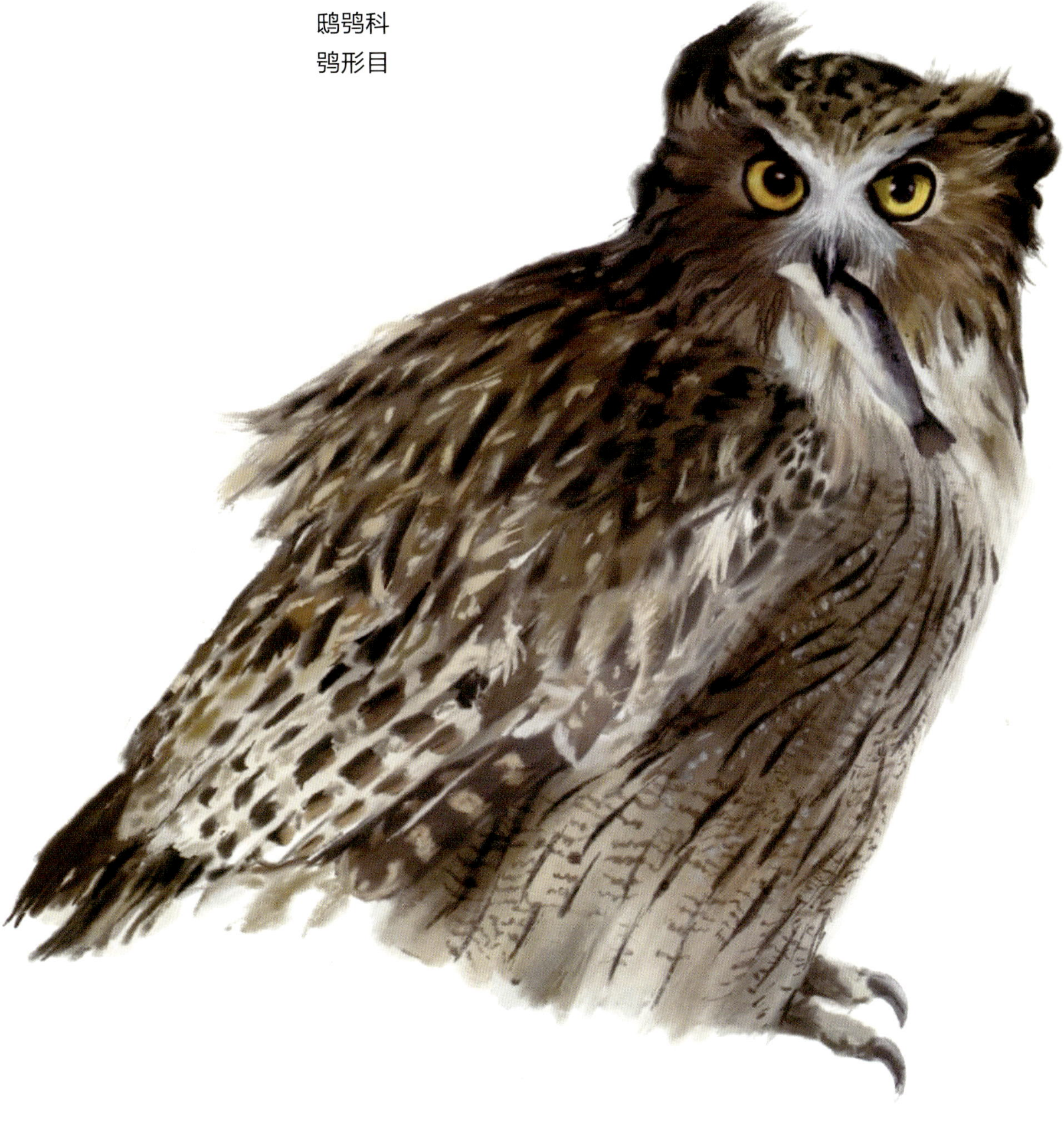

张湘坤 绘

如是观鸟集 **天空的王者** 猛禽卷 鸮形目 / 68

## cháng wěi lín xiāo
# 长尾林鸮
*Strix uralensis*
Ural Owl

国家二级重点保护野生动物
鸱鸮科
鸮形目

郭丽 摄

## 带领结的猫头鹰

领角鸮，由于脖子上有比较明显的浅沙色颈圈，像领子一样而得名，它算是猫头鹰家族里的小个子，体长20-27厘米。领角鸮的外形和红角鸮非常相似，具有小型耳羽簇。上体包括两翅表面大都灰褐色，具有黑褐色羽干纹和虫蠹状细斑，并杂有棕白色斑点，这些棕白色斑点在后颈处特别大而多，从而形成一个不完整的半领圈；肚皮呈白色或灰白色，尾巴下面和腿上面的羽毛也是白色，面部呈白色或浅黄色，圆溜溜的大眼睛，又萌又深邃，配上脖子上蓬松松的"领结"，妥妥的萌宠一枚。领角鸮常栖息于山地阔叶林和混交林中，单独活动，白天多躲藏在树上浓密的枝叶丛间，晚上才开始活动和鸣叫。

## 红角鸮棒槌鸟的传说

在东北长白山的密林中，每年秋季人参果成熟的时候，人们便带着十天半月的给养上山了，目的是寻找草中之王——人参，山里人管人参叫棒槌。为什么必须在秋天寻找人参呢？因为长白山山高林密，加上灌草丛生，寻找人参如同大海捞针，非常困难。人参在秋天结出如同鲜血般的人参果，比较醒目，相对容易寻找。但找到人参也是不容易的，传说有人找了十几年都没有找到。人参数量稀少，药用效果神奇。虽然很多植物也结红果，但是都不如人参果的颜色纯正。

在长白山经常可以听到清脆的"王——刚——哥"的鸟鸣，白天听不到，一到黄昏便可以听到，而且彻夜不停地鸣叫。跑山的人都认为，这种叫声就是棒槌鸟发出的，它在哪叫，哪就有人参，到现在那些跑山的人谁也没有见过棒槌鸟长什么样。据专家讲已经找到神奇的棒槌鸟，原来是产在东北的一种猫头鹰，一种体长不到20厘米的小型猫头鹰红角鸮。真是令人大跌眼镜，有着数百年传说的神鸟竟然是猫头鹰，令人无法接受，为了让朋友接受这个事实，我们特意抓了一只红角鸮养起来，没几天，半夜便发出"王——刚——哥"的叫声。

## 有耳朵的鸮

Otus在拉丁语中的意思是"有耳朵的鸮"，是指角鸮属鸟类具有的明显耳部羽簇的特点，这也让它们看起来像头上有"角"的猫头鹰，比如长耳鸮。其实，所有的猫头鹰都有耳朵，它们正是靠强大的听觉系统准确定位抓捕猎物的，但并不是所有的猫头鹰都有"角"，尽管它们看起来就像耳朵的轮廓，但是这像耳朵的羽毛和听觉没有关系。猫头鹰真正的耳朵，或者确切地说是耳孔，长在眼睛的两边。因为猫头鹰的头羽很厚，这使它们的头看起来很大，隐藏在眼睛最外围的面盘羽毛下的就是猫头鹰的耳孔。许多猫头鹰的左、右耳不对称，一只看起来在7点钟方向，而另一只在2点钟方向。有的猫头鹰不仅是外耳的软组织不对称，连头骨也不对称，尽管每只耳朵的内部结构都是一样的。猫头鹰的耳孔很大，上下距离有4厘米，且十分复杂。左耳道明显比右耳道宽阔，耳孔由特别的羽毛遮盖，不对称的耳朵使猫头鹰更容易定位声源，甚至是泥土里和雪地下面的猎物，它们也会准确地抓获。

雕鸮 赵俊 摄

## 头上有角就称王

雕鸮人称"世界上最大的猫头鹰",也被称为"猫王"。雕鸮体长可达71厘米,体重可达8.4斤,翼展可达1.8米,每当展开翅膀凌空而降时,它就像王者归来,其"猫王"的名号也就由此而来了。雕鸮的叫声低沉却可以传播很远,是一个低沉的"爆发者"。雕鸮之所以不怒自威,令它戴上暗夜王冠的硕大耳羽功不可没。雕鸮之所以能够称王,还因为它是强大而冷酷的捕食者,强壮的爪子具有约300千克的抓握力,锋利的喙具有的咬合力略小于狼。单靠这两大利器就能轻松抓起猎物,或者压碎、刺穿猎物,进而利用会飞的优势摔死猎物,和猛禽无异。它不挑生存环境,食物链自然十分广泛,一年捕鼠4000只,想吃多大的食物,全凭心情,连鹿、豪猪、狍子、刺猬都会拿下,更别说一般的小型哺乳动物了,雕鸮会吃一切能捕杀的、能得到的食物,甚至猛禽一族也不放过。经常会有晚上不好好睡觉的鸟儿被一个"黑影"带走,那黑影自然就是"暗夜之王"雕鸮了。

## 耳羽警示标

雕鸮的耳羽增添了它的王者气质,而对于长耳鸮来说,像兔子一样的长耳朵,更是它伪装自己的一个道具。当耳羽直立起来时,长耳鸮的心理就呈现"我是一个树桩的状态",因为耳羽和身上的羽毛就像它们常栖身的树桩上的垂直裂纹。当它紧张或受惊时,耳羽簇会竖起来;当危险逼近时,长耳鸮会弓着身子、双目圆瞪、翅膀怒张、耳羽簇直立,以此威胁、吓退对手。只有在飞行过程中,长耳鸮才会将耳羽簇适时放下,以起到减小风阻的作用。所以,大多数时候,要想了解猫头鹰的表情和反应,你只有先观察这些耳羽簇的运动,才会进一步了解它的需求和情绪。如果它的耳羽簇是放松的状态,没有动来动去,那么表示它很自在,没有吃惊、警觉等表现;如果它伸直自己的耳羽簇,让它的耳朵看起来很威风的样子,那么它一定是在仔细观察周围的环境,表现出极大的兴趣,并将自己伪装在树枝中间;如果耳羽簇展开只有45度角,那是它的注意力被分散的表现;当耳羽簇平缓地垂下时,说明它已经困倦了或者很平静,当有动物现身时,耳羽簇会像灯泡突然发亮一样竖起来。所以,猫头鹰的耳羽簇,虽然具有一定的装饰功能,但更重要的是警示标,它们可以随着情绪变化和生活需要竖起与放下。

## 收集声音捕猎

与上白班的鹰类鸟不同，上夜班的猫头鹰都有一张大大的脸。猫头鹰的脸部密集着硬羽，这些硬羽组成"面盘"。宽大的脸和每只眼睛周围的一圈醒目的羽毛，无疑放大了它的威严，不过这些对它的听力更有作用，是很好的声波收集器。因为这些羽毛像漏斗一样，将声音汇聚到猫头鹰的耳朵里，让它能够凭借最轻微的窸窣声察觉和计算猎物的距离。所以，当一只猫头鹰在黑暗的环境中搜寻猎物时，它对声音的第一个反应是转头，如同我们在听到微小响动时侧耳倾听一样。但猫头鹰并不是真正地在侧耳倾听，它转头的作用是使声波传到左右耳的时间产生差异。当这种时间差增加到 30 微秒时，猫头鹰即可准确分辨出声源的方位，就像获取了坐标一样，随后迅速出击，抓捕猎物。当然，在捕食过程中，猫头鹰的视觉和听觉是相辅相成的，正是因为各方面都适应了夜行生活，它才成为一个夜间捕猎的能手。

## 为什么我们会耳聋

年少的时候，我曾经因为参加团支部组织的打靶活动，枪声震了耳朵，引起耳鸣好久。这与鸟儿天生就会保护自己的耳朵，合理地使用耳朵和进化耳朵相比，我们人类真是差远了。我们总是在青年时期达到身体的顶峰，随后便走下坡路了，年老性耳聋是每个人都不得不面对的境遇。

如果鸟儿遇到噪声怎么办呢？灰林鸮的希腊文意思就是"能发出尖锐的声音"。其实，很多鸟儿本身就是高分贝声音的制造者。一些夜行性鸟类要实现远距离沟通；还有小鸟要通过鸣唱宣布自己的领地；或者在嘈杂的背景声中，向可能的配偶宣示自己的存在，它们都要卖力地叫。一只长脚秧鸡的叫声能达到 100 分贝，随身听的最大音量是 105 分贝，想一想那种漏电般聒噪的声音，在你耳旁叫上十几分钟，会怎么样？那长脚秧鸡是不是首当其冲的受害者？然而，并不是，长脚秧鸡在大叫的时候，能对自己产生一种反射能力，也就是这个时候它完全听不见了，这种暂时性耳聋恰恰就是鸟类在保护自己的耳朵，当它们张嘴叫时，它们鼓膜的张力减弱了听觉能力；松鸡在大叫的时候，外耳会被一个皮瓣堵住几秒钟；很多鸟在潜水的时候，耳羽也会堵住耳朵，防止耳朵进水。

其实，人类对于耳朵的探索最晚，对研究耳朵是如何运作的花费的时间也最久。我们现在知道了，决定听觉能力的还有耳蜗中的基底膜，一般来说，它是随着鸟的体形增大而变大的。比如最小的草雀，其基底膜才 1.6 毫米；最大的鸸鹋，其基底膜大到了 5.5 毫米。但到猫头鹰这里，又是一个例外。以仓鸮为例，体重 370 克，尽管体重不到鸸鹋的 1%，基底膜却长达 9 毫米，是后者的近 1 倍，包含大概 16300 个毛细胞，是正常它这个体形的鸟的毛细胞的 3 倍，这样就使猫头鹰有了最出色的听力。

然而，最重要的是，这些毛细胞可以更新，如果人类攻克了鸟类的这一功能，那将对人类有极大的帮助。鸟类耳蜗中的毛细胞可以定期更换，今年损坏了，明年就换新的。就像巨大的枪声在我耳边响起，我却一点防备都没有，噪声肯定对我的耳朵和听觉造成了不可修复的损害。因为那些负责感受声音的毛细胞相当脆弱，又精细复杂，人和哺乳动物都是不可以更换的，被损坏了就是永久的。随着时间的推移，我们的耳朵经过日复一日温柔又粗暴地对待，越来越难感受到高频率的声音，这就叫"年老耳聋"。希望科学家通过对鸟类耳朵的研究，也为人类带来可以更新的毛细胞，早一天可以帮助老年人重拾听力。

长尾林鸮 赵俊 摄

## 乌林鸮

wū lín xiāo

*Strix nebulosa*
Great Grey Owl

国家二级重点保护野生动物
鸱鸮科
鸮形目

乌林鸮 赵俊 摄

## 脸大吃得开

  林鸮类猫头鹰比它家族的同伴，例如，短耳鸮、长耳鸮、雕鸮等面盘更圆且大，其中，乌林鸮又是林鸮中面盘最大和最复杂的，仿佛上帝偏偏要耐心为它勾画一下似的。乌林鸮没有耳羽，鼻子像被捏起来，使两眼距离有点近，只留下更多空间给满月形的圆脸盘。面盘上画着精致的脸谱，勾勒了一圈一圈年轮一样的树纹同心圆，让眼睛处于圆中心。黄色虹膜中嵌着的黑色瞳仁，像一枚小纽扣，黑黄鲜明，咄咄逼人。乌林鸮的钩子嘴也是黄色的。在嘴下面，有一把"斯大林"似的胡子，所以在俄文里，人们又把乌林鸮称为"须鸮"——在它浑圆的下巴下有两撇白色上翘的羽毛。在它的面盘中部，两眼之间好像人类鼻子的地方，也有对称的两撇"C"形白色纹饰，与上翘的两撇胡子相呼应。乌林鸮的大脸盘可不是白长的，因为比较起来，乌林鸮在冬季雪地捕猎，尤其是在厚厚的雪被下逮老鼠，它的"雷达系统"明显比其他猫头鹰更先进和灵敏，就是仰仗它面部的"C"形竖立的毛和颈下两撇胡子，接收声波并且有隔离作用，使它的两只耳朵各负其责，互不干扰，而更见效率。所以，别看乌林鸮脸大、体形大，但身大力不亏，动作灵敏且有力，在冬季寒冷的林海中，积雪下生存着许多啮齿类动物，它们非常善于伪装和隐藏，积雪晒化再冰冻后非常坚硬，这也成了鼠类的保护屏障。但乌林鸮不仅可以凭借自身的雷达系统探测到雪下的猎物，还拥有足够力量俯冲打破坚硬的雪盖，捕捉隐藏在雪下的猎物，这一项绝技也是众多猛禽不曾掌握的。据说，乌林鸮冲刺的力量可以打破承重80千克的雪盖，所以真不是盖的。

## 脸形写着"爱你哟"

其实，每种猫头鹰的面盘都有着各自的特色，比如，长尾林鸮的面盘就像苹果的切面，两只黑乎乎的眼睛像苹果核，干净利落；仓鸮的面盘是桃心形状，有点像猴子，所以又被叫作"猴面鹰"。除却巫山不是云，只要看过仓鸮的面孔，就很难让你忘怀，像仓鸮这种长成爱的形状的脸形，真是天下少有。

仓鸮属于中型的猫头鹰，身高40厘米，重300克，它们的爪子巨大无比，为猫头鹰这一种类之最，是啮齿类动物的终结者，更是人类珍爱的益鸟之一。

在以色列，这个国家以在贫瘠的土地上实现了粮食自给自足的奇迹而闻名。不过高产的田地里到处都是老鼠的洞穴，温暖的冬季也使这种动物很活跃，以往使用的鼠药还毒害了其他动物并且对土地有污染，于是为了控制它们的增长，三十几年前，以色列农民将仓鸮这种啮齿类动物的捕食者吸引至此，建立了巢箱，以供仓鸮筑巢繁殖，从而在田地里捕捉老鼠，多年下来，事实证明这是一个万全之策，一只仓鸮每年可以消灭2000-6000只啮齿类动物。现在，以色列的田地上遍布巢箱，终极天敌的引进是以色列兼顾环保和环境的重要农业措施。

仓鸮每次产卵可以达到5-13个，它们可以根据附近食物来源的多少，自行调整产蛋的数量。为了养育幼鸟，它们不得不夜以继日地辛勤捕食。和其他种类幼鸟的习惯不同，仓鸮幼鸟在同时发出饥饿的叫声后，谁叫得最响、最持久，谁就自动优先获得食物，其他的兄弟姐妹丝毫没有争抢之心，这种和谐共处的行为有利于幼鸟的长大，这样即使体形弱小者也可以为自己发声，并得到应有的尊重和谦让。鸟儿的大小取决于孵化的先后顺序，这样出生较晚的鸟体形自然就要小。总而言之，通过这种公平的发声，较弱小的鸟也有了生存的机会，更不会出现相互残杀、你争我夺的场面。当它们稍大一些，还会出现分享、谦让的行为，这是仓鸮在进化中具有的智慧。所以，不论是鸟类还是人类，都能感受到它们带来的爱与和平。

## 眼睛也好使

我非常喜欢19世纪詹姆斯·奥杜邦的鸟类绘画，他不仅是一位艺术家，还是一位鸟类科学家。他的鸟类绘画是将艺术和科学一同呈现的杰作，他用自己的画笔和热情赋予了美洲鸟无与伦比的样貌，他仿佛能深入鸟类的灵魂，从而展现出每种鸟独特的魅力与习性。奥杜邦画了一只灰林鸮在树枝上，身体前探，仿佛要站不稳了，不知它是想探索还是被惊吓了，大眼睛仿佛要贴近鼻子底下的小松鼠，像要看清是什么在那里，这是一幅令人忍俊不禁的画，显然他夸张地描绘出在白天猫头鹰的视力差极了的样子。

其实不要以为猫头鹰总是上夜班，眼睛在白天就不好用，恰恰相反，猫头鹰在白天也有很好的视觉。而且即使在夜晚捕猎，猫头鹰也要依靠视觉避免飞行中的碰撞。

在自然界中，猫头鹰是唯一具有圆圆的面盘，且两只眼睛均朝向前方的鸟类。和哺乳动物相比，鸟类的眼睛普遍要大。猫头鹰作为猛禽，体形比人小很多，可它的眼球却比人的还大。更大的眼睛就意味着能看得更清楚，因为投影在视网膜上的图像更大。就像家里的电视机，你会根据房子的大小，尽可能地购买大的显示屏。眼睛大，意味着拥有更多的光感受器，就像更大的电视机有更高的像素，因此成像也就好。事实上，所有鸟类的眼睛比看起来的还要大。一位鸟类学家曾说过："鸟的眼睛只有一小部分露在外面，因为除了瞳孔，其他部分都被羽毛或者皮肤覆盖了。"

拿灰林鸮来说，它的眼球可谓巨大，眼睛的焦距和人类近似，约17毫米。然而，它们的瞳孔直径达到13毫米，比人类大出5毫米，所以灰林鸮的眼睛可以接收更多光线。灰林鸮视网膜上的投影比人类要亮2倍，这解释了为什么它们的视觉感光度和我们不同。再与鸽子这种纯日行性的鸟类相比，灰林鸮和鸽子在日间视力水平其实差不多，只是鸮类的眼睛是为了获得最大的感光度，而不是为了最好的分辨率设计的，它们能看见，但是锐度不够。所以在白天，鸮类的眼睛没有鸽子或者隼类猛禽具有的分辨图像细节的能力。

猫头鹰的眼睛很重要，不过这对于猫头鹰的头骨来说，是一个考验。因为在这头骨上，除了大脑，还要合理地安置一对大眼睛和最重要的两只耳朵。我们已经清楚，猫头鹰主要用耳朵捕猎，所以在头骨上安置好超大的耳孔后，那么适合眼睛的地方就只有前面了，于是猫头鹰的眼睛长在头部正面。双眼叠加的视力范围只有150度，与人类接近，只是猫头鹰的眼睛固定在眼窝内无法转动，溜到眼角的位置也无法办到，就好像一个固定的车灯。有科学家还做过实验，他们想用钳子扭动一只刚刚死亡的鸮的眼球，可是转动不了。无法转动就使猫头鹰双眼看到的范围受到一定限制，给它的观察和捕猎带来了不利影响。但是对于这个问题，猫头鹰也有解决方案。

日本鹰鸮幼鸟 常东明 摄

## 还会"歪头杀"

　　人类和动物比起来真是有太多局限了，所有关于人类超能力的梦想，很多动物都能实现，比如，脖子轻松旋转270度，这对于猫头鹰来说就很容易。在长期的进化中，猫头鹰形成了较长的颈椎，人和其他哺乳动物的颈椎只有7个，其中也包括自然界中长脖子的代表长颈鹿，而猫头鹰的颈椎数则有14个。首先，它的颈椎结构比较特殊，颈椎两侧的韧带发达，使它的头部向两侧都可以转到270度的范围。其次，脊椎动脉进入脖子的位置更高，颈部一根负责给大脑供血的主动脉穿过颈椎骨中央的空穴，这个空穴的直径比穿过它血管的直径大9倍，多余的空间为动脉血管提供了缓冲，使动脉在头部扭转时有充足的移动空间而不会受到挤压。人类就太缺乏猫头鹰类似的适应性进化结构了，使现代人罹患颈椎病成为普遍现象。此外，猫头鹰还有一套保护和健全的系统，就是有连接颈动脉和脊椎动脉的微血管结构，使血液可以在两条血管之间进行交换。同时，当猫头鹰转动头部时，头底部颌骨下面的血管会越来越粗，这种能够张弛的血管类似于缓存血库，可以在猫头鹰转动头时为它们的大脑和眼睛提供足够血液。

　　猫头鹰的脖子之所以能大幅度旋转，主要是因为弥补眼睛无法转动的缺陷。虽然猫头鹰的眼睛对夜间弱光敏感，但是由于两只眼睛朝向前方，这样当脖子非常灵活地转动时，目之所及自然随着头的活动范围大大增强，它们的脸甚至能转向后方，从背后盯着你。因此，猫头鹰具有非常大的观察范围，它的爪子可以抓住树枝保持身体一动不动，而头像监控一样无声地旋转，用以捕捉猎物和躲避敌害。而当小猫头鹰歪头看你时，所有人都会被它的目光萌化，你说这是不是"歪头杀"！

## 为什么受伤的总是你

雕鸮 赵俊 摄

我在长白岛拍摄纪录片的过程中，遇到很多需要救助的鸟类，除了失孤的幼鸟外，最多的就是鸮类和其他猛禽类，它们不是因为饥饿就是因为在飞行时弄伤了自己。

大家都知道，猫头鹰喜欢在晚上活动，当然，也有一些喜欢在早晨和黄昏活动，少数种类也有日行性的。夜行性猫头鹰的捕猎对象多为鼠类和兔子等夜行性动物，而少数日行性猫头鹰的捕猎对象则是鱼类等白天活动的动物。猫头鹰的眼睛瞳孔非常大，可以在夜间吸收更多的光线。它的视网膜内充满大量的光敏杆状细胞。尽管这些杆状细胞对光线和移动非常敏感，但它们对颜色的反应并不好。对颜色做出反应的细胞称为"视锥细胞"，因为形状像圆锥形，能感觉丰富多彩的颜色，但需要较强的光照，而猫头鹰的眼睛里几乎没有，所以大多数猫头鹰只能看到有限的颜色或单色。这就是视力再好的猫头鹰也不免背负"色盲"的称号。另外，因为猫头鹰的眼睛分布在面盘前方，其可视范围具有重叠区，所以猫头鹰能够看到"立体"的物像，良好的夜视能力对它们来说非常重要，但这主要用于避开障碍物，而不是定位猎物，因为猫头鹰主要依靠听觉捕猎，对于夜行性的鸮来说，眼睛感光度是关键。鸮类的眼睛比人类的更加敏感，总体上能比大部分人察觉到更弱的光。

但问题是，并不是所有的夜晚都有月光，对于夜行性的鸟类来说，在光线很差的条件下飞行，并且在没有月亮的夜晚飞行，是充满危险的。为了不饿肚子，在全黑的环境中捕食，也是猫头鹰生存的必要条件。这就要求猫头鹰特别熟悉自己栖息的环境，所以大多数猫头鹰都不会轻易抛弃自己的领地，因为在陌生的环境里，很容易让它们受到伤害。

猫头鹰大多属于留鸟，不过那是在它们所"留"的环境没有太大变化的前提下，当环境已经让它们无法容忍的时候，必然会"背井离乡"。就像2021年被全球人类关注的西双版纳迁徙的亚洲象群一样，它们原本很少远距离迁徙，但是，此次迁徙的象群已经远走了几百千米，这是前所未有的，而究其原因无非就是原本的环境已经不足以让它们继续生存了。

猫头鹰也是如此，当我们的城市不断扩张，原来属于自然的植被、森林，以及鼠类、水中丰富的鱼类，随着树木的砍伐、鼠类的减少、鱼类的减少，它们不得不离开自己的栖息地，寻找更适合生存的密林，这样一来，它们就离自己熟悉的环境越来越远。而城市化的今天，猫头鹰和其他野生动物还会遇到车辆的威胁，以及鼠药和粘鼠板这些新的"天敌"。

从这些城市野生动物际遇中，我们应该学会如何建立一个人类需要而野生动物也需要的共同生存环境，最起码减少室外投放粘鼠板，及时清理鼠药毒死的老鼠，不使用单面反光玻璃等，只有这样才能有效减少野生动物的意外事件，给我们城市的"特殊市民"多一些生存空间！

长耳鸮幼鸟 赵俊 摄

## "迷彩服"的重要

在鸮形目130多种猫头鹰的家族里，每只猫头鹰都在羽色上追求着"伪装"的设计。多数猫头鹰的羽色，不外乎是在褐色、棕色、灰色系中求变化，有的偏白、有的偏红、有的偏黄、有的偏黑；身上的条纹有的为纵纹，有的为横纹，斑纹颜色也千差万别，只要看起来像树皮就好。因为所有的变化，只为了和它们栖身的环境相融，包括大多数时间生活在北极的雪鸮。雪鸮身上的羽毛也不都是纯白色的，会根据环境的变化发生变化，比如，长出一些黄斑，用来隐藏自己的身形。大多数猫头鹰或者伪装成一截树干，或者伪装成石头，或者堵在树洞口和树身合体。即使立在枝头，只要犀利的大眼睛不出卖它们，就很难被发现。这样，对于夜行性猫头鹰来说，它们不仅可以在隐形的状态下躲避天敌，还可以在阳光下拥有一个良好的睡眠；而对于观鸟人来说，识破伪装发现它们，就是无比的乐趣。

## 睁一只眼闭一只眼

作为"夜视王者"，猫头鹰在夜间活动时，总是瞪大双眼，不停地转动头部来搜寻猎物，但是到了白天，大多数猫头鹰就偃旗息鼓了。如果它很幸运拥有了一个树洞，那么便会闭眼藏匿于树干里。大多数猫头鹰只有一根树枝栖身，那样也很满足。只不过，栖息在树枝上的猫头鹰不得不睁一只眼闭一只眼，当它们体现这个共同的习性时，说明它们处于睡眠状态。

睁一只眼闭一只眼睡觉在动物中其实并不稀奇，科学家将这种生物学行为叫作"半脑睡眠模式"，典型的还有绿头鸭，就是科学家一直在研究的对象。人类很难理解，清醒和睡眠之间还有这样一个中间状态。在武侠小说中，左右手分别使用不同的招数互搏，如果说那真能做到的话，那是人在清醒的状态下，理性的行为控制。动物的"半脑睡眠模式"完全是基因上的选择，它对于动物来说有一个最大的好处，那就是它们可以在睡眠的状态下及时发现天敌。虽然大型的猫头鹰没有天敌，但是中小型的猫头鹰，尤其是树栖型的猫头鹰，它们还是要防备鹰科下的猛禽。为了防止自己在睡眠状态下受到猛禽的偷袭，大多数中小型树栖型猫头鹰，就进化了一个可以一边休息一边警惕的方法，这就是"半脑睡眠模式"。而且更绝的是，猫头鹰还会左右眼轮换着睁开，这就意味着左右脑在交替工作。不睡觉是不行的，防备敌人也是必要的。另外，猫头鹰有3张眼睑，上眼睑会在眨眼的时候放下，下眼睑会在睡觉的时候闭合，中间的眼睑是一线状组织，会在眼睛表面上下移动帮助清洁眼睛。

后来，科学家在进一步研究"半脑睡眠"功能的时候发现，这种能力并不都是为了警惕天敌，比如，海豚在白天，会睁一只眼闭一只眼休息，而睁着的那只眼能够与同伴灵活地进行眼神交流。它们在睡眠状态下，确实有一半的大脑处于慢波睡眠状态。而且，这一半的大脑不仅能控制眼睛捕捉周围的环境，还能控制游泳和上下浮动。所以，海豚在睡眠状态下才不会窒息，可以及时浮上水面呼吸，同时可以维持、调节身体的体温。

至于人类能否通过动物的"半脑睡眠模式"，研究出帮助人类治疗失眠的办法，那看起来真是路漫漫其修远兮。

## 无声飞行

其实人类真正应该学习的是猫头鹰无声飞行的本事，工业革命的开始，人类为机器的轰鸣而陶醉，后来尽管开发出无数种降噪功能的设备，运用到汽车、飞行器以及各种各样的机器中，也都无法达到猫头鹰的效果。猫头鹰的静音飞行特性，是多个降噪因素综合产生的总体效应。在飞行捕猎中隐藏声音，更是猫头鹰的必杀绝技之一，其中的奥秘就在它们的双翅中。它们翅膀上的羽毛形状特殊，有微小的锯齿和平滑边缘，在飞行过程中，空气中的旋涡本来会发出声音，但是对于猫头鹰而言，当风渗进它的翅膀时，翅膀的羽状边缘就像消音器一样，控制住风的流动，减少了颠簸和随之而来的噪声。不仅猫头鹰的翅膀翼形和初级飞羽的形态结构发挥着消声降噪的作用，而且大量分布在猫头鹰身体其他部位的绒毛的形态结构，以及猫头鹰皮肤和皮下结构，都在为吸声降噪的效果出力。总体来说，猫头鹰羽毛的力学特性，对降噪的贡献较大，可能兼具消声降噪和吸声降噪的双重效果。

长尾林鸮 赵俊 摄

如果要在猫头鹰家族中分出伯仲，仓鸮的无声飞行无疑会拔得头筹，它号称"森林卫兵"，它的羽毛边缘形状更是独一无二，这也是它们在飞行过程中，比其他猫头鹰更安静的原因所在。很多时候，仓鸮就悬停在高处，无声地扇动翅膀，监测地面的一举一动，当小老鼠在地面的洞穴里一探出头，就会被它们发现，而小老鼠还没窥探出个所以然，仓鸮就已从天而降，一击即中。即使小老鼠试图逃跑，仓鸮也会滑翔着尾随而至，将其就地正法，没有漏网的可能。有记录，它们一晚上就可以抓捕25只老鼠，是名副其实的啮齿类动物捕猎专家。

## 吃个老鼠还得吐皮

我还记得第一次看见家里的小蓝猫吐出毛球时自己的震惊。不过传闻猫头鹰临死之前会吐一团毛球，这并不是真的。猫头鹰是捕鼠能手，也是肉食动物。食物除了老鼠，也包括昆虫、小鸟、蜥蜴、鱼等动物。而且，猫头鹰几乎每天都在向外吐毛球，你要是研究它的毛球成分，就会发现它吃了什么，因为毛球里都是猫头鹰消化不了的食物残渣，其中就包括老鼠的毛皮。具体还要从鸟类的粪便说起，如果你养过鸟，或者在树下被鸟屎"袭击"过，你就会发现，鸟的粪便基本是不成形的，有很多水分。那是因为鸟类只有一个泄殖腔，无论是尿液、粪便还是生育后代，都是从这一个口出来，泄殖腔比较细窄，无法排出固体的较

大的排泄物。猫头鹰没有牙齿，无法将猎物撕碎，只能整个吞进去，食物进入一个叫作砂囊的胃里消化，就像我们熟悉的鸡胗一样。所有吃到的食物都会在砂囊中进行摩擦，砂囊中拥有非常发达的肌肉，有许多皱褶，当然还要依靠胃酸分解，只不过猫头鹰的胃酸并不强，事实上，不同鸟的胃酸强度也不同，最厉害的当属秃鹫，连骨头都可以分解掉。猫头鹰就做不到，它们吃掉的大部分属于啮齿类动物以及其他鸟类、昆虫等，这些食物的毛发和骨骼以及昆虫的硬质化外壳，它们都难以消化，所以猫头鹰就会每天"打包"，把难以消化掉的食物残渣从食道里吐出来。

## 扇子一样的翅膀

猫头鹰在夜晚狩猎，闻声而动，当它们穿行在伸手不见五指的密林中时，沉默就是它们狩猎成功的秘诀。很多猫头鹰还有另外一个引人注目的特点，相比于它们的身材而言，翅膀简直无比巨大，有利于它们在空中悬停，比如鹰鸮，它的翅膀可以承载相当于它体形的重量，能在空中挥舞着巨大的双翅，面部却保持着绝对的静止。

每年夏季，鹰鸮会来到东北。它看起来像猛禽一样，区别就是猫头鹰家族独特的黄色大眼睛和钩曲的喙。鹰鸮前胸的斑羽，很有王者风范，有的像树叶、有的像雨滴、有的像小爱心，遇见它的"歪头杀"，真是令人丝毫没有畏惧之感，反而充满了戏剧的喜感。

短耳鸮 赵俊 摄

# 超级大长腿

雕鸮幼鸟 刘兆瑞 摄

　　谁也不会想到，猫头鹰有条大长腿。如果它肯乖乖地让你撸起"毛裤腿"，你就会看到，被长长的羽毛覆盖住的令人惊奇的长腿。我们先来看雕鸮，本来它在猫头鹰家族中就属于大型的，那么一只57厘米高的雕鸮，它的腿究竟有多长呢？鸟类学家测量这只雕鸮的腿长约为28厘米。腿长比例是身体的一半！因此，雕鸮的大长腿绝对名不虚传！那么，家族中其他猫头鹰也是大长腿吗？我们再来看短耳鸮，体长为28厘米，腿长为16厘米；长耳鸮的体长为23厘米，腿长为11厘米；褐林鸮的体长为45厘米，腿长为23厘米。平均下来，这些猫头鹰的腿几乎都占据了身体的一半。除了保暖，也为了飞行无声，猫头鹰的羽毛尽量覆盖住全身，以达到消音的效果，这也掩藏了大长腿的秘密。在猫头鹰还是幼崽的时候，长腿可谓暴露端倪。不要以为猫头鹰生下来就会站立睡觉，其实小宝宝生下来是趴着睡觉的，因为它的脖颈又细又长，还不能承重大脑壳，而当它趴着睡觉的时候，浑身都是还没有完全褪去的绒毛，光秃秃的大长腿，逆天一样直挺挺地伸出来，像两条小肉杆，爪子在末端像花瓣一样绽开，活脱脱一个长腿的"外星生物"。

# 天生玄鸟

　　天鹅颈、大长腿、夜可视、飞无声……成年的猫头鹰基本没有天敌，却成为大多数鸟类的天敌，猫头鹰真是得到了造物主的厚爱，成为自然界神话般的存在。如果我是远古时代的人，我就崇拜猫头鹰，而绝不是燕子。所以，当一些学者只因为燕子是黑色的，就解读"天命玄鸟，降而生商"中的"玄鸟"是燕子时，很令人不解。另一些学者认为"玄鸟"就是猫头鹰，在商代以及商代以前就出土了很多石鸮、玉鸮、陶鸮等与猫头鹰相关的物品，到了殷商时期，鸮的地位更高，有了鸮形青铜器。1976年出土的商妇好青铜鸮尊，最是令人瞩目。商妇好青铜鸮尊是迄今发现最早的鸟形酒尊。此尊以鸮作为器型，宽喙高冠，圆眼竖耳，头部略扬，挺胸直立，双翅敛羽，两足粗壮有力，与垂地的宽尾构成一个鼎足平面，十分沉稳。鸮首后部有一个半圆形的盖子，其上饰以立鸟及龙形钮。装饰着兽首的鋬也就是把手设计在鸮背上。鸮尊以非凡的造型、精巧的纹饰和独具匠心的实用功能，体现出商代青铜器的大气肃穆和独特神韵。正是因为此物的出土，让有些研究者认为，"玄鸟"就是猫头鹰，是商朝的主神，也是商人的图腾；而甲骨文中的"商"字，外形颇似"鸱目虎吻"，鸱鸮与商的不解之缘，解释了妇好墓为什么会随葬鸮尊礼器。

纵纹腹小鸮　刘兆瑞　摄

## 废墟之母

《群鸟会议》讲述的是鸟儿聚在一起选举鸟王的故事，这是古老西方人特别喜欢的诗歌和绘画题材。鸟儿和人类一样，都有缺陷而且注定要死亡。几种鸟选择了猫头鹰，却遭到乌鸦的嫉恨；宁可不要鸟王，也不能选择丑陋的猫头鹰。鸟儿的选举注定失败，猫头鹰因为留恋自己的废墟，也无意当选。作为一种神秘的鸟类，猫头鹰以"无所不见、无所不知"的力量，震慑着人的心灵，在神话和民间传说中被打上了一个独特的标签。但无疑它也深得人们的喜爱，人们觉得它睿智、坚韧，虽然让人害怕却十分有灵性，威严又朴素。

1994年12月18日，三名洞穴探险家在法国东南部发现了一个隐秘的地下洞窟入口。他们在这条通道连接的巨大岩洞里，发现了墙壁上布满美妙的史前绘画：野牛、鹿、马、犀牛、猛犸象以及另外一些大型哺乳动物，在洞穴深处他们还发现了一只雕刻的猫头鹰。大约3万年前的法国肖维岩洞里也雕刻了一只猫头鹰，一种曾经依托猫头鹰展开的令人战栗的巫术氛围弥漫在洞穴中，以它代表着沟通冥界的信使。在中东地区，猫头鹰与洞穴、古代墙壁也有着紧密联系；在阿拉伯地区，纵纹腹小鸮被称为"废墟之母"，而角鸮也有类似的名声。曾经，雅典卫城满是纵纹腹小鸮，它们居住在石柱和岩石之间，亲眼见证了一个伟大文明的衰落，至今仍然留恋并以废墟为生。

## 袖珍杀手

纵纹腹小鸮的拉丁名Athene noctua，是以希腊神话中的智慧女神雅典娜命名的，它也是雅典娜身边的宠物。在研究古希腊时期的雕像和面具时，学者发现希腊人相信神灵的力量，可以通过不同动物显现出来，智慧女神雅典娜的眼睛是灰色的，希腊语"灰色的眼睛"就与"猫头鹰"发音相近。纵纹腹小鸮和女神都有着昼伏夜出的习惯，也因此被赋予了聪慧的特质，它担负着信使或是"间谍"的使命。雅典还曾出过一种银币，正面是雅典娜，反面就是纵纹腹小鸮。希腊文明深深影响着西方社会，所以在西方有这么一条谚语——"像猫头鹰一样聪明"，可见这神兽的影响力。《哈利·波特》中用猫头鹰担任信使，就沿用了这一设定。

纵纹腹小鸮在中国分布广泛，在北方的纵纹腹小鸮就和雅典娜的爱宠是同一款。纵纹腹小鸮能快速振翅做波状飞行。它看起来矮胖而好奇心十足，常神经质地点头或转动，有时用长腿高高站起观望，十分可爱。小鸮区别于鸺鹠与草鸮，除了它们适应不同的生态位和生境外，就是体形了。小鸮体形较小，体长一般在20厘米左右，它们没有进化出耳羽簇，脸盘较小也不够扁平，大多数成员会在白天活动。它们的分布区域非常广阔，不仅横跨欧亚大陆，也延伸到非洲北部。它们喜欢较为干旱的生境，如草原、沙漠，对于人类开垦出来的农场、果园、草地等环境它们也非常适应。每只纵纹腹小鸮的领地大约有两个足球场大小，雄性小鸮终生居住在领地内，领域性非常强，对于入侵的雄性同类，坚决驱逐。它们在黄昏时分最活跃，也会在白天和黑夜活动，食物以甲虫、蝗虫等昆虫为主，也捕食鼠类和小鸟，以及体形数倍于自身的兔子。很多时候，它们会站在高处的岩石、木桩上借助俯冲的力量捕猎，也会迈开大长腿，在陆地上冲刺追捕猎物。

## 密涅瓦的猫头鹰

密涅瓦的猫头鹰是黑格尔用来比喻哲学反思的。密涅瓦是罗马神话中的智慧女神，对应的就是古希腊神话中的雅典娜女神。在古希腊神话中，智慧女神雅典娜多才多艺，她与一只猫头鹰共同守护雅典平安。在黑格尔看来，猫头鹰眼睛明亮、目光锐利，浓密的眉毛像是在深思。因此，猫头鹰也成了智慧、理性、公平的象征。黑格尔提出哲学就像密涅瓦的猫头鹰一样，这是因为猫头鹰在傍晚的时候才起飞，而不是在其他时候。黑格尔之所以用这个比喻，是为了说明哲学是一种反思活动。在《逻辑学》中，黑格尔说，反思是跟在事实后面的反复思考，它是一种对"认识的认识"、对"思想的思想"。为了找到事物的本质，人类就必须深刻反思。鸟类和其他动物一直以来就在寓言故事、诗歌绘画中，被赋予了人格，用来引起或者解决人类的道德困惑。像黑格尔这样借用猫头鹰的习性，比喻锲而不舍追问的精神，的确令人印象深刻。

## 迷信也是一种保护

中国民间有"夜猫子进宅，无事不来"，"不怕夜猫子叫，就怕夜猫子笑"等俗语，这里的"夜猫子"说的就是猫头鹰。我们国家在春秋之后，把猫头鹰当作"不祥之鸟"，称为"逐魂鸟""报丧鸟"等已经有些历史了。古书中还把它称为"怪鸱""鬼车""魖魂"或"流离"，当作厄运和死亡的象征。在西方，曾传说猫头鹰是被诅咒的生物，它会带来厄运和灾难，它的叫声令人不寒而栗，如果有谁不幸看到它，就会被它剥掉指甲。毕竟猫头鹰是夜晚出行的动物，再加上诡异的叫声，并时不时出现在墓地上，这些行为联系起来，人类容易产生恐怖心理。因此，从《圣经》到《格林童话》，猫头鹰的形象都是可怕的。非洲土著人相信巫师是骑着猫头鹰去参加集会的，玛雅人的死神哈恩汉长得就像猫头鹰……这些看法的产生，主要是因为猫头鹰嗅觉灵敏，能够闻到病入膏肓的人身上的气味，并且会发出"笑声"，所以猫头鹰被叫作"报丧鸟"。另外，猫头鹰昼伏夜出，飞时像幽灵一样飘忽无声，常常只见黑影一闪，双目圆瞪，加之叫声阴森凄凉，很容易令人产生种种可怕的联想。

不过，在我拍摄纪录片的时候，长白岛的护鸟人任建国让我从另一个角度看待这件事。他说："人家老话说夜猫子进宅，无事不来，其实是为了吓唬小孩不要伤害猫头鹰，因为猫头鹰是益鸟。"这是我第一次从这个角度思考问题。在鸟类历史中，或是在人类历史中，迷信陪伴人类度过了相当漫长的时光，尤其是在国家机器以及法律还没有完备以前，迷信普遍存在。我们通常把迷信当作一件坏事来看，不可否认的是，迷信的确造成了很多悲剧和损失，但同样地，迷信也发挥了不可替代的积极的社会作用。不论是在精神还是物质领域，迷信都让我们懂得敬畏，那是在科学、理性和法律等文明之光没有照进的时空里，存在的一种保护。其实自古以来，保护动物，不就是在保护我们自己嘛！

# 一夫一妻制的猫头鹰

2018年,在美国的内华达州,有猫头鹰一家在沙漠研究所一座建筑物的窗台上筑巢。沙漠研究所与内华达州野生动物部门合作,对猫头鹰的日常生活进行直播。令他们惊讶的是,研究人员看到两只差不多同时产卵的雌性猫头鹰,它们彼此在相距不到一英尺的地方孵化,这非常独特,而且它们同时受到一只雄性猫头鹰的照顾,雄性猫头鹰为它们带回食物,两只雌性猫头鹰也共同照顾雏鸟。众所周知,猫头鹰的婚姻生活是一夫一妻制,这一家两雌一雄的情况,一定有特殊的原因,很有可能是体形较大的雌性猫头鹰与体形较小的雌性猫头鹰有"血缘关系",因此这可能是祖父母或姐妹帮助抚养雏鸟的案例。

猫头鹰有很强的领地意识,不过有研究发现,在一片区域内的猫头鹰都有着相近的亲缘关系。就像东北虎在繁殖生育后,会割出一块领地或者让出自己的领地给自己的后代。这是在生存环境越来越不乐观的情况下,动物做出的本能反应。就像对待婚姻的忠诚一样,很难有动物包括鸟类,能维持生物意义上的绝对忠诚,是繁育后代的责任让伴侣紧紧地连接在一起。不过,和大多数不忠的鸟类相比,猫头鹰对伴侣的忠诚度极高,偶尔有雄性猫头鹰因负担过重而离开巢穴的情况,但雌性猫头鹰则始终忠贞不渝。鸟类保持一夫一妻制,和它们的生存环境和方式有关。大多数鸟类在繁殖后代时,需要有一方长时间地待在巢穴中孵化后代,体温对鸟卵的成长有着决定性作用,在此期间一方几乎不能外出觅食,所以需要有另一方的照顾。猫头鹰几乎没有天敌,但幼鸟仍然是其他猛禽或食肉动物猎食的对象,而猫头鹰幼鸟又是晚成鸟,不仅需要父母的守卫,还需要亲鸟长时间地投喂,只有这样,才能提高幼鸟的成活率。

我曾看过一个雕鸮家庭孵化时期的视频,简直就是一出悲喜剧!故事发生在一栋十五层楼高的楼顶花园里。一对雕鸮夫妻选择在一个花箱里产下两枚卵,起初一切看起来很顺利,鸮妈在孵化,鸮爸会在深夜带食物回来,投喂给自己的妻子。可是好景不长,鸮爸居然三天都没有"回家",鸮妈站在栏杆上望眼欲穿,始终没有等到丈夫回来。一天傍晚,鸮妈只好出去觅食,天黑时回来,还没有发现丈夫回家的迹象,它心事重重地在窝里起身又趴下,却不小心踩碎了一枚蛋,只好狠心吃下了蛋,并将蛋壳扔出巢外。到了晚上,它的丈夫还没有回来,如果它失去了自己的配偶,那是无法独自完成孵化任务的。最后,它起身放弃孵蛋,飞向夜空寻找自己的丈夫去了。第二天,鸮妈也没有回来,野生动物保护协会的志愿者只好拿走雕鸮的蛋,进行人工孵化,并在巢里留下一枚鸡蛋,期望雕鸮夫妻可以回来团圆。没想到,十天后,鸮妈居然找到鸮爸,它们一起回来了。它们左看右看,发现蛋有点不对劲。第二天,趁着它们外出,志愿者又把蛋换了回来。当鸮妈再次看到蛋时,毫不犹豫地开始孵化起来,而且在第二天,又补下了一枚蛋。鸮爸又担任起投喂的工作。上一次的"开小差",令它们损失了一个宝宝,不知道这一次,鸮爸能否安分地尽职尽责。幸运的是,鸮爸洗心革面,勤劳捕食,没有再出差错,直到先前的宝宝顺利孵化出来。可惜,第二枚蛋经过志愿者检查是没有受精的卵,不能孵化出来宝宝。所以这一个孵化季,雕鸮一家的故事,算是圆满结束了。

# 还记得海德薇吗

对于哈利·波特迷来说，海德薇没人不爱，它是哈利·波特的信使，也是一只雪鸮宠物。在电影中，哈利准备转移，于是将海德薇放走，但海德薇在哈利被攻击的关键时刻，飞来保护哈利，阻止食死徒，却中了阿瓦达的索命咒，不幸身亡。后来，海格说她度过了伟大的一生。而罗琳写这一段的寓意是：海德薇的死亡，白色的逝去，而哈利也已不再纯真。为哈利·波特配备雪鸮不无道理，不论是战斗力还是颜值，都让哈利·波特迷心满意足。

雪鸮不仅是世界上最大的猫头鹰之一，战斗力一级，也是为数不多的拥有白色羽毛的猛禽，颜值一流，更是充满喜感的猫头鹰。它是动物界的圆头代表，张开嘴就像大笑的弥勒佛；它没有显著的面盘，没有耳羽簇，而且满脸都是雪白的羽毛，须状羽几乎把嘴全部遮住。它有喵星人一般的脸孔，只剩下涂了黑眼圈的大眼睛和金黄色的虹膜。当它的眼睛眯成一条线，嘴角上扬时，乖巧、迷人的模样仿佛能将雪原融化。但实际上它是不折不扣的荒原猎手，有人形容雪鸮就像人类的游猎民族，只不过它们更钟爱北极。因为巨大的体形加上一双锐爪和犀利的眼睛，让它们身怀绝技，可以全年在北极生活，称为"北极女王"。

在繁殖能力方面，雪鸮几乎算是所有大型猛禽中最强的。成年的雌性雪鸮一年最高可以产14枚卵，不仅是猫头鹰中最高产的，也是很多大型猛禽都难以相比的。它们会根据当年食物的情况，调整自己的产卵计划，因为每年的繁殖能否成功，完全取决于猎物的多少。然而在冻原上，它们的主要食物旅鼠的出没总是不可预测，在夏季，它们可能会迅速增多，也有可能难以寻觅。旅鼠是制约雪鸮种群数量的主要因素，旅鼠的发生有一个消长周期，小年旅鼠的数量很少，雪鸮很难捕到足够的旅鼠来喂养雏鸟；而在大年旅鼠的数量会激增，任凭雪鸮、北极狐、北极贼鸥等动物捕食，在这样的年份，雪鸮的数量也会增加。对于雪鸮来说，它们不仅顺应大自然，还要和猎物进行真正的生死博弈。

日照时间的延长，对于雪鸮来说就是繁殖季节的到来，雪鸮必须在冻原上没有积雪的地方筑巢，从北极越过西伯利亚，再到中国的东北，任何一个地方都可能有雪鸮繁殖后代。雪鸮属于一种独居的鸟类，所以它们有着极强的领地意识，为此它们会标记自己的"家"。有时，为了抢夺领地，它们甚至会在空中打架，十分神奇。

虽然雪鸮也是猫头鹰的一种，但是它在白天、黑夜都可以出来活动。它们的眼睛不仅能看得远，还能在长期的黑暗环境中看清猎物。雪鸮也捕食体形较大的猎物，几乎所有生活在北极的动物，都会成为雪鸮的食物。因为体形过大，它们在雪原上并不善于奔跑，起飞时，还要靠两脚乱蹬帮助升空。雪鸮的眼睛中有很多聚光细胞，在眼睛的帮助下，捕猎的成功率自然变高。加之猫头鹰的绝妙听力，就算是在冰雪之下，雪鸮都能抓到老鼠。雪鸮在发现猎物后，一般不会贸然行动，而是先用羽毛隐蔽自己，待到时机成熟，俯冲而下，用利爪进行抓捕。

抓到猎物的雪鸮会在一马平川的冻原上低空飞行，就像飞驰的白色跑车。因为雏鸟需要大量的食物维持生存，此时还需要雌鸟羽翼的温暖庇护，所以雄性雪鸮就在孵育期间，担负着为全家人捕食的重任。雪鸮妈妈必须把旅鼠切分成小块，喂给刚出生的雏鸟，因为雪鸮是远视眼，不能看到身下的雏鸟，所以只能靠喙上的须状羽感知雏鸟的位置，如果猎物比较大块无法消化，它就会在一天后开始陆续吐出一些唾液，这些唾液中包含食物残渣，这也是雪鸮一种非常特殊的习性。据说，研究者就是这样发现它们最爱吃旅鼠的。一年里它们会消灭2000只旅鼠。

雪鸮在我国为冬候鸟，当严冬来临的时候，北极圈生存环境极为恶劣，雪鸮也会为了生存往南迁徙，躲避寒冷和寻找食物，寒冷对于古北界的动物而言不是问题，它们都有耐寒的基因。最重要的是食物，虽然我国东北在冬季也是白雪皑皑，但比北极圈还是要好得多，食物也要丰富一些。

每年8月，新出生的小雪鸮必须和所有在夏季来到北极的动物一起离开，到更温暖、食物更多的地方成长，只留下它们的父母在北极度过漫长且寒冷的冬季，因为那里才是它们的家。

鬼鸮 张湘坤 绘

# 小鬼当家

  如果论体形，鬼鸮无疑是鸮形目中的小字辈，成年以后的体长也不过 25 厘米左右，体重不足 200 克。体长与长耳鸮差不多，只是头部大一些，身体也粗壮一些。最大的雕鸮体长可以达到 90 厘米，可见鬼鸮在猫头鹰家族中，绝对属于不折不扣的弱势群体。因为体形小，战斗力自然有限，鬼鸮无法像大个猫头鹰那样成为一方霸主，只能偏安一隅小心翼翼地生存，所以它的数量也很少。为什么鬼鸮会有这样一个名字？难道用来吓人吗？其实鬼鸮不仅不吓人，还因为有着一副充满惊奇的面孔，顶着一个大脑袋，而比大多数猫头鹰更萌。鬼鸮名字的由来，和它的叫声有很大关系，鬼鸮的叫声很诡异，我甚至觉得鬼片电影的声效就是模仿鬼鸮的叫声，那声音如同吹笛，会不断交替变化发出长音，如电音般穿透夜色，在夜晚尤其显得光怪陆离，听起来阴森可怕。加之鬼鸮身形小，身轻如燕，不是力量型而是灵活型选手，在整个猫头鹰家族都能名列前茅，因此忽悠飘过，说其是形如鬼魅也不为过。借着这个便利，鬼鸮常常使用短距离偷猎的策略，并不做长距离追踪，它伏击的对象主要是鼠类、青蛙这样的小型啮齿类动物，但鬼鸮也吃昆虫，这是其他猫头鹰所不屑的。

  令人感叹的是，每种猫头鹰都根据适合自己的生存繁衍进化出了属于自己的生存方式。鬼鸮的体形小也有体形小的优势，最重要的一点就是筑巢不用费工夫，许多天然形成的树洞或者啄木鸟啄过的树洞，就足够鬼鸮用来容身。雄性鬼鸮在择偶期间，先占据一处洞穴，作为有房、有颜一族，再吸引雌性。鬼鸮的繁殖能力在猫头鹰家族中也是首屈一指的，一窝最多产 10 枚鸟卵，孵化时间只需要 3 周多。所以，别小瞧小小树洞，有"小鬼"当家。如此看来，体形小，对外界资源的需求自然也少，环境波动对它们的影响也小。因此，鬼鸮家族有 6 个亚种，全球分布广泛，不得不说这是一个生存进化成功的物种。

# 不孝之名

猫头鹰担有不孝之名，好像自汉朝始。《说文解字》中记载："枭食母，不孝鸟也"，认为猫头鹰会吃掉自己的生母，是"不孝鸟"。看来污一个鸟的名声，最坏也不过如此了，因为鸟类中只有猫头鹰被认为有这种恶习。不过《说文解字》的作者许慎先生，是怎样得出这个惊世骇俗的结论的，实在不得而知，关键是这则谣言流传了一千多年。传言当小猫头鹰出生后，随着时间长大，食量也越来越大。当母猫头鹰难以喂养幼崽时，小猫头鹰就会开始攻击因长时间找食物而疲惫的母鸟。疲惫的母鸟只能无力地咬住树枝，任凭小猫头鹰啄食自己，最后吃得只剩下母鸟的头挂在枝头。古人也因此发明了一个成语叫作"枭首示众"，意为在杀死犯人后把他们的头割下来，悬挂在木杆上警示世人。由此可见，猫头鹰在古人眼中是相当残忍的恶鸟，但事实真的如此吗？现代动物学研究证实，所谓猫头鹰食母之说，纯属无稽之谈，没有任何观察证实，猫头鹰有这种恶习。在通常情况下，猫头鹰强大的捕食能力，足以为雏鸟找到食物，即使在食物极为短缺的情况下，雏鸟也会被抛弃或饿死，绝不会出现雏鸟杀死成年猫头鹰作为食物的可能性。这则流传千年的谣言，正是猫头鹰被妖魔化的根源所在，从而使它千百年来受到人们的厌恶。其实，猫头鹰是一种益鸟，理应受到人们的善待与保护。科学家观察猫头鹰的抚养行为是这样的，当幼鸟出生后，亲鸟会轮番狩猎，母鸟更是精心喂养。当幼鸟长大到一定程度时，亲鸟会离开小猫头鹰，令其独自觅食。原因是猫头鹰是肉食性鸟类，以捕食狩猎为生，在野外一直不会狩猎的猫头鹰是无法生存的。如果亲鸟持续喂养小猫头鹰的话，它们将无法学习狩猎的技能，最后饿死。

长尾林鸮 郭丽 摄

## 猛禽中的隐者

　　毛腿雕鸮是最大的猫头鹰之一，主要捕食鱼类，它并不像鹗一样冲入水中捕鱼，而是站在水边观察，一旦发现山间溪流中有鱼，便马上去抓捕，它捕鱼的环境都是浅水区，不会到深水区捕猎，在长白山过去有这种猫头鹰的分布，近年来再没有发现，大多分布在俄罗斯的远东地区。它的数量已经非常稀少了。

　　"它给人的感觉并不像优雅的渔夫，更像黑夜里的偷猎者。在岸边的树桩上潜伏着，仿佛穿着用绳子系紧的宽大裤子，黑色口袋里塞着一只鼬，肩上扛着一捆雉鸡。它在低矮的树枝上徘徊着，准备一头钻进日本和俄罗斯寒冷山脉的冰冷溪水里，寻找毫无戒心的鱼。"这是艺术家马特·休厄尔在自己的书《我们迷人的鸟》里古怪又新奇地描述毛腿雕鸮的文字。我觉得马特对毛腿雕鸮的描述并不公平，在他的笔下，毛腿雕鸮好像是一个忙碌的猎人，不论是在森林还是在水边，都是满载而归的人。如果马特的足迹到过大兴安岭，体验过那里的冬天，或者他熟悉喜马拉雅山那里与世隔绝的生境，或许他对毛腿雕鸮的描述就不会那么刻薄和戏谑。与靠捕鱼为生的猛禽不同，毛腿雕鸮的腿和脚上也有披羽，可见它是不南迁的鸟类，而在冰天雪地或者崇山峻岭中的河溪里捕鱼，注定是艰苦的生活。因此，作为鸱鸮科中最大的鸟类之一，毛腿雕鸮非常珍稀，全世界现在也不足1000只，将其称为"猛禽中的隐者"或许更恰当。

## 白桦林中的精灵

　　长尾林鸮是偏灰白色的猫头鹰，喜欢生活在阔叶林、针阔叶混交林等地方，当然，白桦林是它最喜欢的栖身之地。它在晨昏或者夜间觅食，在寒冷的冬天，有时候白天它也会飞到林缘地带晒太阳。当它躲在树洞中躲避风雪时，你就是敲击树干，它也不会飞出来。很多时候，长尾林鸮的性情是能避则避，不愿意凭空生出事端，它只会在繁殖期为了保护幼崽而变得无所畏惧，甚至主动攻击入侵领地的人和其他动物。这正是猫头鹰被妖魔化的根源所在，从而使它千百年来受到人们的厌恶。

　　长尾林鸮有着显著的面盘，黑色圆而明亮的眼睛，黄色的喙，是个典型的猫头鹰，且有着神仙般的颜值。虽然长尾林鸮属于中型猫头鹰，但个头也不小。在森林里，长尾林鸮和乌林鸮常有交集，只是长尾林鸮更符合林鸮的特质，就是它会在树洞里筑巢。长尾林鸮的叫声比较粗犷，有一点像中杜鹃的叫声，但是比中杜鹃的声音长且响亮。它还会发出犬吠的警告声。它们的主要食物是一些鼠类，有时候也吃昆虫、蛙、鸟、兔、松鸡科鸟类等。

# 观鸟之旅

# 镇赉印象

## 南湖公园

　　镇赉真是理想中的北方小城,虽然没有车水马龙的喧嚣,却以现代化的方式运转着。

　　我是在 2021 年国庆节假期结束后的第一个工作日,从吉林动身的,火车漆着鲜艳的绿色,看起来没有熟悉的绿皮火车舒服,回来后我才知道,原来它叫"绿巨人",是一种新的动车车型,怪不得车厢内部和高铁一样,崭新舒适,启动没多久,就开了暖风。

　　火车在白城车站停下,我一出站台,就被接到了开往镇赉的小车上。有些遗憾,白城没能给我留下些许印象。在我的心目中,白城是个历史悠久、神秘而又多彩的地方。虽然它偏于吉林西部,却坐拥松嫩平原,紧邻科尔沁草原,素有"瀚海明珠"之称。它的蒙古语叫作查干浩特,意为"白色之城",代表着圣洁的地方,因此也是仙鹤依赖的土地。如今,这里是国家大型商品粮基地和新能源示范城市。一路上最引人瞩目的便是大片的稻田和巨大的白色风车。金黄的稻穗随风飘荡,让我想起小王子金黄色的头发。

　　镇赉的白鹤宾馆,据说是白城市最好的宾馆。颇有罗马建筑的风格,米白色的墙体、巨大的茶色落地窗和圆弧形的窗棂,低调地伫立在空旷的广场上,与对面南湖里的秋色十分融合。

　　镇赉位于白城的北部,处于吉林、黑龙江、内蒙古三省(区)接合部,是松嫩平原和科尔沁草原交融汇聚地带。境内有"一江三河"流经,南湖公园便是河湖连通,环城湿地公园的一部分。

　　我沿着堤岸修筑的观景步道,蜿蜒曲折深入芦苇荡中,泛着金黄色波光的芦苇丛随风荡漾,宣示着这是一年中最灿烂的季节——千种情调,万种风姿,尽管短暂,但请尽情享受。只是湖上的风极大,让我想起白城人的老话,这里一年刮两次风,一次刮半年。因为没有任何屏障,湖上的西风仿佛跋山涉水而来,积攒了一肚子话,忍不住肆无

忌惮地倾诉；而湖水就像一个倾听者，间或泛起阵阵涟漪，回应着口无遮拦的西风。芦苇丛也不断晃动着白色的芦花，随声附和、点头称是。接近湖心，偶见小䴙䴘，像小皮球一样突然冒出水面，左右晃晃，又一头扎进水里，再就不知去向。白骨顶则来去从容些，悠悠地出现，又悠悠地滑进芦苇丛中。风停下来的间隙，我看到芦苇实际上要比我高大，它们的根系深深扎进水中。芦苇作为多年生植物，主要以根茎繁殖，横走的根状茎，交错纵横呈网状，具有很强的生命力；芦苇也以种子繁殖，种子可以随风传播，也以流水为媒。湖水里不仅有芦苇和水菖蒲，还有众多毫不起眼的藻类，它们在水中乱如林莽地交杂在一起，成为水中小鱼的庇护所。逆光而行，连绵起伏的芦苇泛着金色光芒，白色的芦花接连成片，宛如温柔的胸膛，忍不住想让人投入它温暖宽大的怀抱里。

这就是我的第一眼，镇赉的秋天，它是如此的迷人。可是，当我坐上潘晟昱的越野车后，我突然想到，也许这只是个开始。因为对于观鸟人来说，镇赉最有价值的地方还是秋季的鸟群，这里是候鸟迁徙的必经之地。这一车一人，带我进行的环城观鸟之行，将注定是终生难忘的。

## "鸟叔"潘晟昱

潘晟昱在镇赉县委宣传部工作,他不仅是一位鸟类摄影师,还是中国野生动物保护协会白城护飞队队长,护鸟15年,人们也叫他"鸟叔"。潘晟昱中等身材,刚刚50出头,穿着一件绣有中国野生动物保护标志的绿色马甲,戴着一副深棕色的眼镜,神态安详。一上车,他便指给我看,今天我可能需要的装备:可以加热的车载热水壶,各种连接头的手机充电器,还有装着几种茶叶的塑料盒。他没有使用导航装置,熟练地驾驶着车辆,穿过街区向城边驶去。可以看出,他有着所有观鸟人的一切优良品质,极大的耐心,性情温和、细心,有着敏锐的观察力,以及缜密的思维。只有拥有这些品质的观鸟人,才会在冰天雪地或者酷暑冷雨中,得到神的眷顾,得以享受这些大自然中最神奇的精灵带来的无限快乐。

潘晟昱十几岁的时候,就迷上了父亲的海鸥照相机,身为教师的父亲看他真是喜欢,便教他学会了摄影。在爷爷的菜窖改装的暗房里,他从好奇的少年成长为一名出色的摄影师,直到2000年以后,他开始了商业摄影,成为这个小城里令人信赖的摄影师。那个时候,镇赉城里只修了一条环路,不像现在,镇赉县拥有了"国家级卫生县城"的称号,花团锦簇、绿树成荫。那时候树并不多,马路上更是没有一朵花。但是,潘晟昱清晰地记得,那时候城郊常常可见的鸟有黄豆瓣(黄胸鹀)、野鸡(环颈雉)、三道眉(草鹀)、柳莺、山雀和百灵鸟。2007年,镇赉县摄影家协会成立,也是在那一年,当他为一本叫作《四季镇赉》的画册审稿时,看到了那个今后改变他的生活,让他每时每刻都魂牵梦萦的翩翩白鹤和莫莫格湿地。

# 吉林莫莫格国家级自然保护区

位于吉林省白城市镇赉县的莫莫格国家级自然保护区是我们国家鹤类种类最多的保护区之一，既是中国重要的候鸟繁殖地和迁徙候鸟的停歇地，又是吉林省最大的湿地保留地，被誉为"吉林西部之肾"。莫莫格的主要保护对象为鹤、鹳类和天鹅等珍稀濒危物种，以及它们赖以生存的栖息环境，共有大鸨、丹顶鹤等116种夏候鸟在此繁殖，世界上几乎大部分的白鹤在迁徙过程中，都会在这里歇息。因此，莫莫格堪称科尔沁草原上的"一颗璀璨明珠"，是仙鹤迷恋的地方。

省级莫莫格自然保护区成立于1981年；1997年，国务院批准莫莫格自然保护区为国家级自然保护区；2005年底，成为国家AAAA级旅游景区；2013年，被国际湿地公约组织正式列入国际重要湿地名录。总面积为14.4万公顷，其中，沼泽面积5万公顷，水域面积3万公顷。保护区有6种鹤，分别为白鹤、丹顶鹤、白头鹤、白枕鹤、灰鹤、蓑羽鹤，其中，丹顶鹤、蓑羽鹤、白枕鹤在本区繁殖。白鹤属鹤类中的优势种，在此迁徙数量近4000只，停歇时间100天以上。

白鹤是对栖息地要求最特殊的鹤类，对浅水湿地的依恋性很强，最喜欢栖息于开阔平原沼泽草地、苔原沼泽和大的湖泊岸边及浅水沼泽地带。对比吉林省的年降水量，从东部到西部，相差400毫米，实际上，莫莫格所处的吉林西部松嫩平原是个干旱地区。然而，如果你在天空鸟瞰

吉林西部，就会发现这里泡沼遍地，湖泊星罗棋布，竟是中国湖泊密度最大的湖区之一。

这个宛若水乡的地方，自中生代末期以来，就因为紧邻的大兴安岭东麓长期处于下沉状态，而成为古松辽大湖的一部分。很难想象，200多万年前的古松辽大湖有多大，它宛若烟波浩渺的大海，是现在中国最大湖泊青海湖的10倍多，跨越了吉林、黑龙江、辽宁和内蒙古四个省份。我在地图上细细凝视，如果那大湖还存在，将是雄鸡版图最明亮的眼眸。可是，随着岁月的推移，地壳的运动，大湖逐渐被分割、萎缩，又因为总体地势低洼，来自大兴安岭山地的洮儿河、霍林河、拉林河、伊通河等河流仍旧被吸引汇集到这里，同时因为干旱以及大量蒸发，江河漫流，它们又在这里被分割，仿佛被松花江水系甩落出来的粒粒水珠，在高低起伏的地势中，孕育生长出鸟类以及无数生物的食物，形成了鹤类最爱的湿地与浅滩。

从全球范围来看，这里是一片独特的地域。这些湿地，可以说是整个地球半干旱草原地带上极其珍贵的自然资源和重要的生态系统。它不仅为当地提供食物、原料和水资源，而且在更大地域范围发挥着维持生态平衡、保持生物多样性以及涵养水源、蓄洪防旱、降解污染、调节气候的重要作用。

作为湿地景观，区域内不仅涵盖湖泊水域、蒲草芦苇、沼泽草原等多样性原始生态，还拥有得天独厚的生态旅游资源。最有价值的是在生物多样性方面，湿地孕育的复杂、多样的植物群落，不仅仅成为野生动物丰美的家园，更是西伯利亚和东北地区鸟类南迁越冬的中途栖息地。

# 中国白鹤之乡

时间在这里有了特殊的标记，那是自冰河时代以来，年年春秋可以听到的鹤鸣。也许一只白鹤的足印，就曾踏在它祖辈的足迹上。沼泽虽然会悄悄改变形状，但总是会在消失的地方出现，也会在出现的地方消失。

白鹤每年两季往返，显示着地质钟的正常运行，它们的到来给了这里以独特的意义，在无数平庸的沼泽中，一片有鹤栖息的沼泽，不仅充满了仙气，还具有了极高的古生物学价值。

鹤类在地球上出现远比人类要早，全世界有 15 种鹤，除了南美和南极外，世界其他大陆都有鹤的分布。在我国共计有 9 种鹤类，分别是：灰鹤、黑颈鹤、丹顶鹤、白枕鹤、赤颈鹤、蓑羽鹤、白鹤、白头鹤、沙丘鹤。

其中，最著名的是丹顶鹤，数量最多、分布最广的是灰鹤，体形最大的是黑颈鹤，体形最小的是蓑羽鹤。白鹤目前在全球范围内的存量不到 4000 只，已被列入《世界自然保护联盟濒危物种红色名录》极危等级，在我国是国家一级重点保护野生动物。

白鹤在地球上曾有 3 个分离的种群，分别为东部、中部和西部种群，都属于白鹤种，无亚种分化。中部种群繁殖在西伯利亚的库诺亚特河下游，越冬在印度拉贾斯坦邦的克拉迪奥国家公园；西部种群繁殖在俄罗斯西北部，越冬在伊朗境内的里海南岸。目前，中部和西部两个迁徙种群已近消失，只剩下飞越中国境内的东部种群。

东部种群的南迁路线具体来说，是从东西伯利亚的雅库特到中国江西的鄱阳湖，其间的路程超过 5000 千米，途经俄罗斯的雅纳河、印迪吉尔卡河和科雷马河流域，进入中国后主要停歇地有扎龙、林甸、莫莫格，以及双台河口、滦河口、黄河故道和升金湖等。对白鹤的迁徙观察，科研人员于 2015 年利用卫星跟踪技术得到了证实，而且首次获得白鹤飞迁的重要数据记录。数据显示，南迁鄱阳湖越冬的总飞程为 6254.2 千米，飞行高度最高达到 1961.6 米，最快时速为 112.7 千米，全程历时 52 天；飞回俄罗斯亚纳半岛的相对应记录数据分别为：总飞程 5294.2 千米、最高飞行 2691.2 米、最快时速 112 千米和全程历时 51 天。

每年春天，在鄱阳湖度过了舒适的冬天，白鹤便启程展翅高飞，来到莫莫格停歇休整，再飞往俄罗斯的西伯利亚去繁衍子嗣，而当秋天开始染色莫莫格时，白鹤夫妇便带着孩子归来了。

很多时候，我们不能不承认，在人类审美意识不断发展的进程里，自然包含的一切生物、植物、山川、大地给了人类无穷无尽的滋养。比如，鹤文化就与中国文化有着千丝万缕的联系。"鹤鸣于九皋，声闻于天。"早在《诗经》吟咏的年代，人们就抬头仰望翱翔的白鹤。世界各地各个时期的猎人和艺术家、鸟类学家都感受到了它的价值。为了得到这样一种鸟，神圣罗马帝国的皇帝弗雷德里

克放出了他的矛隼，忽必烈可汗的鹰也曾扑向这种鸟。马可·波罗曾经写下：他从使用隼和鹰的狩猎中得到了最大乐趣。在察汗卓尔，可汗有一座被美丽平原环绕的宫殿，他让人在平原上种植小米和其他谷类，目的是使鹤不至于挨饿。

当白鹤躲过了猎枪伸向天空的时代，它们还需要面对在迁徙中常常遭到恶劣天气的伤害，和越来越多栖息地的改变，白鹤面临着漫长物种进化史上最严峻的考验，种群的数量正在逐渐减少。

2003年，潘晟昱开始了自己的生态摄影之路，也开启了观鸟、识鸟、拍鸟、护鸟的人生旅程。莫莫格湿地也向他展示了自己宽广的胸怀：300多种鸟类，近10种世界罕见的珍贵鸟种。他听从了专家的忠告：在他的家乡吉林莫莫格国家级自然保护区里，最珍稀、最重要的要数白鹤。于是近20年来，他每年都在用相机记录白鹤在莫莫格湿地停歇的珍贵瞬间，并在全国各大媒体发表大量稿件和图片，呼吁人们爱护湿地生态环境、关注莫莫格白鹤。

2010年11月，中国野生动物保护协会授予镇赉县"中国白鹤之乡"的荣誉称号。2018年，中国野生动物保护协会志愿者委员会在辽宁省大连市成立，作为生态摄影师的潘晟昱站在了领奖台上，他也在第一时间把消息传回了镇赉，当他载誉而归的时候，一个由11支队伍200多人组成的志愿者团队已经召集起来，在白鹤遮天蔽日地盘旋在镇赉上空的时节，吉林省爱鸟周启动仪式暨镇赉县护飞行动也正式开启。

# 吉林镇赉护飞队

潘晟昱并没有领我去莫莫格国家级自然保护区，而是走了他们护飞队平时巡线的那条路，其实这正合我意。因为大群的白鹤还没有到来，零星而来的先遣部队会散落在四处。路上潘晟昱就接到了100多只白鹤已经来了的消息。而且这消息一夜之间不胫而走，在全省观鸟人中传开了。有的是电话告知他的，也有询问他的。最先目睹并传出这个消息的是一位周姓农民。可是，他的电话始终无法接通。于是我们决定一路寻鹤，一路去往他家的方向。

说来奇怪，当我被镇赉第一眼秋色迷住的时候，我的心情就变得格外喜悦和平静，即使没有去莫莫格保护区，即使会看不到白鹤，我也平静、从容得很。见到那是欢喜，没见到那是希望，因为有一个声音一直在对我说，我还会再来的，在这里我一定会有心满意足的一天。

早上出来的时候，天略微有些阴。我坐在车上，望向天空，在脑海里想象着翱翔天际的候鸟，在这个必经的迁徙通道上，往来穿梭的样子。此时，它们只是萧规曹随，按照它们祖先留下的记忆基因，在这条路线上迁徙。此时横过秋空，它们正沿着古道飞来，将在这里停歇，然后穿越亚洲幅员最辽阔的国家。

我们最先看到的是路边湖泡里的小䴙䴘，它们像气吹鼓的小肚十分好认。一路上，随处可遇大大小小的湖泡，就像一个个被标定的专属家园，没走多久，我们就看到在一个稍大的湖泡里，游弋着几只天鹅。潘晟昱纠正我说那是小天鹅。他将车停下，我们一起做观鸟记录：大岗村小天鹅，其中亚成体6只，共计12只。

虽然为了拍摄纪录片，我们曾带着一车的装备寻鸟、拍鸟，但这一次单纯的观鸟体验是完全不同的，没有任务，没有目标，只是全身心地将自己融入自然，等待发现，等待每次的相遇。

《吠陀经》有云："一切智慧，苏醒于晨。"梭罗将《吠陀经》里的这句赞美诗，引用进自己的《瓦尔登湖》里。早晨是一天中最值得纪念的光景，是心灵苏醒的时分。尤其是我的这一天早晨，因为我从来没有在这个时刻，看见过天鹅。

道路沿此小湖而行，所见是最美的光景。雨欲来又迟疑，云因此而低垂。像这样的湖在这种时候最动人，湖面

上方的天空并不清澈，一团团倒影映入湖中，仿佛变成一种低垂的云天，这远比真正的天空更可贵。

潘晟昱又在一片收割过的玉米地边将车停下，这里是建平乡双庙村的田地。他走进地垄沟开始随意地翻捡，干枯的玉米叶发出清脆声响，很快他就捡到几粒玉米。他一边翻捡一边告诉我，鹤来了就在收割后的地里，寻找玉米粒吃，就像这样。他又开始寻找收割机遗留下来的残破玉米棒。我开始脑补白鹤用喙像手一样翻捡的模样，想象它会用多久扒开玉米叶呢，我没有问潘晟昱这个问题，因为我觉得对于白鹤来说这不是个问题。

在双庙村广袤的田地尽头，我们先后看到了近100只灰鹤，分散觅食。当临近发现我们时，它们就起身飞翔。我十分开心的是，手持望远镜，比平时摄像机的取景器好用多了，取景器要不断地调焦，还无法像望远镜这样，随身体360度地旋转观鸟。灰鹤在天空盘旋，不时地从一排变成两排，我看见鹤挥舞着巨大的翅膀，再停下来滑翔，那是如此的真切，仿佛也把我带向了天空。奇怪的是，连天空也开始明亮起来，透出蓝色的背景。潘晟昱总是能迅速而准确地数出灰鹤的数量，然后相加。

我们继续沿着乡间的路行驶，大多数时候，他都开得飞快。其实路面布满了深深的车辙印。他说我很幸运，雨季刚过，土地也大都干涸起来。他的越野车十分彪悍，冲过这些车辙印如履平地。很多时候他都不走正常的路，因为很多路上还有淤泥，他既不下车查看，也丝毫不减速，就径直开向路边玉米地的边缘绕行。可见，他对这路段有多熟悉。

不知什么时候，玉米地开始种得这么密了。我记得小时候去乡下串门，孩子是可以在玉米地里钻来钻去的，还可以找到长在玉米秆上的黑色乌米吃。现在收割都用大型的收割机，所以种植这么密。潘晟昱说，即使白鹤来吃没有收割的玉米，也只是吃最外面的一排，它们绝对不会冒险飞入玉米地。路边的玉米质量并不高，但是有些老百姓连这一排玉米棒也不想让鹤吃到，总是提前掰下来。

潘晟昱说这些话的时候，我能感受到他内心一直以来的纠结。在他负责领导的镇赉护飞队中，有农民、有民兵、也有机关干部以及鸟类摄影爱好者。很多农民志愿者就在自己的田间地头守护这些精灵。在缺少食物的时候投放粮食，在遇到受伤的动物时，抱回去救助，他们一年四季都奔走在镇赉的城乡各地。

如果问鸟类和人类谁是这块土地的原住民，答案显然是前者。历史上，白城曾是中国北方民族活动的重要区域。东胡、鲜卑、夫余、契丹、女真等古代民族先后在这片土

地上繁衍生息，而生活在这里的人们主要就是以凿冰钓鱼和捕鹅打雁为生。这种获取食物的基因是与人类共生的，因此，潘晟昱和护飞队的队员几年来收缴、销毁捕鸟工具也有800多件，累计行程超过20多万千米。如今，这支志愿者队伍发展壮大，已经更名为"吉林白城护飞队"。

现在白城是国家重要的粮食供应基地，那么一个不争的事实就是，人类不断扩张的农业生产、水产捕捞、畜牧放养等利益行为，正在剥夺鸟类和其他动物自古以来就在此地栖息的生存空间。作为人类和自然生物之间的调停人，潘晟昱内心是对动物充满悲悯的；但对于他不断宣传讲解、劝说的人来说，他也是温和的。

果然，又走了没多久，我们就遇到一个人，证实了我的判断。一路上，其实我们遇见的人很少。在遇见这个人之前，我们先是远远地看见一群灰鹤飞腾起来，没过多久一个骑摩托车的人就出现了。或许，他看见潘晟昱开的车身上印有"动物保护"的字样，就主动停下来了。潘晟昱看他眼生，知道他不是本地人，就直接询问他是干什么的。那人说他就在这种地。接下来，他就开始告状，说鹤群给地里的庄稼祸害够呛，损失十分大。潘晟昱给他的回答是，他可以拿着田地所有权的证明文件，去政府那里领取损失费。农民对这个回答似乎很意外，也很惊喜，满意地离开了。潘晟昱回头对我说，这人一定是来帮工的，其实，他说得夸张了。我们分析，他一定是骑着摩托车驱逐鹤群了，所以刚才看到的那群鹤才飞了起来。

# 藨草

"其实，白鹤最喜欢吃的是湿地浅滩上一种叫作藨草的球状根茎，那球根淀粉含量高，热量也高。"潘晟昱对我说，"一会咱们找一块地让你了解下这种草。"在一片有水的路旁，潘晟昱下车。他从车里拿出一把小铁锹，领着我向路边走去。看到一丛纤细的草，他指给我看："那就是藨草，你摸摸它的杆，是三棱的"。我蹲下来一摸，果然是三棱的。藨草是莎草科三棱草属多年生草本植物。它的茎叶可用于造纸、编织，匍匐根状茎和块茎含淀粉可造酒。潘晟昱开始挖掘一根藨草的根茎，这一片湿地很小，藨草长得也不壮。潘晟昱挖出的藨草根茎也很小。

"我亲眼看到白鹤妈妈，把挖出的球茎扭头喂给自己的孩子。"潘晟昱在描述这个画面时，脸上洋溢着幸福的神情。现在，潘晟昱不仅拍鸟、护鸟，还被聘为中国野生动物保护协会科学考察委员会常务委员，每年都要深入了解湿地的情况，包括水情的分析、放牧、围坝以及藨草的生长情况，并写出湿地全面的调查报告，给科考委和相关保护机构备案。

藨草是松嫩平原西部莫莫格湿地的典型植物，其球状根茎是全球极危水鸟白鹤的重要食源。可是，由于气候变化和人类活动的叠加影响，湿地水体污染和盐碱化加剧，藨草湿地面积缩减。当地政府和保护区正在想办法，增加藨草的繁殖利用，以改善白鹤食源及栖息地的威胁，进一步保护湿地资源和提升湿地生态功能。

在认识藨草的路上，我第一次看到野外的凤头麦鸡，先是一两只，后来竟看到一群，从这一块地，飞向另一块地，好像大地是它们的格子游戏。凤头麦鸡高昂着头，飞扬的黑色冠羽，泛着金属光泽的三级飞羽，点缀着秋天的田野，分外迷人。

我们继续向万宝山牧场方向驶去，迂回的道路两旁是高大、挺拔

的白杨,这种嗜水性极高的树木,长得又快又漂亮。树叶从下向上渐渐地变得金黄。风中摇摆着清澈的、明亮的光芒,就像最甜美的茶汤。

去往万宝山牧场的路并不好走,我们看到远处路中间站着两个人,似乎是什么挡住了去路。潘晟昱下车询问了情况,原来前方淤泥严重,他们的车也不敢过,于是我们开始折返。我对任何牧场都没有概念,甚至对潘晟昱将带我去哪里都没有要求。我只开心地奔驰在路上,我们又先后遇到了大雁和绿头鸭,至于喜鹊和鸽子随处可见。白骨顶开始成群在湖泡里游弋,路边的电线杆上,隔一段就会停歇着一只红隼。远远地,我分不清大白鹭和白琵鹭,潘晟昱显然是一个绝佳的向导,对于初级观鸟者来说,这是十分宝贵的学习经验,广阔的田地和丰富的见识,就是最好的教学。

我们改道去镇赉县坦途镇的三马场,视野也越来越开阔,还是可以看见泛白的一小块一小块土地,就像提前落下的白雪一样。其实,在镇赉县老百姓眼里,盐碱地绝对没有白雪的浪漫,在他们眼里那是"白色的沙漠"。十几年的时间里,国家和政府想尽了办法,让土壤呼吸,让白色沙漠变成良田。所以,我看到的都是一小块一小块的"白斑",仿佛诉说着这里的过去和未来。潘晟昱说,这里有一句俗语:平地白毛风,就是说当风吹过盐碱地的样子。走了不远,我真的就看到了,有一块地方,就像飞起白色的烟雾。越近越稀薄,风起处,白雾浓郁,似乎可以嗅到咸咸的味道。

我们再一次停下车子,坦途镇已是镇赉县的北境,在嫩江的右岸。清朝时期,这里生活的是游牧民族,我喜欢"坦途"这个名字。这一定是汉族人起的,可以想像当时东北各民族的亲密友好,接近内陆,归乡之路,一片坦途。

我在坦途镇,看到了七只白头鹤。它们灰衣素裳,头颈雪白,头顶裸露部分为朱红色,飞羽为灰黑色,尾羽为黑色。次级和三级飞羽延长弯曲呈弓状。白头鹤非常爱干净,每天都用大量时间梳理羽毛,确保"衣冠整齐"。白头鹤在采食过程中,也保持着君子风度,从不暴饮暴食,总是一粒一粒、一口一口地吃。我十分钟爱鹤,在我心里,如果说丹顶鹤是仙人,白鹤是隐士,那白头鹤就是绅士。

# 白鹤一去空悠悠

说白鹤是隐士看来似乎有些玄,但是它们的行踪,真的就像天边的云朵,说来就来,说走就走。

潘晟昱接连给周姓农民打了几个电话,还是无法接通,那里处于吉林和内蒙古的省界交会处,信号不好。我们依旧往他家的方向行驶。

旷野的湖泡似乎也变得大、变得远了,红嘴鸥偶尔会从车窗前飞过,近得似乎可以感受到它们翅膀的坚实。这翅膀不仅可以抗击海上的狂风巨浪,也可以抵御平原上的飓风扫荡。在路上,我们总是可以遇见巨大的白色风车在远处出现,观察几天后我发现,无论是大风还是小风,它都以一个速度旋转。我不知道它是怎么做到的,但我想,如果人类也调拨到风车的模式,不论大自然给予人类怎样的馈赠,我们都一点点地汲取,不紧不慢地获得,世界又会是什么模样呢?

潘晟昱带着我来到周姓农民的家里,一只拴着的黑色大狗远远地就开始向我们打招呼。他家没有明显的院落,车停在房门前,那是一栋孤零零的小房,四周都是田地,估计他的邻居都会在几里之外。这里的电话信号不好,虽然没有提前电话联系上,但夫妻俩都在家。大风天里男主人在午睡,女主人包裹着厚厚的头巾面罩,坐在屋后的地头扒苞米。刚刚起出来的一堆堆鲜红的胡萝卜,泛着甜爽的气息,在绿色的萝卜缨映衬下分外好看。门口的大黄狗悄无声息地起身,像见老朋友一样将我们迎进屋里。男主人告诉我们,昨天在吉林与内蒙古两省交界处的那块玉米地上,看见了100多只白鹤。就在今天上午,他还捡到了一只不知吃了什么,脖子上看着鼓起一个包的白鹤。他的妻子纠正他说,那是一只灰鹤。动物保护站的人接走了那只灰鹤,这是这对夫妻在平常日子里,值得记忆和对人讲述的故事。

像他们这样的志愿者和情报员,与潘晟昱有联系的不少。在东北广袤的土地上,他们对鸟类的关爱建起了一张无形的网格,日复一日,年年如此,就像每年迁徙而来的鹤群,生生不息。

离开老周的家,我们沿着两块地中间行驶。左面是苞

米地，右面是甜菜地。翻起来的甜菜根像小山一样被堆在了田地的中央，莫名的给我这个不相干的人，带来了收获的喜悦。还躺在地里剪去叶茎的甜菜头，一个个翘首以盼，在地垄上整齐地等待着那巨大的机器，带着它们翻滚着离开泥土。

田地的尽头左转，潘晟昱告诉我，左手边这块地就是周姓农民说的看见白鹤的玉米地，而右手边就是内蒙古的地界了。这块地中有半个足球场那么大的地方已经将玉米收割了，所以白鹤可以在这里觅食休息。显然它们已经离开很久了，因为100只鹤，想想停在这里还是很拥挤的，估计遗留的玉米粒也会在顷刻间进入鹤腹。四周没有收割的玉米就像一个屏障，而此时我的眼前，这个四维屏障，框住的却是一方蓝天和一朵朵刚刚升腾起的白云。

这都是在我们预料之中的，虽然白鹤一去空悠悠，我的心却是丰盈的。就在第三天我动身回吉林的时候，潘晟昱发来了今年他拍到的鹤群。第一张视线被横向吸引着，那是一排金黄的白杨树背景，再前一排是火红的高粱，而最前景依然是金黄的湿地草甸，只有中间一条，几十只白鹤伸着纤细的脖颈，错落而立。那白色的羽毛像玉一样，凝结着圣洁的光芒。这些美丽、轻快、充满生命力的生物在阳光下闲庭信步，使这一片秋原生机勃勃。

自从认识了蔍草后，我每每看到草迎风而摇，都能想象到它硕大的球根，白鹤在这里，会吃得饱饱的，以备接下来漫长飞行中的消耗。我很想称一下此时白鹤的体重，这也许是5000千米的行程中，它们最重的时刻。

在另一张照片里，我看到几只体态略小，有着棕色羽毛的白鹤亚成体。潘晟昱告诉我，今年是这些幼崽第一次踏上莫莫格湿地，明年春天它们从鄱阳湖飞回来时，棕色也不会完全褪去，只有第二年再来时，它们才会完全变成和父母一样的白色。这些在西伯利亚出生的小鹤，带着和莫莫格金秋一样的羽色飞来，它们虽然已经做好了迁徙的准备，但还是孩子的模样。此时，它们分散在湿地的四处，还没有集结，这不过是白鹤大移栖最初的涟漪，接下来会有一段时间涟漪会演变成狂潮，南飞的大军会超出你的想象，每只白鹤都会展开近2米宽颜色纯白、翼端黑色的翅膀，从头顶飞过，鼓翼飞向南方的鄱阳湖。

车轮依然在围绕着镇赉县城外沿疾驰，前往我们的下一个目的地——图牧吉。

# 寻找大鸨

不知不觉，眼前的视线就开阔起来了，我实在想不起来，是何时开始接近草原的。

内蒙古图牧吉国家级自然保护区是大兴安岭山地与干旱草原的过渡地带。草原和湿地生态系统支持着以大鸨、鹤类与鹳类为代表的众多珍稀濒危鸟类生存。

我们再次停下车，是因为远远地看见一群豆雁。雁属的几种雁模样都差不多，豆雁最好分辨，是因为它的喙是黄色的。这群机灵的水鸟在栖息的沙洲远远看着我们，我们也远远眺望着它们，每只鸟的头都笔直地竖着，我也差不多踮起脚来张望。

告别这群昂首警觉的雁群，我们在路上遇到了羊群。女主人紧紧地拉着好像很兴奋的牧羊犬，快步走在路边。边牧很搞笑，很明显这是一只年轻的牧羊犬，只要走在羊的身边，仿佛就有责任要担当，随时要冲出去管事一样，累得女主人有些脚步凌乱。每只羊的神态都无比恬静，它们根本不和边牧计较，不知道它们心里是怎样想这小家伙的。羊儿只是在吃饱后心满意足地闷头赶路，两只公羊夹在羊群里，硕大的羊角盘在头顶，看不出哪一只是羊群之王。慢慢地，我们让这群羊从我们车子两边走过。不知为什么，它们看起来竟有几分卡通，因为这群羊比我以往看到的羊腿都长。

潘晟昱说在他们这边，尤其是内蒙古人开的饭店里吃羊肉，其实都不太熟，汉人吃不惯。我在汪曾祺老先生的书里看到过，他在内蒙古吃"白煮全羊"，说是只煮了四十五分钟，还是为照顾客人多煮了十五分钟。一想到手把羊肉，就让人垂涎欲滴。汪老还写到，内蒙古很多盟旗都说他们那里的羊肉不膻，因为羊吃了草原上的野葱，生前已经自己把膻味解了。鱼腥也好，羊膻也好，我和汪老的态度一样，不腥不膻固好，腥啊膻啊亦无妨。

突然，潘晟昱开心地指着我这边的草原说，还有萱草花在开。于是，我们下车，走进草地。果然，零星三朵黄色的萱草花夹在枯草中，异常醒目。萱草花是中国的母亲花，古时也叫忘忧草，《博物志》中写道："萱草，食之令人好欢乐，忘忧思，故曰忘忧草。"古时候当游子要远行时，就会先在北堂种萱草，希望母亲减轻对孩子的思念，忘却烦忧。潘晟昱抚摸着一丛针茅草告诉我，草原上的草种类很丰富。我知道在这接天连地的草原上，一定有羊儿解膻的葱、最喜欢的羊草，有拂子茅、有甘草、有蒿……可是我很难分辨出来，因为现在它们都干枯得差不多一样粗细、一个颜色。

我给潘晟昱和那朵最大的萱草花拍了张合影，尽管单只的萱草花花期只有一天，但整体的花期可以维持半年，从春天开到秋天，而这三朵萱草花坚持到了晚秋，给了这片枯草地以春天的生机，也给意外看到的我们带来了无比的喜悦。

车子继续向草原深处行驶，很远处在草地的间隙可见行驶的小汽车，像被风吹起的一片树叶。如果我是一个诗人就好了，那样我就可以用文字这个无形的篱笆，把这片草原囊括在诗句里，永远带走。

这时，一只鸟儿撞到我们的车前，仿佛跳跃着指引我们向前开。潘晟昱告诉我，这是云雀。它在假装受伤，吸引我们和它走，它的幼鸟一定就在附近。我知道鸟儿有这样的习性，可是当亲眼所见时，仍是吃了一惊。这个给舒伯特以灵感，歌声可以入云，啼鸣优美的鸟儿，此时却装扮成伤员，如此卑微，只因为母爱伟大。一路前行，这样的情形我们又遇到了两次，这次我知道了，萱草花为谁而开。

坐在车里，我不禁对潘晟昱感叹：这一路上，我们真是不知道，下一秒会遇见谁？正说着，一只环颈雉从车身右侧快步走来，抬首挺胸，走出几步后，居然回头望了我们一眼。我连忙说，咱们跟上去，可是当油门加大追上去时，已不见了环颈雉，只剩下茫茫草原和那条没有尽头的路。仿佛它的出现，就是为了配合我的旁白而配的画面，我有些哑然失笑，我想我永远不会忘记，这只环颈雉对我的回眸一瞥。

我也希望我能幸运地看到大鸨，哪怕得到的只是这样的一瞥。在图牧吉国家级自然保护区三道泡子核心区外围，潘晟昱下车指给我看了一块界碑，一面是吉林，另一面是内蒙古。内蒙古汉字下面还有"蒙文"两个字。虽然不知道能不能看到大鸨，但我还是在图牧吉国家级自然保护区中国大鸨之乡的石碑前拍照留念。比二层楼还高的候鸟观测点，涂着迷彩的外墙，呈多边形，穹顶和栏杆为白色，在空旷的原野上十分高大。

这个季节，单纯从照片来看，显得十分荒凉。真正置身其中，你会真切感受到荒野的魅力，那深藏起来的巨大生机，会让人倍感卑微。"荒野"概念的意义在西方经历了一个由否定到肯定的变化过程。最初的"荒野"是荒凉、可怕的所在，人们对此充满恐惧、敬畏。一直到19世纪中期的英国小说《呼啸山庄》中，荒野还是野蛮的、恶的命运象征，但同时孕育着强烈、盲目的自然力量。爱默生提出，自然是人类想象力的源泉，是人类精神的原点。立于荒野，你或许会感悟：信仰的前提是谦卑，当你能真正谦卑起来时，其实也就无须信仰了。

空旷的原野仿佛就我们两个人，只有风毫无间隙地吹过，天地一派寂静。远方一群大鸟无声地飞起，潘晟昱说，那是一群苍鹭。我想起聂鲁达的一句诗："我喜欢你是寂静的，仿佛你消失了一样。你从远处聆听我，我的声音却无法触及你。"

我在大鸨之乡的土地上，虽然没有看见大鸨，但我想那不等于大鸨不在。毕竟，谁会喜欢不速之客呢？

我们在图牧吉镇上吃着午饭，听到了内蒙古客人在饭桌上高歌，招待我们的饭店老板是母女二人，母亲有着典型的蒙古族高高的颧骨，女儿十分漂亮，不听口音，完全看不出她是什么民族的美女。

潘晟昱决定带我去马鞍山草原大鸨繁殖地碰碰运气，我说好啊。实际上，我的心依然像草原的天空，风轻云淡，见与不见都是欢喜。

午后的草原宁静煦暖，在这里最珍贵的事情，莫过于一个晴朗的好天气。一垛一垛干草被卷成球形点缀在一望无尽的草原上。喜鹊依然是无所不在，松鸦偶尔会几只几只地出现。隔不远的草垛上，会停歇着红隼。

在城市里遇到锄草机新剪过的草坪，会有一股新鲜而且特别突兀的味道，可是在草原上，就在大型除草机刚刚走过的地方，我都没有闻到一点突兀的味道。果然，这里不属于人类。虽然不属于人类，人类却带走了这土地上唯一宝贵的东西。当你站在这里环顾四周时，发现到处都是一样的景致，整个城市，都不知何处去了。可是定睛一想，不如说此时此地，连整个东北都这样伸展在我们的脚下。

一只大鸟被我们惊起，潘晟昱眼尖：那是草原雕。我留意草原雕刚刚停歇的地方，什么也没有，只是一块略高的坡地。当它拔地而起，孑然一身离开它站立的地方时，毫不犹疑也毫不留恋。

大自然既为强者提供用武之地，也为弱者提供终身之所。在城市里生活的人，的确应该常到荒野上去生活，只有这样，才能更好地了解什么是生活的必需品，以及我们应该用什么方式去获得这些必需品。对许多动物而言，这种意义上的生

活必需品只有一种，那就是食物。

王维有诗："草枯鹰眼疾，雪尽马蹄轻。"草原雕最喜欢的美味草原鼠，开始深挖洞广积粮，准备度过漫长的冬天；草原雕也频繁出没于裸露的草场上，抓捕猎物，为迁徙积蓄能量。

大鸨为了躲避裸露的草场，退到更远、更深的地方去了。潘晟昱用望远镜极目远眺，看到三只活动的鸟类，他有些兴奋：感觉是大鸨。我们准备驱车直奔那三只鸟影而去，无奈直线距离被阻断了。草原上很多地方还有积水，不过这里看似无路却到处是路，只要绕过积水，总能驶向目的地。只是可惜，我们看到的三只鸟影是灰鹤一家，还是没有发现大鸨。

我们总是想学会如何得到更多的东西，但有时候应该学学，如何满足于所拥有的，这也是草原给我的领悟。带着十九种鸟类的观鸟记录，我们决定返程，取道镇赉县九龙山马场回镇赉去。

路边的田地上，好像有施工的模样，一根根细细的黑色管子被铺进地垄沟里。潘晟昱说，正在铺设的是滴灌管线，引进的是以色列的灌溉技术。以色列60%以上的国土处于干旱与半干旱状态，水资源严重匮乏，但由于长期致力于发展农业节水技术，最大限度地利用水资源，自建国以来，以色列拥有世界上最先进的灌溉技术。白城镇赉偏于一隅，却能有面向世界的眼光，又怎能不渔兴牧旺，草茂粮丰？

《诗经·鸨羽》有云："肃肃鸨羽，集于苞栩"，"肃肃鸨行，集于苞桑"。描绘的就是远古时代，大鸨陪伴人们劳作的场景。千年画卷又有新的蓝图，草原上的生态城，仍然是候鸟眷恋的驿站，翩翩飞羽，阵阵鹤鸣。时间在这一天，仿佛也格外慷慨，令人依依不舍。

(本文图片由潘晟昱提供)

# 鹰屯观鹰

2024年5月22日的早上，我一边在水池边洗碗，一边打开了手机短视频，《新华每日电讯》上一串炮声过后，一丛丛绿色的烟花腾空而起，绽放出金黄色的巨型麦穗，十分绚丽又震撼。配音介绍，今天是袁隆平先生逝世三周年的忌日。我们开车去接唐景文老师，一路沿江而行，将去探访历史悠久又神秘的鹰屯。路上广播里又传来今天是国际生物多样性日……真是个特别的日子啊，或许注定我的这一天会过得颇有意味。

北国的五月，满眼摇曳着翠色的新绿，昭示着大地上的无限生机，想着沉睡在大地里的肥美虫蛹慢悠悠爬出来，想到鸟类忙忙碌碌地开启繁殖季，总是令人心生喜悦。可是，唐老师并没有对乡下之行流露出像我一样的兴奋，反而向我倾吐他对生态的深深忧虑。一年又一年的新绿如旧，唐老师曾经熟悉的天空，却是今非昔比。车窗外，果然少见飞鸟，空旷的蓝色天空，就像只涂了底色的画布。那些曾经无比谙熟的鸟类朋友，像躲猫猫一样深藏不显。不知道它们是另觅他乡，还是就这样在地球上渐渐稀少了。这不是苍白的劝慰和盲目的乐观所能支撑的世界，那些看似悄无声息的因果，给人类留下的回旋余地并不充足。就像今年，如火如荼的文旅事业令城市沸腾一样，一个从市区到下游雾凇岛的旅游航道被公布出来，据说，清理航道的工程已经开启，没有人知道，这漫长的航道会对两岸植被以及水鸟赖以生存的滩涂有何影响。

300年前，清朝的乾隆皇帝曾先后两次来过吉林，他在一首诗中写道"辐辏间阎市中日，往来舸舰织清秋"，就是对当时吉林城的市井贸易和松花江上大小船只往来的真实描述。在乾隆之前，他的爷爷康熙大帝更是为吉林留下了"连樯接舰屯江城"的诗句，那又是一番气壮山河的声势！

吉林在清朝初年名为鸡陵乌拉，满语就是沿江的意思。康熙二十四年（1685年），正式定名为吉林。松花江从长白山的一泓天池中倾泻而下，呈反S形穿城而过。最早生活在吉林市西团山的古居民属于秽人，那时松花江叫作秽水。那是东北的青铜时代，时间相当于战国与秦汉时期；汉至魏晋期间，扶余国在此兴衰，松花江一度被称为"弱水"。我十分愿意那句"弱水三千，我只取一瓢饮"的弱水，就在我生活的城市。亦可想象，那时水势浩天。后来，松花江又被称为"难河""粟末水""混同江"，还有金代的"鸭子河"。"鸭子河在大水泊之东，黄龙府之西，是雁鸭生育之处。"元代时，松花江称为"宋瓦江"；明代时，称为"松花江"。学者考证，宋瓦和松花都是从满语松阿哩乌拉音转而来，在满语里，松阿哩乌拉是天河之意。

此时，我们行驶在天河之畔，平静如练的江水在我们左侧若隐若现，那些沿江流转的历史与记忆也若隐若现，由江水恬淡着娓娓道来。唐老师说：鹰屯之所以成为鹰屯，与这里的山水形制是分不开的。吉林本来山岭环复，江流转曲。前朱雀、后玄武、左青龙、右白虎四大名山锦绣如屏，可是在松花江下游，在鹰屯所在的龙潭乡和对岸的乌拉街，四围群山并不高耸，山中树林却不减繁茂，多有猛禽钟情的落叶松树林和针阔叶混交林，前后又有水流汤汤，猛禽飞来飞去，非常方便捕猎雉雏。山河之利，才是千百年来，猛禽喜欢在此栖息、繁育的根源。

在这片土地上生活的原住民，勿吉人、靺鞨人、契丹人、蒙古人、女真人以及后来一统江山的满人，更是千百年来，与鹰有着紧密的关系。这些游牧民族骑着骏马四处征战和迁徙，行围狩猎时，他们离不开手里的良弓，更少不了天上飞的雄鹰和地上威猛的猎犬。可以说，鹰猎文化的历史几乎与我国的历史一样长。

阴山岩画、巴丹吉林岩画等众多岩画中的猎鹰场景足以证明这项活动的古老以及蕴含的深厚文化底蕴。

根据文献记载，鹰猎早在我国周代和春秋时期就已出现。《诗经》《礼记》《尔雅》《春秋》《左传》中均有鹰猎的内容。司马迁在《史记》中曾写到，秦相李斯被处死前仍想着"牵黄犬，臂苍鹰，出上蔡东门"。到汉代，鹰猎活动已经十分普遍，"臂鹰牵狗"已经成为当时贵族狩猎的标配。鹰猎是魏晋墓葬彩绘壁画中的主题之一，充分反映出魏晋时期河西走廊一带鹰猎活动的兴起。到了隋朝，隋炀帝"征天下鹰师悉集东京，至者万余人"。这次鹰师大会轰动一时，极大推动了隋朝养鹰、玩鹰风气的兴盛。至唐代，唐太宗和唐玄宗都醉心于"飞鹰走狗"，宫廷上下捕鹰、驯鹰、贩鹰、献鹰十分风行。宋代诗人苏东坡曾有著名的诗句："老夫聊发少年狂，左牵黄，右擎苍……酒酣胸胆尚开张。"其中，"右擎苍"就是指右臂上架着苍鹰。这是汉魏乃至唐宋时期鹰猎活动盛行的真实写照。

辽金元时期是鹰猎文化的鼎盛时期。辽代皇帝每年都要进行四时捺钵的活动，在春捺钵活动中，放海东青捕天鹅是重头戏。海东青是辽代最珍贵的猎鹰，是朝贡的上等贡品、皇家捕猎的利器、人才和身份的象征，而且有军队编制的代号。《本草纲目》中记载："雕出辽东，最俊者谓之海东青。"《契丹国志》中记载："女真东北与王国为邻。王国之东接大海，出名鹰。自海东来者谓之海东青，小而俊健，能擒天鹅，爪白者尤以为异。"海东青身材虽小，生性却十分凶猛，可捕天鹅和小兽，有的甚至能捕鹿。因此，从辽代开始，女真人便把海东青作为向辽国主进贡的物品，辽国主甚至派专人到女真地索要海东青，后激起女真人的愤怒，从而引发了辽金战争。在元代，蒙古贵族也酷爱猎鹰，鹰猎是他们最喜欢的娱乐活动之一。据《马可·波罗游记》记载，忽必烈经常带领他的司鹰来到草原狩猎，观看成千上万只凶猛的猎鹰扑向大雁、野鸡、野兔的场景。收藏在台北"故宫博物院"的《元世祖出猎图》生动地描绘了这个场景。据文献记载，元朝设立的打捕鹰房人户共4000余户，岁用肉40余万斤。清朝统治者对鹰猎也情有独钟。康熙、乾隆以及后几代皇帝都有喜猎和豢养把玩海东青的嗜好。1682年，康熙帝第一次东巡吉林，阅兵时看见臂架海东青的御林军英姿飒爽，不觉龙颜大悦，遂写诗赞美海东青："羽虫三百有六十，神俊最数海东青。性秉金灵含火德，异材上映瑶光星。"由此可知康熙帝对海东青的喜爱程度。

骑射之习悠久，尚武精神厚重，捕鹰、驯鹰，进行鹰猎是这片土地延续百年的传统。顺治十四年（1657年），京师内务府在今吉林市龙潭区乌拉街设立了"打牲乌拉总管衙门"，辖区面积7000平方千米，专司采捕朝廷贡品。同时，设立了"捕鹰丁"，专负责贡鹰差事。渔楼村便成为清朝"狩猎八旗"兵丁世居的基地，盛京、宁古塔、伯都纳等地鹰房子的鹰大多出自这里。自此，村民将清代的渔猎习俗延续至今，张网下套捕鹰、驯鹰，冰天雪地里持鹰擒兔逮雉，人人可成"鹰把式"，识"鹰路"、懂"鹰语"、晓"鹰性"。20世纪80年代，渔楼村被命名为"鹰屯"，小小村落以"最后的鹰屯"名扬海外。

2010年11月，联合国教科文组织在肯尼亚首都内罗毕召开政府间保护非物质文化遗产会议，比利时、捷克、法国、韩国、蒙古国等11个国家在会上提议将"鹰猎文化"作为世界非物质文化遗产列入名录并获得批准。2021年，驯鹰术作为一项人类活态遗产被列入"人类非物质文化遗产代表作名录"。时至今日，国际鹰猎协会会员人数达到6万，覆盖80多个国家。2012年，为加速对具有世界意义的鹰猎文化资源的抢救、保护和传承，"吉林省鹰猎文化保护传承基地"落户吉林市昌邑区土城子乡渔楼村。后来，"老鹰王"赵明哲被授予"中国民间文化杰出传承人"称号，李忠文是新一代"鹰王"，在启动仪式上"鹰王"还招收了8名徒弟。

渔楼村成为世界鹰猎文化的代表性区域，因建有打牲衙门存储渔网的楼阁而得名，村边的小山也因此被称为"渔楼山"。作为吉林市野生动物保护协会的副会长，唐景文老师见证并促进了鹰屯在新时代、新时期的一系列转变。说到自己和鹰屯以及鹰把式的往事，唐老师侃侃而谈：早就听说吉林市有一个驯养猎鹰的地方，出于对鸟类研究的需要，我来到鹰屯。鸟类学家说过，在野外有两类最难识别的鸟，"一类是大鹰，另一类是小莺"。大鹰是指鹰隼类的猛禽，种类多、数量少，雌雄、亚成体和不同的色型，加上难以接近，识别起来困难较大；而小莺是指柳莺类小鸟，这类鸟数量很多，种类之间差异很小，加上不停地跳动，识别起来也比较困难。当时缺少现代化设备，研究鸟类必须零距离接触，再通过分类系统检索，就容易辨识了。认识了鹰把式之后，观察他们，在每年秋季捕获猛禽，用鸽子做诱饵。对于鸽子，那是绝大多数猛禽的最爱，很少有猛禽对鸽子不感兴趣的，其他猛禽被捕获后就会放掉，他们只想捕获苍鹰，而且是当年出生的雌鹰。这是因为成年苍鹰很难驯化，只能驯养当年出生的苍鹰幼鸟。所有猛禽的体形，都是雌鸟大，雄鸟小。苍鹰体重1千克左右，而雌鸟可以达到1.5-1.6千克。体形大的雌鸟更适合驯做猎鹰。

接下来的"熬鹰"是人和鹰的神与灵交互的时光，对于人来说其实更难熬，鹰不能睡，人更不能睡，甚至需要全神贯注地观察鹰的变化。让鹰挨饿，再通过带轴刮油、跑绳、过拳、蹲杠……只有经过一个多月的时间，才能从对峙、对抗，到信任与驯服。鹰把式也要有体力，鹰站在鹰把式的手腕上，白天端、晚上端，直到猎鹰开始听从鹰把式的呼唤，他们一同狩猎的生活才真正开始。发现雉鸡或野兔，将鹰放出去，鹰由于饥饿，就会去猎捕，抓到猎物后，驯鹰人将猎物夺下，奖励一小块肉，然后继续寻猎。苍鹰捕猎很是迅猛，很快就会将猎物捕获，在与猎物搏斗中很消耗体力，每次寻猎也就是捕获1-2只，最多不超过4只，便会体力不足。因此只能回家，让鹰吃饱，休息好。每年春季就会将猎鹰放归自然，再不舍得也要放飞。

唐老师说，在鹰屯也发现了一个问题，这些人只是驯养苍鹰，并不像中东国家喜欢驯养大型隼，而且大型隼远比苍鹰好驯化。究其原因，主要是地理环境的因素，在中东都是平原沙漠，视野开阔，人们骑马或驱车跟踪猎鹰的轨迹。而苍鹰非常适合在山区、半山区狩猎，人们可以步行跟踪苍鹰，多在1千米范围内。在性情上，苍鹰更与虎

豹相似，隐蔽接近猎物，然后突然出击，在几次捕猎失败后就会放弃。猎隼的捕猎行为更像狼，凭借飞行优势，可以长时间、长距离地追踪猎物，反复打击，直至将猎物捕获。如果在国内大部分地区，使用猎隼狩猎，那么很容易会将猎鹰丢失，难以找回。

鹰把式常说，一个鹰手可能请了一辈子的鹰，也请不到一架好鹰。鹰和人一样也有孬有好，神武的鹰抓野兔、逮野鸡，一抓一个准。当然最神俊的当属海东青，乾隆在他的《海东青行》诗中云："鸷鸟种不一，海青称俊绝。"我曾听过一个关于海东青的故事，说是有一只艺人的猴子，挣脱束缚爬上了一座宝塔，怎么都不肯下来，平时用来教训猴子的长鞭也鞭长莫及，为了不损坏宝塔，有人请来鹰把式的鹰驱逐猴子，可是这个顽猴居然用爪子和鹰搏击，还使老鹰受了伤。最后来了一只海东青，跟猴子交手一个回合后，竟然远远飞走了。就在大家失望沮丧之余，海东青又飞回，将爪子上抓握的一捧泥沙扔向猴子，猴子被迷了双眼，一眨眼工夫就被海东青掀下塔去。在鹰屯，鹰把式各个都有几段自己和鹰的故事。谁家有喜事，鼓乐班子最爱吹《海青拿天鹅》的曲子，老奶奶哄孩子睡觉唱的摇篮曲是《海东青歌》，白翅膀，飞得快；红眼睛，看得清。兔子见它不会跑，天鹅见它就发蒙……可是，再智慧再神

俊的鸟，也败在了人类无休止的欲望上。尽管贡鹰的习俗早已结束了百年，但海东青的种群数量并不乐观。实际上，在中国，所有的猛禽都属于国家二级以上重点保护野生动物。

唐老师说：对于野生动物，国家早就提出了保护政策，不过从真正落实到严格保护的时间很短，也就是十几年的事。从1986年到2005年，香港凤凰卫视、台湾三立电视台、中央电视台《发现之旅》等都先后报道了海东青满族鹰猎习俗，制作成专题片面向全球播放，鹰屯引起了世人的广泛关注。国内很多贩卖猎鹰的商人，都知道了这里可以买到猎鹰，马上就有人来收购猛禽，什么种类都收。既然有人给钱，这些鹰把式当然会去大量抓捕，已经到了必须严惩的地步。唐老师作为从事野生动物保护的专业人员，对于乱捕、贩卖猛禽的行为深恶痛绝，多次组织相关执法人员对非法贩卖猛禽的违法行为进行打击，依法严惩鹰贩子和买卖猎鹰的人，显然这种违法行为得到了有效控制。但是在严厉打击后，他们不敢大张旗鼓地贩卖了，都转入地下。这让执法更加困难，鹰屯地处边远，想找到买卖猛禽的人很难。怎样才能长治久安呢？唐老师认为，如果想杜绝这种非法交易，就必须唤醒民众的保护意识，这才是治本的唯一方法。鹰屯寻求人与自然和谐相处，必须完成从猎捕到保护的转型。在唐老师的支持下，"鹰王"李忠文和"吉林市鹰猎文化传承协会"的鹰把式开启了年复一年救助猛禽的事业，始终致力于巡山、救护、放归、宣传等工作，三年的时间就有200多只受伤的猛禽被救护后回归大自然。经过十余年的努力，现在已经没有人再去进行捕鹰、驯鹰活动了。仅剩几人，在救助猛禽的同时，每年寻找鹰巢，当"鸟导"，接待鸟类摄影爱好者，从此走上了良性发展的道路。我们这次鹰屯之行，就是特意拜会"鹰王"的传人，李忠文的儿子李俊成，人们都亲切地叫他"大成子"。

前往鹰屯的路上，田地里的玉米长出了两个叶，整整齐齐、一望无际，就好像是大地在倾吐着无限的希望一样，再过几个月，玉米就会长成亭亭玉立的样子，接满沉甸甸的玉米棒，那时候，算不算是大地又完成了今年的繁育任务呢，就像鸟儿一样！汽车要左拐进入昌邑区地界，我们靠路边停了下来。一块巨大的石头立在路边的田地头，上面镌刻着崭新的红色大字：雾凇鹰猎第一乡。鹰屯所属的渔楼村，位于吉林市昌邑区土城子满族朝鲜族乡，乡里还有一大特色就是雾凇，和市区的雾凇景观不同，乡下的雾

凇简直是童话的王国，有更多野趣也更加纯净。风很大，瞬间吹走了我的帽子，我追着跑到界牌下的柱子旁，又看到一块已经褪色得不起眼的牌子，上面写着雾凇采摘基地。我忍不住想笑，如果雾凇可以像草莓一样采摘回家，甚至送到嘴里，那该有多热门啊！

大成子对于传承鹰猎文化没有丝毫的畏难情绪，这不仅是为了继承父亲的遗愿，而且是作为一名"80后"，他对鹰猎文化的历史、现状以及未来能把握的情况，很有自己的认识且想得很明白。在大成子还是小成子，也就是他十二三岁的时候，父亲就开始救助受伤的猛禽。家里本来就小，还要和猛禽在一个炕沿上，一不留神就被它的便便喷一身，这让小成子烦得不行。农忙时节，父母又不在家，猛禽总是嘎嘎地叫，吵得不行。小成子找来肉喂猛禽，又

被它抓伤，真是气得不行。可是，过些时日，猛禽对总是投喂自己的小成子友好了起来，不再往他身上喷便便，还溜达过来歪着脖子看小成子写作业。直到猛禽伤愈要放飞的时候，小成子才恋恋不舍起来。

现在的农村生活衣食无忧，很多小伙伴也去城里发展，但大成子选择留下来。对于祖先和猎鹰的亲密关系，他十分珍惜，现在想得最多的是，如何尽己所能改善猛禽栖息与繁育的环境。他熟悉的一些鸮类，比如，长耳鸮、长尾林鸮是不筑巢的，但是因为森林的多次砍伐，古老的、天然的、带有树洞的大树被新生树代替，没有天然的树洞为家，鸮就会抢夺雀鹰或者苍鹰的巢穴，为了避免猛禽为抢夺巢穴争斗负伤，以致耽误繁育，大成子做了很多人工巢穴，用枯树凿成圆的树洞归长尾林鸮，手工编织的巢归长耳鸮，这样大成子又借此将长尾林鸮、长耳鸮以及苍鹰等猛禽的栖息区域划分开。在天气不好的时候，大成子也会为猛禽投喂食物。

谈起山坳里的猛禽繁育，大成子如数家珍，去年的长尾林鸮一共九窝，除了一只掉队，其他的全部繁育成功。那一只掉队的是因为长时间趴窝，损伤了左侧的翅膀，没有发育完全，现在成了大成子鸟类救助站的长期住户。在今年七窝的雕鸮中，有一只双腿先天发育不全，也在救助站领了长期饭票。

谈起父亲对鸟的深情，大成子自愧不如。父亲和鹰隼打了半辈子的交道，当年，有空军基地请父亲趋鹰逐鸟落；为了寻求鹰猎文化与市场化的结合，父亲还带着鹰把式在冬季进行鹰猎表演，打造吉林旅游特色产品，小小村落着实热闹过。大成子也希望自己可以像父亲那样为社会做出更多的贡献。说这话的时候，我们可以看出他有些许势单力薄的落寞，直到提及去看猛禽时，他瞬间兴奋起来。路上他侃侃而谈，每年三月份，大成子会在周边寻找猛禽，鹰屯的留鸟最常见的是长尾林鸮、雕鸮、长耳鸮、苍鹰；繁殖鸟有毛脚鵟、灰脸鵟鹰、日本松雀鹰；普通鵟原来没有筑巢纪录，现在有了；雕鸮繁殖得早，一般在江边石砬子上，去年江边烧草，破坏了一处；雀鹰筑巢繁殖后，留下一半，另一半迁走……苍鹰和雀鹰这样的猛禽照顾幼崽特别负责，捕食能力也强，一会儿一趟，小崽几天就长起来了；鸮类不行，有的玩着玩着都把自己玩死了，出去捕猎，站在树枝上就睡着了，再不就卖呆，一小半天过去了，都忘了要喂小崽的事。你看，长耳鸮就瞅着太阳发呆，在树上一天都不动，小宝宝能

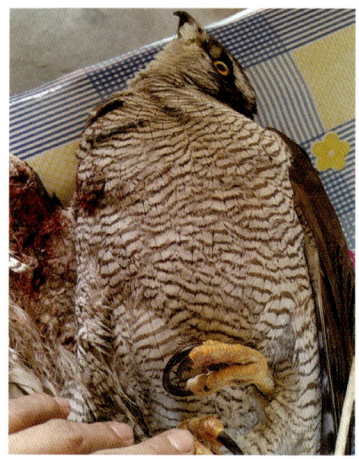  

受得了吗？你如果深入自然观察，就会发现，有很勤快的妈妈，那山窝里的食物有的是，吃不完，而有的小鸟就饿得吱哇乱叫；夜行的动物确实白天不太行，可是晚上时间毕竟短，再刮点风下点雨，所以鸮类的繁殖成功率就低。你看人不也是吗？你怀宝宝了，可以躺平，可宝宝生出来了，你就要勤快了，动了、叫了你是不是都得起来，再喂夜奶，睡不好觉，人和动物哺乳其实是一样的。

今天大成子给我们选了两个观鹰点，一个是苍鹰的，另一个是长尾林鸮的。苍鹰的巢穴在一座小山上，山不高，植被丰富。看起来山也有人承包管辖，因此并不是所有人想上就可以上的。小山坡上有着松软的土地，长了很多种野菜和药材，唐老师一一为我介绍。山坡不高，我们很快就爬上山脊，沿着山脊没走多远，又开始下行，谷底上的落叶松林笔直高耸，树林面积不是很大，像一座座孤岛一样，被农田包围，深藏在山坳里躲避着风雨，看来苍鹰的巢穴选址十分英明。

很快，我们就进入了噤声区，大成子示意我们不要出声，悄悄钻进一个绿色的隐蔽帐篷里，帐篷里已经有了一位鸟友，坐在自己的"大炮"前。到这时候我还对眼前的情形不明就里，大家纷纷在小窗口前坐下来，摄影师开始支起机器，我迫不及待地掏出望远镜，顺着大成子的提示，找到十几米远的一棵松树，顺着高高的树干上移，终于看到了由三根树杈支起的一个鹰巢，四周没有遮挡还算开阔，俊朗的苍鹰立在巢边缘，宽大的白色眉纹令它威风凛凛。这只苍鹰羽毛整齐紧致，胸羽和腹羽黑白相间十分均匀，琥珀色明亮的眼球说明它应该在3岁上下，唐老师说：这是一个新妈妈。苍鹰两三岁开始性成熟，4岁往上，眼睛会逐渐转为红色，羽毛的纹路也会变细，老鹰的尾羽看起来就像一块灰板。野生苍鹰的寿命超过30岁没问题，看来，眼前的这只苍鹰，刚开始自己的生活。不一会儿，苍鹰妈妈就飞走了。我举着望远镜，仔细搜寻巢穴的边缘，期望能看到移动的小脑袋。但是，妈妈不在家，小雏鹰很老实，偶有浅灰白色的绒毛移动，看不清个数。唐老师、丁老师和朴老师已经支好了各自的摄像机，最佳的地形给了他们，他们的长焦镜头要远远优于望远镜。又等了一会儿，有人低声说回来了，我连忙又拿起望远镜，下决心不再错过一分一秒。很明显，巢穴里活跃起来，毛茸茸的小脑袋一个个伸了出来，晃晃悠悠抢着张嘴迎向妈妈。苍鹰妈妈开始有条不紊地截肢猎物，撕扯着食物左喂一个右喂一个，低垂的脖颈向前倾探，机警的眼睛正看着我们的方向，我们自以为躲在掩体里，不易被发现，其实苍鹰早就对我们的鬼鬼祟祟心知肚明，虽然懒得理我们，但警惕之心还是要有的，看来融洽的关系是有距离的，用在人和鸟身上都合适。我决定从老师的摄像机取景器里再观察下，果然不一样，朴老师的设备最厉害，我从稍高一点的角度清晰地看到了苍鹰一家，小家伙张着三角形的小翅膀，时刻保持着平衡，以使自己达到最大的高度迎向妈妈。

这时，大成子走过来说，苍鹰妈妈有四个小崽，不过最后一只孵化出来的小崽非常弱小，上午看还有四只在活动，但现在看不到第四只，他决定在第四只快不行的时候，上去把它救下来，人工抚育。我说，目前真是肉眼可见的三只，那你能上去吗？大成子回答：有人可以上去。我跟随大成子走出掩体，立刻被一群苍蝇围上来，轰都轰不走。奇怪，掩体里没有，出来就好多。如果有林鸟在此，那一定会吃得沟满壕平。可惜，在苍鹰的领地上，哪有林鸟能安然啊？大成子在打电话，看来他在找帮手。

我回头，终于完整看到了苍鹰一家栖息的松树，山坳里的土层深厚、肥润，松树长在排水良好的北向缓坡，

足足有 30 多米高，松树的粗细差不多也有五六十厘米，这是一株还年轻的树，树皮呈现深褐色，裂成鳞片状。巢穴建在一根长枝和两根短枝上，是用许多小手指粗的短枝搭建的。大成子的伙伴小胖来了，背着一个双肩包，看着更年轻，或许是"90后"。小胖看起来胖，却很灵活，他套上上树的脚扎子，开始一步步向上攀爬。苍鹰妈妈飞在旁边开始不安地鸣叫，我在心里默默地安慰它，当然没什么用，只希望这一切快些结束。小胖仍然背着他的双肩包，在临近巢穴的时候，他在树上系上了安全绳，然后摘下背包，掏出手机，我看他拍了几张照片，就准备下来了。我们的心一凉，没有准备带小鸟下来，看来小鸟已经凶多吉少。大成子也看到了：看来"小四"已经被鹰妈妈喂其他幼鸟了。小胖下来给我们看他拍的照片，鹰巢里干干净净，三只幼鸟挤在巢中间，惊恐地看着来访者，根本没有一点"小四"的踪迹。虽然我们有些遗憾，但这就是大自然的优胜劣汰，鸟类繁衍至今最佳的选择。带着对打扰苍鹰一家深深的歉意，我和大家一起转场去看长尾林鸮。

忘记车开了多久，在一块玉米地旁的小路上，我们停下来。路边一棵山楂树上开满了白色的山楂花，那是典型的蔷薇科圆锥状伞状花房，它们幽幽地在山野间绽放着精致的美丽。在山楂树下走过十几米远，就看到了绿色的棚屋。因为是在林缘地带，这里相对宽阔平坦，掩体也比观苍鹰那个长一些。摄影师还没完全准备好机器，小胖就掏出为长尾林鸮准备的小老鼠。我很想看看，又有点害怕。小胖吓唬我往我身上扔，我本能地惊叫，身上不免起了鸡皮疙瘩。其实，它们是白色的小仓鼠，是宠物鼠，看它们在手套里无忧无虑的样子，真是令人于心不忍。小胖毫不迟疑，绕过掩体，走向投食点。这一小块林缘地，似乎呈三角形，两边的树林各是一条斜边，棚屋是底边。在三角形的顶部，有一块大石头，应该是有夹子，我看见小胖很容易就放下了两只仓鼠，而它们也不乱跑。小胖吹着口哨往回走，丁老师的机器还没有装好，我有点为他着急。果然，小胖回来没多久，长尾林鸮就如同一阵风吹过，来了就走了，大家看都没看全，更别提拍下来了。有人说，林鸮是森林里的幽灵，尤其是长尾林鸮，它们的警惕性相当高，

在林中穿梭，悄无声息。能瞥上一眼就是幸运，很难有相处的时光。不像乌林鸮，乌林鸮不仅体形大一些，还不太怕人，有时喜欢在森林的表层晒晒太阳；而长尾林鸮个头小，很难觅见它的踪影，这一点就更加增添了它的神秘性。从石头上抓起小仓鼠，长尾林鸮势必要在三角形的中线飞过，这样它就会完全地在我们眼前张开翅膀滑翔而过。

谁都知道，这一次捕猎后，长尾林鸮暂时是不会出现了。朴老师翻出上次他们来时拍到的照片给我看。这是一只很帅的灰色大鸟，有着完美的圆形脸庞，没有耳簇羽，面盘显著，为灰白色，布满具细的黑褐色羽干纹。虹膜为

暗褐色，喙为黄色，有着显著的皱翎。张开的双翅在画面中心呈现出优美的曲线。长尾林鸮常栖息于山地针叶林、针阔叶混交林和阔叶林中，偶尔也出现于林缘次生林和疏林地带。长尾林鸮除繁殖期成对活动外，通常单独活动。白天大多栖息在密林深处，直立地站在靠近树干的水平粗枝上，由于体色与树的颜色很相似，即使不太隐蔽，也很难被发现。今天可以看出，长尾林鸮在白天也活动和捕食，就是次数不会那么频繁。当冬天到来时，它们就钻进树洞躲避风雪，即使你敲击树干它也不飞出来。作为林鸮，它们自如地活动于树林的中下层，只有在进行远距离飞行时才越过树冠之上；捕猎时，会发出呼呼的声音，恐吓追捕的猎物；飞行时多呈波浪形，两翅扇动幅度较大，轻快而无声，每次振翅都可以令它滑翔出很远。

等待总是很无趣，我又走到摄影师那边的位置上，因为在我的位置上看不到另一只小仓鼠，要是两只都被带走了，那长尾林鸮是绝对不会回来的。为了亲眼证实，我用朴老师的取景器查看，果然清楚看到一只小小的鼠头露出一半，阳光下，它悠然地用小爪在脸上摩擦，对即将到来的危险浑然不知。我站起身走出掩体，试图寻找长尾林鸮，立刻被大成子和小胖喝住，严厉警告我绝对不可以走进三角区，因为长尾林鸮会毫不留情地来抓我。我脑海里回想起曾经看到的一张照片，是一名爱沙尼亚的鸟类学家被利爪攻击得血肉模糊的背影。那本叫作《本土鸟类》的书中曾写道："长尾林鸮极为珍视自己的后代，若是经历了丧'子'之痛，会一直痛苦地哀嚎，数年中都不会再回这片伤心之地。"为了证明长尾林鸮的凶狠，大成子特意给我讲，开春的时候，有个农村妇女上山捡野菜，走进了这里，被长尾林鸮抓伤了后脖颈。大成子在监视器中看到，这个妇女还要用树棍捅长尾林鸮的巢，被大成子制止了。大成子见到那女同志后进行了一番开导、警示，还给她四百元钱去打疫苗或者治疗。小胖和唐老师也在旁边溜缝儿，把那只可爱的大鸟说得异常恐怖。长尾林鸮的确比其他猛禽更爱攻击人，当然是人首先侵入它的领地，它才会毫不留情的。无论你试图怎样躲避或者遮挡，它都会找到空隙袭击你的头颈，一定给你鲜血淋漓的教训。我是真不敢再前进了，只好再躲进掩体里，学着小胖吹口哨。这应该是他们投喂食物时，和长尾林鸮的暗号，久而久之，即使在远处听到口哨声，长尾林鸮也知道他们带来好吃的了。当然，长尾林鸮也绝不会攻击他们二人。除了他们谁也不行，大成子再三强调。

为了不错过，我只好端着望远镜一眼不眨地望向那片空地。帐篷前还有一块石墩，上面铺了苔藓，起初我根本

没有留意，直到一只灰背鸫飞来喝水，我才发现，那是大成子为小鸟准备的水池。我连忙让丁老师看："快拍啊，灰背鸫来喝水了。"丁老师不为所动，好像还气鼓鼓地说："上次就因为拍它，错过了拍长尾林鸮，这次说什么也不乱动了。"与长尾林鸮比起来，灰背鸫可是一个表现好的模特。鸟类摄影无比考验摄影师的耐心，本来摄影师需要与"模特"共度很长时间，很难说有摄影师按下一次快门，就能拍到满意作品的，更别说是摄像了。长尾林鸮可以听到半米厚的积雪下面猎物出现的动静，对我们的聒噪，其实早就不胜其烦了。我只好安静下来，看着眼前的小家伙快速地从水池边走过，又调整好望远镜，看那只小仓鼠。

大成子肯定地说，长尾林鸮怕是不能来了，刚才是给个面子，这一等恐怕要等到天黑。我这才注意到，阳光也的确收了起来，天虽然没有黑，但失去了光芒。朴老师还要收拾东西，他站起身，十分确定地说，每次我一收摄像机，鸟就会来，这次也会。我看着他颇有牺牲精神的样子，点了点头，也不知道是赞成他牺牲自己，还是赞成他说的话。丁老师弯腰掏包里的存储卡，想把上午采访大成子的那张卡给我的同事。我提醒他，快全神贯注地盯着监视器吧！他又是慢悠悠的，不听我话。果然，历史惊人的相似。小胖就在此时低声说，来了。我再抬头看，长尾林鸮已经划过了掩体，无声无息、无影无踪。我忍不住埋怨丁老师："你看你，又错过了。"朴老师开心地笑，果然没白牺牲。不知道丁老师的内心如何，这个家伙一定是之前拍过这只长尾林鸮，才如此大意吧。看来长尾林鸮是懂得人心的，大成子和唐老师早已离开掩体，在外面聊天，小胖已经开始扫地、收拾掩体里的椅子，这一切都是在给长尾林鸮信号，我们要离开了。所以，它又"表演"了一次。

猛禽不易发现、不易见到，更不易辨识。幸亏有大成子的安排，我们经历了难忘的一天。在保护原生态鹰猎文化的基础上，向文化产业发展，大成子的努力并不容易。依靠个人实现了民间文化建设与地区经济发展的结合，只能说是一种坚持。当下，他在尝试走向传统文化良性发展的合理化道路，先生存再发展。回头看历史，作为一项中国北方民族古老的习俗，鹰猎在几千年的传承中，与其他民族的文化相互交融，不断发展演变，以无可替代的内涵和形式，成为中华文化的组成部分。但是，如同许多传统文化形态一样，北方民族鹰猎文化在人类社会现代化进程中，无论是作为一种民族的生存方式还是文化仪式，都在快速地消亡。保护和传承先人的这份珍贵遗产，成为当下十分紧迫的历史任务。

（本文图片由大成子提供）

# 观鸟笔记

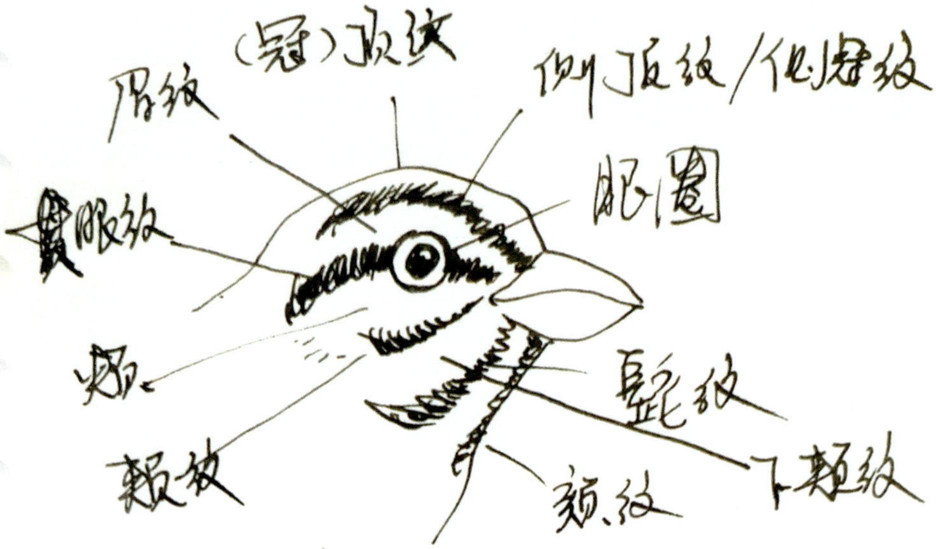

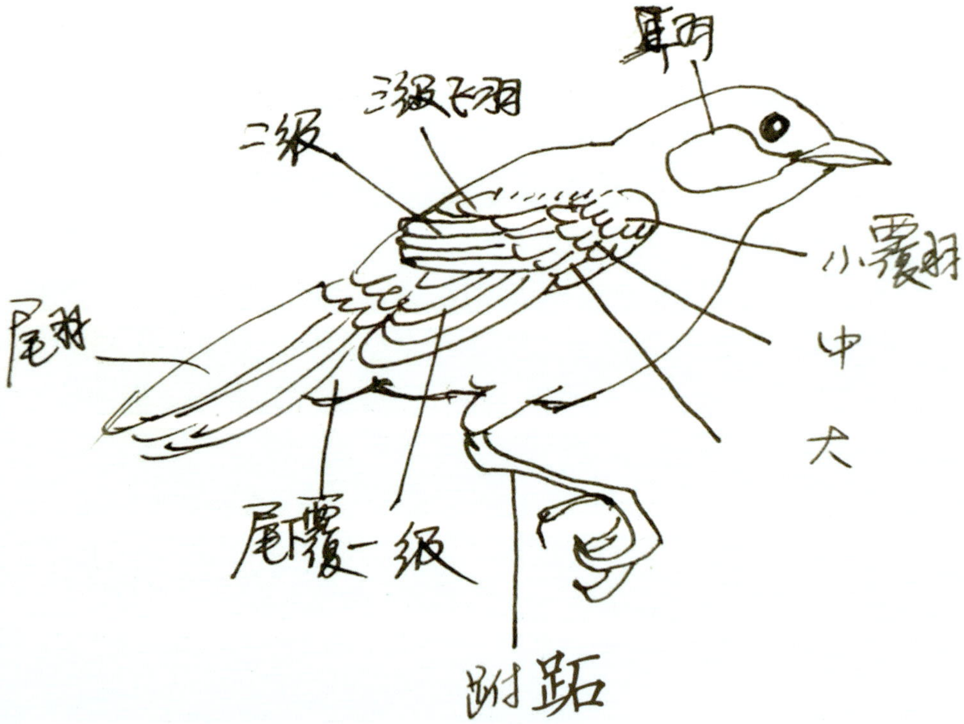

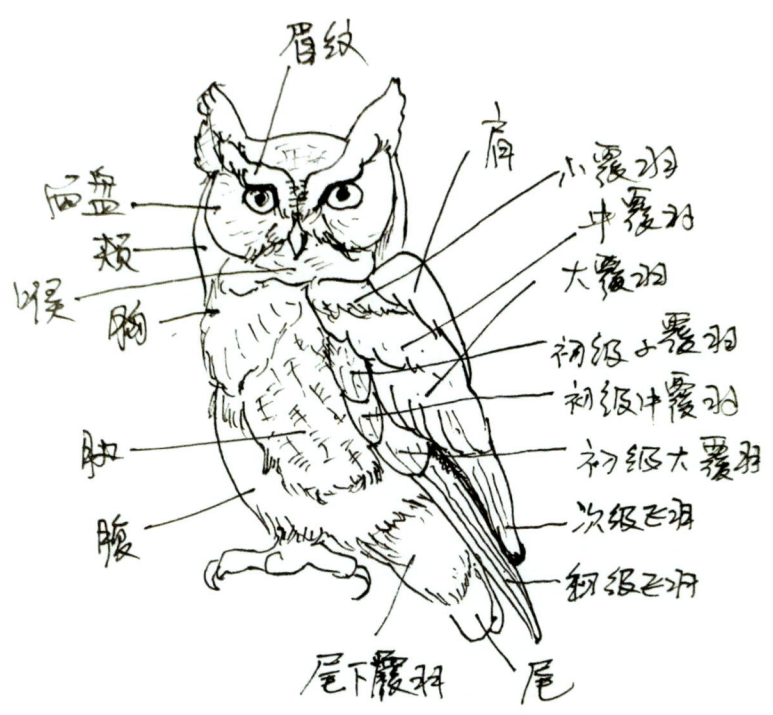

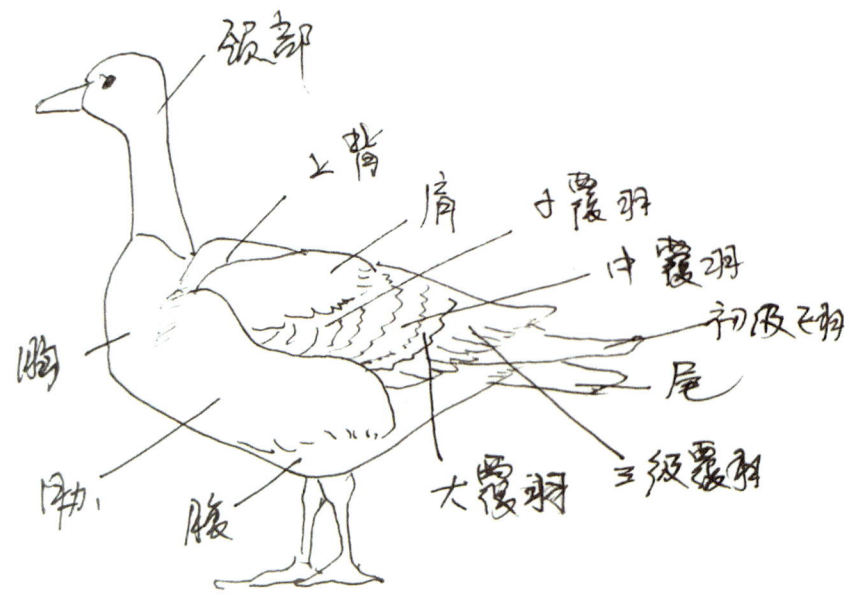

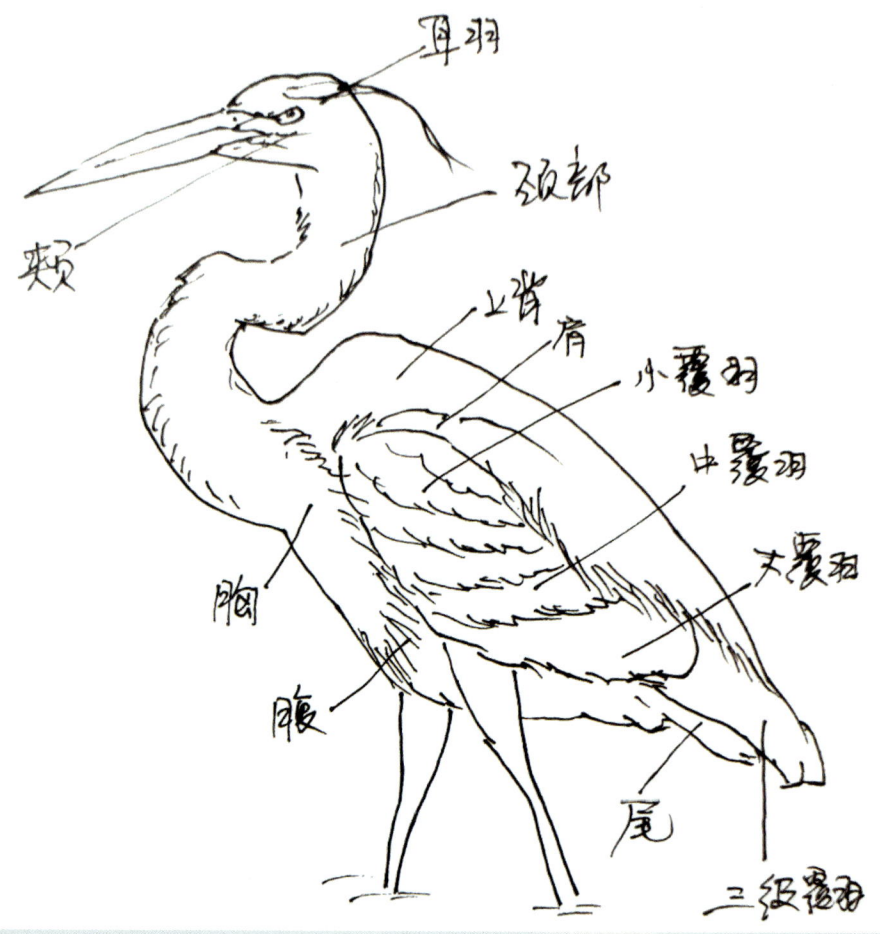

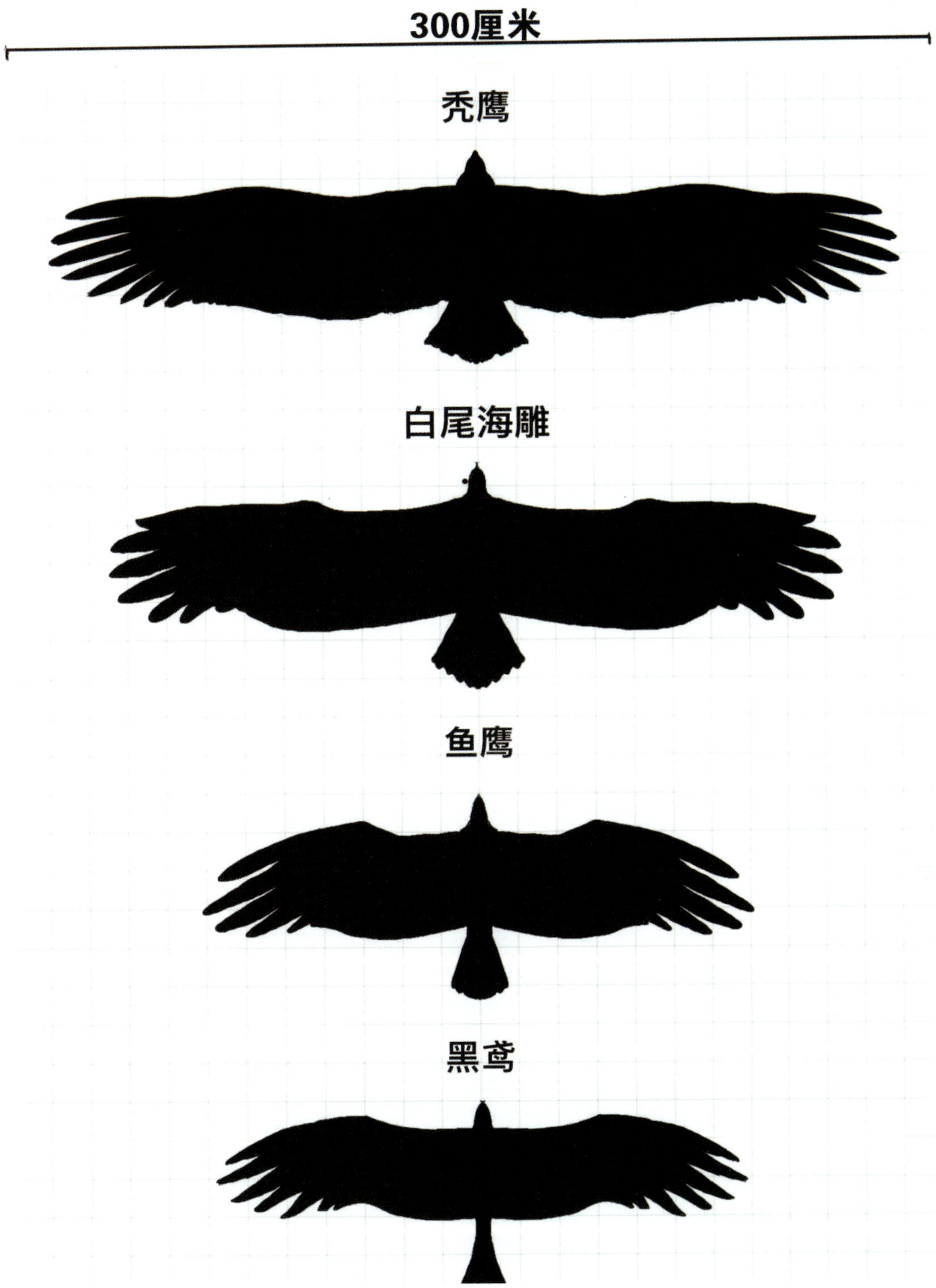

**300厘米**

### 秃鹰

### 白尾海雕

### 鱼鹰

### 黑鸢

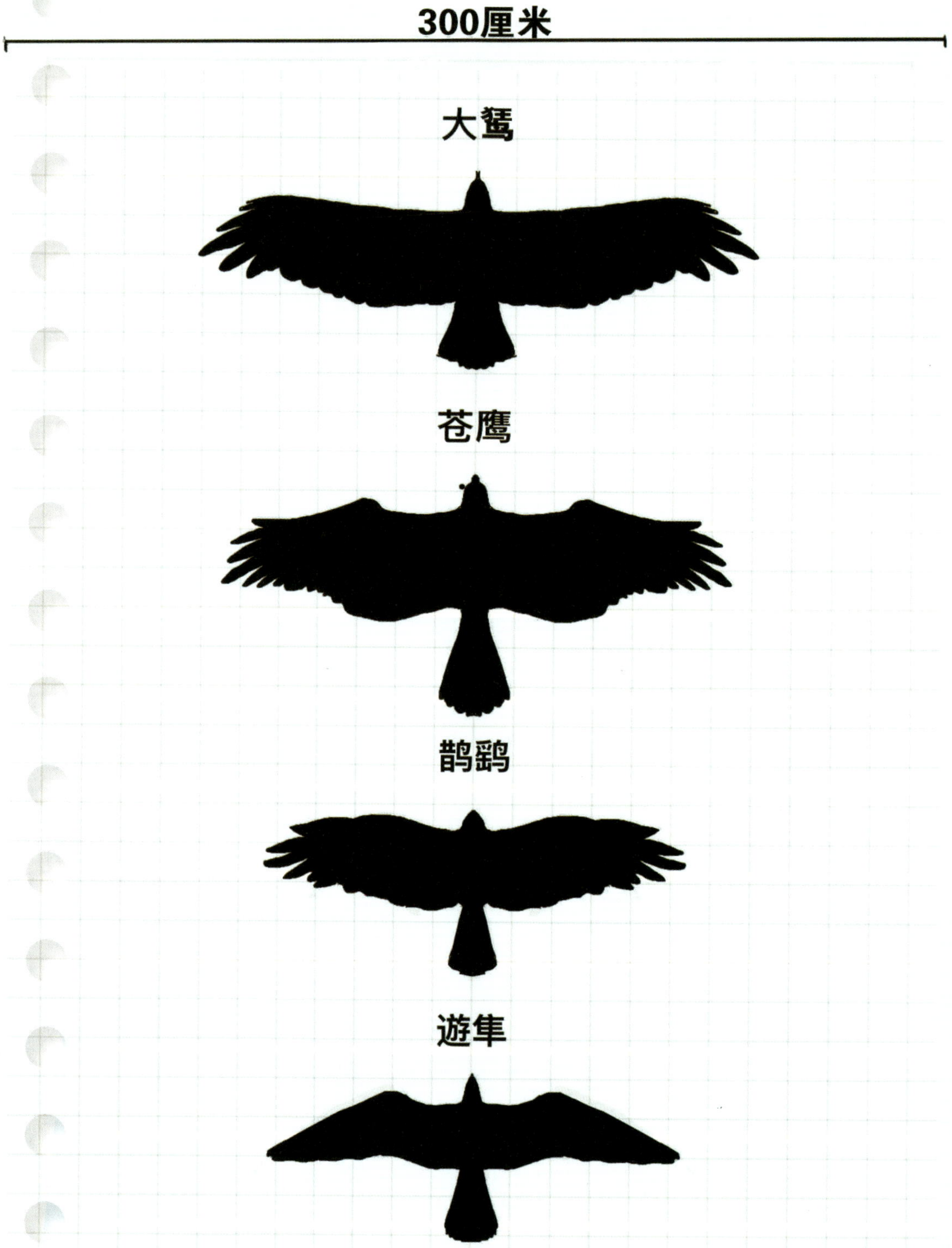

# 300厘米

## 大鵟

## 蒼鷹

## 鵲鷂

## 遊隼

**300厘米**

燕隼

红隼

黄爪隼

红脚隼

# 参考文献

[1] 赵正阶. 中国鸟类志[M]. 长春：吉林科学技术出版社，2001.

[2] 马敬能，菲利普斯，何芬奇. 中国鸟类野外手册[M]. 长沙：湖南教育出版社，2000.

[3] 莱德勒，伯尔. 常见鸟类的拉丁名[M]. 重庆：重庆大学出版社，2020.

[4] 伯克黑德. 鸟的智慧[M]. 北京：商务印书馆，2019.

[5] 贝克. 游隼[M]. 杭州：浙江教育出版社，2017.

[6] 伯克黑德. 剥开鸟蛋的秘密[M]. 北京：商务印书馆，2020.

[7] 卡曾斯. 鸟类行为图鉴[M]. 长沙：湖南科学技术出版社，2020.

[8] 伯克黑德. 鸟的感官[M]. 北京：商务印书馆，2017.

[9] 尼科尔森. 海鸟的哭泣[M]. 长沙：湖南文艺出版社，2020.

## 如是观鸟集

# 水边的飞羽

沈荣 / 著

张湘坤 / 绘　丁传江　常东明 / 等摄

封面摄影 / 杨晓涛　顾问 / 唐景文

吉林人民出版社

出 品 人：常　宏
选题策划：吴文阁
责任编辑：刘子莹
装帧设计：昌信图文

**图书在版编目（CIP）数据**

如是观鸟集 / 沈荣著 . -- 长春：吉林人民出版社，
2025. 4. -- ISBN 978-7-206-21927-6
Ⅰ．Q959.7-49
中国国家版本馆 CIP 数据核字第 2025JN4933 号

**如是观鸟集：水边的飞羽**
RU SHI GUAN NIAO JI：SHUI BIAN DE FEI YU

著　　者：沈　荣
出版发行：吉林人民出版社（长春市人民大街 7548 号　邮政编码：130022）
咨询电话：0431-85378007
印　　刷：吉林省吉广国际广告股份有限公司
开　　本：889mm×1194mm　　　　　1/16
印　　张：14.25　　　　　　　　　字　　数：310 千字
标准书号：ISBN 978-7-206-21927-6
版　　次：2025 年 7 月第 1 版　　　印　　次：2025 年 7 月第 1 次印刷
定　　价：258.00 元（全三册）

如发现印装质量问题，影响阅读，请与出版社联系调换。

# 前　言

  2016年，我们在松花江畔的长白岛上，拍摄了一部关于护鸟人的纪录片。一个春日的傍晚，夕阳西下，在岛上巨大的球形鸟笼前，一个小女孩坐在婴儿车里，她一边挥着胖胖的小手，一边喃喃地对着鸟笼里被救护的鸳鸯，说着"拜拜、拜拜"。

  那可爱的小模样，每每想来总是让我内心温暖。多么希望，当我们大手牵小手，在江边看各种各样的水鸟时，不要只会告诉孩子，那是"鸭子"；多么希望，我们的孩子不是从超市的冰柜中，认识褪掉毛的鸡和鸭的模样。或许这才是我写《如是观鸟集》的初衷吧。如果有某一个孩子受到此书的启发，开始热爱鸟类，甚而把博物学当作未来的事业，那岂不是更好！

  在我很小的时候，有两个记忆是关于鸟的。一个记忆是在北山庙会上看到的小鸟算卦，小鸟会用喙拉开小抽屉，从里面抽出卦签给它的主人，引来围观者惊叹！现在看来，能算卦的小鸟有很多种，尤以杂色山雀最常见。不同鸟类有不同的学习能力、逻辑能力和认知能力，鸟类的智慧超出人类想象，这一点深深令人着迷。另一个记忆是跟着大表哥去山上粘鸟，山坳里的雪厚厚的，没过膝盖，大表哥立了一张网，然后不知道他跑去哪里轰鸟，不一会儿一群鸟就飞了过来，有些就粘在了网上。鸟扑棱扑棱的，我不敢上前，也不知道大表哥后来拿那些鸟怎么着了，大表哥耍枪弄棒，养狗追猫，那些鸟的命运可想而知。"但即使这样，"吉林市野生动物保护协会的唐景文老师说，"20世纪七八十年代的野生鸟类数量，也比现在多很多！"

  唐景文老师和我们纪录片的摄像，也是鸟类摄影师的丁传江老师，是引领我观鸟、护鸟的前辈。他们的鸟类知识和观鸟的实践经验十分丰富，唐老师还会用口技学鸟鸣诱鸟，跟他们走入山林，你会发现自己的视听范围被拓宽，自己感受的世界也因为飞鸟而丰富起来。

  远古时代，我们的先人参天法地，观物取象，观鸟兽纹羽，创造了八卦，汲取到了天地的化育。在甲骨文中，"觀"字左边就是一只睁着圆圆眼睛的猫头鹰站在树上回头看的样子。显然，古人早就知晓了猫头鹰有着非凡的视力，由观鸟进而如鸟样观，因此观和看不同，祖先赋予了"观"字更广泛的内涵。

  至于现代"观鸟"这一名称和技术，是在19世纪90年代，英国鸟类学家埃蒙德·塞卢斯，在其著作《观鸟》中提出来的。他主张：放下猎枪，拿起望远镜。他以科学研究为目的，燃起了在自然生境中观察鸟类的热情，却令博物馆派的鸟类学家陷入了危机。在那个年代，观鸟人并非主流。他宣扬：明日的动物学家应该是携带望远镜和笔记本，步出户外，随时准备记录下自己的观察与思考，而不是单纯地对着僵硬的标本做分类。这个观点在今天看来如此平常，在当时却是突破性的，这引来一些专业人士的嫉恨，也彻底改变了鸟类学。可以说，塞卢斯发起了野外鸟类学研究，启迪了后人，成为鸟类学史上极其重要的先驱人物。

  现如今，全球观鸟的人超过百万。观鸟人来到野外，不仅使用望远镜，还依靠更先进的光学影像设备，记录鸟类各种各样的行为，令观鸟与研究鸟类成为更有趣的事情。我就是通过摄像机的取景器，近距离地看到鸟的千姿百态，才萌生对观鸟的热爱的。

  每个观鸟人都有自己生命中的"第一只鸟"。虽然冬季的松花江边，有着几千只迁徙而来的水鸟栖息，我的"第一只鸟"却是旅鸟黑翅长脚鹬。当我看到这只穿着"红靴子"，"踩着高跷"的鸟时，它曼

妙的身姿深深地吸引了我，打破了我对水鸟的刻板印象。2022年冬天，我在广西养病的时候，特意去了上林东红湿地，那里曾是黑翅长脚鹬的栖息地。可惜，当我们到达的时候，群山环绕之地，裸露着干燥的土地。夕阳透过古老的渡槽心形的桥拱，散发出爱的气息，而我们却没看到任何一对水鸟家庭在这里生活的痕迹。

鸟类正经历着史无前例的演化巨变，那些数百万年来栖息的土地，迁徙时停留的补给区，繁殖时有着富庶食物的家园，慢慢被人类开发为农田、城市和郊区。气候的变化、河道的更改、有毒的农药、食物的匮乏，诸多因素在改变着鸟类的觅食、繁殖和迁徙。只有了解鸟类——我们长着羽毛和翅膀的朋友，了解它们的习性，了解它们的栖息地，了解它们和我们人类千丝万缕的关系，才能更好地爱护它们。

人类和鸟类一样，都是内嵌在自然之中的。虽然人类自古以来就开始了对鸟类的观察与研究，鸟类学的著作也浩如烟海，但鸟类的行为与智慧还是有很多未解之谜。在众多的书籍资料中，甄别良莠，用自己的经验去理解、消化，并非一件容易的事。我和鸟类真正相遇时，已经错过了我记忆力最好的年纪，但是好奇心丝毫没有减退，因为生活阅历的积累，好奇心反倒成为最大的动力，让我在观鸟、识鸟的过程中，体会到无穷的乐趣。我已原谅自己没有"好记性"这个事实，并用无限的感受力和同理心去提升认识、记忆一门学问的能力。因此，可以说这套书也是我的观鸟心得和读书笔记！所选鸟类，取自吉林省鸟类名录，这在动物地理分界中属于古北界。在古北界的鸟类中，候鸟比例很大，水禽和世界广布种比例也比较大，而攀禽等种类较少；食虫鸟类比例大，以果实等为食的种类比较少。

现在，观鸟成为我的日常爱好。在我家的后花园里，常常光顾的是喜鹊和麻雀，偶尔停留的是伯劳、普通䴓和几种鸫与鹟类的小鸟。我的书桌上就放着望远镜，随时可以观察来造访的朋友。葡萄、桑葚归喜鹊，紫苏和各种花的种子归麻雀。每年早春，我都会给小池塘里早早注水，麻雀就会在对面小学校园的屋顶上安家，开启忙碌的繁育季。尽管我非常期待麻雀可以为我消灭藤本月季上的蚜虫，但我也会在磨石上，留下小米、果仁、煎饼等食物，看着鸟妈妈喂食自己的宝宝，实在是件开心的事。整个春夏的早晨，鸟语花香，我们在屋内，麻雀在门外，大家一起"干饭"。我也投喂流浪猫，它们相安无事，因为流浪猫总是在午后慢悠悠地来，恰好和麻雀错开"干饭"的时间。雨季过后，草木疯长，各种飞蝶、昆虫悠然而往。我不会给生虫的果树喷农药，以保证昆虫和飞鸟有一个安全的环境。这小小的生境，也是一个浓缩了自然的生态系统。我由学习观鸟，到对植物感兴趣，再到学习查地图、设计观鸟路线……最深的感受就是，观鸟人学习的构架应相当广阔，从观察到描述，再到怎样看待整个自然界，甚至会影响每个人世界观的建立。因此，对我来说，观鸟之路，刚刚开始。

感谢此套丛书的总编吴文阁先生和编辑刘子莹女士对我的信任与鼓励，感谢诸多鸟类摄影师无私的帮助。还要特别感谢我的先生张湘坤，不仅在我生病手术期间，照顾我的生活起居，让我安心创作，还为此套丛书缺失的图片手绘鸟类插图，记录下我们有羽毛的朋友独特的生命故事，并使之能以艺术的姿态呈现。

沈 荣<br>
2023年10月25日

# 目 录

## 潜鸟目

### 潜鸟科　2

**黑喉潜鸟**
- "笨鸟"一族
- 水下猎人
- 穿条纹衫的鸟
- 在长白山繁殖

## 䴙䴘目

### 䴙䴘科　6

**小䴙䴘／凤头䴙䴘／黑颈䴙䴘**
- 鸟类的学名
- 潜水
- 外形
- 几种䴙䴘的辨识
- 飞行
- 凤头䴙䴘的舞蹈

## 鲣鸟目

### 鸬鹚科　16

**普通鸬鹚**
- "家家养乌鬼，顿顿食黄鱼"

## 鹳形目

### 鹭科　20

**苍鹭／草鹭／大麻鳽／黄斑苇鳽／夜鹭／绿鹭／池鹭／紫背苇鳽／大白鹭／中白鹭／白鹭／牛背鹭／黄嘴白鹭**
- 有颜色的鹭类
- 黄斑苇鳽的低调哲学
- 夜鹭和大麻鳽谁喜欢孤独
- 夜鹭和苍鹭哪个更聪明
- 绿鹭的花式钓鱼
- 黄斑苇鳽和池鹭的区别
- 几种白色鹭的识别
- 最受诗人钟爱的鸟
- 大麻鳽的春歌
- 红毛鹭
- 紫背不紫
- 用脚觅食的鸟
- 鹭、鹳、鹤的识别

### 鹮科　36

**黑头白鹮／白琵鹭／黑脸琵鹭**
- 令人敬畏的鸟
- 世界上嘴巴最长的鹭
- 水中的黑面舞者

## 鹳形目

### 鹳科　42

**黑鹳**
- 有着"史前面目"的鸟

**东方白鹳**
- 珍贵的来客

## 雁形目

### 鸭科　48

**疣鼻天鹅／大天鹅／小天鹅**
- 三种天鹅的比较
- 头号航行家
- 大天鹅为什么会高飞
- 天鹅的杀伤力

**豆雁／鸿雁／白额雁／小白额雁／灰雁／黑雁**
- 雁属
- 灰雁的情感测试
- 鹅生的开始
- 几种雁的区分
- 黑雁的性格与命运

**赤麻鸭**
- 长白岛上的"旅居客"
- 鸭子的暴力交配

**翘鼻麻鸭**
- 杂色的水鸟

**鸳鸯**
- 鸳鸯的骄傲我们不懂
- 在东北过冬的鸳鸯

赤颈鸭 / 赤麻鸭 / 翘鼻麻鸭 / 罗纹鸭 / 赤膀鸭 / 花脸鸭 / 绿翅鸭 / 绿头鸭 / 斑嘴鸭 / 针尾鸭 / 白眉鸭 / 琵嘴鸭 / 红头潜鸭 / 青头潜鸭 / 赤嘴潜鸭 / 白眼潜鸭 / 凤头潜鸭 / 斑背潜鸭 / 丑鸭 / 长尾鸭 / 黑海番鸭 / 斑脸海番鸭 / 鹊鸭 / 斑头秋沙鸭 / 红胸秋沙鸭 / 普通秋沙鸭 / 中华秋沙鸭

- 几种浮水鸭类
- 几种潜水鸭类
- 秋沙鸭属
- 世界上最古老的鸭子
- 中华秋沙鸭争雏

## 鹤形目

### 鹤科　　112

**蓑羽鹤**
- 它完成了"铁鸟"都无法完成的飞越

**白鹤**
- 白鹤在镇赉
- 黄鹤一去不复返

**白枕鹤**
- 白枕鹤的斯巴达式育子

**灰鹤**
- 玄鹤之玄

**白头鹤**
- 仙风道骨白头鹤

**丹顶鹤**
- 便引诗情到碧霄
- 低头乍恐丹砂落
- 被名耽误了的"国鸟"

### 秧鸡科　　127

**花田鸡**
- 中国最小的田鸡

**普通秧鸡**
- 秧鸡属古北界的代表

**小田鸡**
- 此田鸡非彼田鸡

**红胸田鸡**
- 鸣声似箫声

**斑胁田鸡**
- 斑胁田鸡和红胸田鸡的区别

**董鸡**
- 农田守卫者

**黑水鸡**
- 萌萌的小秃瓢

**白骨顶**
- 白骨顶宝宝为何绚丽多彩

## 鸻形目

### 蛎鹬科　　140

**蛎鹬**
- 海喜鹊

### 反嘴鹬科　　142

黑翅长脚鹬
- 红腿娘子

反嘴鹬
- 翘嘴娘子
- 昂贵的优质信号

## 燕鸻科　　　　　　　　　　148
普通燕鸻
- 戴黑边围领的鸟

## 鸻科　　　　　　　　　　149
凤头麦鸡
- 鸟中"穆桂英"

灰头麦鸡
- 奶奶灰色的麦鸡

金鸻
- 行走的"虎斑贝"

灰鸻 / 红腹滨鹬 / 三趾滨鹬 / 斑尾塍鹬 / 阔嘴鹬 / 红颈瓣蹼鹬 / 翻石鹬 / 翘嘴鹬
- 几种在北极繁殖的鸻鹬

剑鸻 / 环颈鸻 / 金眶鸻
- 几种带"环颈"的鸻

## 鹬科　　　　　　　　　　164
丘鹬 / 流苏鹬 / 勺嘴鹬
- 一些特立独行的鹬
- 一生都走在舞步上的鹬
- 既会"变脸"也会"变装"
- 江湖人称"小勺子"

扇尾沙锥 / 针尾沙锥 / 大沙锥
- 三种沙锥的区别

小杓鹬 / 中杓鹬 / 白腰杓鹬 / 大杓鹬
- 几种杓鹬

鹤鹬 / 红脚鹬 / 青脚鹬 / 泽鹬
- 长腿的鹬类

林鹬 / 白腰草鹬 / 矶鹬 / 灰尾漂鹬
- 几种在浅水区域活动的鹬类

弯嘴滨鹬 / 黑腹滨鹬
- 两种滨鹬

## 鸥科　　　　　　　　　　183
黑尾鸥
- 海猫

普通海鸥
- 海鸥有点冤

北极鸥
- 完美的鸟

银鸥
- 想说爱你不容易

灰背鸥
- 这个杀手有点冷

红嘴鸥
- "变脸"的鸟为哪般

三趾鸥
- 在海上生活

普通燕鸥
- 似燕似鸥剪水作花飞

灰翅浮鸥
- 翅舞云天

## 海雀科  193
斑海雀
- 会飞的"小企鹅"

## 三趾鹑科  194
黄脚三趾鹑
- 颠倒性别角色的鸟

# 沙鸡目

## 沙鸡科  198
毛腿沙鸡
- 在下"沙半斤"

# 佛法僧目

## 翠鸟科  202
普通翠鸟
- 美丽的诅咒

赤翡翠
- 鱼类统治者

蓝翡翠
- 此翡翠非彼翡翠

冠鱼狗
- 非鱼非狗冠鱼狗

# 雀形目

## 鹡鸰科  208
山鹡鸰
- 逮不着 打不着

白鹡鸰
- 在下"张飞鸟"

黄头鹡鸰/黄鹡鸰/灰鹡鸰
- 三种黄色系鹡鸰的区别

布氏鹨/树鹨/红喉鹨/水鹨
- 几种鹨的区分

## 河乌科  218
褐河乌
- 水乌鸦

# 参考文献  220

# 潜鸟目

# 潜鸟科

张湘坤　绘

## "笨鸟"一族

　　潜鸟目仅含潜鸟科，共1属5种。它们属于大型水禽，体长68厘米左右，分布在北美和欧亚大陆，中国有4种。潜鸟，顾名思义就是需要潜入水中取食的鸟，有时它们也用尖利的喙刺穿食物。Gavia是潜鸟的拉丁文名字，最初是用于描述在海洋里生活的鸭子的。"loon"这个词来源于loom，意为"笨拙"的。在北美，它们被称为"笨鸟"。这是因为潜鸟走起路来十分笨拙。它们带蹼的足，位于身体后方，和鸊鷉很像，虽然这样在水里游很方便，但在陆地上走很麻烦。因此，除了在繁殖期，它们很少到陆地上。还有一种说法，"loon"这个词来源于丹麦文Loen，意思是"疯狂的人"。这也来源于这种鸟会发出奇怪的叫声，听起来像疯狂大笑，也被形容为精神失常的人。

　　在加拿大和西伯利亚，潜鸟是萨满仪式中最受青睐的水鸟。它们的雕像被高悬起来，萨满巫师会佩戴潜鸟形象的挂饰，模仿它们的叫声，试图与他们信奉的神灵沟通。因为在那时候很多人相信，鸟在人和神之间能传递信息，鸟能给萨满带来神秘的力量。

# 黑喉潜鸟

*Gavia arctica*
Black-throated Diver

国家"三有"保护动物
潜鸟科
潜鸟目

## 穿条纹衫的鸟

进入繁殖期，黑喉潜鸟的繁殖羽仿佛套上了条纹衫，颈侧及胸部是黑白色细纵纹，上体是黑白方形横纹，两种花色轻重搭配，时尚经典，令人过目难忘。黑喉潜鸟头为灰色，和颈一般粗细，呈曲线"C"形弯曲。喉及前颈为闪辉墨绿色。还有一种太平洋潜鸟和它十分相像，区别主要在喉块颜色上，太平洋潜鸟喉块为闪辉紫色，且体形略小于黑喉潜鸟，并很少发出声音。黑喉潜鸟在非繁殖羽期，下体为白色，上延及颈侧、颏及脸下部，两胁白色斑块明显。

## 水下猎人

很多鸟既能上天也能入水，但很难有像潜鸟这样，可以追捕鱼群到水下60米深处，因此称为"水下猎人"毫不为过。潜鸟能如此，要得益于它有一身"货真价实"的骨头，也就是说，潜鸟的骨头是实心的，这和大部分鸟类的骨头是空心的正好相反。在潜水时，它们还可以把羽毛里的空气压出，排出气泡，甚至可以借此调整浮力，掌握身体在水中的高度。潜鸟的扁平足和带蹼的脚掌是让它们在水中自由遨游的重要"利器"。实心骨头和大脚掌，让黑喉潜鸟很笨重，体重可达6千克，因此，它们喜欢足够大的水面，以利于自己长距离的助跑，从而飞上蓝天。

## 在长白山繁殖

潜鸟目鸟类是大型游禽，多数分布在沿海地区。20世纪80年代，人们观察到黑喉潜鸟在长白山地区繁殖。每年春天，黑喉潜鸟成对来到长白山，它们通常有固定的伴侣和固定的繁殖地。

黑喉潜鸟营巢于紧靠水边的草丛中，巢极简陋，由一些枯草堆积而成。巢的大小为50—60厘米，高约10厘米。也有在水边挺水植物丛中，利用水生植物的支撑和干草构筑浮巢的。如果卵丢失或繁殖未成功，那么黑喉潜鸟通常还产补偿性的卵。刚出生不久的小黑喉潜鸟全身羽毛为黑色，而且能在水里游泳，但是它并没有自我保护的能力，一旦遇到危险，潜鸟妈妈就会迅速地飞回幼鸟的身边，将幼鸟夹在自己的翅膀之下潜入水底，等外面的危险解除了，才带着幼鸟回到陆地上。

黑喉潜鸟一出生，父母便开始了对它的训诫。在父母外出觅食时，宝宝一定要安静地躲在巢中，在浓密水生植物的庇护下安静地等待父母回来，小黑喉潜鸟也非常听话，从不敢离巢。事实上，黑喉潜鸟具有很强的飞行能力，在出生40天左右，它们就可以飞了。它们飞得快而有力，并且属于直线飞行，一般很少有鸟类能赶上它们。黑喉潜鸟生性贪玩，尤其对于水上运动总是乐此不疲。可是，黑喉潜鸟在低空飞行就会很危险，但逃跑是它们的拿手本领，实在跑不开，它们就将身子潜入水里，拿它们真是没办法。

# 䴙䴘目

# 䴙䴘科

小䴙䴘　张湘坤　绘

## 鸟类的学名

　　学名是科学家使用双名法命名的,用来定义鸟类确切的演化关系,由两个部分构成:属名和种加词。瑞典医生、植物动物学家卡尔·林奈创立的双名法,使用的是拉丁语或希腊语。林奈的双名法减少了生物学研究中的混乱,在自然分类系统出现之前提供了一种实用的方法,促进了植物学和动物学的进步。他还跨出了大胆的一步,将人类放在了"存在之链"的顶端,并声称"人类也是动物"。

　　对观鸟人来说,鸟的名字越多,区分就会越细,对鸟的了解也就越多。学名也就是拉丁名,可以清楚地了解到物种的最大特点,它可能描述的是鸟类的羽毛颜色、花纹、尺寸或身体部位,还有鸟类的行为,或者是鸟类学家等一些人的名字,再或者是发现地的名字。不管怎样,学名都是有趣的,可以让观鸟行为更加迷人。

7 / 䴙䴘目　　如是观鸟集 水边的飞羽　　水鸟卷

孟宪茹　摄

<sub>xiǎo pì tī</sub>
## 小䴙䴘
*Tachybaptus ruficollis*
Little Grebe

国家"三有"保护动物
　䴙䴘科
　䴙䴘目

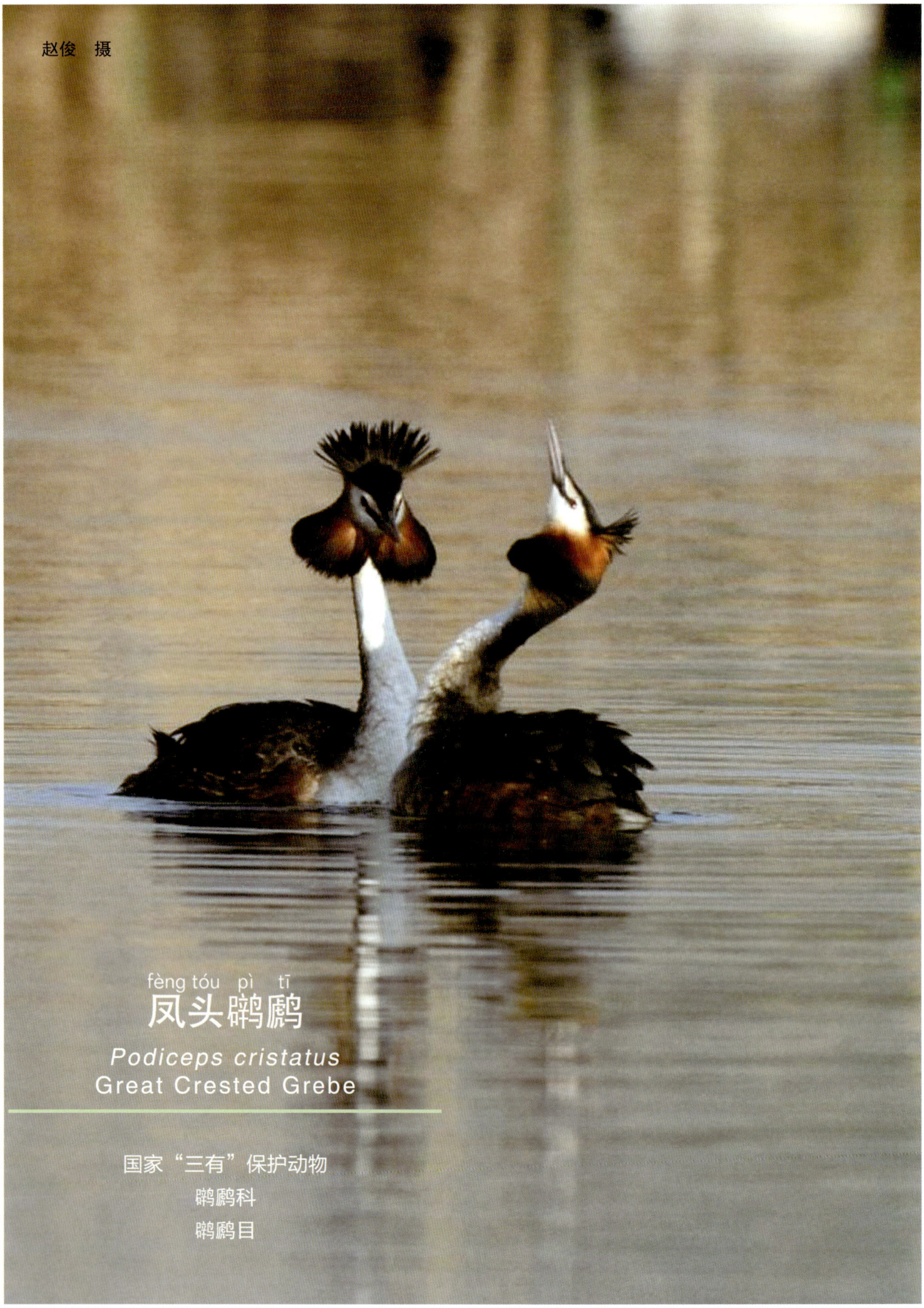

赵俊 摄

fèng tóu pì tī

# 凤头䴙䴘

*Podiceps cristatus*

Great Crested Grebe

国家“三有”保护动物

䴙䴘科

䴙䴘目

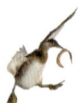

## hēi jǐng pì tī
# 黑颈䴙䴘

*Podiceps nigricollis*
Black-necked Grebe

国家二级重点保护野生动物
　　䴙䴘科
　　䴙䴘目

赵俊 摄

小䴙䴘 孟宪茹 摄

## 几种䴙䴘的辨识

　　小䴙䴘的学名 Tachys 来自希腊语，表示快速，bapto 指水槽，是指这种鸟类可以压缩羽毛，将空气排出来，从而迅速潜水。大䴙䴘的学名 Pover 表示臀部，pes 表示足，是指它的足位于其臀部下面。

　　䴙䴘喜欢集小群散布于水面。所有䴙䴘都拥有浑圆的尾部，末端很钝，就像完全没有尾巴。在飞行时，两只大脚笨拙地拖在身体的后面。有的䴙䴘颈部会垂到身体水平线以下，看起来像是驼背。尽管它们在陆上行走困难，在水里却个个水性极佳。

## 潜水

凤头䴙䴘　张湘坤　绘

**凤头䴙䴘在潜水时通常是直接滑入水下，或者翻滚入水，没有跳跃动作。**

角䴙䴘属于小型䴙䴘。它在潜水时，有跳水的小动作，会扑通一下潜入水中，翅膀紧贴身体。

赤颈䴙䴘是体形第二大的䴙䴘，因为脖子更短，所以看起来比凤头䴙䴘结实，感觉分量更重。赤颈䴙䴘的羽色看起来有点脏，和凤头䴙䴘相比，喙更短、更厚，也更钝。它们大多数时候喜欢一两只待在一起，潜水时比凤头䴙䴘更有跳起的倾向。

## 飞行

**凤头䴙䴘在飞行时，身形明显很瘦，细长的脖子垂直，身体在水平线以下。**

赤颈䴙䴘在空中，看起来比凤头䴙䴘身形更胖，脖子和翅膀更短。

小䴙䴘比大多数䴙䴘飞行更频繁，在飞行时会半飞半跑着划过水面，十分迅速。

角䴙䴘是唯一飞行时颈部和身体上扬的䴙䴘。

黑颈䴙䴘的颈部小巧而纤细，飞行时颈部始终保持平直，并不上扬。

## 外形

**凤头䴙䴘是体形最大的䴙䴘，却是最苗条、优雅的。羽色为黑白两色相间，喙长而尖。凤头䴙䴘也是最具有炫耀行为的䴙䴘。**

角䴙䴘可以看作微缩版的凤头䴙䴘，它的颈和身体略长，头顶平坦，额部有倾斜的角度。尾部没有毛茸茸的感觉，这是一种十分整洁的黑白相间的䴙䴘。外观与完全换为冬羽的凤头䴙䴘相似，只是眼睛是红色的，喙直且粗短。

小䴙䴘的羽色对比不明显，因为它不是黑白配，而是全身棕色和白色相间。它的眼睛是深色的，具有非常小而直的喙。其嘴裂处有明显的绿色斑块。它是最小的䴙䴘，外号"水葫芦"，说明了它的体形特征。小䴙䴘也是东北最小的游禽。

黑颈䴙䴘虽然比角䴙䴘体形小些，但颈部更细，身体更短，有着圆形的头顶，在水中时，常常高扬头颈。黑颈䴙䴘有着红色的眼睛，喙小，就像削尖的笔尖，还略微上扬。眼后黄色的饰羽，呈扇形展开至耳羽后，充满戏剧色彩。头上则像戴着马术帽，尾部有着蓬松的绒毛。很多时候，黑颈䴙䴘在水面将颈部探入水中捕食，并不经常潜水。它是唯一集群繁殖的䴙䴘，很多时候将巢筑在鸥类或燕鸥类的巢之间。

黑颈䴙䴘　张湘坤　绘

## 凤头䴘䴘的舞蹈

释正林 摄

  1912年春,已经成为牛津大学动物学讲师的朱利安·赫胥黎利用复活节假期和弟弟一起到特林水库研究凤头䴘䴘的交配行为。他们用了不到两周的时间观察,就完成了动物行为研究领域里程碑式的贡献。

  当时,关于动物的炫耀行为,达尔文性选择的论述观点是,鸟类演化出的求偶炫耀行为是为了帮助雄性或雌性获得配偶。赫胥黎观察到的䴘䴘是在配对之后才进行求偶炫耀的,这与达尔文的观点相悖,那么由此引发的关于鸟类的炫耀行为,包括奇怪的姿势、舞蹈、鸣叫的真正的目的是什么?赫胥黎得出的结论是,这些炫耀行为能巩固配偶之间的关系。鸟类学家蒂姆·伯克黑德在引述这一结论时,却不以为然。他认为,说是为了巩固配偶关系,其实就等于说根本不知道这个行为的目的是什么!事实上,后来人们知道鸟类的配偶关系并不像赫胥黎时代的人认为的那样忠贞,因此关于"鸟类的配偶关系"这一问题研究,仍然是鸟类学中最大的空白领域之一。

  可是,对凤头䴘䴘来说,不管人类如何困惑,它们结婚成家的那一天,都是世界上最值得庆贺的日子,它们完全地放松自己,把内心的美好尽情展现,兴高采烈地跳起舞。凤头䴘䴘的水上舞蹈堪称"水上的探戈",但凡看过䴘䴘舞的人,一定会惊叹:生活在这个星球上,生命是如此美好与奇妙!

  我最近距离看见䴘䴘这个物种,是在鸟叔任建国的护鸟小屋里。那时候,我们正在拍摄关于鸟叔的一部纪录片。有一天晚上,我们和鸟叔聊天。鸟叔随手从桌子底下一个小笼子里拿出一只受伤的鸟,他告诉我这就是小䴘䴘,又叫"王八鸭子"。他拎起那只鸟,我清晰地看见,这只鸟的双足长在了身体的后部,接着鸟叔摊开了䴘䴘的足,这小家伙的脚很大,并且生有发达的蹼,但各脚趾之间的蹼并不相连,而是彼此分开的。脚趾张开后,就像一朵花,而每个脚趾连同蹼就像一片花瓣,鸟叔告诉我这就是"瓣蹼"。拥有瓣蹼的䴘䴘在水中不仅能潜水还能表演"水上漂",是鸟类中当之无愧的"浪里白条"。

  䴘䴘的舞蹈,你可以脑补成西班牙的探戈。它们有着相同的节奏,不论是先生还是女士,都会齐刷刷地扎到水下畅游,然后双脚踩着水升到水面,在整个过程中几乎是立在水面上的,它们旋转身体把翅膀扇动成球形,再径直奔向对方,以胸相拥。

郭丽 摄

　　一定有一种音乐,这音乐只有一雌一雄两只䴙䴘能听见,这音乐演奏在空旷的水面上,在天地之间,让它们的眼中只有彼此。那眼里的电波使它们激情似火,如探戈舞者那样共舞,在丰富的节奏中左右甩头转身亮相,然后雄䴙䴘嘴里叼着一丛水草,就像举着订婚戒指一样示意对方。它们以同样的姿势、同样的频率,在光洁如镜的水面上滑步大跳转身,身后留下一圈圈的涟漪。明亮的春日阳光,使凤头䴙䴘的冠羽闪闪发亮。在这一天短暂的时间里,最害羞的鸟展现它们生命里最光彩夺目的一面,而当这一切结束后,凤头䴙䴘重新躲藏起来,它们建造了一个鸟巢产蛋,然后轮流孵蛋,静悄悄地变成了世界上最好的父母。

　　也许有人会想,为什么䴙䴘不像其他鸟类那样赠送食物呢?比如,鱼就是从水下叼起一丛水草,互相展示、跳舞、撞胸。仔细想来,在神圣的婚礼之后,䴙䴘夫妇要完成最伟大的使命——建筑爱巢,它们将花费大量的时间在筑巢、孵卵上。筑巢的材料就是水草,雄性䴙䴘衔着水草,一是表达自己将是一个能干、负责的丈夫,二是唤起雌性䴙䴘母爱的本能,它们将共同筑造爱巢,迎接新生命!

　　每只凤头䴙䴘的雏鸟在刚从鸟蛋里爬出来时,都会从它们的父母那里得到一根绒毛,它必须先把绒毛吃掉,然后才可以吃它的第一条小鱼,绒毛会保护它的胃和肠道,使它们不受尖利鱼翅的伤害。亲鸟在游泳时会把雏鸟放在背上,然后用翅膀覆盖它们,以保护它们不受苍鹭、海鸥和梭鱼的攻击。凤头䴙䴘的雏鸟,也非常听话。一轮又一轮爱的延续,让人相信,这个世上,只要还有䴙䴘存在,䴙䴘舞就会永远存在下去。

# 鲣鸟目

# 鸬鹚科

张湘坤　绘

## 普通鸬鹚
### pǔ tōng lú cí

*Phalacrocorax carbo*
Great Cormorant

国家"三有"保护动物
鸬鹚科
鲣鸟目

### "家家养乌鬼，顿顿食黄鱼"

  杜甫诗句中的"乌鬼"就是鸬鹚的俗名。中国人畜养鸬鹚供作渔猎，已有3000年的历史。渔舟唱晚，鱼鹰立于竹排之上，和渔人一起，满载而归，这是属于江南的水墨画。

  鸬鹚是广布于全世界的大型食鱼水禽，中国有5种。鸬鹚嘴长，前端有钩，有喉囊；腿短，足部四趾相连，全蹼足是鸟类中仅见的，使它可以在水中长时间游泳以追逐猎物。鸬鹚也可以结伴在水里排列成半圆形，围捕鱼类。一般可潜水1—3米，有时可达10米之深。在水中，它们的翅膀和脚蹼可以一起划水，起到船桨的作用，它们的尾巴还可以像动物一样平衡身体，在水中它们能利用敏锐的听觉辨别动静，一旦发现猎物就会飞快地游过去，伸长脖子，用尖端带钩的嘴给猎物致命一击。因此，对鱼来说，鸬鹚真的是一个杀手，因为它会不停地去追。鸬鹚不像苍鹭或海鸥那样，在水面上等着鱼游过来，才用爪抓起鱼；也不像鹗或者白尾海雕那样，在水面上方，俯冲下来，用爪子把猎物从水里捞出来；它就跳进水里，然后追捕猎物，必要时甚至追到湖底。

  渔夫畜养的鸬鹚，会和人类建立默契的关系。在捕鱼前，有的渔夫会用稻草先拴好鸬鹚的颈部，不紧不松，用来保证鸬鹚不会把鱼吞进肚里。在每次捕鱼后，主人取下衔回的大鱼，还需要喂给鸬鹚小鱼以资奖励，促使其再次下水捕鱼。驯养鸬鹚捕鱼，多是在每天上午，鸬鹚空腹时，每次入水捕捉差不多1个小时，就要休息。遇到大鱼，可能几只或十几只鸬鹚会共同合作。渔夫也会用竹竿敲打水面，惊动鱼群，以方便鸬鹚捕获。据渔夫的经验，雄性鸬鹚体形略大于雌性鸬鹚，其捕鱼能力也优于雌性鸬鹚。

  鸬鹚虽然在水中"大杀四方"，但在陆地上就笨拙得多。2022年孵化季后，我和摄影团队乘船从丰满大坝深入松花湖区，前往鹭岛探秘。在快接近鹭岛时，我们就看见一大队鸬鹚在训练自己的"水军"，小鸬鹚在成鸟的带领下，一会儿往左，一会儿往右，练习游泳和捕猎。鸟岛上几千只鸬鹚和苍鹭栖息，苍鹭迎风而立，安静而优雅。可是，轮到鸬鹚飞来，就滑稽、笨拙得可笑了。因为鸬鹚脚上有蹼，它们飞到树枝上，不能立刻稳稳地抓住横枝站立，不仅东摇西晃，还要借助长长的大嘴叼住直立的树尖，固定好自己庞大的身躯，才能像苍鹭一样，享受树梢上的清风。

松花湖清明如镜，鱼类繁多。两岸山岩峭立，灌木丛生，吸引了大型水鸟、捕鱼能手鸬鹚在此繁衍生息。近5年，我多次登岛，目睹了鸬鹚数量逐年增多。这也是环境保护的成效。到了繁殖期，岛上大概有两千只鸬鹚，它们满天飞舞时，非常壮观。（郭丽　文并摄影）

我喜欢的一位苏格兰作家谢泼德称自己为"图书馆鸬鹚"，她的阅读范围相当广泛，以"鸬鹚"自诩可见一斑。在西方的文学作品中，从弥尔顿、阿里斯托芬到乔叟、莎士比亚，每个大文豪都将邪恶的角色分配给了鸬鹚。在他们的信念里，鸬鹚是贪婪的象征，就像有权力的人自以为理应消耗他人的所有。曾经有相当长的一段时间，人们要捕杀鸬鹚，觉得鸬鹚吃的鱼太多。可是，鸬鹚真的会傻到吃得飞不起来吗？当然不会，就像一个人，吃成大肚子，都走不动道了，他还会吃吗？鸬鹚绝对不会吃得太多，因为它必须付出很大的努力捕获猎物，而很少的鱼就可以使它生存。鸟类是深谙与自然的相处之道的。

有些学者说，鸬鹚展翅，不是为了把翅膀晾干，因为很多时候鸬鹚展开的翅膀就是干的，那么鸬鹚展翅，究竟是为了更好地消化食物，还是为了向同伴炫耀，抑或是真的为了晾干翅膀？真正的答案还没找到，需要继续研究。

不过，从生理构造来看，鸬鹚必须得这么干。因为很多鸟类要不停地将脂肪渗透到羽毛上，这样下雨才不会妨碍它们飞翔；同样，它们也不可能潜水到很深的地方，就是因为有这层脂肪。在水上漂浮时，或者在一次倾盆大雨后，它们的身体可以保持干燥和温热。鸬鹚的羽毛上几乎没有什么脂肪，它只有让自己湿透了，才能在水里变得头重脚轻，这样才不会漂浮在水面上，而是更容易潜到深水处捉鱼，因此鸬鹚在每次捕鱼后必须吹风晾干身体。

鸬鹚还有一个很多鸟类都望尘莫及的神奇本领，就是当遇到侵扰时，它不但能迅速起飞，而且能将胃内没有消化的鱼骨、鱼鳞等食物用一个黏液囊反吐出来。鸬鹚的这一举动能让自己在瞬间减轻体重，加快飞行，这对它逃避敌害很有帮助。

# 鹈形目

## 鹭科

● 有颜色的鹭类

### cāng lù
### 苍鹭

*Ardea cinerea*
Grey Heron

国家"三有"保护动物

鹭科

鹈形目

张湘坤　绘

　　苍鹭上半身主色为灰色，腹部为白色，颈及胸具有黑色纵纹。成鸟的过眼纹、飞羽、翼角及两道胸斑为黑色；幼鸟的头及颈灰色较重，但无黑色。苍鹭体形较大、颈长，全年都待在有水的地方，在河流和湖泊的开阔地觅食，会集大群在高大的树顶筑巢。苍鹭的喙很厚，看起来强壮有力。苍鹭的冠羽由四根黑色羽毛构成。苍鹭飞行缓慢、振翅动作笨重，翅膀在空中会明显保持弓起的状态。

## 草鹭 (cǎo lù)

*Ardea purpurea*
Purple Heron

国家"三有"保护动物
鹭科
鹈形目

赵俊 摄

草鹭别名"紫鹭",体形较苍鹭偏瘦。草鹭的额和头顶为蓝黑色,其余羽毛颜色为棕栗色系。与苍鹭相比,草鹭的体形更小,羽色更深,颈部更细长,飞行时腿延伸较长。草鹭的冠羽由两枚灰黑色长形羽毛形成。草鹭的喙完美地与头衔接,使头和颈连接起来就像蛇一样。通常,草鹭都隐蔽在茂密的水生植物中寻找食物。草鹭在飞行时,缩起来的脖子看起来更加弯折,而且比起苍鹭,草鹭飞行时会露出更多分开的脚趾。草鹭比较喜欢在芦苇湿地生活,在接近地面的地方筑巢,一般是单独或者小群。

## 大麻鳽 (dà má jiān (yán))

*Botaurus stellaris*
Eurasian Bittern

国家"三有"保护动物
鹭科
鹈形目

尚丽元 摄

大麻鳽别名"大水骆驼""老牛哞"。麻鳽与鹭有亲缘关系,只是脖子特别短、特别粗,身体稍胖。大麻鳽的羽毛具有保护色——斑驳的褐色和皮黄色条纹。这为它们在芦苇深处生活提供了极好的伪装。飞行中的大麻鳽,振翅比大型鹭类快,看起来更壮实,翅膀的形状略圆,有点像猫头鹰,但因为有腿从后面伸出来,就可以和猫头鹰相区别了。大麻鳽是半夜行的鸟类,只出现在高大茂密的芦苇湿地环境,那芦苇会很粗壮密实,足以承受大麻鳽攀爬上去。大麻鳽在芦苇丛中近地面处单独筑巢,是一种孤独的沼泽鸟类。

# 大麻鳽的春歌

刘兆瑞 摄

大麻鳽的得名是因为它在芦苇丛里栖息，而且发出好像喇叭吹出来的声音，大麻鳽的荷兰语名称就有芦苇的意思。

大麻鳽可以非常容易地把自己伪装成一根芦苇秆子，隐藏在芦苇丛中，即便你已很靠近，就从它旁边走过也都不会注意到。只有在春天当它发出汽车喇叭似的悲鸣声时，你才知道，大麻鳽还活着。它那喇叭般的喊叫声有时能传到5千米远的地方，由此，它与新西兰的鸮鹦鹉及卡卡鹦鹉是能把歌声传得最远的鸟。当然了，如果你认为大麻鳽那是在唱歌的话。

大麻鳽其实还保持着另一项纪录，它是世界上叫声音调最低的鸟，能让空气以每秒钟200次的频率振动，它是怎么做到这一点的呢？它吸入一大口空气之后，不是把空气送进自己的肺里，而是送进进食管里，然后又把空气喷出去，用人的语言来描述，这是什么呢？好像在打嗝，大麻鳽是打着嗝，把它悲哀的春歌透过晨雾传到广阔水域上，这是包装在空气里的爱的呼唤。在鸟类叫声音调成绩表最下面的是大麻鳽，而音调最高的是最小的鸟——戴菊，它能发出每秒钟9000次振动的声音。

## 黄斑苇鳽
### huáng bān wěi jiān(yán)

*Ixobrychus sinensis*
Yellow Bittern

国家"三有"保护动物
鹭科
鹈形目

张湘坤 绘

  和鹭类相比，黄斑苇鳽的羽色要复杂得多，最突出的是黄斑苇鳽的前颈至胸心呈污白色且有黄色纵纹，头顶冠为黑色，上体为淡黄褐色，下体是皮黄羽翼，飞羽为黑色，基本是皮黄色配黑色，而脚是黄绿色的。黄斑苇鳽也是半夜行鸟类，常常潜伏在隐蔽处，行动诡秘。黄斑苇鳽属于小型鹭类，体形纤细，可以攀爬到芦苇顶端，或者灌木顶部。有时会被错认为秧鸡类鸟。黄斑苇鳽鼓翼飞行，小而圆的翅膀振翅速度快而富有节奏，总是以滑翔结束飞行。

黄斑苇鳽　刘兆瑞　摄

黄斑苇鳽　赵俊　摄

## 黄斑苇鳽的低调哲学

黄斑苇鳽是鸟类的拟态高手，虽然动物中的拟态现象很多，但在鸟类中比较少见。黄斑苇鳽都在芦苇丛中行走，当遇到危险时，首先它绝不会大动干戈，而是利用自己的保护色躲起来，它会升起脖子，一动不动把自己伪装成一根芦苇棒，你不注意看根本就看不见。等你走近了，它觉得不跑不行了，才忽地飞走。

黄斑苇鳽的低调还体现在它的"家"上。它的巢那是相当简陋，就建于芦苇沼泽、湖边、水塘或水稻田边的芦苇丛和灌木丛中，材料简单不说，还受到环境的严格限制。那构造总可以好一点吧，装潢也可以搞一搞吧？绝不，黄斑苇鳽人家玩的就是低调，那巢的结构跟被捣坏的鸟巢一样惨，室内装潢更是一点没有，但人家自己有说法，这样利于隐藏，一句话就够了，它本来就低调，而它也最不容易遇害。

## 夜鹭
### yè lù

*Nycticorax nycticorax*
Black-crowned Night Heron

国家"三有"保护动物
鹭科
鹳形目

赵俊 摄

夜鹭是中等体形的黑白色鹭。顶冠为黑色，颈及胸白，颈背有两根白色丝状羽，背黑绿色有金属光泽，两翼及尾羽为灰色，脚是污黄色的。夜鹭的喙较短，经常喜欢缩头弓背。

## 夜鹭和大麻鳽谁喜欢孤独

夜鹭幼鸟　刘兆瑞　摄

夜鹭是夜出性鸟，白天结群隐藏于密林中的僻静处，黄昏和夜间就又结群出来活动，一边飞一边鸣叫，甚是喧哗。夜鹭幼鸟有像大麻鳽一样斑驳的羽色，但与大麻鳽相比，夜鹭的颈和腿更短。夜鹭比大麻鳽更常出现在开阔的生境中，在树上停歇；而大麻鳽从来不停留在树上。夜鹭在飞行时，喙向下垂，脚刚好伸出尾部，振翅幅度小；而大麻鳽在飞行时，喙会保持平行状态，脚伸出尾部外更长，振翅幅度更大。夜鹭社群生活丰富，常成群在一起，在各种高大的树上，营群巢；而大麻鳽是孤独客，独来独往，独自营巢。

## 夜鹭和苍鹭哪个更聪明

苍鹭　刘兆瑞　摄

苍鹭又叫"长脖老等"，是因为苍鹭的腿很长，可以到江河湖畔中间浅滩比较深的地方，选好一个位置，然后通常一站就是大半天，在这时它们调整好自己的脖子，一动不动，刚好有鱼从面前经过的时候，它们就会迅速地伸出像鱼叉一样锋利的喙抓住鱼，百试不爽。

夜鹭的腿比较短，它们虽然也会蹚到水里去，但一般不会离岸太远，因此它们捉的鱼，通常也不如苍鹭捉的鱼大。但是，夜鹭很聪明，国内外都有人观察过，夜鹭有用面包或者草叶等东西钓鱼的行为，可以说卓越的智商弥补了腿短的不足。

据报道，还有个夜鹭把自己缩起来，跑到动物园里冒充企鹅，偷吃鱼的记录，而企鹅的饲养员居然很长时间都没有发现这个滥竽充数的"小偷"，夜鹭简直可以说是鸟类中出色的"间谍"了。

苍鹭喜欢在白天活动，而夜鹭在白天太阳比较强烈的时候，一般都在树上停栖，到了黄昏的时候才下来找东西吃。

苍鹭比较暴躁，而夜鹭比较温柔。

27 / 鹈形目　如是观鸟集 水边的飞羽　水鸟卷

张湘坤　绘

### 绿鹭 (lǜ lù)

*Butorides striata*
Striated Heron

国家"三有"保护动物
鹭科
鹈形目

绿鹭是体形较小的深灰色鹭，其头顶及松软的长冠羽闪烁着绿黑色光泽，眼下有一条黑色线穿过，腹部粉灰色，颏白色，脚偏绿色。

## 绿鹭的花式钓鱼

对很多人来说，钓鱼是一项休闲娱乐活动。但你知道吗？钓鱼并非人类专属，自然界中的很多鸟儿也会钓鱼！

绿鹭生性孤僻羞怯，却是一个喜欢动脑筋的"渔夫"。它们会把一些物品当诱饵，以此吸引鱼上钩。比如，利用面包、爆米花、种子、花朵、活体昆虫、蜘蛛、羽毛甚至鱼食来引诱鱼，只要鱼一过来，它们就迅速地出击捕获鱼。绿鹭的花式钓鱼，不仅说明它有一定的逻辑思维能力，还说明它是有忍耐力的，因为已经到嘴的面包诱饵，没有吞下去，那自然需要自制力啊！再看绿鹭钓鱼，绝对能看出它的小心思，比如，它在池塘边投下面包饵，如果游过来的是一群大鱼，它无福消受，它就会把鱼饵立刻啄回来，等大鱼游过去再放饵，有时反反复复要好几回，放走大鱼，只耐心等待小鱼上钩，那场面真是太有趣了。

人们还观察到，在同一个地区，经常会有好几种会钓鱼的鸟，并且这些鸟钓鱼的技巧也有差异，"渔夫"之间可能会通过切磋增强各自的技能。那么，像绿鹭这样的鸟儿是如何学会钓鱼的？有人推测，它们可能是通过观察游人喂鱼，了解到诱饵可以吸引鱼类。然后，同伴之间，以及不同种类之间通过互相学习获取这项技能。其实，很多鸟类比人类出现在这个世界上要早，鸟类的智慧更不可低估，人类为何不能以鸟为师呢？

不过，还是要提醒你留意的是，当你在野外优哉游哉钓鱼的时候，没事四处看看，因为说不定在某一处就会有双眼睛在暗地里偷窥你、观察你，并模仿你……

张湘坤 绘

### chí lù池鹭

*Ardeola bacchus*
Chinese Pond Heron

国家"三有"保护动物
鹭科
鹈形目

## 红毛鹭

池鹭又名"红毛鹭",可见羽色以栗红色为主,头、颈、胸颜色由栗红到绛紫逐渐加深;冠羽特别长,一直延伸到背部,背羽呈披针形,颜色为蓝黑色,一直延伸到尾部;下体颜色为白色,有圆形尾。颔、喉也是白色的,前颈有一条白线向下延伸,颈下有长的栗褐色丝状羽悬垂于胸。

它虽名为"池鹭",但并非池中之物,它是典型的涉禽,不能像游禽那样,因为脚上有蹼可以划水、潜水,涉禽只适合在浅水中行走,所以,水面有植物可以立足,是池鹭最好的选择。水源附近还要有高大的树,这样池鹭可以营巢。

## 黄斑苇鳽和池鹭的区别

池鹭的繁殖羽是醒目的栗红色和蓝黑色,非常容易辨认,可是非繁殖期的池鹭和黄斑苇鳽就很容易混淆,因为它们实在太像了。

区分池鹭和黄斑苇鳽记住一点,池鹭的喙前段是黑色的,就是说整个前段都是黑色的;而黄斑苇鳽的喙只有嘴峰,就是说上嘴是黑褐色的,两侧和下嘴是黄褐色的。

29 / 鹈形目　如是观鸟集 水边的飞羽　水鸟卷

## 紫背苇鳽

zǐ bèi wěi jiān(yán)

*Ixobrychus eurhythmus*
Von Schrenck's Bittern

国家"三有"保护动物
鹭科
鹈形目

## 紫背不紫

　　紫背苇鳽雄鸟的上体颜色主要为紫栗褐色，下体为土黄色；雌鸟的上体颜色为深褐色，下体为褐色。它的虹膜是黄色的，喙也是黄色的，脚是黄绿色的。紫背苇鳽体形中等，雌鸟的体形要比雄鸟的大。

　　紫背苇鳽每年春天来东北繁殖，喜欢生活在沼泽、水塘、水稻田等地方，经常单独在清晨和黄昏出来活动，喜欢躲藏在草丛里，而且悄无声息，只在受到惊吓时鸣叫。紫背苇鳽非常善于行走，不管是否受伤，都能迅速行走，但是不善于飞行，一些小鱼、蛙、昆虫等动物是它们的主要食物。

## dà bái lù
## 大白鹭
*Ardea alba*
Great Egret

国家"三有"保护动物
鹭科
鹈形目

赵俊 摄

## zhōng bái lù
## 中白鹭
*Ardea intermedia*
Medium Egret

国家"三有"保护动物
鹭科
鹈形目

刘兆瑞 摄

31 / 鹳形目　如是观鸟集 水边的飞羽　水鸟卷

刘兆瑞 摄

bái　lù
# 白鹭
*Egretta garzetta*
Little Egret

国家"三有"保护动物
鹭科
鹳形目

niú bèi lù
# 牛背鹭
*Bubulcus ibis*
Cattle Egret

国家"三有"保护动物
鹭科
鹳形目

薄兴华 摄

## 黄嘴白鹭
### huáng zuǐ bái lù

*Egretta eulophotes*
Chinese Egret

国家一级重点保护野生动物
鹭科
鹈形目

赵俊 摄

## 几种白色鹭的识别

中国拥有鹭科鸟禽20种，其中以白鹭属的最珍贵。大白鹭、中白鹭、白鹭（小白鹭）和雪鹭4种体羽皆是全白，于是通称"白鹭"。

### ●外形

大白鹭体形大，颈部有特别的扭结；身形优雅，近似苍鹭，无羽冠；具有黄色的喙，在繁殖期时，有一小段时间内喙略带黑色，腿、脚均为黑色。

中白鹭体形中等，无羽冠但有胸饰羽；非繁殖羽时喙为黄色，繁殖羽时喙为黑色，喙和颈相对较短；繁殖羽时腿和脚呈粉红色，羽冠及胸饰羽全有。

白鹭比起大白鹭、中白鹭体形纤瘦，胆子较大，不怕人，喜群栖。喙为黑色，长而窄。夏羽生两条狭长而软的矛状羽，仿佛头后的两条辫子；肩和背部有着分散的长形蓑羽，一直向后伸展至尾端。白鹭腿为黑色，脚为黄色。

牛背鹭体形小，相当敦实，经常会有缩头躬身的姿态。头圆形，喙黄色，颏部羽毛尤其多，使它的面部立体感颇强，模样十分独特。

黄嘴白鹭体形中等而匀称，纤瘦而修长，嘴、颈、脚均很长。体羽白色，雌雄羽色相似。夏季喙为橙黄色，眼为蓝色，腿为黑色，脚趾为黄色。

### ●飞行

大白鹭飞行时略像苍鹭，振翅十分缓慢。双翅比较靠前，双腿露出来比较多。头缩到背上，颈向下突出成囊状。

白鹭飞行时比较优雅，颈部有明显的曲折。

中白鹭飞行时颈缩成"S"形，两脚直伸向后，超出于尾外，两翅鼓动缓慢，飞行从容不迫，呈直线。中白鹭一般在白昼或黄昏活动。

牛背鹭和白鹭振翅迅速，与乌鸦的频率相近。牛背鹭喜欢集群飞行，颈部没有明显的曲折。

### ●觅食

大白鹭很少集群生活，通常单只出现，神态镇定。它在水边觅食，会耐心等待猎物的出现；或者在水中缓慢行走，边走边觅食。

白鹭在发现水中有鱼时，会冲过去捕食，其间经常会扬起翅膀，做出奔跑动作，其他鹭类不会如此。

牛背鹭比起其他鹭类，通常在更干旱的区域觅食，喜欢站在大型哺乳动物背上，尤其是牛背上，这是与其他鹭类明显不同的地方。

郭丽 摄

白学唯 摄

# 用脚觅食的鸟

白鹭在觅食时，会用一只脚在水面搅动，以惊起猎物。其他鹭类并不会这样做，因此白鹭是靠脚觅食的鸟儿。相信小时候抓过泥鳅的小伙伴应该深有体会，泥鳅这种动物滑不溜秋非常难抓，但是这世上有一种鸟偏偏就最擅长抓泥鳅，而且它们的身体构造先天就具有抓泥鳅的优势，几乎可以说是百发百中。这种鸟类就是白鹭。

每日天亮后，白鹭即成群由栖息地飞往觅食地，远者可达数十里；傍晚又结群呈"V"字队形飞至栖息地附近的水田和山坡小树上休息，待结成大群后再一起进入树林和竹林中；晚上成群栖息在小块密林中高大树木顶部，也常在宅旁或庭院树林与竹林内栖息，有时也同夜鹭和牛背鹭一起栖息。白鹭因体形与鹤相仿，常常被误认为是鹤。

白鹭与东方白鹳　郭丽　摄

## 最受诗人钟爱的鸟

似乎白鹭的翩翩白羽,最能给诗人带来心灵的喜悦和宁静,因此白鹭是古诗词中经常出现的意象。"贪看白鹭横秋浦,不觉青林没晚潮。"这是在海南遇赦的苏东坡即将离岛北归,看白鹭款款回旋,在通潮阁上写下的最后观看风景的心事。

"西塞山前白鹭飞,桃花流水鳜鱼肥。青箬笠,绿蓑衣,斜风细雨不须归",这是唐代诗人张志和的《渔歌子》,短短27个字写出了生机盎然的优美意境。这是他辞官守孝后,游历纵情于山水之间,在西塞山归隐,写下的诗篇。

白鹭飞行时从容不迫,姿态优雅挺拔,令很多诗人都非常喜爱。李白有诗赞美其为秋日添彩,"白鹭秋日立,青映暮天飞";王维也喜欢白鹭为辋川的美景增色,"漠漠水田飞白鹭,阴阴夏木啭黄鹂"。

刘禹锡创作的《白鹭儿》却成为无数知识分子逆境中的精神食粮:"白鹭儿,最高格。毛衣新成雪不敌,众禽喧呼独凝寂。孤眠芊芊草,久立潺潺石。前山正无云,飞去入遥碧。"

这个阶段,刘禹锡被贬谪到朗州(今湖南常德),心情郁闷,但是在朋友的鼓励下,他凭着自己顽强的毅力,走出了人生低谷,《白鹭儿》就是在这样的背景下创作的。不与蝇营狗苟的小人同流合污,自清自洁自高格。"前山正无云,飞去入遥碧",诗人坚信,历经磨难,心自清远。此诗寄寓深远,给人以无穷的力量,鼓舞和呼唤那些在困境中的失意之人,"独凝寂",只待"一行白鹭上青天"。

## 鹭、鹳、鹤的识别

鹭、鹳、鹤同属于涉禽,具有共同特征:长颈、长腿、长嘴,都在浅水中徒步、觅食。

在分类学上,鹭属于鹳形目鹭科,鹳属于鹳形目鹳科,鹤属于鹤形目鹤科,是三个不同的物种,因而各有其特点。如何区分识别它们呢?

简单地讲有以下几点。

首先,观察飞行状态。鹭飞行状态为头颈缩肩上,脖子好似"Z"状;而鹤、鹳则头颈向前伸,伸展同一直线上。

其次,观察栖息位置。鹭、鹳的后趾发达,与前趾配合一起抓握树枝时强而有力,因此它们的栖息场所在树上,鹤的后趾很短,很不发达,因此活动范围不在树上;另外,鹭、鹳可在树上栖息筑巢,而鹤在地面筑巢。

再次,观察具体形态。鹭体羽毛较稀疏,常具羽冠和蓑羽;鹤的飞羽长得长且整个覆盖在尾羽上,显得尾巴很大;鹳体羽毛较紧密,尾羽看上去很整齐。

最后,听其叫声。鹭鸣单调又嘈杂,鹤类叫声嘹亮,鹳一般不出声。

# 鹮科

白琵鹭　张湘坤　绘

鹮科除琵鹭外，其他种类都长有细长而向下弯的喙，是体形最大、种类最多的弯嘴水禽。鹮科中不少是世界级珍禽，我国现存鹮科鸟类有5属6种，其中，最珍贵的就是我国特产的被誉为"东方宝石"的朱鹮属的朱鹮和黑脸琵鹭，二者都是处于灭绝边缘的世界级珍禽。在吉林省可见的鹮科只有黑头白鹮、白琵鹭和黑脸琵鹭。

## 黑头白鹮

*Threskiornis melanocephalus*
Black-headed Ibis

国家一级重点保护野生动物
鹮科
鹈形目

张湘坤 绘

## 令人敬畏的鸟

鸟类的喙千变万化，弯嘴鸟类更是常见。尽管在鸣禽、攀禽中，弯嘴鸟类比较多，但涉禽一般体形较大，喙更长，盛产很多令人惊叹的弯嘴鸟类，将鸟喙的奇特演绎到了极致，最著名的如火烈鸟，而黑头白鹮也令人过目难忘。

黑头白鹮自带"镰刀"，它的头裸露部分至上颈为黑色，和细长向下弯曲的黑色喙连成一体，就如同一把镰刀。镰刀有收割生命之源的意味，可黑头白鹮要厚道得多，它以鱼、蛙、昆虫等软体动物，以及小型爬行动物为食，有时吃不到肉，也会吃植物。黑头白鹮还是爱意满满的鸟，尤其是在孵化期，雄鸟和雌鸟轮流承担孵卵的任务，暂时不承担孵卵的亲鸟外出觅食，回来时总要口衔芦苇等对巢进行修补。亲鸟之间在整个孵化期显得十分亲昵，经常互相以喙相碰，或梳理羽毛，有时还会发生互相争着孵卵的现象，浓情蜜意得很。

黑头白鹮的学名 *Threskiornis* 是希腊文 threskos 和 ornis 的合并字，前者是信仰虔诚的意思，后者指鸟类。古埃及人认为，该属的鸟是神圣的。

# 世界上嘴巴最长的鹭

**bái pí lù**
## 白琵鹭

*Platalea leucorodia*
Eurasian Spoonbill

国家二级重点保护野生动物
鹮科
鹈形目

郭丽 摄

　　世界上嘴巴最长的鸟是澳大利亚的鹈鹕，其嘴巴长度可达到惊人的49厘米，几乎比人类的小臂还要长，由此它也进化出了独特的捕食方式，它的嘴巴底部并不是坚硬的外壳，而是类似皮肤状的一个袋子，在水中可以像渔网一样捕捞鱼群，因此才造就了它的大嘴巴。据说，一只鹈鹕的嘴巴喉囊中能存放下至少14千克的鱼，甚至比它本身的胃容量还要多上3倍，真是名副其实的大嘴巴。

　　比起澳洲鹈鹕，号称"世界上嘴巴最大的鸟"——巨嘴鸟，就很有些"华而不实"。巨嘴鸟喜欢生活在一些深山老林地区，它们常常以虫子或者果实为食。可是，由于自己的嘴实在是太长、太大了，想把食物吃到嘴中，并不是特别容易，通常巨嘴鸟喜欢用嘴尖将食物抛起来，然后嘴张开直接扔到食管里去，这样可以将食物直接消化，防止食物残留在嘴巴里，进不到食管里面。巨嘴鸟的嘴巴虽然足够大，但是太脆了，打仗的时候，一不小心就容易把自己的嘴巴给磕碎了，因此在天空中飞翔的巨嘴鸟中有很多嘴巴都残缺不全。看来，巨嘴鸟的大嘴巴，最大的一个好处是漂亮，同时，足够"唬人"，因为那大嘴巴看起来实在是很"厉害"的样子。

　　白琵鹭是世界上嘴巴最长的鹭，也跟捕食有关。而且，白琵鹭的长嘴，兼具鹈鹕和巨嘴鸟的优点。白琵鹭跟一般的鹭长得差不多，都是全身雪白，有长脖子，嘴巴长而直。不过，区别也很明显，白琵鹭的嘴上下扁平，前端扩大呈匙状，长达22厘米，不仅使它成为鹭中嘴巴最长的一种，还让它成为最具标志性的鸟类。白琵鹭的长嘴可不是白长的，在捕食的时候，它会将嘴张开5厘米，嘴尖直接触到水底，因为它不能像白鹭那样直接抓鱼，而是用嘴不断地从一边扫到另一边，在水中涮来涮去，让猎物无处可藏，当猎物东逃西窜时，就被它匙子一样的嘴捉住了！白琵鹭捕捉到食物后，也像巨嘴鸟一样，需要出水后吞食，动作幅度很夸张，由此可见觅食也并不容易。

## hēi liǎn pí lù
### 黑脸琵鹭
*Platalea minor*
Black-faced Spoonbill

国家一级重点保护野生动物
鹮科
鹳形目

潘晟昱 摄

## 水中的黑面舞者

　　黑脸琵鹭的学名来自希腊语，platy 表示平的，那是因为琵鹭属有着独特的匙状喙，又因为这个扁平如汤匙状的长嘴，与中国乐器中的琵琶极为相似，所以得名"琵鹭"。黑脸琵鹭的姿态优雅，被称为"黑面天使"或"黑面舞者"。琵鹭亚科鸟类全世界共有6种，其中，以黑面琵鹭数量最稀少，在已知6种琵鹭当中，唯黑面琵鹭属全球濒危物种之一。

　　黑脸琵鹭的长相与白琵鹭极为相似，在野外常常会被弄混。它的体形比白琵鹭略小一些，全身羽毛也都是雪白色的。夏季时，后枕部有很长的发丝状橘黄色羽冠，项下和前胸还有一个橘黄色的颈圈。虹膜为深红色或血红色。嘴全部都是黑色的，不像白琵鹭的嘴前端为黄色。黑色的腿很长，胫的下部裸露，适于涉水行走。与黑色部分仅限于嘴基部的白琵鹭明显不同，黑脸琵鹭的额、脸、眼周、喉等部位的裸露部分也都呈黑色，并与黑色的嘴融为一体，故名"黑脸琵鹭"。

　　黑脸琵鹭这么长的嘴，要怎么梳理羽毛？当然是相互帮忙了！

蒋泓　摄

# 鹳形目

# 鹳科

鹳科都是大型水鸟，嘴长而粗壮，不会鸣叫；体色为白黑两色。鹳科遍布全球的温带和热带地区，其中，非洲和亚洲南部种类最多，我国有4属7种，即鹳属的黑鹳、白鹳和东方白鹳，钳嘴鹳属的钳嘴鹳及秃鹳属的秃鹳等。白鹳在欧洲是非常有名的鸟，常常在屋顶或烟囱上筑巢，在传说中，白鹳会将婴儿送到家中。我国东部的白鹳与我国西部及欧洲的有所不同，喙为黑色而非红色，被称为"东方白鹳"。

白鹳栖息在开阔的乡野地带，经常出现在田地中。活动区域经常靠近河流或沼泽湿地，喜欢在泥泞地觅食。白鹳主要吃小型哺乳动物、两栖动物、昆虫和少量鱼类。黑鹳是森林鸟类，在森林地带的沼泽湿地或河流区域觅食。黑鹳主要吃鱼类，也吃很少的昆虫和两栖类。

白鹳胆子大，可以在靠近人类的地方集小群繁殖。白鹳会在巢中将头伸向背后，彼此用上下喙的敲击声来打招呼。黑鹳不会用敲击上下喙的方式问候，而是会发出带着呼吸声的响亮叫声。黑鹳单独在树顶筑巢，与人类保持着安全的距离。

白鹳集大群迁徙，借助上升的热气流盘旋；黑鹳迁徙时的集群规模比白鹳小，对上升热气流的依赖没有白鹳那么强烈。

张湘坤 绘

### dōng fāng bái guàn
# 东方白鹳
*Ciconia boyciana*
Oriental Stork

---

国家一级重点保护野生动物
鹳科
鹳形目

## 珍贵的来客

  2020年冬，松花江吉林市市区江段，来了一只东方白鹳，脚上有伤。野生动物保护志愿者试图投食救助它。2021年冬，观鸟人又发现市区江段来了一只东方白鹳。要知道，东方白鹳是非常重感情的鸟类之一，被救护的个体对人依赖性极强，如果不是强行放归，它就会一直跟人在一起，近距离放归，它也会自己回来，每次放归都恋恋不舍，令人动容。如果能证明这两年来的东方白鹳是同一只，那就有意思了。这条江，这座城市，成为那只东方白鹳念念不忘的地方。

  据估计，东方白鹳全球数量仅在1000—3000只，并仍在减少。其分布区域狭窄，数量稀少，已处于全球濒危状态。过去，松花江周边经常有白鹳繁殖，近年来鲜有见到。2016年，志愿者在市区拍下520只白鹳的迁徙群，是国内见到最大的群体，证明吉林市是东方白鹳的重要迁徙通道之一。

  东方白鹳是一种大型涉禽，性宁静而机警，飞行或步行时举止缓慢，休息时常单足站立，体态优美。其长而粗壮的嘴十分坚硬，嘴尖略上翘，呈黑色；眼睛周围、眼线和喉部的裸露皮肤都是朱红色的，眼睛内的虹膜为粉红色，外圈为黑色；身体上的羽毛主要为纯白色；黑色的翅膀宽而长；腿、脚甚长，为鲜红色。东方白鹳常成对在高大的树上营巢。巢很大，卵4枚，雏鸟晚成性。动物性食性，主要捕食鱼类、啮齿类和昆虫。科学家曾观察到一只白鹳衔着一团潮湿的苔藓，挤压出其中的水，喂到幼鸟的喙里。

赵俊 摄

东方白鹳 仲崇华 摄

# 雁形目

鸭科

yóu bí tiān é
# 疣鼻天鹅
*Cygnus olor*
Mute Swan

国家二级重点保护野生动物
鸭科
雁形目

张湘坤 绘

## 大天鹅
### dà tiān é
*Cygnus cygnus*
Whooper Swan

国家二级重点保护野生动物
鸭科
雁形目

唐余福 摄

# 小天鹅

*Cygnus columbianus*
Tundra Swan

国家二级重点保护野生动物
鸭科
雁形目

岳汝华 摄

## 三种天鹅的比较

世界上的天鹅有7种，在我国能见到的野生天鹅有3种，分别是大天鹅、小天鹅和疣鼻天鹅。

天鹅的形态远看非常相似，都有着白色的羽毛，长长的脖颈，黑色的脚趾和蹼。可是，若细看，则它们之间的区别也很明显。

大天鹅体形比小天鹅大，体长1.5米左右，大天鹅嘴部的黄色更多一些，一直延伸过鼻孔，具有长的"高鼻梁"，而头看起来很小，喙长成楔形；小天鹅的体形纤小些，大约在1.1米，嘴部上喙，前端为黑色，后端有小片黄色，不超过鼻孔。小天鹅的颈部更短，头部看起来更大，喙也更短；疣鼻天鹅体形较大天鹅更大，嘴部颜色为橘红色，疣鼻天鹅的头部看起来像被刀切过一样，前额上有一块黑色的瘤疣突起。

在水面上，大天鹅、小天鹅的脖颈相对比较直；疣鼻天鹅的颈更长，通常呈"S"形。

只有疣鼻天鹅会把幼鸟背在自己的背上滑行。疣鼻天鹅在游泳和停歇时，喙常向下倾斜；大天鹅和小天鹅的喙看起来则水平向前。

疣鼻天鹅常常筑巢于呈季节性变化的湖泊或河流中，甚至可以在城市公园的水域及海面上繁殖；大天鹅筑巢于湖泊、河流及小型池塘中，也在森林地带、苔原区域繁殖；小天鹅常常在苔原地带的池塘、湖泊和河流中繁殖。

疣鼻天鹅尾部长而突出，其他天鹅并非如此。只有疣鼻天鹅会做出扬起翅膀威吓对手的行为，而其他种类天鹅的翅膀会紧紧贴在身体上。

只有疣鼻天鹅会一边振翅，一边发出悲鸣声；大天鹅和小天鹅在飞行时会发出号角般的叫声。

疣鼻天鹅常常待在水面上，大天鹅和小天鹅则会花更长的时间在草地上觅食。

大天鹅和小天鹅会做出将头向前伸的炫耀行为。小天鹅飞翔时振翅频率更快，降落时会陡然下降，看起来极其灵活。大天鹅和疣鼻天鹅的胸部更饱满，小天鹅的胸部较小，没有那么饱满，体形像雁一样更紧凑。

小天鹅一般在六月至九月开始陆续换羽，而大天鹅和疣鼻天鹅稍晚，在七月至十月陆续开始。和其他换羽的鸟类不同，天鹅在换羽时，飞羽是一次性全部脱落的，在这期间，它们就会丧失飞行能力，遇到危急情况，躲避是它们的选择。这个阶段，疣鼻天鹅会持续40天左右，其他种类的天鹅则会持续30天左右。

赵俊 摄

# 大天鹅为什么会高飞

　　大部分鸟类飞到几百米的高度已经是极限，最多不过上千米，并不是说这些鸟类飞不了更高，而是没必要，因为它们的猎物都在这个高度以下活动，为什么要受累飞高呢？可是，对大天鹅来说则不然，它们随意一飞就是几百米，因而跃升为鸟类飞高冠军的行列。我们都知道世界上最高的山峰珠穆朗玛峰，这对大部分鸟类来说是个无法企及的高度，而对大天鹅来说，飞越珠穆朗玛峰也只是轻松的一件事，因为大天鹅的飞行高度最高可达9000米！为什么大天鹅要飞那么高呢？当然，大天鹅迁徙是重要的一个因素，毕竟绕过高山，实在太累，那么直接跨过高山甚至青藏高原就是捷径了。

　　天鹅能飞那么高的另一个因素，不是它逞强，而是它的身体结构——大天鹅的双重呼吸机制允许它这么做。人类只有一个肺，吸气时吸入氧气交换，呼气时排出二氧化碳，因此一个循环中只有一半的时间是真正在呼吸；但大天鹅不一样，它除了肺部以外，还有一个用来储存氧气的囊，因此大天鹅即使在高空飞行也不会出现缺氧的情况。这相当于涡轮增压，在额外的循环中获取更多氧气。当然，除了这个特殊结构外，还有鸟类特有的中空高强度骨骼，以及庞大的翼展与硕大体形的能量储备，使得大天鹅具有超强的耐低温能力，助其在高空尽情翱翔。

　　按理说，大天鹅连万米高空的超低温都能忍受，它们为什么还要集体迁徙到温暖的地方过冬呢？这是因为，大天鹅主要以水底的藻类或小型水生动物为食，而到了冬天，温度过低，水面结冰后天鹅没有了食物，它们便开始集体迁徙。

## 头号航行家

法国博物学家布封曾为天鹅写下最深情的赞美：看见它在水上活动得那么轻便、那么自由，就不得不承认它不但是羽族里第一善航者，还是自然界提供给我们学习的最美的"模板"。他又用细腻的笔墨，将天鹅比作一艘造型优美、性能完美的航船。大天鹅善于航行，却有着世上任何一艘航船都无法比拟的神性的高贵与优雅，它的自由更是无可比拟，人们尊敬地称它为"世界公民"，科学家跟踪、监测到它在"全球的势力范围"：它的繁殖区域涵盖北美洲西北部、欧亚大陆北部，从冰岛、斯堪的纳维亚半岛经芬兰、俄罗斯北部，一直到库页岛、中国西北和东北地区；它们的越冬地，涵盖欧洲西北部、地中海、黑海和里海沿岸地区及印度北部、朝鲜、日本，乃至非洲大陆的西北角、中国的华中和东南沿海一带。每年的春秋两季，大天鹅张开自己雄健有力的翅膀，借助着季风，飞行数万千米，从高山大川到戈壁荒滩，从冰天雪地到碧波瀚海，它将这些广袤的土地一一征服，一同被它征服的还有东方文明和西方文明，两个不同的文明不约而同地视它为纯洁、忠诚和高贵的象征。

一路上，天鹅吃水生植物的根、茎、叶和种子，也吃软体动物、水生昆虫及鱼类。它不仅有很强的用喙掘食的能力，能找到丰富的食物，还善用技巧捕捉鱼类，吃得膘肥体壮，分外健硕。强健的体魄及飞羽，使它拥有超强的飞翔能力，成为世界上飞得最高的鸟类之一。

在中国，有差不多30个自然保护区可供"世界公民"大天鹅繁衍生息，保护区内湿地类型多样，且食物充沛、开阔连片。当黄河流域迎来冬季时，它们会飞到长江流域那些不结冰的水域和湖泊附近。带着号角般的呼唤，大天鹅的族群根据气候变化迁徙，它们编队成形，有机警的"守卫"守护团队的安全，一次就会飞行3000千米，横贯中国南北。自古以来，它们见证了中亚、西伯利亚、黄河流域、长江流域的壮美与秀丽，也见证了这广袤土地上的变迁和兴衰。那曾经只有像天鹅这样的候鸟能见到的壮丽美景，在飞行器发明之后，人类也终于可以用鸟的视角，爱恋我们的地球了。

## 天鹅的杀伤力

大天鹅的翅膀的确极具杀伤力,在展开时大约有 2.75 米长,扇动时力大无比,而且迅疾、猛烈。2001 年,一名爱尔兰年轻男子在驱赶天鹅时,激怒了天鹅,一条腿被天鹅的翅膀扇断了。天鹅不惧怕任何暗算与攻击,它异常勇敢,防范意识也特别强,它们常常为了保护雏鸟,利用其无比强大的翅膀来抵御天敌或者侵扰者。但更多时候,它们选择的是避让。

布封在他的《天鹅》一文里说道:天鹅在水上为王,是凭着一切足以缔造太平世界的美德,如高尚、尊严、仁厚等。它有威势、有力量、有勇气,也有不滥用权威的意志、非自卫不用武力的决心;它能战斗,能取胜,却从不攻击别人。它是水禽里爱好和平的君主,它敢于与空中的霸主对抗;它等待着鹰来袭击,不招惹它,却也不惧怕它。在布封眼里,天鹅存在于自然界,既像王者一样高贵,又像朋友一样与其他鸟类共存。

但是,在人类面前,天鹅留下的哀鸣最持久。人类曾经是天鹅最大的敌人,过度的捕猎及湿地的开垦,让天鹅种群数量急剧减少。在与人类共存的现实世界里,天鹅活成了另一种模样。但是,随着人类观念的改变,天鹅与人类的关系也在发生改变。比如,湖北龙感湖自然保护区整合资金买断了良种场 20 年经营权,将虾稻田大部分退耕还湿,每年划出 300 亩轮种水稻,不予收割,作为鸟群的"口粮"。困扰湖区多年的"人鸟争食"矛盾终于被"为鸟留食"破解。此后几年,天鹅翩翩而至。在这块虾稻田里,最多的时候,有超过 2 万只天鹅停留。

生态之变,源于人的观念之变。

任丽华 摄

## 雁属

雁属鸟类是大型游禽。嘴宽而厚,嘴甲比较宽阔,啮缘有较钝的栉状突起。雌雄羽色相似,多数呈淡灰褐色,有斑纹。全世界共有 10 种,中国有 7 种,"大雁"一词其实是对雁形目鸭科雁属鸟类的通称,我国北方常见的雁有鸿雁、豆雁、灰雁、白额雁等。雁的形状略似家鹅,那是因为欧洲家鹅的祖先是灰雁,中国家鹅的祖先是鸿雁。它们的双翅强壮有力,双腿行走自如,脖子较长,尽管与天鹅比还是短了不少,体形也比天鹅小些,但也是十分具有战斗力的。

### dòu yàn
### 豆雁
*Anser fabalis*
Bean Goose

国家"三有"保护动物
鸭科
雁形目

张湘坤　绘

### hóng yàn
### 鸿雁
*Anser cygnoides*
Swan Goose

旅鸟　国家二级重点保护野生动物
鸭科
雁形目

张湘坤　绘

55 / 雁形目　如是观鸟集 水边的飞羽　水鸟卷

张湘坤　绘

### bái é yàn
## 白额雁
*Anser albifrons*
Greater White-fronted Goose

国家二级重点保护野生动物
鸭科
雁形目

### xiǎo bái é yàn
## 小白额雁
*Anser erythropus*
Lesser White-fronted Goose

国家二级重点保护野生动物
鸭科
雁形目

赵俊　摄

如是观鸟集 水边的飞羽　水鸟卷　雁形目 / 56

## <small>huī yàn</small> 灰雁

*Anser anser*
Graylag Goose

国家"三有"保护动物
鸭科
雁形目

张湘坤　绘

赵俊　摄

## 黑雁
### hēi yàn

*Branta bernicla*
Brent Goose

---

国家"三有"保护动物

鸭科

雁形目

## 几种雁的区分

鸿雁　刘兆瑞　摄

鸿雁主要繁殖于中国的黑龙江省、吉林省和内蒙古自治区；白额雁和黑雁繁殖于俄罗斯遥远的北极地区；小白额雁繁殖于斯堪的纳维亚半岛的北部及俄罗斯的北极地区；豆雁繁殖于斯堪的纳维亚半岛和俄罗斯的泰加林地带；灰雁在中国黑龙江省、内蒙古自治区、甘肃省、青海省、新疆维吾尔自治区等北部地区繁殖，9月末开始成群迁往中国南方越冬。

鸿雁主要栖息于开阔平原和平原草地上的湖泊、水塘、河流、沼泽及其附近地区，特别是平原上湖泊附近水生植物茂密的地方，有时也出现在山地平原和河谷地区。冬季鸿雁则多栖息在大的湖泊、水库、海滨、河口和海湾及其附近草地与农田；白额雁繁殖于开阔的低地苔原，常常位于小山丘上，旁边有沼泽或湖泊；豆雁常常繁殖于茂密的针叶林地带及沼泽斑块区域的桦木灌丛中；小白额雁繁殖于柳树林、桦树林间的沼泽区域；与其他类雁相比，灰雁繁殖于更温暖的环境中，繁殖区域需要有无干扰的草场环境和大片水域，倾向于选择大型沼泽湿地和生长着茂密芦苇的湖泊。

鸿雁的体色为浅灰褐色，嘴黑色，脚橙黄色，头顶后颈暗棕褐色，前颈白色，远看黑白分明，反差强烈。

灰雁的体色为灰褐色，腹部有深色横纹，嘴和脚呈肉色，嘴基有一条窄的白纹，是最没有特点的一种雁。

白额雁最明显的特征是从上嘴基部至额有一宽阔白斑，下体白色，杂有黑色块斑；小白额雁嘴周围也有白色斑块延伸至额部，但因为眼圈为黄色，得以和白额雁区分。白额雁具有独特的、厚实的胸部，头呈方形。小白额雁体形比白额雁更小、更轻盈，觅食速度明显比白额雁快。与白额雁相比，小白额雁颈更短，头更圆，站立时翅尖延伸超过尾部。白额雁在站立时，翅尖刚好延伸到尾部。

豆雁的标志特色是嘴黑褐色、有橘黄色斑，脚橙黄色，爪黑色。

黑雁体羽是头、颈、胸黑褐色，背和两翅灰褐色，其最大特点是颈的两侧各有一白色横斑，在颈前后断开，未能连成颈环，就像半月形的颈饰，凸显高贵。

灰雁站在泥沼中觅食，在水中则倒立取食，这与其他主要在陆地上觅食的豆雁和白额雁不同。豆雁体形大，颈长、喙长呈楔形，头呈三角形，它会将头保持直立，这个姿势和天鹅很像。与豆雁相比，灰雁颈更粗，头更大，喙基部更宽。白额雁在滩涂上觅食植物的根和块茎，体形更小的小白额雁不会如此。黑雁体形与小白额雁相似。黑雁通常在水中倒立取食，通常不与其他雁群混群，常与赤颈鸭一起活动。

灰雁翅膀宽，翅尖钝；豆雁的颈和翅膀看起来都更长；白额雁看起来胸部厚实，翅膀窄；小白额雁飞行时与白额雁很难区分，只是颈更小、更短，振翅更快；黑雁比其他雁类的翅膀更窄，振翅很快。

鸿雁警惕性强，行动极为谨慎、小心，在休息时群中常有几只"哨鸟"站在较高的地方引颈观望。豆雁比其他多数雁类更害羞，即使面对最轻微的危险迹象，也会起飞，飞行时的群体规模比其他雁类小。

鸿雁飞行时排列极整齐，呈"一"字或"人"字形，速度缓慢，徐徐向前，边飞边叫。灰雁的飞行编队比较松散，

白额雁的飞行编队排列紧密。黑雁呈不规则的"一"字形,而不采取"人"字形编队飞行时,给人一种无精打采的感觉。

鸿雁善游泳,飞行力也强,但飞行时显得有些笨重。灰雁飞行有力,但有时看起来也有些吃力,起飞上升时颇为艰难,与其他雁类相比,需要更长的助跑距离;灰雁降落前会不断转圈徐徐下降,这个特点在其他雁类物种中也可见。白额雁通过直接跳离水面的方式起飞,降落前会不断转圈下降。豆雁比较安静,不会发出特别吵闹的声音。

## 灰雁的情感测试

灰雁喜群居,科学家观察到,它们会成群行动并一起举行欢庆仪式,做一连串仪式化的动作并发出一些声音,以展现它们和伴侣及家人的连接。

康拉德·劳伦兹,1903年出生于维也纳,1989年去世。他是奥地利动物学家、动物心理学家、动物行为学家、鸟类学家、科普作家,曾获1973年诺贝尔奖,是现代动物行为学的创立者之一。

最近,康拉德·劳伦兹研究站做了一项研究试验,他们测量灰雁在遇到各种事件,比如,打雷、汽车经过、雁群离去或到来,以及彼此发生冲突时的心率变化,以便看灰雁有没有感到苦恼的具体指标。

试验证明,最让灰雁心跳加速的,不是那些令它们吃惊或害怕的事情,如打雷或汽车的声音,而是它们和伴侣或家人之间的冲突。该研究站的科学家认为,这显示灰雁彼此间有情感上的牵连,甚至或许还有同理心。

鸿雁　刘兆瑞　摄

# 黑雁的性格与命运

有人曾看过一段视频，黑雁一家五口和其他物种的水鸟同时出现在一个公园的湖泊里。3只幼雏长着黄色的小绒毛，或许它们是刚刚开始随父母来湖里觅食的。本来黑雁的习性是喜欢群居的，但不与其他物种混居。可是，这对夫妇却做出了危险的选择，造成了3只幼雏不可挽回的悲剧。

一只疣鼻天鹅袭击了黑雁的母亲，迫使雌性黑雁飞上岸，接着疣鼻天鹅又赶走了雄性黑雁，失去父母的3只幼雏在水中不知所措，疣鼻天鹅还不肯放过它们，迫使它们四处奔逃。一只苍鹭在岸上顺势飞来，衔走一只小黑雁，飞上高高的树顶巢中；一只黑乌鸦也飞来捉走一只小黑雁，在草地上一口一口撕扯它的绒毛；最后一只小黑雁在水中试图躲避一只海鸥，钻进了水里，它还试图跟随一只绿头鸭寻求庇护，可是绿头鸭径直而去，而想要袭击它的海鸥却不止一只，不一会儿它就被另一只海鸥直接叼起，吞进了肚子里。顷刻工夫，黑雁一家3只幼雏惨死，而在此期间，黑雁夫妇却没有办法采取救护的反击，视频中曾有其他黑雁试图拦截苍鹭，但没有成功。

这段视频据说拍摄于加拿大，加拿大国鸟在加拿大被保护得很好，连人都不怕，由于在孵化期间总是攻击靠近的人类，有着极不好的名声，被称为嚣张的"恶霸"。尽管如此，野生黑雁的幼雏成长与生存仍然不易。

日本鸟类学家对在东亚越冬的黑雁做过这样有趣的观察，首先他们发现，黑雁群体之所以秋天会停留在北海道东部的野付湾，是因为它们特别钟爱当地庞大的大叶藻群。这是一种热量很高的植物，是黑雁进食的海草、海藻中热量最高的一种。在岸边或浅滩，它们可以轻易啄食漂到岸边的大叶藻。那么，在深水域，不擅长潜水的黑雁要如何才能吃到大叶藻呢？

答案是等擅长潜水的骨顶鸡采到大叶藻然后去抢。据统计，"抢骨顶鸡"的行为可以占到黑雁觅食行为的1/3左右。

有意思的地方来了，虽然乍一看骨顶鸡是被欺负的，但是观察结果表明，没有黑雁也会有包括赤颈鸭在内的其他鸭类，来抢食骨顶鸡采的大叶藻，而且其他鸭类会比黑雁更强烈地攻击嘴里有食物的骨顶鸡，反倒是如果身边有黑雁，其他鸭类就不会来了。因此对骨顶鸡来说，宁可被黑雁抢，也好过被别的鸭类抢。

最后，人们乐观地想，大叶藻的分布决定了冬季黑雁的分布。事实上，鸟类学家目前还没摸清楚黑雁整个东亚种群的迁徙路线全貌。日本科学家曾经花了几年的时间，对黑雁的数量进行统计，却发现一个问题：秋天经过日本的黑雁最高可达9000只，可是回日本越冬的黑雁只剩下2500-3000只，春季北迁时也是差不多的数量。那这消失的6000只黑雁去哪越冬了，又是走哪条路线回到西伯利亚或是北美西部繁殖的？

结果令人大跌眼镜的是，带有环志的黑雁最后还是飞去了美国西海岸并且在当地被狩猎。日本和俄罗斯的研究人员为此感到担忧：原本在东亚越冬的黑雁数量就少，而这种鸟在俄罗斯和美国又都是允许狩猎的鸟种。虽然世界上雁类数量整体在增长，但由于之前的狩猎和栖息地开发，让很多原本在稳定迁徙路线上越冬的雁消失了，而重新连接已经断开的迁徙之路是非常困难的。

# 鹅生的开始

2001年，在浙江省宁波市余姚市的田螺山遗址，人们发现了驯雁为鹅的实证。余姚有世界闻名的河姆渡遗址，这处田螺山遗址是河姆渡文化考古的又一重大发现，被誉为"又一个河姆渡"。2015年起，中日两国学者合作，对田螺山遗址开展动物考古研究。对出土的232块雁类遗骨进行研究分析，学者发现了4块幼鸟的遗骨，它们属于4-16周的幼鸟，其中一块更属于4-8周的幼鸟，而野生大雁通常要8周龄后才有能力迁徙，因此专家判断这只幼鸟是在当地孵化的，而当地并非野生大雁的繁殖地。为什么南来北往的大雁会选择在田螺山安家落户？这是因为河姆渡文化有着发达的稻作农业，考古发现，这里有世界上面积最大、年代最早、证据最充分的大规模稻田。这就在无意中给大雁提供了充足的粮食，从而为驯雁为鹅提供了机会。经过碳14同位素测定，这批遗骨距今已有7000多年的历史，这就意味着7000多年前，在如今杭州湾南岸宁绍平原的一处原始村落，大雁开始了被人驯化的鹅生。中日学者研究认为，田螺山的发现或可证明鹅是人类最早驯化的家禽。

张湘坤 绘

## 赤麻鸭
### chì má yā

*Tadorna ferruginea*
Ruddy Shelduck

国家"三有"保护动物
鸭科
雁形目

## 长白岛上的"旅居客"

北纬43.89度，东经126.58度，一个在地图上找不到的地方，位于吉林省吉林市清源大桥与松江大桥之间，这里就是长白岛。每年高峰时，有超过5000只水鸟在此越冬。作为长白岛的"旅居客"，赤麻鸭更是这些水鸟的"主角"。每当国家一级保护动物白尾海雕光临时，都会引起赤麻鸭的巨大骚动。以长白岛越冬野鸭为主体的"禽戏冬江"成为吉林市新八景之一，与中国四大自然景观之一的"吉林雾凇"相呼应，"冬季到淞城看野鸭"已然成为广大游客的必选项目。

赤麻鸭是迁徙性鸟类，是松花江越冬水禽中数量最多的物种。长白岛是其主要聚集地。它们每年9月中旬开始成群地从繁殖地迁往松花江越冬，又在来年3月初开始逐渐向冰雪刚开始融化的遥远的西伯利亚迁徙。

据吉林市野生动物保护协会秘书长唐景文说，1986年时他曾在松花江吉林市市区江段看到18只赤麻鸭，2000年左右有两三百只。2004年，在长白岛护鸟的任建国师傅，发现有大量未成年赤麻鸭由于很难寻找到食物而大面积死亡，他开始每日在长白岛投放玉米，十几年来从未间断，至此赤麻鸭再无饿死的现象。最多的时候，长白岛上赤麻鸭的数量达到5000只，现在每年都会保持在三四千只。多年来，吉林、长春两市的政府机关、企事业单位以及市民对长白岛鸟类的保护投入了极大热情，多次捐款、捐粮为城市营造了鲜活的生态文明。

据相关调查，吉林市松花江段的长白岛，是目前已知我国境内最北端的大群体水鸟越冬地。在这样的高纬度地区，常年有这样大规模的水禽群体越冬，在全世界范围内也是罕见的。这里堪称"中国水禽越冬的北限"！

赤麻鸭又叫"黄鸭"。单一物种，体形较大，全身赤黄褐色，雄鸟有一黑色颈环，叫声似雁，故而又被叫作"红雁"。

赤麻鸭是迁徙性鸟类，每年都会成家族群或由家族群集成更大的群进行群体迁飞，常常边飞边叫。这样一是防止迷失，二是防止侵袭。即使有天敌经过，它们也并不惊慌，因为天敌看到如此大的群体，根本毫无下手的机会，一不小心还可能命丧黄泉，只能无奈地绕行。大群迁徙还有一个重要原因，那就是赤麻鸭的方向感不是很好，如果单只飞行很容易迷失方向，但大群飞行就可以在途中商议，最终得出一个正确的结论。

赤麻鸭大体是"吃素"的，它不会潜水。赤麻鸭主要食水生植物叶芽、水藻及谷物等植物性食物，也吃一些小型的昆虫和软体水生动物。它们觅食多在黄昏和清晨，有时白天也觅食，特别是秋冬季节。然而到了秋冬季节，这些食物便会少之又少，民以食为天，赤麻鸭也得吃饭啊，可这粮食问题怎么解决呢？在食物匮乏的季节，它们便会组成小群去农民的稻田里捡拾那些丢落的谷粒，然后一次又一次把它们带回自己的住处储藏起来，这就是为什么长白岛任建国师傅喂的苞米粒儿，赤麻鸭也会完全笑纳。

如是观鸟集 水边的飞羽　水鸟卷　雁形目 / 62

63 / 雁形目　如是观鸟集 水边的飞羽　水鸟卷

范景才　摄

贾晓刚 摄

丁传江 摄

赤麻鸭是一种温和的鸟，很少有人看见赤麻鸭掐架。倒是见到斑嘴鸭或是绿头鸭，偶有不和，挤来挤去，掐来掐去的。或许是经过漫长的哺育期，赤麻鸭夫妇好不容易养大了幼崽，并千里迢迢带它们飞来长白岛，又没有食物上的匮乏，为什么不能舒心地在这里度过漫长的冬天呢！除了白尾海雕的到来，会引起赤麻鸭的集体活动，不断地向白尾海雕宣示栖息地的主权外，大多数时间，长白岛都是一个度假胜地般的存在，而赤麻鸭成为真正的旅居者，自在而逍遥。

## 鸭子的暴力交配

人们把长白岛当作休闲的绝好去处，它离城市很近，跨过一条马路，走下高高的江岸护坡就到了；它又离城市很远，江水带着绵绵长久的气息，能将人迅速带入自然的空间，和凭水临风的飞鸟近距离相望。

我在长白岛上听到的最悲伤的故事，是一只失去一只脚掌的雌性绿头鸭在获救后，去水里觅食，遭到几只雄性绿头鸭围攻，被强迫交配，头不断地被压进水中，直到浸水而死。

事实上，这样"阴暗的事情"在很多鸭类种群中，并不罕见，可以说是普遍现象。

和有着一雄一雌制组合的水禽不同，大多数鸭子如刚刚提到的绿头鸭，是没有专属领地的，它们过着集群生活。雄鸭在雌鸭开始孵化的时候，就"抛妻弃子"，一方面，雄鸭父亲的身份已经坐实，雌鸭可以独自完成孵化，而小鸭子出壳后就可以养活自己；另一方面，羽色多彩的雄鸭也非常容易引来捕食者，对家庭没有好处。因此，雄鸭的社交机会，也就是交配机会要比一雄一雌制组合中的雄性多很多。

真正的问题是，雄鸭的数量过多，导致许多雄鸭最后都找不到配偶。有的鸭子会做出再等一年，期望明年会有好运气这样的选择；而有的鸭子采取的就是胁迫那些不情愿的雌鸭与之交配，这就会出现暴力、邪恶、危险，甚至致命的行为。雄鸭之所以能这么做，是因为鸭子有阴茎，而97%的其他鸟类都没有阴茎。

在进化的过程中，绝大多数鸟类的祖先都失去了阴茎，鸭子和少数还有阴茎的鸟类属于鸟类生命树上现存最古老的一支。《吉尼斯世界大全》曾收录了鸟类学家凯文·麦克拉肯和他同事写的一篇论文，论文中提到了一种南美的硬尾鸭，身长只有39厘米，体重0.5千克，而它的阴茎却有42厘米长。每年在交配季到来的时候，雄鸭的阴茎开始生长，它被折叠起来存放在泄殖腔里，并不在体外，只有在交配的时候才以1/3秒的时间爆发性展开，在雌鸭的生殖道内勃起，射出精液。而且，雄鸭的阴茎不是封闭的尿道或通道，只在阴茎上有一条运送精子的凹槽；阴茎也不是直的，而是螺旋形的。

那么，为什么雄鸭的阴茎会这样生长呢？因为这一切都是雌鸭的性选择自主权的存在。

首先，雌鸭绝不会生下将来会被别的雌鸭拒绝、没有性吸引力的后代，它会选择有自己偏爱的羽毛、鸣叫和炫耀行为的雄性为配偶，用达尔文的话来说，它要延续的是"美的品位"，为性自主权赢得进化机会。因此，雌鸭宁愿冒着生命危险抵抗，和雄鸭一起协同进化，雌鸭进化出了更复杂的阴道。

鸟类学家理查德·普鲁姆将雌性和雄性这种对抗性协同进化，比喻成"军备竞赛"，而这看起来更是一种进化博弈。雄鸭的阴茎进化，有助于它们强行进入不愿意交配的雌鸭的阴道；反过来，雌鸭也进化出新的结构模式，顺时针螺旋和封闭的囊状结构，让雄鸭不能得逞。雄鸭、雌鸭如此循环往复，度过了自物种诞生以来漫长的时光。

最终的胜利者，当然是雌鸭。通过基因亲子鉴定，生物学家以绿头鸭为例，40%的绿头鸭有强迫交配行为，但只有2%-5%的小鸭子是雌鸭配偶以外的雄鸭后代，绝大多数的强迫交配最终都是不成功的。

当然，如果雌鸭愿意和自己选择的配偶交配，那么无疑会全程配合，雄鸭绝不会遇到阻力。在普遍存在的性暴力社群中，雌性的配偶选择权仍占主导地位，也使得这个物种的审美进化仍在不断前进着。

长白岛的晨昏，在很多时候，犹如神降临般的美丽。而人来人往，也会带来很多灰暗的时刻，就像你对鸟类了解得越多，越会对生命充满敬畏。

修缮后的长白岛　尹琪　摄

69 / 雁形目　如是观鸟集 水边的飞羽　水鸟卷

赤麻鸭交配　任丽华　摄

作为冬候鸟，很少见赤麻鸭在长白岛交配。这是 2020 年 3 月，也是十几年来第一次，我站在松江大桥上拍摄到的赤麻鸭交配的情景。（任丽华文并摄影）

丁传江　摄

# 翘鼻麻鸭

*Tadorna tadorna*
Common Shelduck

国家"三有"保护动物
鸭科
雁形目

张湘坤 绘

## 杂色的水鸟

翘鼻麻鸭的学名 *Tadorna* 来自凯尔特语，表示杂色的水鸟，赤麻鸭也属于这一类。不过，翘鼻麻鸭的"配色"更复杂，就像聪明小孩做出的橡皮泥玩偶：黑白两色的体羽，棕栗色的胸环，腹中央的黑色纵带，还有夸张的红色"锛儿头"和上翘的嘴巴。

翘鼻麻鸭生性机警，长脖子总是四处观望，距离敌人百米之外就赶紧起飞逃跑，谨慎的性格也让它们的安全得到了保障，不过四处观望也使它们获得了极大的眼界，因为翘鼻麻鸭在进入繁殖期后，不愿意自己动手做新巢，那么怎么解决问题呢？翘鼻麻鸭会到处寻找一些天然洞穴或兔子的洞穴，顺手牵羊变成自己的家。为了彰显自己是洞穴的主人，它们会去捡一些新的材料来装饰或者是加固。如果换作其他的动物，选择的材料就一定是树枝啊，或水生植物、羽毛；但翘鼻麻鸭就是与众不同，它选择的材料多是禾本科植物，或者鸟骨、鱼骨，不仅看起来非常富有创意，而且保证会让原来的主人，不认得自己的巢穴。

翘鼻麻鸭还有一个特点，就是它的翅膀结构比较特别，弯曲处有骨质距，这样就让它们可以利用极具骨质感的翅膀击打敌人，从而弥补了自己喙小、腿长的弱点。

薄兴华 绘

# 鸳鸯

*Aix galericulata*
Mandarin Duck

国家二级重点保护野生动物
鸭科
雁形目

## 鸳鸯的骄傲我们不懂

  鸳鸯有着令人绝对不会认错的体貌特征，在寄生虫病流行的物种中，颜色鲜艳的羽毛显示了雄性的健康程度。被寄生虫困扰的雄性无法生产出鲜艳漂亮的羽毛。雌性会通过检查雄性尿液或者观看雄性打架判断它是否健康。

  鸳鸯只在水面取食，不会潜水，也几乎不会用倒立的方式觅食。它们常常在夜晚进入树林，找寻橡子或者昆虫做"夜宵"。鸳鸯在中国的东北和内蒙古繁殖，最著名的鸳鸯繁殖地是吉林长白山麓的头道白河，它被称为"鸳鸯河"。白天鸳鸯在水中嬉戏，晚上就在树丛下过夜。鸳鸯喜欢在老龄的水曲柳、大青杨等高树的树洞里筑巢，繁育新生命。鸳鸯因此也成为吉林市的市鸟。看到雌雄鸳鸯亲昵的样子，你一定会相信鸟类也有爱情。

  每年秋天，鸳鸯会飞到福建、广东等地越冬，少数在台湾、云南、贵州等地。中国第一个鸳鸯自然保护区在福建省宁德市屏南县东北部，名唤"鸳鸯溪"，早在一百多年前就发现有鸳鸯在此越冬，鸳鸯溪长14千米，附近山深林密，幽静而清净，是鸳鸯栖息的好地方。故屏南有"鸳鸯之乡"的美誉。

  理解我们身处的世界，无法绕开的就是生命，不论是幽微如菌还是庞然大物，无论是个体还是群体，那都是有趣也有价值的认识。鸟类绝对是帮助我们认识世界、理解世界的最好朋友。只是，要精准地解读一只鸟的感受极其困难，甚至理论上讲是不可能的。因为鸟类并不能直接与人沟通，我们只能用人类的体验去了解它们的情绪状态。但是，诸如悲伤、爱慕、恐惧和快乐，这样的感觉当然不仅限于人类。塑造人类对环境反应的演化力量同样也在鸟类和其他动物身上发挥着作用。显而易见，所有生物都能通过感知周围的环境和事件做出适当反应来获得益处。

情感可能是一种本能，这种本能可以强化特定的行为来帮助动物生存，无论情感从何而来。对未被驯化的鸟类来说，很多情感是不需要的，比如诚实，倘若某一种鸟懂得诚实，那它很可能早就被淘汰在进化的路上了。又如羞愧，这个也可以不必有。因为我在一只骄傲的鸳鸯身上看到，羞愧实在是无益的。我看到过一个视频，一群雌雄各异的鸳鸯在溪水边，等待择偶。一只漂亮的、健壮的雄性鸳鸯游来，它炫耀地走进鸟群里，向一只雌性鸳鸯展开了自己的羽翼，可是那只雌性鸳鸯，是毫不留情面地啄了那只雄性鸳鸯的脸。我们理解那是被拒绝甚至被驱逐的信号，因为那只雄性鸳鸯转身就游入水中，走开了。令人不可思议的是，它看起来和刚来的时候，没有两样，仍然高耸着漂亮、健硕的胸脯。旁边的雄性鸳鸯，目睹这一切也没有丝毫波澜，我们根本无法看出它们的"脸色、表情"有任何变化。就那样，雄性鸳鸯"骄傲"地游走了。

73 / 雁形目　如是观鸟集 水边的飞羽　水鸟卷

齐双 摄

## 在东北过冬的鸳鸯

2019年12月，鸟类摄影师常东明拍摄到，一只在长春南溪湿地过冬的鸳鸯。

这只鸳鸯在冰天雪地里仿佛一朵绚丽的花朵，特别孤独。因为还没有发现鸳鸯有在东北过冬的记录，所以当一位勤奋的摄友发现它时，曾吸引了不少的摄友前来围观。既然是明星，就不能随便出场，它大部分时间都在雪洞里藏着，三两天出来亮亮相，能拍到实属不易。

惊奇之余，人们不禁要问，这只鸳鸯为什么没有迁徙而留在东北过冬了呢？大家在常东明的照片上发现了端倪，原来这只鸳鸯的右翅膀伤残了，看来这就是它不能迁徙的原因了！

于是，摄友开始为这只鸳鸯的命运担忧，担心它能否度过这一年特别寒冷的冬天。摄友拿来白菜、玉米，放在它藏身之地附近。因为见到它很难，所以它是否进食大家不得而知。在最寒冷的腊八节过后，它还出来了两次。然而，这之后很久没有再出现。有人猜测它是被近来在这里经常出现的毛脚鵟叼走了，也有人说它可能是被冻死了，但还有人相信它还活着。"鸳鸯一去不复返，寒溪一片空悠悠。"常东明在自己的观鸟日记里，写下了心中的怅然。

值得欣慰的是，在鸳鸯失联半个月之后，有摄友在鸳鸯最初栖息的地点下游又发现了它。看来，它不仅躲过了猛禽的追捕，还很幸运，度过了漫长而寒冷的冬季。

## ● 几种浮水鸭类

### 赤颈鸭
### chì jǐng yā

*Mareca penelope*
Eurasian Wigeon

国家"三有"保护动物
鸭科
雁形目

赤颈鸭雄鸟有将翅膀扬起的独特炫耀行为。赤颈鸭在开阔水域或滩涂觅食，会出现在河口地带，也会在草地上行走取食植物，在水面会用喙轻触水面来觅食，很少倒立。赤颈鸭繁殖于森林环绕的湖泊或沼泽及苔原地区，筑巢于地面的茂密植被中。

丁传江　摄

### 赤麻鸭
### Tadorna ferruginea
### Ruddy Shelduck

国家"三有"保护动物
鸭科
雁形目

刘兆瑞 摄

赤麻鸭不在海边繁殖,通常在岩壁或河岸边的洞穴中筑巢,与其他鸭类相比,对水的依赖性没有那么强,主要繁殖于草原区域。

### 翘鼻麻鸭
### Tadorna tadorna
### Common Shelduck

国家"三有"保护动物
鸭科
雁形目

丁传江 摄

翘鼻麻鸭在求偶时会头部向前急冲。

翘鼻麻鸭通常在土丘或地面的洞中筑巢,常常会利用兔子的洞穴。巢通常靠近海边,也会出现在一些内陆区域。在交配前,它们会相互点头。

翘鼻麻鸭主要在河口区域觅食,在那里容易获得动物性食物;在浅水或滩涂区域觅食时,它就像收割庄稼一样,将喙伸入水中,来回摆动取食。

## 罗纹鸭

luó wén yā

*Mareca falcata*
Falcated Duck

国家"三有"保护动物
鸭科
雁形目

张湘坤 绘

罗纹鸭雄鸟繁殖羽头顶颜色为暗栗色，头侧是绿色闪亮的冠羽延垂下来，两色相杂异常醒目；黑白色的三级飞羽，长而飘逸。罗纹鸭的喉及嘴基部为白色，可与绿翅鸭相区分；罗纹鸭雄鸟腹部有黑褐色波状横斑，雌鸟羽色整体为暗褐色与黑色相杂。

罗纹鸭栖息在内陆各种水系中，尤其喜欢在偏僻而又富有水生植物的中小型湖泊中繁殖，冬季也出现在农田和沿海沼泽地带，喜结大群，也愿意与其他水鸟混居。

罗纹鸭食性较杂，除了吃植物外，偶尔也吃软体动物、甲壳类和水生昆虫等小型无脊椎动物。罗纹鸭的觅食时间多在黄昏和清晨。

刘兆瑞 摄

## 赤膀鸭
### chì bǎng yā

*Mareca strepera*
Gadwall

国家"三有"保护动物
鸭科
雁形目

丁传江 摄

赤膀鸭是偏灰色系羽，嘴为黑色，圆如豆的眼睛后有一条细细的贯眼纹；有棕红色领圈，翅膀上有宽阔的棕栗色横带和黑白翼镜；尾为黑色，腿为橘黄色；个头比绿头鸭小。

赤膀鸭繁殖期通常出现在面积相当大的浅水型淡水湖泊中；筑巢于周围植被茂密的地面，炫耀行为与绿头鸭相似，常常两只或数只雄性追逐着雌性飞行。

赤膀鸭主要以植物为食，最喜欢的觅食方式是将头部点入水中，很少用喙在水面觅食，有时也倒立入水取食。

赤膀鸭经常掠夺善于潜水觅食者的食物，行为也相当粗鲁。如果你想在水面上寻找赤膀鸭，那么可先寻找白骨顶，就会发现赤膀鸭。

丁传江 摄

huā liǎn yā
# 花脸鸭

*Sibirionetta formosa*
Baikal Teal

国家二级重点保护野生动物
鸭科
雁形目

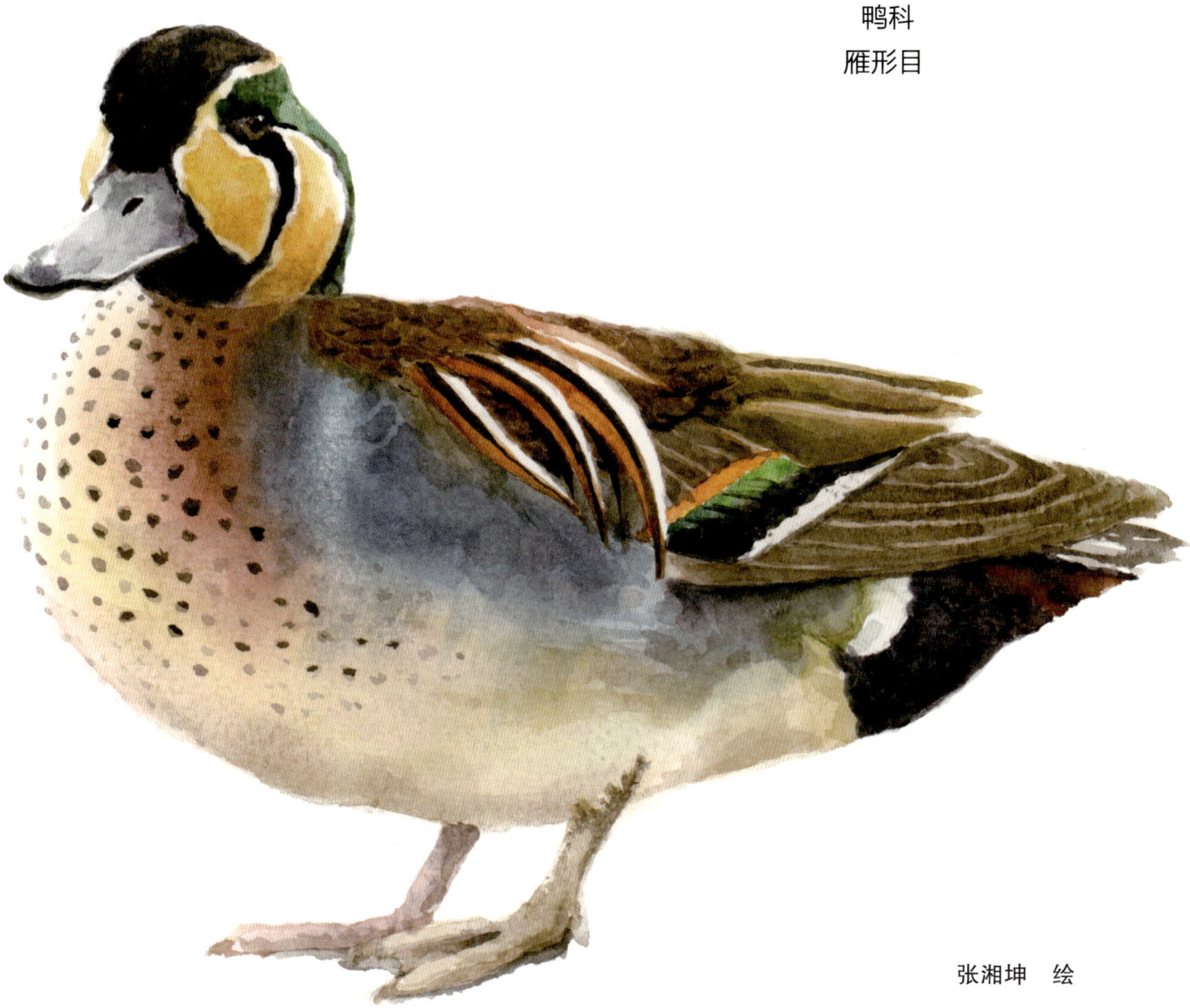

张湘坤 绘

雄性花脸鸭明显偏爱“调色盘”，它的脸部由乳黄、翠绿、黑、白、棕等多种色彩组成花斑状，好像一个小风车，尤其是月牙形黄色斑块极为醒目。壮实的胸部呈棕色，胸侧和尾基两侧各有一条垂直白带，淡棕色羽上布满暗褐色点状斑，就像一袭华美的香云纱袍子。两胁具鳞状有点像绿翅鸭，臀部为黑色，翼镜为绿色。雌鸟嘴基有白点，脸侧是白色的月牙形斑块。

花脸鸭主要在西伯利亚繁殖，营巢于柳丛或灌木丛下，也营巢于小树林内水塘边地上和开阔的冻原带苔原上。花脸鸭的巢就是在地上挖出个凹坑，内垫以干芦苇、干草和苔藓，孵化开始后，雌鸟再从自己身上拔下绒羽垫于巢内。

## 绿翅鸭
### lǜ chì yā

*Anas crecca*
Green-winged Teal

国家"三有"保护动物
鸭科
雁形目

张湘坤　绘

绿翅鸭在鸭科家族里算是飞得快的，绿色翼镜在飞翔时，异常惊艳。绿翅鸭雄鸟极具装饰性的是镶着皮黄色金边的亮绿色贯眼纹，宽大优美地横贯栗色的头部；肩羽上有一条长长的白色细纹，胁部具灰色蠹状纹，腹部为白色，深色的尾羽下有皮黄色斑块。

绿翅鸭通常繁殖于森林地带的小型或大型池塘，要求水域边缘植被丰富，往往将巢筑于灌木丛下面的地面。绿翅鸭有头尾扬起的炫耀行为。它们主要在浅水环境中觅食植物种子，尤其是冬季会在浅水区域沿独特的路线边行走边用喙轻触水面觅食。

## 绿头鸭

*Anas platyrhynchos*
Mallard

国家"三有"保护动物
鸭科
雁形目

张湘坤　绘

　　绿头鸭是家鸭的野型，因为有一个大绿头而闻名。从秋季到春季都可以看到绿头鸭雄鸟的公开求偶行为，它们有多种炫耀行为，包括头尾扬起和点水的动作。绿头鸭繁殖于几乎任何类型的或大或小的淡水水域，在一些地方甚至也能在靠海边的区域繁殖，筑巢于灌木丛中，有时也会在树洞中筑巢。绿头鸭在交配之前会出现点头的动作，然后雌鸟在水面上平趴，乞求交配。

　　所有的鸟类都很机警，但绿头鸭是连睡觉都非常机警的。那是因为它们在睡觉时是睁一只眼闭一只眼的，一半睡觉一半清醒，可以帮助它们迅速发现敌情，在危险的环境中快速逃脱。绿头鸭因为食性比较杂，几乎能在任何水体觅食，方式也多样，会用喙轻触水面或倒立的方式取食，也会上岸在陆地上找吃的。因此，在研究鸟类味觉的进程中，绿头鸭还贡献了一项惊人的技能：科学家通过绿头鸭最爱吃的豌豆，发现绿头鸭使用喙觅食时能区分出普通豌豆和处理不好的豌豆，并且从不会弄错；再通过细致的显微观察，结果显示绿头鸭的上下颚上共有400个味蕾，是的，这些味蕾不是长在舌头上，而是上颚四组，下颚四组，舌头上一个也没有。

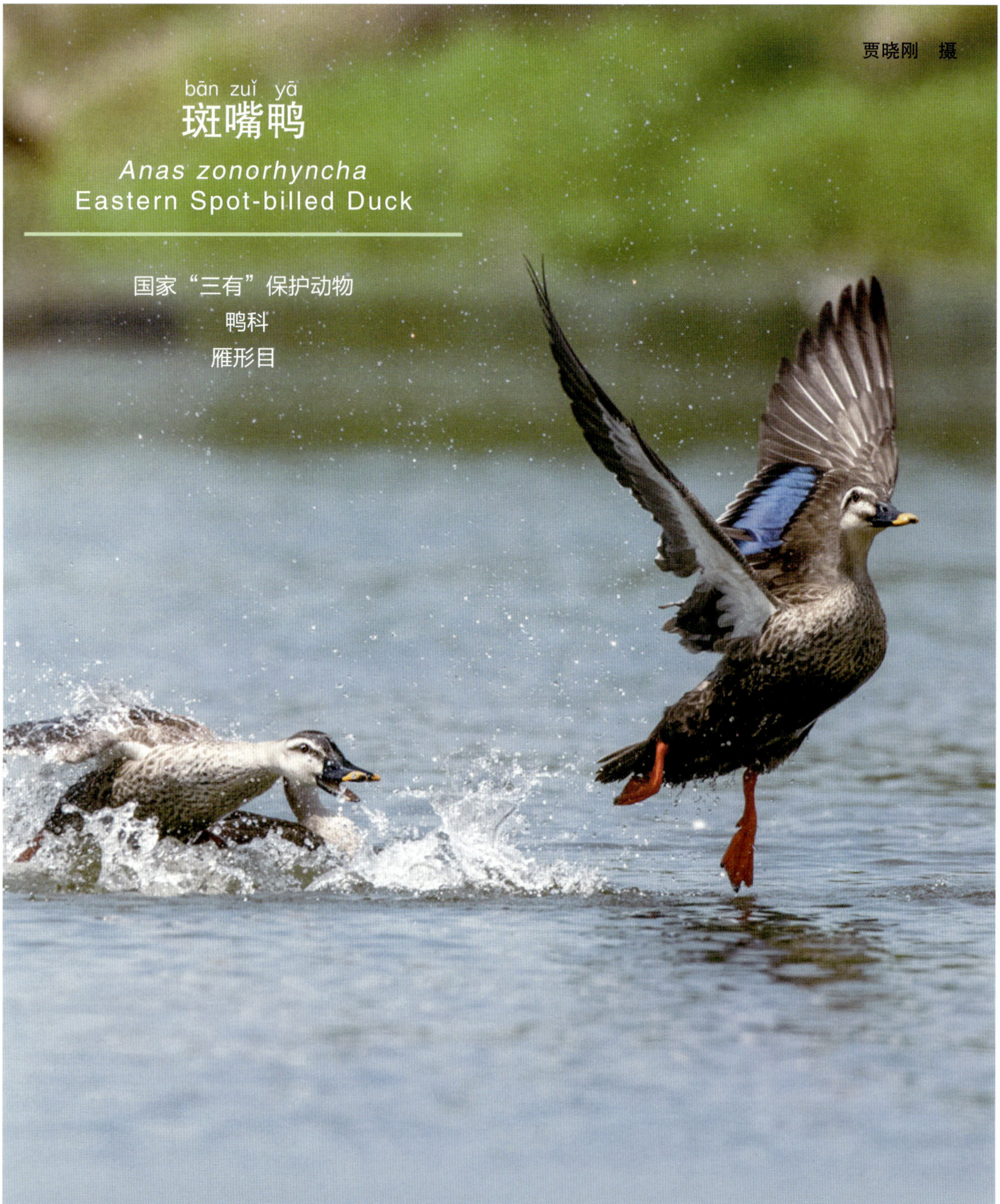

贾晓刚 摄

bān zuǐ yā

# 斑嘴鸭

*Anas zonorhyncha*

Eastern Spot-billed Duck

国家“三有”保护动物

鸭科

雁形目

斑嘴鸭的名字源于它的喙上有一块非常突出的黄斑，这是它区别于其他野鸭的显著特征之一。黑色的鸟喙在繁殖期时，黄色嘴端顶尖处有一黑点。飞翔时，蓝色的翼镜格外醒目。斑嘴鸭雌雄同色，只是雌性羽色稍显暗淡。斑嘴鸭情侣在休息时，并不像其他鸟类那样亲密地依偎在一起，而是会有一段距离，而且两只鸭头会分别朝向两个方向，这明显是在保持着双双戒备的姿态。

张湘坤 绘

## 针尾鸭
zhēn wěi yā

*Anas acuta*
Northern Pintail

国家"三有"保护动物

鸭科

雁形目

雄性针尾鸭颈侧有白色纵带与下体白色相连，就像戴了白色的围领，正中一对尾羽特别延长，像针一样呈绒黑色，并具绿色金属闪光。

雄鸟两翼为灰色且有着绿铜色翼镜，下体为白色；雌鸟的翼镜是褐色的，整体羽色也是暗淡的褐色。

针尾鸭繁殖于被低地草原或干草原环绕的湖泊。巢通常位于低矮的植被下，也可能直接位于开阔的环境中。针尾鸭尤其擅长采用倒立的方式觅食，与其他浮水鸭类相比，针尾鸭因为脖子较长，能够得着更深的位置，雌性针尾鸭在浅水区域边行走边头部点水觅食。

郭丽 摄

# 白眉鸭
### bái méi yā

*Spatula querquedula*
Garganey

国家"三有"保护动物
鸭科
雁形目

张湘坤 绘

白眉鸭给自己画了一条又粗又弯的白色卧蚕眉，身上的羽色就是褐色系和白色系混搭。白眉鸭在飞翔时，可展露闪亮的带着白边的绿色翼镜，这是雄鸟的翼镜；雌鸟的翼镜则是暗橄榄色带白色羽缘。在繁殖期过后，雄鸟似雌鸟，只是飞行时，雄鸟翅上覆羽是蓝灰色的。

白眉鸭繁殖于被草地或草原环绕的潜水型淡水湖泊，会在地面高草丛中筑巢。白眉鸭炫耀行为独特，头部会向后扬起倚靠到背部。

白眉鸭觅食多在夜间，白天在开阔水面或水草丛中休息。

郭丽 摄

张湘坤　绘

## 琵嘴鸭
pí zuǐ yā

*Spatula clypeata*
Northern Shoveler

国家"三有"保护动物
鸭科
雁形目

琵嘴鸭繁殖于植被十分茂盛、面积较小的浅水水域，而且水域边缘必须有泥滩；筑巢于地面的草丛中。琵嘴鸭与其他大多数浮水鸭不同，它具有领域性，会将喙扬起来威胁侵入者。

琵嘴鸭的喙特长，呈匙形，特别好认。雄鸟头是翡翠一样的墨绿色，雌鸟头则是斑驳迷人的褐色。在水中，琵嘴鸭看起来像漂在水面之上，因为它吃水很浅。琵嘴鸭喜欢成群在水中觅食，它们像清扫队一样，将喙戳入水中，相互转圈搅动水中食物，因为琵嘴鸭具有滤食动物性，在搅浑的水中就会出现可捕获的食物。

赵俊　摄

鸳鸯通常繁殖于林地中央的淡水湖泊，筑巢于树洞中。鸳鸯的炫耀行为与其他鸟类明显不同，它会挺起胸膛，然后翘起尾巴，还会旋转身体，扬起自己的冠羽。

张艳伶 摄

## ●几种潜水鸭类

### 红头潜鸭
*Aythya ferina*
Common Pochard

国家"三有"保护动物
鸭科
雁形目

任丽华 摄

　　红头潜鸭雄鸟有着褐红色的头部，额头像角度完美的山坡，直到喙部的尖端；比头部还红的是眼睛。红头潜鸭很少鸣叫，为深水鸟类，杂食性，主要以水生植物和鱼虾贝壳类为食。红头潜鸭有很好的潜水技能，在沿海或较大的湖泊越冬。它具有潜水鸭典型的仰头行为，在潜水时有明显的跳水动作，善于收拢翅膀潜水。红头潜鸭在飞行时，需要助跑，感觉身体很重，较短的翅膀，承载不了更高的升力。红头潜鸭主要栖息于富有水生植物的开阔湖泊、水库、水塘、河湾等各类水域中。白天，红头潜鸭基本都在睡眠状态。

## qīng tóu qiǎn yā
# 青头潜鸭

*Aythya baeri*
Baer's Pochard

国家一级重点保护野生动物
鸭科
雁形目

张湘坤　绘

　　青头潜鸭又叫"东方白眼鸭"。因为它长着明显的白色眼睛，雄鸟头和颈为黑色，泛着绿色光泽。胸为深褐色、腹部及两胁为白色。当受到惊吓时，青头潜鸭能从水面冲起。青头潜鸭对栖息环境的要求非常高，堪称"环境质量好坏的指示物种"。2012 年，青头潜鸭被 IUCN（世界自然保护联盟）红色名录列为"极危物种"，是国际"极危"的鸟类之一。

常东明　摄

常东明 摄

## 赤嘴潜鸭
### chì zuǐ qiǎn yā

*Netta rufina*
Red-crested Pochard

国家"三有"保护动物
鸭科
雁形目

赤嘴潜鸭俗称"大红头",虽然头看着大,但实际上整体要比绿头鸭小。雄鸟头浓栗色,具淡棕黄色羽冠。上体暗褐色,翼镜白色,嘴赤红色。下体黑色,两胁白色,特征极明显,在野外容易辨别。赤嘴潜鸭栖息在开阔的淡水湖泊、水流较缓的江河、河流与河口地区,也常出现在公路两侧的水泡中,特别是对有水边植物和水较深的淡水湖泊。赤嘴潜鸭主要通过潜水取食,也常尾朝上、头朝下在浅水觅食。赤嘴潜鸭觅食多在清晨和黄昏。食物主要为水藻、眼子菜和其他水生植物的嫩芽、茎与种子,有时也到岸上觅食青草和其他一些禾本科植物的种子。

张湘坤 绘

## 白眼潜鸭
### bái yǎn qiǎn yā

*Aythya nyroca*
Ferruginous Duck

国家"三有"保护动物
鸭科
雁形目

白眼潜鸭头形尖,头顶高耸,后脑勺像挨了一下肿起来的样子。白眼潜鸭体形较小,振翅更快,能比其他潜鸭更快地离开水面起飞。与凤头潜鸭相比,白眼潜鸭喙更长,但身体更短。

白眼潜鸭喜欢集小群,在岸边生长着茂盛植被的湖泊上觅食,繁殖于岸边植被茂盛的湖泊或沼泽,最喜欢草原地带。它们会在植被茂盛的一小片开阔水域潜水。白眼潜鸭的觅食方式为,常将喙轻触水面,或者头部点入水中及潜水。

# 凤头潜鸭

fèng tóu qiǎn yā

Aythya fuligula
Tufted Duck

国家"三有"保护动物
鸭科
雁形目

张湘坤 绘

凤头潜鸭主要出现在淡水水域，可以出没在不同面积的湖泊和池塘，以及不同深度的河流里觅食，主要潜水觅食动物性食物，而且和红头潜鸭比起来，凤头潜鸭都在白天觅食。雄性凤头潜鸭体羽基本是黑白两色，凤头潜鸭的头形独特，差不多呈方形，神气的脑袋后面戴着特长羽冠，像一个小马尾辫子。凤头潜鸭有着潜鸭类普遍的伸长脖颈炫耀的行为。凤头潜鸭在飞行时，保持着直线飞行的路径，十分迅速；在离开水面时，比红头潜鸭上升得更快。

bān bèi qiǎn yā
# 斑背潜鸭

*Aythya marila*
Greater Scaup

国家“三有”保护动物
鸭科
雁形目

斑背潜鸭的头颈羽色有点像绿头鸭，黑色泛着绿色光泽，只是头形是典型的潜鸭头形。背部有明显的白色斑纹，雌性斑背潜鸭好认，嘴基有一白色宽环。雄性斑背潜鸭的喙尖端是黑色的，比凤头潜鸭的喙宽。斑背潜鸭身体后部长且向水中倾斜，也许是胸部比较饱满的缘故。和凤头潜鸭相比，斑背潜鸭潜水时有更多的跳水动作。

斑背潜鸭为迁徙性鸟类，每年秋季于10月初开始迁来东北，春季于4月初至5月初迁离。繁殖期成对活动，非繁殖期则喜成群。有时，斑背潜鸭也与别的潜鸭混群活动。斑背潜鸭善游泳和潜水，潜水深度在2–3米。斑背潜鸭在起飞时，需两翅急速拍打水面，在水上助跑一会儿才能飞起，行动显得笨拙，但飞行快而有力。

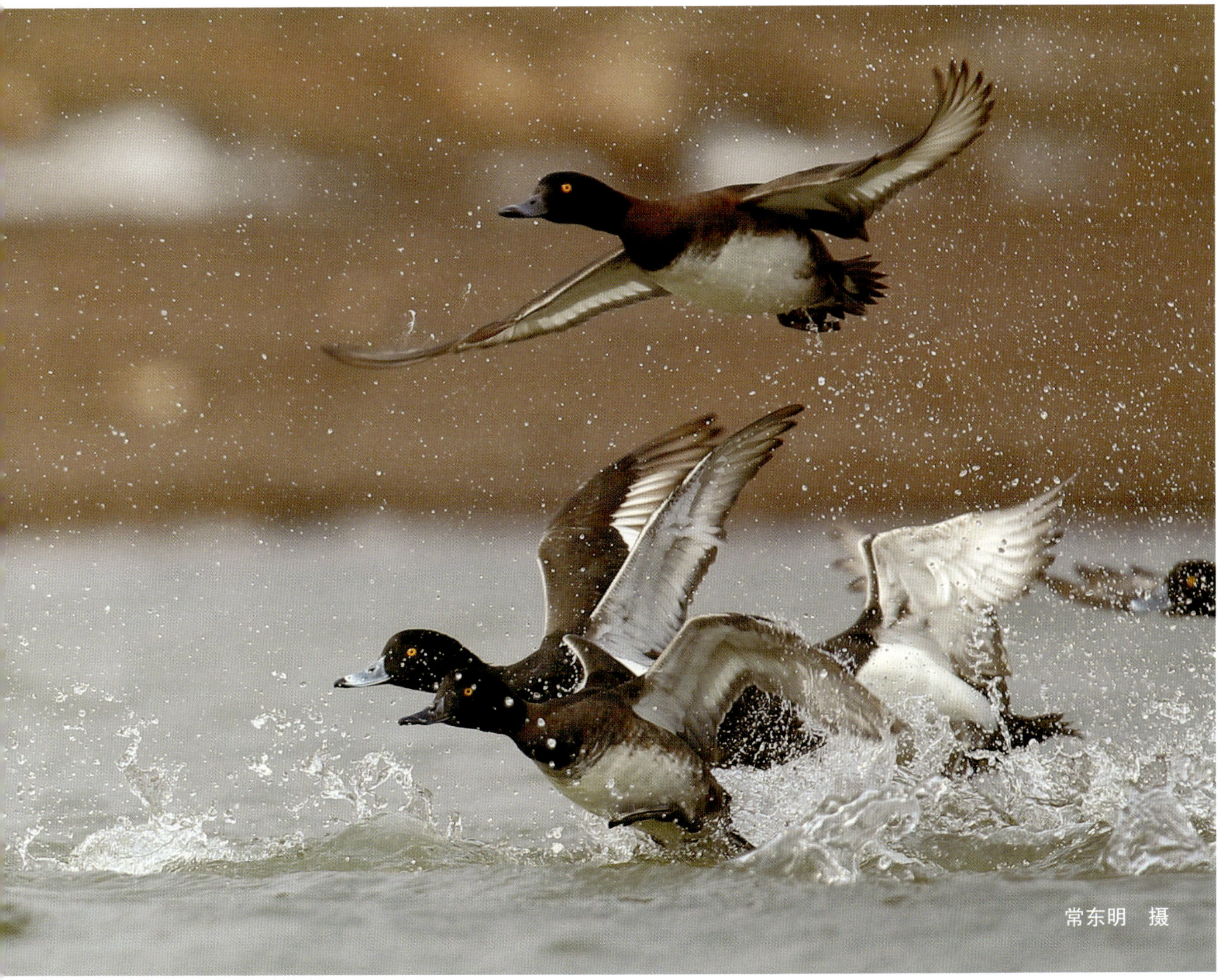

常东明　摄

# chǒu yā<br>丑鸭

*Histrionicus histrionicus*
Harlequin Duck

国家"三有"保护动物
鸭科
雁形目

张湘坤 绘

丑鸭的羽毛丰富多彩，只是和其他羽色丰富的鸟类不同，丑鸭的羽色分布实在具有戏剧性，很调皮，令人忍俊不禁。丑鸭越冬时常集小群，栖息在波涛汹涌的海域，暗淡的羽色，时隐时现在海岸旁礁石群中。

春天，丑鸭会飞来北方繁殖，它的喜好比较特别，不像其他动物那样愿意在水流平缓、开阔的河岸地带，而是喜欢活动于水流比较湍急的地带，这就对它们的生存技巧提出了很高要求，在湍急的水流上，丑鸭直冲而下，翅膀同时张开，既可以保持身体的平衡，也可以调整速度，得以有足够的缓冲时间，在激流中捕鱼。由此可见，丑鸭的生存技巧高人一筹。既然生活在湍急的水流旁，那么丑鸭的繁殖期，在岩石的缝隙中建巢是不太安全的，怎么办呢？那些溪流旁的空心树和树桩稍微加工一下，高大的树木环境就成了它们隐蔽又舒适的新家了。

赵俊 摄

# 长尾鸭

张湘坤 绘

*Clangula hyemalis*
Long-tailed Duck

国家"三有"保护动物
鸭科
雁形目

长尾鸭是中等体形的灰、黑及白色鸭，有着特别长的尾羽，显然这还不够有特点，白色脸上的黑斑，看上去就像是京剧武生帽子上的黑色绒球。长尾鸭分布范围遍及全北界，在东北是旅鸟。

长尾鸭越冬时通常在更外围的区域飞行，姿势十分独特，飞行时翅膀动作僵硬，着陆时会溅起水花。长尾鸭觅食时吃水很浅，潜水时头会先向后仰，然后突然向前扎入水中，尾部羽毛展开，翅膀也会略微张开。长尾鸭喜欢集群，体力十分充沛。

赵俊 摄

## 黑海番鸭
### Melanitta americana
### Black Scoter

国家"三有"保护动物
鸭科
雁形目

黑海番鸭的学名是希腊语，melas 表示黑色的、深色的；nitta 表示鸭子。黑海番鸭是矮胖型深色海鸭。雄鸟全黑，嘴基有大块黄色肉瘤。黑海番鸭总是喜欢过集体生活，有时雌雄会分开集群。黑海番鸭游泳时，尾部翘起。黑海番鸭在地上行走困难，十分笨拙；在水面起飞很灵活，不用过多地在水面拍打助跑即能飞起，多贴近水面飞，飞行快而有力。

## 斑脸海番鸭
### Melanitta fusca
### Velvet Scoter

国家"三有"保护动物
鸭科
雁形目

张湘坤　绘

　　斑脸海番鸭中等体形，因为身体有些扁、头大，看起来十分壮实，可以在海面上生活，虽集小群但能分散开。斑脸海番鸭雄鸟通体黑色，具紫色光泽，眼下及眼后有白点，嘴端有黄斑且嘴侧带粉色，脚深红色。斑脸海番鸭的翅斑呈白色，十分明显。次级飞羽显现的白色有别于黑海番鸭。斑脸海番鸭飞行时也集小群，出没在礁石附近。

　　斑脸海番鸭繁殖于多样化的生境中，包括山地和苔原，尤其是北方森林地带的湖泊；通常筑巢于林地的树木脚下。

## 鹊鸭 (què yā)

*Bucephala clangula*
Common Goldeneye

国家"三有"保护动物
鸭科
雁形目

张湘坤 绘

鹊鸭头大而高耸，眼金色；嘴基部有一白色圆形点斑，在黑色闪耀着绿光的头上，十分醒目。鹊鸭主要在深水湖泊觅食。冬季，鹊鸭栖息于海面上。鹊鸭以无脊椎动物为食，精力充沛地不断潜水，只会在水面停留很短的时间。鹊鸭不喜欢群居及小群生活，不经常与其他鸭类混群。

早春时节，鹊鸭有十分特别的摇动头部的炫耀行为。

繁殖期，鹊鸭会在近水边的树洞里筑巢，当雏鸟孵化出来时，鹊鸭妈妈会把壳吃掉，以防天敌发现它们的踪迹。鹊鸭属于早成型鸟类，当所有雏鸟都孵化出来时，鹊鸭妈妈会站在洞口，喉咙里发出一连串声音，似乎在叮嘱自己的孩子，勇敢地飞，跟上妈妈的脚步。孩子也听从妈妈的呼唤，一个接一个毫不犹豫地往下跳。

孟宪茹 摄

## 斑头秋沙鸭
### bān tóu qiū shā yā

*Mergellus albellus*
Smew

国家二级重点保护野生动物
鸭科
雁形目

张湘坤 绘

  斑头秋沙鸭又叫"白秋沙鸭",是一种非常容易识别的野鸭。因眼周和眼先的黑色在眼区形成一黑斑,似熊猫一样,又被人们戏称为"熊猫鸭"。斑头秋沙鸭常会选择啄木鸟留下的树洞筑巢。它们会潜入深水区觅食,也会出现在咸水中,以鱼类为食。斑头秋沙鸭是体形最小的秋沙鸭,喙和颈也都很短。它们飞行时十分灵巧,群飞时喜欢分散开飞行。

## 红胸秋沙鸭
### hóng xiōng qiū shā yā

*Mergus serrator*
Red-breasted Merganser

国家"三有"保护动物
鸭科
雁形目

张湘坤 绘

  红胸秋沙鸭有着细而长的丝质冠羽,与中华秋沙鸭的区别是,胸部棕色,条纹深色。与普通秋沙鸭相比,红胸秋沙鸭体形更纤细,喙更窄,胸色深而冠羽更长;红胸秋沙鸭翅膀生长在身体靠后的位置,起飞时需要长距离助跑。红胸秋沙鸭社会性较强,会集成中等大小的群体,彼此之间相当分散。红胸秋沙鸭主要在森林中的河流、湖泊及河口附近繁殖,非繁殖季主要栖息在沿海海岸河口和浅水海湾地区,常常筑巢于地面树根处。它们在繁殖期间也喜欢集群生活。雌鸟和非繁殖期的雄鸟羽色暗淡,近红色的头部渐变成颈部的灰白色。

97 / 雁形目　　如是观鸟集 水边的飞羽　　水鸟卷

## 普通秋沙鸭
### pǔ tōng qiū shā yā

*Mergus merganser*
Common Merganser

国家"三有"保护动物
鸭科
雁形目

张湘坤　绘

普通秋沙鸭是秋沙鸭中个体最大的一种，飞行起来身体看着更长。其头圆胖，比较"规整"，像寸头一样。普通秋沙鸭的喙比红胸秋沙鸭的喙更厚，繁殖越冬于淡水水域，雄鸟头及背部是绿黑色，胸及下体是光洁的白色；雌鸟是棕褐色头且喉白，上体、下体是深灰浅灰配色。普通秋沙鸭需要两翅在水面急速拍打并在水面助跑一段距离才能飞起。普通秋沙鸭的喙带钩，能栖息在水深而清澈的湖泊中捕食鱼类，善于潜水觅食，每次能在水中潜泳 30 秒左右。

普通秋沙鸭　孟宪茹　摄

普通秋沙鸭　唐余福　摄

99 / 雁形目　如是观鸟集 水边的飞羽　水鸟卷

## zhōng huá qiū shā yā
## 中华秋沙鸭
*Mergus squamatus*
Scaly-sided Merganser

---

国家一级重点保护野生动物

　鸭科

　雁形目

杨晓涛　摄

张湘坤　绘

## 秋沙鸭属

　　秋沙鸭是一种潜水能力极强的鸭子，主要吃鱼类。和其他鸭类有所不同，秋沙鸭的喙细长而有发达的锯齿，适合捕捉身体光滑的鱼类。其成员绝大多数分布于寒冷的北方，只有南美洲的褐秋沙鸭以及已经灭绝的新西兰的奥克兰秋沙鸭分布于南半球。秋沙鸭是体长、有冠的潜水鸟。肉味腥臭，故俗称"废物鸭"。该属的代表种中华秋沙鸭为中国特产。中华秋沙鸭鼻孔位于嘴峰中部，羽冠长而成双，雄鸟头和上背均为黑色，下背、腰和尾上覆羽皆为白色，有白色翼镜，下体白，体侧有黑色鳞状斑；雌鸟头棕褐色，上体蓝褐色，下体白色。中华秋沙鸭几乎整天时间都在水上，很少到岸上活动。中华秋沙鸭游泳时常将头浸入水中，探视水中食物，并频频潜水。中华秋沙鸭休息时常漂浮在水面，头高高举起，颈伸得很直，性机警，稍有惊动就缩颈不动，随即起飞或急游至隐蔽处。中华秋沙鸭在树洞中营巢，每窝产卵 4 枚以上。

岳汝华　摄

## 世界上最古老的鸭子

杨晓涛 摄

如果说我们这本书要有一个封面明星的话，那一定是中华秋沙鸭。1864年，英国著名鸟类学家、画家约翰·古尔德看到一只在中国东北采集的秋沙鸭标本。这只秋沙鸭拥有向后的美丽冠羽，身体两侧的白色羽毛有着黑色边缘，花纹如同鱼鳞，这种秋沙鸭就被命名为"鳞胁秋沙鸭"。由于这个物种原产地在中国，冠羽又非常像清朝官员的顶戴花翎，于是他又将这种秋沙鸭命名为"中华秋沙鸭"。据考证，中华秋沙鸭是第三纪冰川期后残存下来的物种，是世界上最古老的鸭子。它在地球上至少繁衍生息了1000万年，早已被列为世界濒危物种。在我国，它是与华南虎、滇金丝猴、大熊猫齐名的国宝，属于国家一级重点保护野生动物。

中华秋沙鸭对水质和繁殖环境的要求特别高，春季迁徙到长白山后，会在树上营巢，人们称它们为"会上树的鸭子"。

你一定听说过狡兔三窟，其实在鸟类中也有很多鸟，在营造巢穴时，会选择多备几个巢来迷惑敌人。中华秋沙鸭大量地筑巢，就是"狡兔三窟"之计。当雌性中华秋沙鸭进入繁殖期时，雄性中华秋沙鸭为了更好地照顾自己的伴侣和宝宝，就设法分出多余的精力来抵御侵略者，这时候多巢就起到了作用，当敌人在一个又一个巢间徘徊时，正好给中华秋沙鸭妈妈和孩子赢得了宝贵的时间。你看这不费任何力气就保住自己的办法，是不是要比同敌人争斗更智慧呢？

杨晓涛 摄

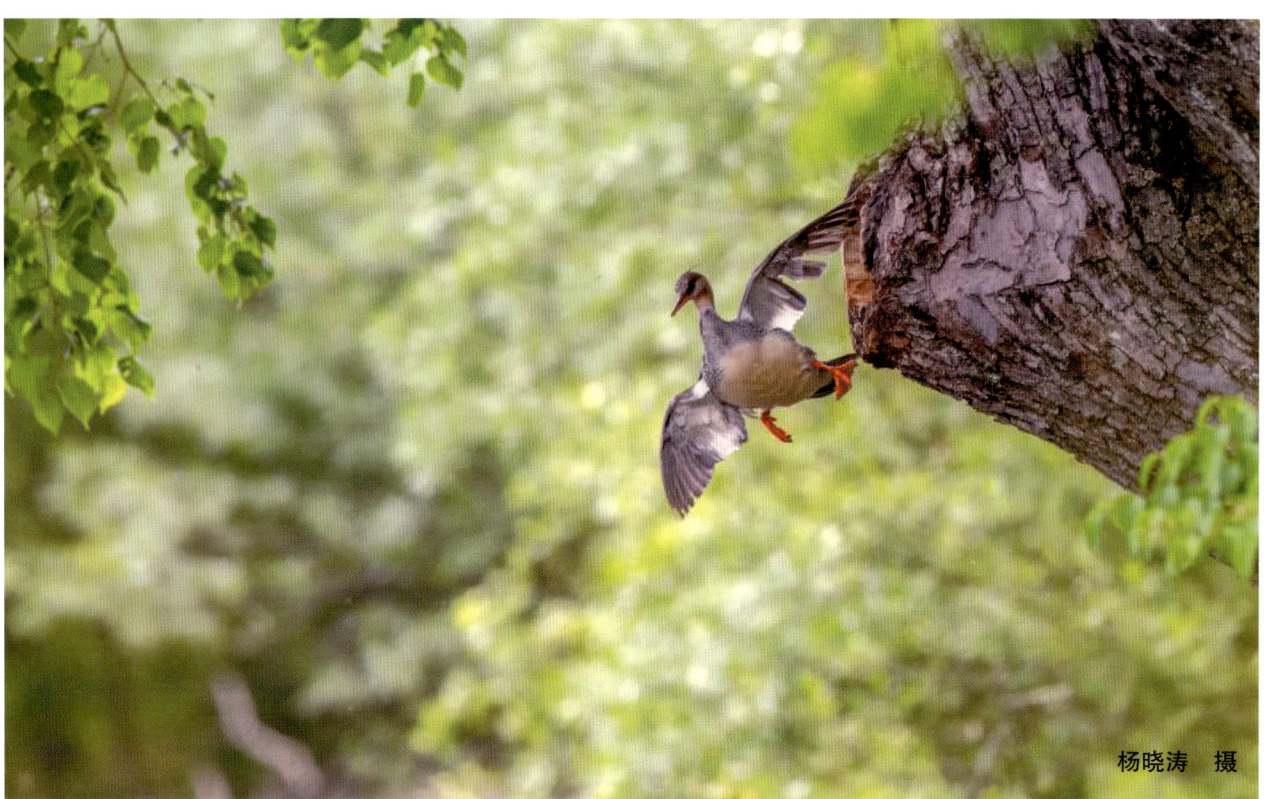

杨晓涛 摄

杨晓涛 摄

　　这是中华秋沙鸭妈妈带领孩子进行的生存训练，它们逆流而上，攀上岩石，再顺水而下，反复多次，小鸭就这样茁壮成长起来。

103 / 雁形目　　如是观鸟集 水边的飞羽　　水鸟卷

王勇奇　摄

王勇奇　摄

王勇奇 摄

2008年8月15日，鸟类摄影师丁传江在吉林市城区松花江边，拍摄到了当年繁殖的中华秋沙鸭的亚成体，由此可以判断其巢穴很有可能在市区附近。这是1987年之后在吉林市区江段首次发现并记录下来的中华秋沙鸭。

丁传江 摄

中华秋沙鸭十分安静，起飞时两翅需在水面急速拍打一阵才能飞起，飞行快而直。优美的流线型结构，使它们的飞行速度要比其他鸭科动物快。中华秋沙鸭虽然逃过了第三纪冰川期的厄运，但在当今仍然面临生存的威胁，在迁徙路上因为缺少湿地等休憩和觅食地，或食用了被污染的鱼虾，或遭猎杀，死亡率极高。这是平安到达越冬地安徽池州后的中华秋沙鸭，幼鸟将在这里茁壮成长！

汪湜 摄

# 中华秋沙鸭争雏

汪湜 摄

  第一次看到安徽池州鸟类摄影师汪湜，在吉林省白山市抚松县松江河镇，拍摄的一组中华秋沙鸭妈妈带领45只幼雏出行的场面，真是惊掉了下巴！

  这绝对不是幼儿园"小朋友"在郊游，这张照片里只有一只鸭妈妈，她带着45只鸭宝宝，还有镜头外面10只鸭宝宝没有收进来。当然，如此多的宝宝也不是一个妈妈所生的，眼前这个大家庭，至少由5个家族的雏鸭组成！这就意味着，这位彪悍的妈妈，至少要先后和另外4位妈妈反复打架，并大获全胜，才最终赢得这些娃的跟随！这就是中华秋沙鸭这个种族独有的争雏现象！

  中华秋沙鸭真是一个神奇的种族，它们在地球上繁衍生息超过了1000万年。作为世界上最古老的鸭子，中华秋沙鸭也进化出了千万年来它们恪守的生存法则。幸运的是，我国吉林省长白山地区，就是中华秋沙鸭的原产地。这里的山水仿佛为中华秋沙鸭天造地设，它们的进化也与这方山水紧密相连。这里有它们最爱的食物——长白山冷水鱼。中华秋沙鸭捕鱼十分依赖视觉，因此这里毫无污染的水系就是它们挑选的生命线。它们仍然保持着原始性状窄而长的齿状喙，鱼一旦被它们叼住就很难逃脱，即使是对付杜父鱼、七鳃鳗这类黏滑的鱼类也轻而易举；它们选择河岸边茂密的树林繁衍后代，把巢建在粗壮的阔叶树树洞里，雏鸭在刚刚孵化出来的一两天之内，就要从高于地面十几米的树洞里跳出来，完成生命的第一次考验，然后快速进到水中，因此中华秋沙鸭的生境不仅要有森林，还要近水。对中华秋沙鸭来说，水里要比陆地安全得多。雏鸭是天生的游泳健将和觅食好手，它们刚来到湍急的河中就可以将头埋进水里觅食，喇咕、石蛾、泥鳅都是小家伙的食物，它们将在母亲的带领下，茁壮成长。

  此时，中华秋沙鸭的家庭只有母亲和孩子，公鸭在完成交配后，就离开了这片栖息地，母鸭将独自完成产卵、孵化的重任。由于长时间蜷缩在洞中孵化，并减少觅食时间，母鸭已经相当疲惫。而一旦带领雏鸭进入水中，母鸭就要打起十二万分精神。因为雏鸭出巢后最初的几个星期是最危险的，它们对外界的风险没有经验和防范能力，全靠母亲的指令行事。比如，"水中平头哥"水獭，就是雏鸭的大敌。因此，大部分时间，母鸭都是高抬着头，看护着幼仔，注视着周围的环境，很少潜入水中取食。只要母亲发出危险信号，它们就会马上向母亲靠拢。母亲向哪个方向快速游动，那便是发出了向哪个方向快速逃跑的信号。雏鸭会用双脚在水面上快速划动，而母鸭则会紧紧跟在雏鸭后面。只有在母鸭感到极度困乏的时候，它才会打个盹，在打盹的时候，也会每隔十几秒就睁开眼睛察看周围的情况。

也就是在这个时候，那位看起来心有余而力不足的妈妈，就会被彪悍的妈妈抢走雏鸭。其实，这种争抢是要冒着极大风险的，不成功便成仁！每只母鸭都会面临着失去自己辛苦孕育的孩子。那么，为什么中华秋沙鸭要有这样的习性呢？这对种群的繁衍究竟有什么意义呢？

从全球范围来看，中华秋沙鸭的分布区域十分狭窄，主要繁殖于俄罗斯远东和中国东北地区及朝鲜半岛。在中国，它们的主要繁殖地是长白山地区，它们在这里的营巢密度较高，所以亲鸟育雏领域存在竞争是显而易见的。

鸟类的领域行为，是种内竞争资源的方式之一。动物生存需要一定的空间，这个空间就是动物的生存领域。在这个领域中，动物可以取食、繁殖、抚育后代。占有领域的既可以是一个个体、一对配偶、一个家庭，也可以是一个种群。

在鸟类学界提出领域概念的英国鸟类学家艾略特·霍华德，在其《鸟类的领域》一书中，表达了一个清晰的观点：对鸟类来说，领域是普遍规律，甚至是法则。他提出了一个观点：雄鸟争夺的是领域，而不是雌鸟。

汪湜 摄

杨晓涛 摄

**在中华秋沙鸭的领域行为里，唱主角的不是雄鸭，而是独挑抚育大梁的雌鸭。**

每年的3月初至4月上旬，中华秋沙鸭迁来长白山繁殖地。它们在越冬地就有求偶行为，也有一些是来到繁殖地后再求偶的。在长白山地区的求偶与交配行为，多出现在4月初至4月末。这是一个很紧凑的节奏。

对大多数迁徙的鸟类来说，往往是雄性先到达的，它们会首先争夺自己的领域，与同类大打出手，当自己的领域确立下来后，它们会鸣唱，以吸引雌性。

中华秋沙鸭似乎减少了这些环节，它们春季迁徙到长白山后，很快就由集群状态分散开，以家族和雌雄配对的方式活动。亚成体和没参与繁殖的个体会选择水流相对平缓的河段栖息，已经成功配对的成体则会选择距离它们巢位不远的河段活动。它们很少鸣叫，不像绿头鸭和斑嘴鸭那样喧闹。雄鸭会驱赶骚扰"新娘"的同类，大多数时间它们都在争分夺秒配对、选巢。一旦雌鸭开始产卵，雄鸭便会离开，把巢穴附近的水域留给母鸭和即将到来的宝宝。

而单亲抚育后代，对较弱的母鸭来说，即噩梦的开始。

事实上，食物到底是不是鸟类对一片特定区域进行防守的主要原因，这个问题至今还没有得到解决。但很显然，通过争雏，这个拥有庞大幼雏的家族，可以活动的区域明显扩大了。

但是，中华秋沙鸭这个种族在领域行为里，独树一帜的地方是，获胜的一方并不是单纯地拥有了领域，而是连同对方的窝雏一同合并了。更奇特的是，幼雏居然抛弃了自己的亲生母亲，乖乖地跟随了获胜者，任亲鸟在旁悲鸣！

这不得不让人想到鸟类的另一个行为——印随。从人类开始饲养家禽以来，人们就知道幼鸟会像跟着自己的母亲一样跟着饲养人。20世纪30年代，杰出的动物行为学家、诺贝尔奖获得者康拉德·劳伦兹认真研究了这一行为，并用"印随"一词来描述小雁对他的依附。

印随分为两种，一种是幼鸟和亲子之间的，称为"亲子印随"；另一种是表现在择偶偏好上，称为"性印随"。

第一种印随让幼小的动物能掌握关于父母身份的关键信息，从而确保得到喂养；而第二种印随则有助于在日后选择适当的配偶。

现代鸟类学家认为，印随主要是幼鸟后天习得的行为，事实上，很多动物包括我们人类自己也有类似的行为。在学习的敏感期或者窗口期，鸟类迅速地对母亲的形象或者未来的交配对象产生依附。

经过研究人员观察，大部分窝雏合并都发生在雏鸭30日龄之前。这就可以解释，为什么中华秋沙鸭的两个家族相遇后，母鸭相互争斗，获胜的一方不仅赶走了另一位母亲，而且对方的宝宝自愿跟随这位强大的母亲。这种依附印随，对中华秋沙鸭这个物种的演化来说，具有重大意义。

种群数量的稀少，使得每位强大的母亲都有着神圣使命，完成种族的延续，不论是不是亲生。而合并后的家族，没有丝毫不睦的迹象。

在这位彪悍的母亲带领下，每只雏鸭似乎都看到了自己的未来。它们不仅需要在平缓的水域寻找食物，还需要在湍急的河段，让这位强大的母亲训练它们生存的技能。母鸭将带着雏鸭一次又一次在湍流中，逆行攀上岩石，然后让它们从石头上跳下去，在急流的水中锻炼体魄。雏鸭也会团结在一起，在冬天来临之前，让自己羽翼丰满，从而开启自己新的旅程。

尽管还需要科学地观察与研究，才能真正解开中华秋沙鸭争雏及领域行为的谜题，但这丝毫不影响这古老的鸭子，在千万年的时光中，演绎着种族与自然达到的完美平衡。

杨晓涛 摄

# 鹤形目

# 鹤科

## 蓑羽鹤
suō yǔ hè

*Grus virgo*
Demoiselle Crane

国家二级重点保护野生动物
鹤科
鹤形目

张湘坤 绘

# 它完成了"铁鸟"都无法完成的飞越

世界最高峰珠穆朗玛峰，海拔超过8800米，被誉为"地球之巅"。尼泊尔人曾说，喜马拉雅山是一座"鸟儿都飞不过的高山"。但是，每年都会有超过5万只蓑羽鹤，进行着地球上最高难度的大迁徙。为了每年3月赶回吉林西部等地繁殖，它们必须从印度飞越喜马拉雅山，这段生命中最震撼的旅途，至今人类无法超越。因为没有一条航线可以经由此地。蓑羽鹤完成的是连"铁鸟"也无法完成的飞越。

在很多人眼里，飞机的飞行高度已经达到了1万多米，处于平流层后，理论上它在地球上任何空域飞行应该都没问题，但事实上，有几个地方是飞机基本上要避开的，比如，南极洲和喜马拉雅山。当然，这不仅仅是技术原因，首先是喜马拉雅山脉东西跨度太大，达2400千米，平均海拔达6000多米。如果只是一座山，那么即使海拔达到6000米以上，对飞机来说也不成问题。但是，喜马拉雅山太大，长几千千米，宽几百千米，会对飞机的安全造成巨大威胁。飞机选择避开喜马拉雅山，第一个原因是故障处理空间太小。众所周知，如飞机需要减压，高度要降到3000米以下。然而，在喜马拉雅山上根本找不到3000米以下的空间。当然，紧急情况下着陆的机会也太少。第二个原因是燃油冻结。要知道喜马拉雅山本身就是一个比较冷的地区。如果长时间飞越这个区域，燃料冻结的可能性就非常高。第三个也是最重要的一个原因就是乱流。因为喜马拉雅山附近污染比较少，大气中的湍流非常清晰。在这种状态下，雷达的识别能力会受到影响。如果雷达识别错误，飞机就很容易冲进乱流，乱流可以轻而易举地将飞机翻腾过来。

那么，这些"铁鸟"无法飞越的困难，蓑羽鹤能遇到吗？当然，蓑羽鹤的区区肉身，必然要全部承受。除此之外，蓑羽鹤还要承受着"铁鸟"不必承受的，那就是在喜马拉雅山有一种骜悍的猛禽——金雕也生活在此，纵使一次次躲避过乱流，蓑羽鹤还要为"悍匪"交付过路费！蓑羽鹤一年一度的迁徙，遭遇九九八十一难，不仅是鸟类最艰难的征程，更堪比"玄奘取经"。

每年吉林西部的早春，暖阳照在一条条晶亮的雪带上，雪壳饱含水分，悄悄地融入身下的沼泽。沼泽里的水生植物和小鱼已经开始跃动，这片有着非凡之美的大地，正在迎接新生命的到来。蓑羽鹤背部蓝色的羽毛，覆盖了一条条雪带，那是世界上最悦目的蓝色与白色的组合。蓑羽鹤看起来羽袂飘飘，娇小玲珑，静静地独自啜饮雪水解渴，再一想到这娇媚的身躯是刚刚飞越喜马拉雅山，远道归来的，怎能不令人心生怜爱？

我国对蓑羽鹤的记载最早出现在宋代，当时称它"颈毛如垂缨"，那是因为蓑羽鹤的喉和前颈的羽毛延长成蓑状，悬垂于前胸。蓑羽鹤全身呈蓝灰色，眼睛后面有一簇白色羽毛十分醒目。蓑羽鹤是已知所有鹤类中体形最小的，成年蓑羽鹤体长不到1米，异常纤瘦。蓑羽鹤出生不到半天就可以站立，两个多月后就能飞翔。蓑羽鹤因体形娇小玲珑、性情羞怯，不善与其他鹤类合群，如闺中小姐，所以又被称为"闺秀鹤"。然而，蓑羽鹤有闺秀之名，却无小姐之命。每年的南北迁徙它们都要经历重重艰难险阻，穿越"死亡之海"——塔克拉玛干沙漠，逃出"生死狙击"——致命杀手金雕的猎杀，跨过"地球之巅"——喜马拉雅山脉！每前进一步都要经历无法想象的困难和危险，每次跨越都是生与死的考验！每年迁徙的季节，都会有约1/4的成员命丧珠峰脚下。

喜马拉雅山的气候条件十分恶劣，经常是狂风呼啸。想要飞过喜马拉雅山，蓑羽鹤只有飞得更高，才能躲避风暴的侵袭。一旦遇到恶劣天气，遇到"铁鸟"都害怕的乱流无法飞越，它们就会返回，等到第二天再次向喜马拉雅山发起冲击，在这段时间，蓑羽鹤很少饮食，因而非常虚弱。此外，天空中还有金雕在等待着它们，每次飞越的尝试都会有许多同伴被狂风席卷而去，或者成为金雕的美食。但是最终，它们总能飞越喜马拉雅山，飞到温暖的越冬地或者是繁育后代的温柔之乡。

如是观鸟集 水边的飞羽　水鸟卷　鹤形目 / 114

# 白鹤
### bái hè

*Grus leucogeranus*
Siberian Crane

国家一级重点保护野生动物
鹤科
鹤形目

## 白鹤在镇赉

　　3月中旬开始，江西的气温上升，白鹤将从鄱阳湖陆续向北迁徙，它们将在两三天到达吉林镇赉的莫莫格国家级自然保护区，在此停留一个多月补充能量，然后飞往繁殖地——遥远的西伯利亚。莫莫格湿地是东亚候鸟迁徙通道上的重要停歇地和繁殖地，并以此闻名于世。镇赉县地处吉林、黑龙江、内蒙古三省（区）接合部，也是松嫩平原和科尔沁草原的汇聚互容地带，嫩江流经境内，在这里留下数以千百计的泡、沼、湖、滩。莫莫格国家级自然保护区位于其中，总面积216万亩，是世界A级湿地保护区，属内陆湿地与水域生态系统类型。这个宛若水乡的地方，自中生代末期以来，就是古松辽大湖的一部分。200多万年前的古松辽大湖宛若烟波浩渺的大海，是现在中国最大湖泊青海湖的10倍多，跨越了吉林、黑龙江、辽宁和内蒙古4个省份。我在地图上细细凝视，如果那大湖还存在，那么它将是雄鸡版图最明亮的眼眸。可是，随着岁月的推移、地壳的运动，大湖逐渐被分割、萎缩；又因为总体地势低洼，被来自大兴安岭山地的洮儿河、霍林河、拉林河、伊通河等河流分割；同时，干旱蒸发，成为松花江水系甩落出来的粒粒水珠，在高低起伏的地势中，形成了鹤类最爱的湿地与浅滩。

　　到达镇赉的鸟类可以达到17目50科298种，白鹤、丹顶鹤、大鸨、东方白鹳等国家一级、二级保护的珍禽有38种。近几年，吉林省西部地区河湖连通工程在镇赉实施，按照水利治水原则，变水患为水利，扩大了湿地面积，改善了境内生态状况，提高了百姓幸福指数，也给白鹤和其他候鸟创造了一个更好的栖息环境，使得这条古老的迁徙之路，成为美丽中国生态吉林的一幅新画卷。

潘晟昱 摄

　　白鹤是一个古老的物种,在地球上已经生活了6000万年,堪称鸟类中的"活化石"。9000年前,一只白鹤死去,翅骨被做成七声音阶的笛子,发出了文明的先声,这就是贾湖骨笛。在中国,白鹤是吉祥、长寿的象征。据统计,全球目前只有白鹤4000只左右,是极危物种,春秋两季90%以上的种群都会经由吉林镇赉的莫莫格国家级自然保护区迁徙到繁殖地西伯利亚和越冬地鄱阳湖,每年往返里程达1万多千米。在这条古老的迁徙之路上,停歇地镇赉是白鹤迁徙途中的重要驿站,它们每年都要在这里停留补充能量。一对白鹤正常繁殖领域应在4-5平方千米,随着保护区水域面积扩大,生态环境不断改善,白鹤的食物藨草生长充足,栖息地也逐渐增多。

　　白鹤又叫"黑袖鹤",那是因为它站立时通体白色如玉,飞翔时翅尖黑色,宛如黑袖。白鹤的虹膜为黄色,嘴、脚为暗红色,体态轻盈,凌空飞舞时婀娜多姿,翩然而降时落落大方,它们带给湿地的是非凡的生命之美。

　　每当旭日初升,这些白鹤成百上千地散布在方圆10万公顷的湿地上,白鹤是以素食为主的涉禽,在镇赉以藨草的球茎、农田散落的粮食为食,仅吃少量的动物性食物。

　　由于食物种类和迁徙地自然条件的限制,白鹤一直备受国际相关组织和鸟类学者的关注。20世纪70年代,白鹤被认为是仅次于美洲鹤的濒危物种,1978年调查统计,全世界仅剩200余只,因此被国际生物界列为严重濒危动物,并将白鹤收录在红皮书中。继1981年在江西鄱阳湖发现越冬种群后,于1989年春季统计,数量已增至2650只,2010年秋季在吉林省镇赉县莫莫格国家级自然保护区境内统计到3045只,2012年秋季统计达到3807只的历史最高纪录,而且春秋两季在这里停留的时间长达100天以上,可以说,无论是总群数量还是停留时间都居世界各迁徙地之首。2011年3月7日,镇赉县被中国野生动物保护协会命名为"中国白鹤之乡"。

如是观鸟集 水边的飞羽　水鸟卷　鹤形目 / 116

潘晟昱　摄

# 黄鹤一去不复返

在世界 15 种鹤类中,并没有一种"黄鹤"。可是,在中国有一首家喻户晓的诗中就提到了黄鹤,那就是唐代诗人崔颢的《黄鹤楼》:"昔人已乘黄鹤去,此地空余黄鹤楼。黄鹤一去不复返,白云千载空悠悠。"诗流传千古,带着楼也留名千古。传说李白登此楼,目睹此诗,大为折服说:"眼前有景道不得,崔颢题诗在上头。"

但令人疑惑的是,崔颢眼中的黄鹤究竟是哪一种鹤呢?原来,鹤的名录里虽然没有"黄鹤",但所有鹤生出的宝宝都是黄色的。黄鹤楼所在的长江中游地域,是重要的候鸟栖息地。每年来此越冬的候鸟,就有鹤家族的白鹤、灰鹤、白枕鹤等,它们当年出生的孩子正是黄色的。

拿白鹤来说,每年 5-6 月,它们在西伯利亚完成求偶、繁殖。7 月左右,小鹤就诞生了,幼鹤就和小鸭子一样毛茸茸的,浅黄色,约出壳 20 小时后已可蹒跚走动,属早成鸟。到了 9 月,小鹤的身体开始壮实,可以随双亲一起迁徙,西伯利亚的冬天也开始了。幼鹤随双亲飞到吉林西部镇赉,在这里补充给养,一个多月后,再次飞行,来到长江中下游越冬。此时,虽然幼鹤的体形已接近它的父母,但羽色还是黄色的。因此,崔颢眼中的黄鹤,很可能就是此时的幼鹤。冬去春来,白鹤族群北上。当它们再次返回镇赉时,幼鹤的羽色还是偏黄的。鹤群在停歇地休整后,返回西伯利亚,这时幼鹤就要离开它们的父母,独立生活了。

所有类型的幼鹤等到亚成鸟完全成年后,它们的羽色才开始"分道扬镳"。白枕鹤、白头鹤、灰鹤的主体是灰色的,白鹤的主体是白色的。到了秋天,当它们再次随鹤群飞来时,"黄鹤"就变成了白鹤或者灰鹤,当年的黄鹤此时真就是"一去不复返"了……

潘晟昱 摄

# 白枕鹤
### bái zhěn hè
*Grus vipio*
White-naped Crane

国家一级重点保护野生动物
鹤科
鹤形目

张湘坤 绘

# 白枕鹤的斯巴达式育子

齐双 摄

白枕鹤羽色为石板灰色，因枕部为白色，故得名"白枕鹤"。白枕鹤喜欢清洁自己，边走边啄食，一有空就整理自己的羽爪。白枕鹤有着红扑扑的小脸蛋，就像东北农村的孩子。东北的三江流域，就是白枕鹤的繁殖之地。

白居易的《感鹤》诗中，用"饥不啄腐鼠"表现鹤的高洁。还有人认为，吃素的鹤血统更纯正。鹤的确不食腐，但饮食并不清淡。白枕鹤最喜欢的环境是芦苇和水草沼泽，以及湖滨沼泽地带。常在湿地上生活的鹤，嘴都又长又粗壮，可以刨挖植物的根茎，当锄头使。因此，白枕鹤偏好取食粗蛋白的食物，比如，玉米、碱蓬、马来眼子菜、芦苇和糙叶苔草、扁秆藨草，当然也吃昆虫、鱼虾和软体动物。每年3月，经过2000多千米的飞行，白枕鹤从南方飞回繁殖地，大地仍然挂着白霜，温度在零下10摄氏度左右，但是白枕鹤求爱的派对，已经悄悄开始。它们将长颈伸向清冽的天空，爱的鸣叫，穿透湿润的空气，弥漫开来。竞争者蠢蠢欲动，剑拔弩张，打斗一触即发。白枕鹤的打斗，腾挪躲闪，更像是原地拔高竞赛。一只身形雄健的白枕鹤，围着它心爱的女神，身悬数尺跳着热烈的舞蹈，逆光之中泛黑的翅尖闪耀着晨露的光芒，一圈又一圈，一翅又一翅，羞涩的雌鹤，以优雅的对鸣和起舞，回应着雄鹤。经过短暂的寻爱，情投意合的白枕鹤开始以家庭形式成小群活动在将要营巢的地区。

白枕鹤的巢多筑于沼泽地的草墩上或草丛中，产卵1-2枚，雌雄轮流孵化。到31天后，蛋中小鹤开始啄壳，双亲在旁静立守候，在很多时候要经历一昼夜的时间。刚出壳的雏鹤形如小鸭，觅食时要紧随双亲左右，白枕鹤的耐心，让它们看起来真是一对好父母。

有一个故事发生在杭州动物园涉禽区，那里生活着丹顶鹤、白枕鹤、蓑羽鹤和冠鹤。其中，有一对丹顶鹤，它们平时也是相亲相爱、形影不离的，让人颇为羡慕。可是，这对丹顶鹤做了一件不太靠谱的事情，原来它们产下了2枚蛋，自己却不去孵化，让人看了干着急。保育员发现隔壁优雅的白枕鹤相当热心，母性极佳。当即决定，何不让白枕鹤来试试呢？于是，保育员果断将丹顶鹤弃之不顾的2枚蛋交给了白枕鹤夫妇。果不其然，白枕鹤阿姨出色地完成了任务，不仅顺利孵化出了2只丹顶鹤，而且带仔相当尽职尽责。在动物园里碰到不靠谱的父母，还有尽职尽责的保育员想办法，可要是在野外，也许就没这么幸运了。

白枕鹤的尽职尽责还体现在对幼鸟的教育上，每当幼鹤长到一岁，为了养活新出世的雏鹤，双亲便要忍痛将它赶走，让它自立。虽然这对小鹤来说是"被长大"了，但是这种斯巴达教育，使得小鹤能迅速地适应野外生存，或许这也是一种极好的育儿之道，值得学习呢！

# 灰鹤
## huī hè

*Grus grus*
Common Crane

国家二级重点保护野生动物
鹤科
鹤形目

张湘坤 绘

# 玄鹤之玄

和鸟类学比起来，人类对鸟的认识和观察要早得多。还在远古时代，要想在捕猎之中有所收获，就必须了解鸟类的行为和习性：一年之中什么样的时间出现，出现在何处；何时繁殖；在哪里繁殖，是在树上还是地上；能产一枚卵还是多枚卵。

但是对于鸟类，也有着很多现在看来很奇葩的想法。在西方世界，相当长的一段时间，日常生活不是依靠正常的判断与逻辑存在，而是笼罩在"恐惧、迷信和经常用鸟来传达意旨的上帝的权威之下"。比如，鸽子的两只幼鸟分别代表了上帝之爱和邻里之爱；鹈鹕为了哺育后代而啄穿自己的前胸滴血给幼鸟喝；若听见渡鸦叫则大限将至；在燕子的巢中，如果能找到一块特殊的石头就能使盲人复明；把鸽子的精液涂在女性裙子上，就会让她爱上你；吊在丝线上的死翠鸟能当风向标……当然，古老的东方也有类似的，诸如猫头鹰进宅，无事不来；火斑鸠叫，天要晴；燕子乱飞雨不远，打蛇见血要变天；八哥聚群，必月大雪临；斑鸠树上哭，当心稻场打湿谷；啄木鸟叫一声，大雨要倾盆……只是，从事农耕文明的东方民族关于鸟的谚语，要比西方智慧和实用多了。我们耕耘在土地上的民族，是绝不会有"燕子是在池塘的泥底下过冬"这个想法的。

古代中国人一开始就将博物学和世界观联结起来。比如，对灰鹤的认识。《史记·乐书》中记载：师旷援琴时，"有玄鹤二八，集乎廊门。再奏之，延颈而鸣，舒翼而舞"。虽说师旷是个盲人，但他精通音律，琴艺超凡。最神奇的地方是，他对鹤的习性非常了解，因此能用琴声描绘飞鹤的翱翔、鸣叫，并引得玄鹤飞来，舒翼而舞。

灰鹤的灰色羽，是介于黑和白之间的颜色系，比白色深些，比黑色浅些，比银色暗淡，比墨灰冷寂，更像50度灰。乍一看，像羽毛脏了的丹顶鹤，但是体形要比丹顶鹤略小。既没有黑和白的纯粹，也不似黑和白的单一。似混沌初开的天色，不用和白色比纯洁，不用和黑色比凝重，空灵、玄妙，极具变通之相，像极了古人的中庸之道。

在中国，灰鹤又叫"千岁鹤""玄鹤"。早在《古今注》中就说，鹤千岁变苍，又千岁变黑，称为"玄鹤"。古代玄通元。《尔雅翼》将元鹤释为"鹤之老者"，故长寿鹤又称"元鹤"。《三才图会》载："雷山有元鹤者，粹黑如漆，共寿满三百六十岁，则纯黑……昔黄帝习乐于昆仑山，有元鹤飞翔。"在古人看来，鹤是寿命很长的动物，它年轻的时候羽毛是白色的，大约活到1000岁时，羽毛就变成"苍"色的了；活到2000岁时，羽毛就变成"玄"色的了。

古人因受时空与历史的局限，不可能凭借丰富的生物学知识对鹤进行分类，但爱鹤、养鹤的古人通过"相鹤术"，也就是现代专业术语中说的鹤的形态、行为等生物学特征，对境内的鹤进行了区分。绝对不是简单地混淆了丹顶鹤、灰鹤与白头鹤3种不同种类的鹤。更确切地说，古人更愿意相信鹤是仙人的化身。鹤作为长寿的象征自古以来就受到人们的喜爱，"鹤寿千岁，以极其游"，古人在祝寿时常将松鹤延年图悬挂于中堂之上，以此来祝福寿星可以长命百岁。修行者渴望能像仙鹤那样遨游于天际，最终能飞入仙界。

当明朝的李时珍出来予以纠正，指出鹤"亦有灰色者"时，古人的千年美梦被搅碎，实在有些扫兴，但是鹤的文化化身早已渗透到中国人的生活里，直到今天。当然，把对鸟类的认知从幻想带到现实，古今中外都有这样的先驱，英国的科学革命更是功不可没。

灰鹤在全球目前有70万只，在我们国家越冬的数量变化较大，在8万只左右。灰鹤在全球好多地方是狩猎物种。2021年12月，以色列暴发禽流感，其中，灰鹤大约有5000只死亡。在以色列有3万只，就是1/6的灰鹤得了禽流感，直接导致以色列大约100万只的家禽遭到捕杀，由此看出，家禽、人类和野生鸟类是息息相关的。

## 白头鹤
### bái tóu hè

*Grus monacha*
Hooded Crane

国家一级重点保护野生动物
鹤科
鹤形目

张湘坤　绘

# 仙风道骨白头鹤

仲崇华 摄

李白早年曾在江陵见过一位高道司马承祯，司马承祯字子微，法号道隐。他见到李白，夸说李白有仙风道骨，仿佛可以和他一起穿越时空，神游宇宙。李白受宠若惊，随后自诩为"大鹏"，写了一篇《大鹏遇希有鸟赋》。大鹏这个形象脱化于庄子的神驰妙想之中，那是凡夫俗子无法企及的辽阔无垠的艺术境界。可是，在现实世界里，如果你能在天地之间遇见白头鹤，那么也能体会到司马承祯初遇李白时的感慨：此鸟灰衣素裳，头颈雪白，走路时端方合度，鸣叫时声动四野，飞翔时轻盈神逸，当它飞入云霄，你仿佛也可以和它一起穿越时空，神游宇宙。

白头鹤不仅体态优美，羽色自带中国风，而且鸣声嘹亮、扣人心弦。白头鹤是在中国发现最晚繁殖的鹤类，繁殖地主要在黑龙江省伊春市。每年3月，在吉林西部"千年鸟道"广阔的水面和数不过来的湿地滩涂之上，越冬回来的白头鹤，或集大群或三五十只陆陆续续结伴归来。白头鹤像人类一样，非常善于观察天气，尤其它在起飞前一定要判断，究竟是晴天还是阴天？判断风向是顺风还是逆风，超出人的想象，它们只选择逆风起飞，风一旦偏大，它们就需要花费更大的力气飞行了。

破晓时分，第一只白头鹤的启鸣开始，随后，接二连三的附和声此起彼伏，或是呼叫起飞，或是爱的表白，或是求偶之舞的伴奏。旷野之上，鹤鸣声声，悠扬脱俗。鹤类鸣唱的天赋源于其特殊而奇妙的发音器官："长长的脖颈里有长长的鸣管。鸣管由左右两条支气管特化而成，呈前宽后窄的梯形，内侧壁全为鸣膜。鸣管后端直接进入肺部，长度可达1米以上，是人类气管长度的五六倍。鸣管的末端卷成环状，盘曲于胸骨之间，就像西洋乐中的圆号一样，当鸣管内的气流使鸣膜鼓动而发音时能产生强烈的共鸣。"因此，鹤鸣声高亢而洪亮，深远而清响，可以传到数千米以外。正如孟郊《晓鹤》所云："应吹天上律，不使尘中寻。"

在《周易》中，"鹤鸣之士"是指未出仕而德才兼备，极有名声的人。"鹤鸣于九皋，声闻于野"出自《诗经·小雅·鹤鸣》，历代学者对这首诗的内涵有不同解读，有人认为这首诗是"求贤诗"，也有人认为这首诗是"劝善诗"，还有人认为这首诗是"招隐诗"。全诗共两章，每章九句，大致上是写诗人在广袤的荒野听到鹤鸣声震动四野高入云霄，看到游鱼潜入深渊又跃上滩头，又看到园林檀树近旁的一座山峰，于是他想到山上的石头可以取作磨砺玉器的工具。全诗意脉贯串，结构转折顺畅，俯仰物理而咏叹，用见理随物显，唯人所感。诗中流传下来最著名的一句话是"它山之石，可以攻玉"，由此可见这的确是一首颇富哲理的隐喻诗。

中国的读书人自古以来就有"存心、养性、事天"的使命，"穷则独善其身，达则兼济天下"，这既是孟子的思想，也是天下读书人立身处世之道。《鹤鸣》诗中，"鹤鸣于九皋，声闻于天"，君子即可"达则兼济天下"；而"鱼在于渚，或潜在渊"则要"穷则独善其身"，洁身自好，以他山之石，不断打磨自己，提高个人的修养和品德。等待有朝一日，鹤唳于野，一飞冲天。

## 丹顶鹤

dān dǐng hè

*Grus japonensis*
Red-crowned Crane

国家一级重点保护野生动物
鹤科
鹤形目

郭丽 摄

## 便引诗情到碧霄

　　北宋政和二年上元之次夕，也就是1112年的正月十六日，都城汴京正沉浸在节日的欢庆氛围里，这日"拂晓都城上空忽然云气飘浮，低映端门，一群仙鹤飞鸣于宫殿上空，久久盘旋，不肯离去，两只仙鹤竟落在宫殿左右两个高大的鸱吻之上。引皇城宫人仰头惊诧，行路百姓驻足观看。空中仙禽竟似解人意，长鸣如诉，经时不散，后迤逦向西北方向飞去"。宫墙内最为此情此景喜悦的莫过于宋徽宗了，这是徽宗皇帝改年号为"政和"的第二年，在推行变法之后的十年，国库充盈、国家安定。此时，而立之年的徽宗皇帝踌躇满志，想是认为《岳阳楼记》的政通人和似已实现。眼见祥云伴着仙禽前来帝都告瑞——国运兴盛之预兆，于是欣然命笔，将目睹情景绘于绢素之上，并题诗一首以记其实。这就是传世国宝《瑞鹤图》的由来，此画代表了中国古代审美的一座高峰，将细腻、含蓄、儒雅之境界达到了登峰造极的地步。

　　《瑞鹤图》中的仙鹤，画的是丹顶鹤，二十几只，姿态各异，栩栩如生，整个画面生机盎然，玉宇澄清。有后人说，"瑞鹤翔集"是宋徽宗煞费苦心制造的一次祥瑞事件，因为宋徽宗在位时兴建的皇家园林中驯养着大量鹤。所养之鹤，是有可能飞至皇宫之内或附近并群聚某处的。其实，煞费苦心谋划又何妨，刘禹锡在寂寥的秋天里吟出"晴空一鹤排云上，便引诗情到碧霄"，更何况彼时笃信道教的徽宗皇帝，如何能遏制自己"一鹤冲天"的愿景呢？

　　当阳光从地平线上慢慢透过，如果能在此时看到鹤舞，那简直就是世上难得遇见的幸福之事。丹顶鹤能歌善舞，谁人见其袅袅婷婷、飘逸灵秀，能不"便引诗情到碧霄"呢？

　　许多鸟或因为羽色，或因为鸣叫，或因为习性，或因为神志各得人们喜爱，但丹顶鹤不仅在鹤类中，在全鸟类之中，也是有着绝世之容、绝尘之姿的，因此形、神、美兼具。在3000多年的时间里，从新石器时期的图腾鹤进入青铜时期，鹤的形象进入高雅的艺术殿堂，春秋战国后，鹤文化进一步呈多元化发展，广泛渗透到哲学、宗教、文学艺术、歌曲舞蹈、体育及日常生活之中。许多文人雅士、学者、高僧，借鹤抒怀为诗、为文、为画，鹤文化渗透到中华文化的各领域。

## 低头乍恐丹砂落

丹顶鹤是"白鸟朱冠"，白居易在《池鹤》中吟："低头乍恐丹砂落，晒翅常疑白雪消。"作为黑白经典羽色搭配的丹顶鹤，其美还在于它那玉羽霜毛之上的朱顶丹砂，尽显出典雅与风流，因而冠压群芳。

不能不说，丹顶鹤的审美简洁而醒目。可以说，鸟类有着复杂的审美能力，在现存鸟类物种的身上，我们能看到审美进化出的一个又一个鲜明特征，它们自始至终都在影响鸟类这个物种的繁衍与衰落。这些鲜明特征既是择偶偏好的作用，也促使鸟类在审美的进化之路上，不遗余力。比如，梅花翅娇鹟可以利用翅膀的振动发声来吸引雌性，这无疑是一种审美创新，是和其祖先任何特征都不同源的新生物学特征，因此梅花翅娇鹟进化出与众不同的羽毛和翼骨及翼肌，来实现发出雌性偏爱的声音。

丹顶鹤及鹤属其他很多鹤类的审美追求，就是它们都在颈项以上，有着一块或者一抹鲜红色的裸露皮肤，这种颜色实际上是肤色和血色的交融。丹顶鹤的珍贵就在头上那一顶鲜红的头冠，冠愈红，说明这鹤的年龄愈大。这块裸露的红色皮肤，在阳光下看上去非常鲜艳，雌性丹顶鹤虽然也有着和雄性一样的红色头顶，但是雌性的颜色略淡，而且不会用到它。丹顶鹤的雏鸟和未成年丹顶鹤头顶没有这块红色区域，幼年时它们头顶覆有羽毛；3岁后"丹顶"逐渐显现出来，先是暗褐色或者暗红色；4岁性成熟以后，头顶才出现正宗的"鹤顶红"。雄性丹顶鹤的红色头顶比雌性丹顶鹤的颜色更加鲜艳，特别是在繁殖期，雄性丹顶鹤的头顶会膨胀起来，显得特别鲜红。这块红色区域就是雄性丹顶鹤求偶的重要指标，"鹤顶红"越鲜亮的雄鹤就越讨雌鹤欢心。它代表着这是一只更健壮、更会照顾"妻儿"的好配偶。

也有人揶揄丹顶鹤"以秃为美"，殊不知中国人自古就有"贵人不顶重发"一说。况且，南极仙翁也是光光的头顶，作为仙翁的弟子，仙鹤之仙当然有道理。

丹顶鹤最仙气十足的时刻要数"鹤舞白雪"了。每到繁殖季节，各类鸟儿开始使出浑身解数，或圈地盖房，或引吭高歌，或翩翩起舞……这特别的仪式，就是鸟类的求偶繁殖舞，丹顶鹤也不例外。丹顶鹤初次求偶时，雄性要在中意的雌性身边独舞求爱，之后每年的繁殖季，都会共舞以增进感情。鸟类学家观察出丹顶鹤的鹤舞要分三个部分，首先点头鸣叫，其次腾空展翅，最后相互追逐，雌雄交替啄起杂物抛空，当有一方将头歪向旁边或后面时，这一串的舞蹈就结束了。

丹顶鹤一旦选好"心上鹤"，它们就会结为伴侣，一生一世在一起，一起鹤鸣，一起鹤舞，是动物界一夫一妻制的典范。如果以动物拟人，那么丹顶鹤性情颇似中国人，虽然体形比较大，但平时十分温顺，可以跟其他鸟类和睦共处。可是，如果遇见猛禽或者猛兽侵扰，丹顶鹤就会群起攻之，爆发出惊人的战斗力，猛禽、猛兽也会夺路而逃，因此丹顶鹤基本上没有天敌。在人们的心目中，它是吉祥、长寿、幸福、忠贞的象征，从云行鹤游，到梅妻鹤子，再到一品鹤服，丹顶鹤集儒、释、道的理想于一身，深得中国人的喜爱！

从1960年起，国际鸟类保护会议的代表，就呼吁世界各国都选出本国的国鸟，以在国民中普及保护鸟类的意识。我国是在2004年5月至6月，由中国野生动物保护协会联合全国20多家新闻网站举办的网上推举国鸟活动。在候选的10种鸟类中，丹顶鹤获得500万网民中64.92%的选票，遥遥领先于其他竞争者。于是，原国家林业局将丹顶鹤作为国鸟的唯一候选者上报给了国务院，可惜，"半路杀出程咬金"，阻碍了丹顶鹤被选为国鸟的地位。

郭丽 摄

## 被名耽误了的"国鸟"

就在丹顶鹤即将被正式任命为国鸟时,却因它的学名落选了。原来,丹顶鹤的拉丁文学名是 *Grus japonensis*,grus 是鹤的意思,前缀发现地为 japonensis。这是德国动物学家斯塔提乌斯·穆勒于 1776 年命名的。穆勒在大学教授自然科学,在他翻译出版林奈的名著《自然系统》期间,公布了一些新命名的物种,其中就包括丹顶鹤。穆勒得到的是来自日本的一只丹顶鹤标本,因为 1776 年美国刚刚建国,中国处于清乾隆朝正值闭关锁国之时,当时,西方人只能从广州登陆,接触非常有限的中国,无法了解丹顶鹤与中国的渊源良久,早在 2100 年前河北满城汉墓出土的漆器上,就清晰地绘有丹顶鹤图案,更不了解丹顶鹤在中国文化中的意义。穆勒按照生物分类的命名规则,实物命名可以依据发现地命名,因此丹顶鹤的学名就叫作"日本鹤"了。

学名相当于国际流通的"身份证"或者"护照",是独一无二的。那么,在国鸟的名字里,怎么好含有其他国家的名字。因此,当时丹顶鹤学名引起热议,丹顶鹤成为国鸟一事也告一段落了。而在 19 世纪末至 20 世纪初,日本本州岛的丹顶鹤就灭绝了。动物学界就将丹顶鹤的英文俗名由 Japanese Crane,改为了 Manchurian Crane,意思是"满洲鹤"。只是在相当长的一段时间里,两个名字一度共同使用,造成了混乱。因此,前国际鹤类基金会主席乔治·阿奇博提出建议,将丹顶鹤的英文俗名改作 Red-crowned Crane。

一直以来,国际动物学界执行《国际动物命名法规》,动物命名遵循"优先律",也因此很难更改物种的命名,除非该物种名称已经超过 50 年。事实上,类似的错误还有很多,因此也期待丹顶鹤正名那一日可以早日到来。

# 秧鸡科

## 花田鸡

huā tián jī

*Coturnicops exquisitus*
Swinhoe's Rail

国家二级重点保护野生动物
秧鸡科
鹤形目

张湘坤 绘

## 中国最小的田鸡

花田鸡在中国东北多为夏候鸟,每年春季在4月中旬左右迁来东北繁殖地,秋季于9月中下旬迁离。它看起来只有成年男性手掌那么大,是中国最小的田鸡,也是最难观察的鸟类之一,能遇见花田鸡,纯属运气好。花田鸡的体色较淡,不如棕背田鸡的羽毛鲜艳,上体褐色,包括翅上覆羽、内侧飞羽和尾羽,整个上体都具有黑色的条纹和细窄的白色横斑,就像漫不经心画上去的白色装饰。花田鸡天生具有隐匿的伪装,更是一个隐蔽的好手。

每天天色刚亮,花田鸡就会来到开阔的草地上活动,或者在河边、湖边的草丛中觅食。它的食谱以水生昆虫和其他小型无脊椎动物为主,当然也吃水藻等植物性食物。当整个世界完全苏醒之后,花田鸡却开始藏匿在草丛中休息,慢慢消化自己的早餐,直到傍晚来临,再次借着暮色觅食,就像错开早高峰和晚高峰一样。之所以说最难见到花田鸡的芳容,是因为大多数白天它不活动,即使危险在悄悄靠近,它也会先按兵不动,实在要暴露了,常常压低头部和尾部在地面上奔跑,再次躲藏于草丛或灌丛中。别看花田鸡长得小,但它奔跑速度极快,如果离水边近,就往水边跑,到水边后或是进入水中游开,或是飞到水域的对岸。

这也是它们非常喜欢在水边营巢的原因,雌性花田鸡每窝会产6枚卵,按它的个头说,6枚卵数量不少了。雌鸟在产下卵之后,自己负责孵化,而它的伴侣则扮演"保镖"的角色。可惜,因为人类对花田鸡栖息地的侵入和捕猎,还有众多天敌对它们的卵和幼崽的捕杀,加之分布范围非常局限,花田鸡还是很难保持自己种群的数量,目前处于易危的地步,这也是难以见到花田鸡的一个主要原因。

## 普通秧鸡

pǔ tōng yāng jī

*Rallus indicus*
Brown-cheeked Rail

国家"三有"保护动物
秧鸡科
鹤形目

张湘坤　绘

# 秧鸡属古北界的代表

当你长久地注视一片沼泽，怀疑自己是否沉浸到那一片空旷之中而略显沮丧时，沼泽一定会回报你的注视，送来一阵阵惊喜，以平复你的内心。很多时候，像变魔术一样，普通秧鸡就会兀地出现在杂七杂八的草芥之处，边走边吃，不介意泥泞，不时地将喙探入泥水中，好像每次低头都会有所收获，而它轻轻啄食的频率是那样快，就像在清理地毯一样，或是嫩枝、种子、浆果，或是昆虫、小鱼、小虾，有时又像中了大彩一样啄到一条肥美的大蚯蚓……普通秧鸡所在的秧鸡属鸟类的喙还有脚和趾都挺长，所谓"一寸长一寸强"的它们在啄食和打架时都很有用。普通秧鸡的行走和吃食很少发出声音，它的步态谨慎轻缓，在走过之后，水还是清澈的，倒是周遭很小的动静都会引起它的注意。当它突然消失时，你的脑海里只会留下它的背影和一翘一翘的尾巴。

在整个繁殖季，它都会生活在这里，却很难被人看到，只有叫声显示它的存在。普通秧鸡体形不大，特别是正面看显得特别窄，从草丛的动静几乎不能看出它们的位置，细瘦的身体使它便于穿过芦苇和沼泽，而不会留下明显的行踪。这也是它既会突然出现，又会突然消失的原因。

普通秧鸡又叫"紫面秧鸡"，是因为它的脸庞羽色偏灰，和头顶及背羽有明显的分界。全身羽毛以棕色、灰色和黑色为主，在湿地环境下，它站着不动时，很难被发现。有时，在盯梢过程中甚至会跟丢。秧鸡属一共有12种鸟类，中国有普通秧鸡与蓝胸秧鸡2种，但只有普通秧鸡在中国东北部及西部的广大地区繁殖，是秧鸡属在古北界的唯一代表。

刘兆瑞 摄

## xiǎo tián jī
## 小田鸡

*Zapornia pusilla*
Baillon's Crake

国家"三有"保护动物
秧鸡科
鹤形目

## 此田鸡非彼田鸡

此田鸡为小田鸡，彼田鸡为虎纹蛙，就是"稻花香里说丰年，听取蛙声一片"的这个蛙。在大多数人的记忆里，谈起田鸡很自然想到蛙科动物，毕竟很多人的童年时光里，都会留下抓青蛙的美好时刻。可是差不多有30年了，虎纹蛙被列入国家二级重点保护野生动物名录，它是在我国130多种蛙类中，唯一获得如此高规格"待遇"的佼佼者。随着人类的农药、化肥应用破坏了它们的生态环境，以及毫无节制的狂捕贩卖，虎纹蛙数量急剧减少，以致现在稻田里蛙声寥寥，更别说从前的每场大雨过后，虎纹蛙美妙的"音乐会"了。

此小田鸡是秧鸡科田鸡属的鸟类，是国家"三有"保护动物，论保护级别比不上彼田鸡，但饶是如此，这种鸟你也不能碰。有一项来自德国的研究数据：全世界授粉昆虫和鸟类的减少，将导致农业产值下降约2170亿美元。这个数字从一个侧面，就可以简单、直接地让人们清楚大自然提供的生态系统的价值，因此千万别小看一蛙一田鸡。

小田鸡虽然不是田鸡属最小的鸡，但也没辜负名字里这个"小"字，成鸟也只有十七八厘米，比花田鸡略大一二，在涉禽里面也是个小老弟。小田鸡"人小鬼大"，尽管在一片理想的生境里会聚集很多同类，但它们外出觅食时，喜欢单独行动，绝不拉帮结伙引人注目。我想它们不是胆子小，而恰恰是"艺高人胆大"。因此，在野外的时候，稍有风吹草动它们便会迅速逃窜，久而久之练就了轻功"水上漂"。

小田鸡的谨慎低调，使得种族的繁衍状态在涉禽里面处于上游水平。首先，小田鸡有多达7个亚种，分布范围涉及亚洲、欧洲、非洲、大洋洲的大部分地区，以及北美洲的少数地区。中国东北就是小田鸡的典型繁衍地之一，除了沼泽、苇荡、蒲丛和稻田等湿地生境外，山地森林、平原草地、湖泊、水塘、河流、水库等丰富地貌也吸引着小田鸡的栖息。

我第一次看见小田鸡，是通过取景器看它在一片荷塘里。看到荷叶上轻轻漂走的小田鸡，圆鼓鼓的一个小球，一团锈迹斑斑的羽色，机灵地在寻找可食的小虫，我竟不由自主地仔细打量起每根荷茎来。有一年我们拍摄吉林北山的荷花，那一年荷塘里的荷花开得还不错，但是荷塘染病，荷花、荷茎上布满了黑色的虫。当我看见小田鸡在寻找食物时，我竟然还想这些荷花上怎么没有虫子？小田鸡可是灭虫高手，它们会吃十几种有害的昆虫。而且，小田鸡在食性方面是非常广的，许多植物的叶子、果实、种子都是它们非常喜欢吃的食物。除了不挑食以外，小田鸡种族繁衍旺盛的另一个优势是繁殖能力强。它们的配偶关系并不稳定，只有在繁殖的季节，雌性小田鸡才会和雄性小田鸡随机配对。在经过交配以后，雌性小田鸡一窝可以产卵八九枚，最多的时候甚至会产10枚卵。并且，小田鸡的孵化速度非常快，只要条件适宜，不到3个星期幼鸟就会破壳而出，这就大大增加了其后代的存活机会。

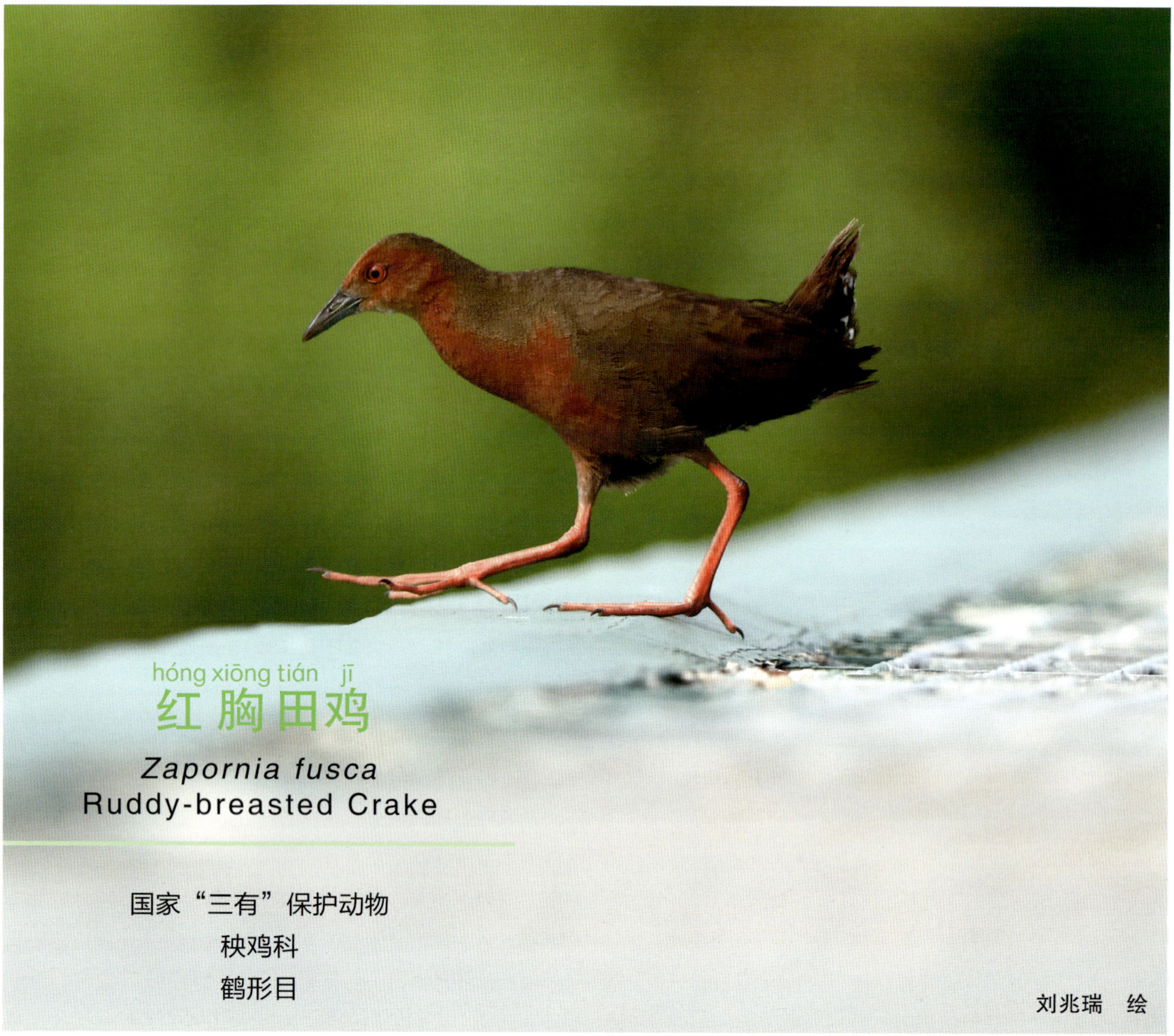
hóng xiōng tián jī
红胸田鸡
*Zapornia fusca*
Ruddy-breasted Crake
国家“三有”保护动物
秧鸡科
鹤形目
刘兆瑞 绘

## 鸣声似箫声

红胸田鸡从脸到胸和上腹为柔和的红栗色，与背部以下的褐色羽毛分界清晰又润染自然，红色的眼睛，红色的脚。颏、喉留有一点白色，流线型的身躯，长长的飞羽下，覆盖着白色横斑的“花底裤”。红胸田鸡小巧而可爱，声音更是优美。

红胸田鸡常生活在茂密的灌丛、水田及沼泽地里，多在晨昏出来活动，声音是它们传达信息的主要手段。红胸田鸡的声音清新、透彻，色调清冷，音节短促颇有丝竹之声的特点，往往被用来制作瑜伽音乐，成为大自然自愈系的冥想音乐。

不过，因为红胸田鸡的鸣叫酷似箫声，竟然被不法分子利用，不得不引起人们的警觉。曾有新闻报道，云南省某地的森林公安机关接到举报，说农贸市场有人出售野生动物。在接警后，公安民警迅速赶到农贸市场，将准备出售野生动物的犯罪嫌疑人抓获，并从其摊位上查获两笼野生鸟。经审讯，该犯罪嫌疑人为了捕捉这些野生鸟，自制了箫，晚上9点在河边的水田里，用准备好的箫吹出鸟叫声。听到箫声，山上的野生鸟纷纷飞来，于是犯罪嫌疑人就用强光手电筒照射，这些鸟如同着魔一般，一动不动，就这样该犯罪嫌疑人和其同伙先后共诱捕到62只野生鸟。经司法鉴定中心鉴定，被解救的62只野生鸟就是国家“三有”保护动物红胸田鸡。

## bān xié tián jī
# 斑胁田鸡

*Zapornia paykullii*
Band-bellied Crake

国家二级重点保护野生动物
秧鸡科
鹤形目

## 斑胁田鸡和红胸田鸡的区别

斑胁田鸡是一种红褐色田鸡，比红胸田鸡大 2 厘米左右，外貌和红胸田鸡很像。两者最大的区别是斑胁田鸡羽翼上有白色横斑，而红胸田鸡没有。

斑胁田鸡靠近双腿的区域长有清晰的白色横条纹，就像穿了一条条纹裤子。斑胁田鸡的嘴壳大多呈比较浅的蓝灰色，红胸田鸡的嘴呈暗褐色。在大部分情况下，斑胁田鸡都喜欢在夜晚活动，尤其是黄昏时分最活跃，性格警觉，因此白天大多是隐藏于草丛之中。斑胁田鸡也善于行走和奔跑，它拥有一双橙红色的长腿，尤其是脚趾非常纤细。斑胁田鸡平时在地面上的奔跑速度非常快，不善于飞行，只有在受到极度惊吓时才会短距离地飞跃到草丛中，它们平时主要以草丛中的昆虫为食，如毛虫、叩头虫、鳞翅目等，偶尔也会吃一些蜗牛或者其他软体类动物。

斑胁田鸡和红胸田鸡的鸣叫声极为不同。斑胁田鸡的叫声单调、暗哑，主要就是一声接一声短促的"啊"声，少有变化。在发声时，胸腔做出向上推送的动作，起伏很大，和红胸田鸡轻易就发出悦耳的鸣叫不同，斑胁田鸡要使出很大力气。

斑胁田鸡的栖息地在海拔 800 米以下，主要在古北界西部，少有留鸟，繁殖期会飞来东北，而为了度过寒冷的冬季，斑胁田鸡则会飞往马来半岛和印尼的婆罗洲，甚至远至非洲。斑胁田鸡喜欢在湿地沼泽附近生活，但是半个多世纪以来，湿地环境不断地被蚕食，使得斑胁田鸡逐渐失去了自己的栖息地，再加上长途迁徙过程中遭遇的捕猎，使得这一水鸟的种群逐渐迈入濒危动物的行列。红胸田鸡的栖息地在海拔 160-2100 米，因此分布更广，且多处有留鸟，种群繁衍胜于斑胁田鸡。

# 董鸡
## dǒng jī

*Gallicrex cinerea*
Watercock

---

国家"三有"保护动物
秧鸡科
鹤形目

## 农田守卫者

雄性董鸡的头顶上有一簇红色的额甲，后端凸起呈尖角，配上矫健的身形，不仅会涉水、潜水，还会滑翔飞行，颇有武士风范。事实上，雄性董鸡十分好斗也善斗，在发情期间，和情敌激战十分卖力。或许是因为全身都是灰黑色系的羽色，董鸡不喜欢阳光的照射，基本趁夜色出行，只在阴天时，会在白日里出门。董鸡的翅上覆羽及内侧飞羽为橄榄黑褐色，具宽的棕色羽缘，为它的身形增加了灵动性。雌性董鸡的体形比较小，额甲不突出，上体背灰褐色，冬季在站立时身体挺拔，在飞行时颈部伸直，一般很少起飞，善于涉水和游泳。

董鸡是流动的农田守卫者，哪里有虫子，董鸡就到哪里去，董鸡往往栖息在虫子比较多的芦苇沼泽和灌水的稻田或甘蔗田里，是庄稼的守护者。为了减少被敌害发现的机会，白天董鸡通常选择躲藏在水稻田或水草丛中，夜幕降临时，它们才开始慢慢地从藏身之处探出头来，然后进行觅食活动。

董鸡是一夫一妻制，因此能不能找到老婆，还是关乎董鸡的"鸡生"大事。一到繁殖期，雄性董鸡便心照不宣地划出自己的领地，这个领地是神圣而不可侵犯的，如果有雌性董鸡来到自己的领地，那么其他的雄性董鸡是不准踏入领地半步的，更不用说和主人争夺老婆了。只是董鸡的叫声实在让人难受，就像吃东西噎在喉咙里，要咳出来一样。

133 / 鹤形目　如是观鸟集 水边的飞羽　水鸟卷

### hēi shuǐ jī
# 黑水鸡

*Gallinula chloropus*
Common Moorhen

---

国家"三有"保护动物
　秧鸡科
　鹤形目

张湘坤　绘

# 萌萌的小秃瓢

黑水鸡的幼崽通体黑色，连小爪子都是油黑油黑的，只有小脑门是光秃秃的红色。一只只萌萌的小秃瓢，它们在等待自己慢慢长大，好拥有父母那样漂亮的鲜红色额甲。成年后的黑水鸡体羽全青黑色；嘴基与额甲亮红色；嘴短，尖端为黄色；两胁有白色细纹，尾下有两块白斑；脚为绿色，脚趾很长，脚上部有一鲜红色带；是一种有着黑白红经典配色的鸟。

黑水鸡特别适应水陆两栖生活，经常是前一时刻还在水里游泳，后一时刻就在水边蹑手蹑脚地走起来。观察行踪难以琢磨的秧鸡科鸟类，要有足够的耐心和技巧，找到周围都是茂密植被的开阔泥滩，持续关注这些植被的间隙、边缘地带，是寻找秧鸡的好办法。因为当它们从一块植被转移到另一块植被时，常常会暴露自己。如果它们在水中游泳，也就容易被发现。秧鸡类的活动地点比较规律，因此要留意它们曾经出现过的地方。在寒冷的冬季，更容易看到秧鸡类，因为此时它们喜欢的觅食地点都被冰冻住了。

黑水鸡不耐寒，也不会在咸水域生活；分布极广，栖水性强，喜欢在树木或挺水植物遮蔽的水域，不喜欢很开阔的场所；常在水中边游边寻找翻捡水面的浮游植物；善于游泳和潜水，当受惊时可潜入水底隐藏，用长长的脚趾抓住水中植物，半天不出来，直到危险解除。

黑水鸡在水中游泳时，尾巴时常上翘，而且不断弹来弹去。其身体呈现一定的角度，头部会大幅度向前伸，尾部则斜向上指天空，就像骑车爬坡一样。黑水鸡不善飞，起飞前需要先在水上助跑很长距离。

黑水鸡是一种聒噪的鸟，行动迅速，叫声响且粗。黑水鸡通常两只同时出现，分布范围除澳大利亚及大洋洲外，几乎遍及全世界。

郭丽 摄

135 / 鹤形目　如是观鸟集 水边的飞羽　水鸟卷

<bái　gǔ dǐng>
# 白骨顶
*Fulica atra*
Common Coot

---

国家"三有"保护动物
　秧鸡科
　鹤形目

张湘坤　绘

白学唯 摄

赵俊 摄

# 白骨顶宝宝为何绚丽多彩

白骨顶又叫"白骨顶鸡",外表可以和黑水鸡对比,它们都是北方常见的物种。只是黑水鸡是红色的额甲,白骨顶是白色的。白骨顶的尾巴更短,后背明显更圆。它们的名字里都有个"鸡"字,属于秧鸡科,但它们不是鸡,而且黑水鸡和白骨顶也不同属。秧鸡科在动物分类学上是鸟纲中鹤形目的一个科,意思是它们和鹤类的亲缘关系更近,属于中型游禽。"秧鸡"的名称就得名于这种鸟类常在稻田里的秧丛中和谷茬上筑巢栖息。目前,全球范围内1/4的秧鸡面临威胁,自17世纪初以来,至少有16个种类已灭绝。

大多数秧鸡栖息在水域边茂密的植被中,生性羞怯,行踪隐秘。小而纤细的体形,通常只有鸽子般大小或者更小,窄窄的身躯使它们能在植被的茎秆间轻易地穿行。羽色也颇有隐蔽色,能让它们更好地融入周围的环境。这些都让观察它们成为一项挑战,更不要说识别了。

但白骨顶是其中的例外,白骨顶会像鸭子一样在十分开阔的水域游泳,很显眼。白骨顶的头比黑水鸡更圆,尤其是后脑勺的位置。与黑水鸡相比,白骨顶经常成群浮在水面上。白骨顶在游泳时会做点头动作,与黑水鸡不同的是,它们在觅食时常频繁潜水。白骨顶的腿带是浅蓝色的,脚趾间具瓣蹼,因此它的游泳技能要比黑水鸡娴熟很多,留在水中的时间也更长。

黑水鸡的幼崽刚生下来时,顶着红色的小秃瓢脑袋;而全身黑乎乎的白骨顶父母,生出的幼崽却是彩色的。刚生出的幼鸟不具备白色的额甲,但仍然和成鸟一样具有黑色浑圆的体形;但头顶、脸部和嘴巴长有红毛,脖子和翅膀等上面有橘黄色绒羽,在阳光之下羽色十分艳丽。在宽阔的水域,一家子出游十分醒目。

一般来说,刚刚孵化出来的小鸟非常脆弱,缺乏自我保护能力,因此颜色会尽量和巢穴及周边环境色调一致,免得被天敌发现。那为什么白骨顶的幼崽与众不同呢?是和白骨顶妈妈繁殖期间吃的食物有关,还是白骨顶双亲有着特别的"育子"偏好?

有鸟类学家观察发现,幼鸟的颜色与孵化的顺序有关。白骨顶妈妈一般产10枚左右的卵,每天产1枚。幼鸟会按照顺序被孵化出来,而后孵化出来的幼鸟颜色要比哥哥、姐姐更加艳丽,以便父母喂给它更多的食物,不至于输在起跑线上。刚孵化出来的幼鸟并不能控制自己的颜色,而是母亲去控制颜色。母亲在产蛋的时候,把更多的胡萝卜素传入卵中,后生出来的小鸟因此获得更多色素。幼鸟孵出的前10天,父母只喂那些抢得凶的宝宝,谁厉害谁就活命。因此,先孵化的宝宝具有先天优势。它们最早抬头,后出生的宝宝往往由于抢不过,最终被父母放弃而饿死。由此得出,这是一种对体色有驱动作用的进化因素。

白骨顶幼崽之所以绚丽多彩,还有一个原因,或许恰恰是想通过警戒色保护自己。鸟类是通过视觉、味觉等多种感官将看到的猎物外观和适口性进行关联的。很多物种都存在警戒色,而拥有警戒色的物种,在第一时间就告诫自己的天敌:"我有毒,或者我不好吃。"比较接近的例子是,蝴蝶和蛾的幼虫。曾经和达尔文一同发现自然选择的华莱士,在信中对达尔文谈道:任何过分华丽和引人注目的色彩,都会明显地将它与棕色和绿色的可食用毛虫区分开来,会让鸟很容易将它识别成一种不适合的食物,而逃过一劫。

# 鸻形目

## 蛎鹬科

### 蛎鹬
lì yù

*Haematopus ostralegus*
Eurasian Oystercatcher

国家"三有"保护动物
蛎鹬科
鸻形目

张湘坤 绘

# 海喜鹊

　　**和惊涛骇浪的海岸比起来，蛎鹬偶尔旅居松花江，或许是一种诗和远方的选择。海边有无比丰富的食物，而四季分明的松花江无法长久地留住蛎鹬小箭头一样的足迹。**

　　蛎鹬喜欢海边刺激的生活，它被称为"海喜鹊"，是因为它的羽色也是黑白两色。最突出的是，蛎鹬拥有一张像削尖的胡萝卜一样的大长嘴，用它可以像庖丁一样准确地刨开贝类。大海给蛎鹬提供了丰富的菜单，有蚌、贻贝、蛤等甲壳类主食，还有软体动物、虾、蟹为辅食，当然也有蚯蚓、毛毛虫为开胃菜。虽然这张菜单上并没有牡蛎，但人们给它起了个"蛎鹬"的名字，来寄予希望。对于直径不到1厘米的小蚌，蛎鹬可以直接一口吞下；对于大一点的蚌壳，它们非常灵活地将壳敲碎，嘴像刀一样锋利地插入贝壳内取食。蛎鹬不以牡蛎为食，和礁石下密密麻麻的贻贝比起来，吃牡蛎太费事。蛎鹬对环境要求很高，有污染的水域，它会躲得远远的。只有生态改善了，蛎鹬才越来越多。蛎鹬常常成小群活动，和喜鹊一样，面对突然闯入它们领地的其他鸟类，蛎鹬会群起而攻之，绝不留情。

　　蛎鹬雌雄个体大小相近，虽然雌性蛎鹬稍微大且重，但雄性蛎鹬的尾巴长些。到了繁殖期，成鸟的眼环变成了鲜红色，和红色的嘴和腿搭配在一起非常夺目。其他时间成鸟和幼鸟眼环都是白色的，幼鸟即使在外形与体态长到和父母一样时，它们的腿还是灰色的，可以辨识出来。

　　蛎鹬一生只拥有一个伴侣，这是一段忠贞又长久的爱情，因为它们的寿命长达20年，每对父母都相互依靠来养育下一代。蛎鹬在海滨砂砾中筑陷穴状巢，虽然会轮流孵卵，但在很多时候，蛎鹬父母会独自把宝贵的卵留在家里，双双出去觅食。蛎鹬的进食时间受潮汐控制，因此，它们必须耐心地等待海潮退去，等到那些贝壳露出真容，才是它们开饭的时间。礁石上有它们吃不完的食物，但也只有几个小时，然后海水会再次汹涌而至。没有父母的保护，藏在乱石砾中的卵，也很容易被附近的捕食者叼走，这个危险的习惯，差点导致种族的灭绝。由于人类对海岸的不断侵占，蛎鹬的巢穴被剥夺了更多空间。

　　蛎鹬幼鸟的成长发育十分不易。海边的贝类食物尽管取之不尽，但对幼鸟来说难度太大，它们需要经过几个月的实践才能慢慢学会吃饱。在个别情况下，幼鸟要依赖成鸟喂养达1年之久。但如果是以多毛类蠕虫为食的鸟类，其幼鸟只需要6-7周便可独立觅食了。可见，养育期的长短与觅食难度十分相关。

　　2018年，一位美国摄影师在新泽西州布拉德利海滩拍到了一系列令人震惊的照片。一只蛎鹬误将一根蓝色的塑料气球绳当成食物，喂给它3周大的宝宝吃。这根塑料气球绳是从大西洋冲上海滩的，海滩上还布满了很多塑料瓶一样的垃圾。亚当·尼科尔森在他的《海鸟的哭泣》一书中写道：所有的信天翁和暴风鹱都吃过塑料，这已经是白纸黑字般的事实，而且据可靠预计，到2050年，所有种类的海鸟中，99.8%的鸟胃里都会有塑料。这真是一个悲伤的消息，我花了相当长的时间去想蛎鹬，每次潮退，蛎鹬都会用长长的嘴插入淤泥或沙滩，寻找食物，它一定拥有敏锐的嗅觉，当然还有视觉和触觉，为什么会分辨不出来那根蓝色的塑料绳呢？塑料绳不知道被海水浸泡了多久，是因为它的滋味、口感都接近蠕虫吗？所有海鸟包括蛎鹬，有着我们无法拥有的理解世界的方式。我只能想到最关键的一点，塑料绳本来就不该出现在海里，那个它们信任了亿年的食物之源。

## 反嘴鹬科

### 黑翅长脚鹬
hēi chì cháng jiǎo yù

*Himantopus himantopus*
Black-winged Stilt

国家"三有"保护动物
反嘴鹬科
鸻形目

张湘坤 绘

黑翅长脚鹬　刘兆瑞　摄

# 红腿娘子

**黑翅长脚鹬值得为自己智慧的演化而炫耀，将一双长脚长成粉红色！都说黑翅长脚鹬是"一眼误终生"的鸟，我真是因为看到了它，才引起观鸟的极大兴趣的。当时，这只穿着"红靴子"的小鸟，打破了我对鸟类的呆板认识，也带我走进了神奇的鸟世界！**

黑翅长脚鹬是一种黑白色涉禽，全长大约37厘米，腿长超过20厘米，这双腿要是走在T台上，势必是名模的风范。不过，即使走在泥沼中，黑翅长脚鹬看起来也是风姿绰约的，因此又被人们称为"红腿娘子"。黑翅长脚鹬栖息于河流浅滩、水稻田、鱼塘和海岸附近之淡水或盐水水塘及沼泽地带。黑翅长脚鹬以软体动物、甲壳类、环节动物、昆虫等为食，兼食杂草种子。因为有着大长腿，可以说黑翅长脚鹬算是较大型的涉禽。这双修长的腿是黑翅长脚鹬的跗跖骨，相当于人类的脚掌、脚背。比起一般鸻形目的鸟类，黑翅长脚鹬可以凭借它走进齐腹深的水域觅食。

依靠竹竿般的长腿，黑翅长脚鹬成为技艺高超的涉水者，而此时的它也是最迷人的。当它移动时，头颈笔直，上身不动，修长的双腿像丈量过似的，交叉摆动匀速前行，看起来是出自定格动画师之手，充满了喜剧的效果。当它低头觅食时，黑色的长嘴和红色的长腿，以及像花蕾一样的身形，投射在水面上，和倒影一起，编织成了一幅美妙、神奇的图案，那是大自然馈赠给观鸟人最令人沉迷的瞬间。

每年4月初，黑翅长脚鹬都会从长江以南的越冬地，飞到北方繁殖。2022年冬，我在广西养病，特意去上林东红湿地，那里曾是黑翅长脚鹬的栖息地。可惜，当我们到达时，群山环绕之地，裸露着干燥的土地。夕阳透过古老的渡槽心形的桥拱，散发着爱的气息，而我们却看不到任何一对水鸟家庭，只因为湿地已不在。

黑翅长脚鹬飞行时，好似翩翩起舞的芭蕾舞演员，常常鼓起细尖的黑色羽翼滑翔，一闪一闪地振翅，雪白的腹部曲线优美，红色的长脚笔直地伸在后面。刚开始它们集小群活动、觅食，十几天后"情投意合"的情侣离群开始组成自己的家庭，此时常可看到成对的黑翅长脚鹬卿卿我我、形影不离。不久，它们就将爱巢筑在水边、芦塘等处，筑巢的材料就是芦苇茎、叶及杂草。

看着黑翅长脚鹬父母带着幼崽觅食，也十分好玩。妈妈的长腿每迈出一步，都会使得在后面跟着的小鸟使劲地追赶，当宝宝累了的时候，妈妈才停下脚步，等待游过来的幼崽。然后，妈妈会屈膝蹲下，让宝宝藏在自己的怀里，把它带离水面，躲在妈妈羽翼里面，幼崽终于又温暖，又可以休息了。只是不知道，黑翅长脚鹬宝宝是先长身体，还是先长长腿呢？

武万才 摄

## 反嘴鹬
*Recurvirostra avosetta*
Pied Avocet

国家"三有"保护动物
反嘴鹬科
鸻形目

许善友 摄

## 翘嘴娘子

在北方的繁殖地，反嘴鹬和黑翅长脚鹬比邻而居。它们也是近亲，都是黑白羽色的鸟。反嘴鹬的黑白羽色搭配看起来更精致优雅，更有艺术气息。有观鸟人将其比作奥黛丽·赫本，仔细想想，还真有些神韵相似。黑翅长脚鹬有着夺目的红色长腿，而反嘴鹬有着骄傲的上翘的喙。反嘴鹬的长腿是青灰色的，而且十分善于游泳，除了涉水、行走动作轻快外，还能在水中倒立。

和黑翅长脚鹬定点取食不同，反嘴鹬在觅食时，会将头低向水面，然后像镰刀收割一样，用喙在水中从一边扫向另一边，在泥浆里，也会用喙向上掘，翻捡食物。

反嘴鹬社群性极强，常常集群捕食，警惕性很强，更愿意大群一起繁殖于光秃秃的地表上；而黑翅长脚鹬则会集成更松散的群体一起繁殖，与反嘴鹬相比，巢址更常处于植被或砾石中间。

当有狐狸等天敌接近反嘴鹬的巢穴附近时，负责警戒的反嘴鹬会发出警报，于是反嘴鹬妈妈会转移到更开阔的地方，故意暴露在狐狸的视线中，歪着膀子、瘸着腿，还佯作飞不起来的姿势，惨兮兮地独行在泥沼中。与此同时，其他的反嘴鹬会集体发出惊恐的预告，不断地起飞。狐狸这时眼里就只看到好多受伤的鸟，仿佛看到了到嘴的美味。当它被吸引转而扑向"受伤"的妈妈时，刚才还一瘸一拐的反嘴鹬妈妈，又一下子变换了身姿，恢复正常，振翅飞走了。这种假装断翅、短腿的招数，就是用来吸引捕食者的注意，而将它们带离巢穴，以达到保护鸟卵的目的。

这在鸟类中是一个公开的秘密，而对捕食者来说，依旧屡试不爽。

许善友 摄

## 昂贵的优质信号

丹顶鹤的"朱顶"、黑水鸡红色的额甲、反嘴鹬上翘的嘴、黑翅长脚鹬的红色大长腿……每个观鸟人,都希望鸟儿有着自己独特的识别标志,永远不患"脸盲症"。事实上,鸟类拥有独特的标识并不是为了给别的"物种",如人来识别的,或许可以有唬吓、迷惑、诱骗天敌的因素,但绝不是故意给人方便的。以色列生物学家阿莫茨·扎哈维认为:"如果任何生物都能拥有独特的标志、大尾巴、敏捷的飞行、巨大的角,那这种标志就不值一提了。"

扎哈维是位鸟类学家,在羚羊为什么要跳跃、孔雀为什么要拖着相当于它身长两倍的、美丽却碍事的尾巴这类问题上,他思索了很多,并在20世纪70年代首次提出了累赘原理。这个学说颇有争议,但主要就是为了解释生物的炫耀性特征。扎哈维认为,对任何鸟类或动物来说,如果要让发出的信号有效,就要付出高昂的代价,只有当发出的信号代价高昂时,不论是从生理上维持还是体力上维持,能发出这个信号的动物才可以被证明具有最好的品质。比如,丹顶鹤的"朱顶"、孔雀的长尾巴,这些昂贵的信号可以证明,与这只鸟交配是件好事。

虽然这与进化论中的自然淘汰论相悖,但它是性选择进化论的根本。自然淘汰论的观点基本上认为,谁有不利的炫耀性生物特征谁就会因此而丧命,而绝大多数物种的交配成败是由雌性掌握的,雌性就偏爱有着炫耀性特征的雄性。拿丹顶鹤或者黑水鸡,再或者是蓝脚鲣鸟、黄腿海鹦来说吧,它们身上这些"彩色"装备,是来自它们吃的鱼类,有些鱼体内存在的一种叫作"类胡萝卜素"的色素,当鸟吃了很多之后聚集在体内产生的。只有捕捉到许多富含类胡萝卜素的鱼类,"彩色"装备才能出现并维持,而且这类胡萝卜素不仅提供颜色,还是一种抗氧化剂,能调节新陈代谢,给鸟儿增强免疫力。因此,它们就比那些无法聚集这种颜色的鸟更健康,更适合繁殖。

因此,对有着优质信号的鸟类来说,为了可以繁衍出更多自己的后代,付出以生命为代价的昂贵努力是值得的。

许善友 摄

## 燕鸻科

pǔ tōng yàn héng
# 普通燕鸻
*Glareola maldivarum*
Oriental Pratincole

国家"三有"保护动物
燕鸻科
鸻形目

刘兆瑞 摄

## 戴黑边围领的鸟

　　普通燕鸻是生活在近水边的小型鸟类，体长不过20厘米左右。因飞行似燕而得名"燕鸻"，在外形上也与燕子相似，尖长的羽翼，还有叉状的黑色尾羽。最明显的差别是，普通燕鸻的喉部呈乳黄色，还带着较宽的黑边，从两眼之间贯穿呈一个围领状，远看就像一张更大的嘴。每日晨昏，在河流或者沼泽地上，燕鸻也像燕子一样在空中捕食昆虫，张开的大嘴，加上嘴下夸张的围领，估计飞虫与它在空中相遇，一定会先吓一跳。

　　普通燕鸻的喙短，基部较宽，繁殖季会呈红色，尖端较窄而向下略弯。这样的形状是长期觅食泥土里的食物而进化的结果。普通燕鸻虽然是涉禽，但并不涉水而行，看起来更喜欢让自己的脚和喙保持干燥，也或者是干净，要不怎么会戴一个"围领"呢？除了这个围领以彰显优雅外，普通燕鸻长相是低调的，整体羽色属于拟态环境色，上体茶褐色，腰白色，与它喜欢的沙地、稻田、草地相融。燕鸻喜欢热闹，性情也喧闹，和其他涉禽也能合得来，而常常混群。

　　如果在某一个雨天，一群大型食草动物走过燕鸻栖息之地，留下一连串蹄印，那么恭喜燕鸻家族，"联排别墅"大功告成。燕鸻很喜欢在食草动物的蹄印中筑巢，它们在低洼处，不做复杂的修饰，只在蹄印里铺垫取自周边的干草、羽毛，这就是一个舒适的小窝了。燕鸻的卵为椭圆形，沙白色或淡灰黄色，杂以灰蓝、暗褐斑点，每窝产卵2-5枚。在蹄印里，那些卵就像石头，这是拟态行为的完美表现。而且，它们喜欢集体筑巢，依赖集体力量来保证繁殖期的安全。

　　燕鸻善于行走，并不停地上下弹动脑袋。当它们感到足够的安全且惬意时，脖子会完全缩进胸口处。即使整理羽毛，它们也不会伸出太长的脖子。尤其是在睡觉休息时，燕鸻看起来完全是一个小胖子。可是，在瞭望或者警戒时，它们的脖子又会伸出很高，头上下弹动。

## 凤头麦鸡

fèng tóu mài jī

*Vanellus vanellus*
Northern Lapwing

国家"三有"保护动物
鸻科
鸻形目

# 鸻科

张湘坤　绘

赵俊 摄

# 鸟中"穆桂英"

凤头麦鸡头上有几根黑色反曲的长形羽冠，背、肩以及三级飞羽呈金属光泽的暗绿色加有紫色、金色配色，胸部具宽阔的黑色横带，前颈中部有一黑色纵带将黑色的喉和黑色胸带联结起来，宛若一件高贵的斗篷，看起来不禁让人联想起披挂上阵的穆桂英，英姿飒爽又明艳动人。

麦鸡属的拉丁文 Vanellus，意思是小扇子。这是因为该属成员在飞行时振动大翅膀的方式。它们被称为"麦鸡 Lapwing"，因为它们为了保护自己的巢中卵或者幼崽，会拖动、鼓翼、拍打翅膀，假装受伤来分散捕食者的注意力。

凤头麦鸡扇动翅膀虽然缓慢，但每小时可以飞行60千米，飞行速度还是十分惊人的，而且可以上下翻飞，持续几小时不休息。每年春天，凤头麦鸡都会经过漫长的迁徙，飞来东北繁殖。它们喜欢光顾那些平坦的湿草甸，主要以无脊椎动物为食，比如，蝗虫、蛙类、小型无脊椎动物、甲虫、苍蝇、蚯蚓、蜗牛等，有时也吃素食，主要是草籽。

凤头麦鸡是典型的益鸟，我第一次见到凤头麦鸡就是在农田附近。它们吃各种农田害虫，尤其是蝗虫的克星，往往凤头麦鸡多的地方，就不会出现蝗灾，对保护农业生产意义重大。

即使农业生产活动会导致每年很高的死亡率，凤头麦鸡也愿意在农田地里筑巢。好在凤头麦鸡的幼鸟是早成鸟，孵化后很短时间就能离巢，而且极具隐蔽性，它们跟随父母5-6周，就能独自生活了。凤头麦鸡在幼鸟破壳后，会把卵壳从巢里移出去，因为卵壳里面是白色的，会暴露给捕食者，亲鸟也会掩埋鸟壳，不留痕迹。

在跟随亲鸟生活的时间里，每只幼崽都会得到父母的照顾。凤头麦鸡护巢性很强，无论人或动物接近幼鸟，它们都会在空中来回飞行进行驱赶，鸣叫的声音类似"赖叽"，东北老百姓又叫它们为"赖叽毛子"。欧洲人却给凤头麦鸡起了一个恰当的名字叫作"田凫"。

在荷兰，曾经每年都有一场比赛，就是看谁能找到这一年第一枚凤头麦鸡的卵。尽管人们早已不再食用凤头麦鸡的卵了，但是从发现第一枚卵的时间一年比一年早这个事实来推断，全球气候已经发生了明显的变化。

## 灰头麦鸡

huī tóu mài jī

*Vanellus cinereus*
Grey-headed Lapwing

国家"三有"保护动物
鸻科
鸻形目

张湘坤 绘

## 奶奶灰色的麦鸡

赵俊 摄

　　每年立春过后，灰头麦鸡就开始顺着暖湿气流向北迁徙，在越冬候鸟北迁高峰到来之前，它们已经进入了北方春天的入口，是最早返回繁殖地的先锋鸟。每年，不论是向北还是向南，灰头麦鸡都是鸟类迁徙中比较早的，它们的迁徙预示着候鸟迁徙大幕的拉开。

　　回到北方广袤的旷野之中，集群而来的灰头麦鸡开始喧闹着寻找各自中意的地盘。它们喜欢栖息于近水的开阔地、沼泽、河滩、草滩还有农田。它们喜欢的食物，也开始在惊蛰过后萌动，包括各种甲虫、蝗虫、蚱蜢、鞘翅目和直翅目昆虫，还有水蛭、螺、蚯蚓、软体动物和植物的叶及种子。我国有6种麦鸡，灰头麦鸡是其中个头最大，同时种群数量最多的，是内陆湿地生态系统的优势鸟类。

　　灰头麦鸡有着醒目的黄色大长腿，擅长在泥滩上奔跑觅食。虽然没有凤头麦鸡那样的"舞台戏服"，但灰头麦鸡也算是比较醒目的鸟，它的头、颈和前胸是时髦的奶奶灰色系，胸前有一条明显的黑色胸带，背部淡褐色。在飞行时可以看到黑色的翼尖和尾尖、白色的翅膀，腰和腹部及背部的褐色大三角形成强烈的标识效果。灰头麦鸡展开的双翅超过它的身长，使它看起来像是老鹰和鸽子的"集合"。黄色的大长腿在飞行时，直直地伸出，长度超过了尾巴一点点。它们的黄色喙又长又直，喙尖端为黑色。眼圈为黄色，虹膜为红色，眼先有较小的黄色斑。红色的眼睛，让灰头麦鸡看起来有着"魔鬼"的气息。因为当你侵犯它的繁殖领地时，你就会感受到，这些"红了眼"的鸟爸、鸟妈是如何的"凶神恶煞"了。

　　在繁育下一代这件事上，灰头麦鸡十分懂得抓大放小。它们不会为筑巢费心思、花力气，只在空旷的草地或沙滩上，找个天然的小土坑，然后往里垫点枯草秆就算搭窝了，还有的鸟爸、鸟妈居然钟情干牛粪，连草秆都省了。虽然没有任何建筑技能，但绝没有耽误灰头麦鸡成为好父母。因为在保护孩子方面，它们非常称职，被人夸赞是父母力爆棚。

　　灰头麦鸡的幼鸟是早成鸟，出壳第二天就可以自己活动了。当小鸟觅食时，灰头麦鸡父母会共同担负护卫的责任。它们会选择远远地在一处高地站着，观察觅食环境，一旦有危险，就会马上飞起，并发出刺耳的警报声，甚至会做鹰状俯冲下来，瞪着血红的眼睛主动攻击。幼鸟听到爸爸、妈妈的警报后也会乖乖地躲起来一动不动。除此之外，灰头麦鸡还会采取调虎离山之计，把敌人引诱到别的地方去，将自己的安危置之度外！

## 金鸻
### jīn héng
*Pluvialis fulva*
Pacific Golden Plover

国家"三有"保护动物
鸻科
鸻形目

赵俊 摄

## 行走的"虎斑贝"

金鸻的夏季繁殖羽为下体纯黑，上体密杂以金黄色斑点，使整个上体呈黑色与金黄色斑杂状，看起来就像一只可以行走的"虎斑贝"；体侧有一条白带，自前额开始经眉、再沿颈侧而下，与胸侧大型白斑相连，在上下两色之间形成一条反"S"形弧线，极为醒目。

在萧瑟的冬天，仿佛炙热的情感淡去，金鸻的体羽满布褐色、白色和金黄色杂斑；下体也变成褐色、灰色和黄色斑点，金鸻好像变成了另一种鸟，点缀在旷野之间，使旷野充满了一团团灵动的气息。

金鸻的学名 *Pluvialis* 表示下雨，鸻 Plover 的名字来源于法语，意思是报雨鸟，是指迁徙的鸟群会在雨季到达。金鸻家族是著名的迁徙鸟类，健硕的胸部肌肉保证了飞行的力量和持久性，因此金鸻家族都是长途迁徙的健将。北美金鸻更是以每小时90千米的速度飞35个小时，越过2000多千米的海面而著称。它们经常飞越大西洋和南美洲，来到南方的巴塔哥尼亚，然后沿着密西西比河流域返回。美洲西部的金鸻可以一口气不停地飞到南太平洋的岛屿。

来东北的金鸻是旅鸟，金鸻在俄罗斯北部、西伯利亚北部及阿拉斯加西北部，迁徙时经过中国全境，从东北到海南或是台湾。

## ● 几种在北极繁殖的鸻鹬

### 灰鸻
huī héng

*Pluvialis squatarola*
Grey Plover

国家"三有"保护动物
鸻科
鸻形目

在安全的地方生育，在富饶的地方成长，或许这就是迁徙最朴素的道理吧！日照充足、地广人稀、天敌不多的北极，是许多鸟类不远万里也要选择的最佳繁殖地！

灰鸻是健壮的涉禽，体形在28厘米左右，嘴短厚，体形略大于金鸻，头和嘴也较大。褐灰色和白色为主的羽色，在飞行时翼纹和腰部偏白，黑色的腋羽于白色的下翼基部显示出黑色斑块。灰鸻在繁殖时期，和金鸻一样，雄鸟的下体为黑色，但上体还是以银灰色为主的，尾下白色。

灰鸻也有马拉松飞行的本事，叫声为三音节哨音，并不清晰，但比金鸻清晰而尖厉，突发音口哨声略哀伤。灰鸻繁殖于北极高纬度地区的潮湿苔原地带，通常会选择比金鸻的栖息地更湿润的区域，在繁殖时，集群的密度也比金鸻低。灰鸻在孵卵时，会将卵的尖头冲向巢心里面，这样以方便均衡孵化。

### 红腹滨鹬
hóng fù bīn yù

*Calidris canutus*
Red Knot

国家"三有"保护动物
鹬科
鸻形目

红腹滨鹬夏季时头顶至后颈锈棕红色，缀有白色和细密的黑色纵纹，到了冬季时，棕栗色神奇地消失，这时的羽色是淡灰褐色兼具纤细的黑色条纹。红腹滨鹬体形较小，嘴短为黑色。因为嘴短，红腹滨鹬在觅食时，差不多要将嘴全部插到滩涂中，然后像犁地一样，往前移动。红腹滨鹬的腿也短，为绿色，在飞行时基本看不到双腿，只有健硕的胸肌，支撑红腹滨鹬完成漫长的迁徙。世界上红腹滨鹬有6个亚种，在世界范围内的迁徙，从北纬50度到南纬58度，如果你是一个狂热的红腹滨鹬爱好者，那么在追随它迁徙的时候，你显然也会完成一次环游世界之旅。

很多鸻鹬类鸟在进入停歇地之前，会集群在空中进行飞行造型表演。红腹滨鹬的队形很复杂，像变形虫旋扭着多呈椭圆形，而且移动速度较慢，仿佛放了慢动作。

## 三趾滨鹬

sān zhǐ bīn yù

*Calidris alba*
Sanderling

国家"三有"保护动物
鹬科
鸻形目

皮克斯创作的6分钟短片《鹬》(*Piper*)曾获得奥斯卡最佳动画短片奖，主角是一只刚出生不久的小鹬，全身雪白、胖乎乎、毛茸茸的，两只黑眼睛又小又圆，腿非常短小，快速跑动时像个白色的小毛球在地上滚动，暖萌人心。这部短片的灵感来自导演艾伦·巴利拉罗在海滩跑步时，遇见的三趾滨鹬。它们在海浪间上蹿下跳寻找食物，却不会被海浪打湿。于是，他和团队用时3年创作了这部自愈系短片。

三趾滨鹬在鹬鸟里，属于很有特点、容易辨认的滨鹬。因为相比于其他鸻鹬，三趾滨鹬的下体非常白，在繁殖时期，黑嘴、黑腿、肩羽前缘明显的黑褐色是它的辨识特征。三趾滨鹬在觅食时，喜欢将尖尖的嘴插到沙子里来回翻动，频率非常高，寻找沙中的小螃蟹和小蛤蜊，有时还能捉到底栖的小鱼和线虫。和短片中一样，三趾滨鹬特别喜欢在海岸滩涂上随着浪的起落快速奔跑，觅食的样子憨态可掬。

三趾滨鹬出现在东北，代表了东亚—澳大利西亚线上迁徙的200多种鸟儿。在中国1400多种鸟中，绝大部分的鸟都是四趾，仅有不到10种为三趾。三趾滨鹬能在滩涂上疾走，就是因为后趾的消失。

bān wěi chéng yù
# 斑尾塍鹬
*Limosa lapponica*
Bar-tailed Godwit

国家"三有"保护动物
鹬科
鸻形目

　　斑尾塍鹬是四种大型长喙滨鹬鸟之一。它的夏季繁殖羽色和红腹滨鹬很像，为红褐色，冬季羽为灰色，最大的区别就是它的喙很长，而上翘，为红色。

　　2007年9月，鸟类学家记录下一只斑尾塍鹬用了8.2天的时间，以每小时56千米的速度，不吃、不喝、不睡觉，连续飞了11587千米，斜跨太平洋，从美国阿拉斯加州直飞到了新西兰，创造了鸟类不间断飞行的最长纪录。

　　每只鸟在迁徙时，都要把自己喂胖。斑尾塍鹬不仅要吃饱饱的，而且通过压缩自己的内脏器官给脂肪腾出地方。这样在上路时，它们就变成了脂肪团，这些占体重一半以上的脂肪是不间断长途飞行的主要燃料。斑尾塍鹬在白天通过阳光识别方位，在夜间通过星光定位，并且在高空中通过顺风的大气层提高飞行效率。斑尾塍鹬具有强大的毅力，支撑着自己去温暖的南方产卵。

赵俊　摄

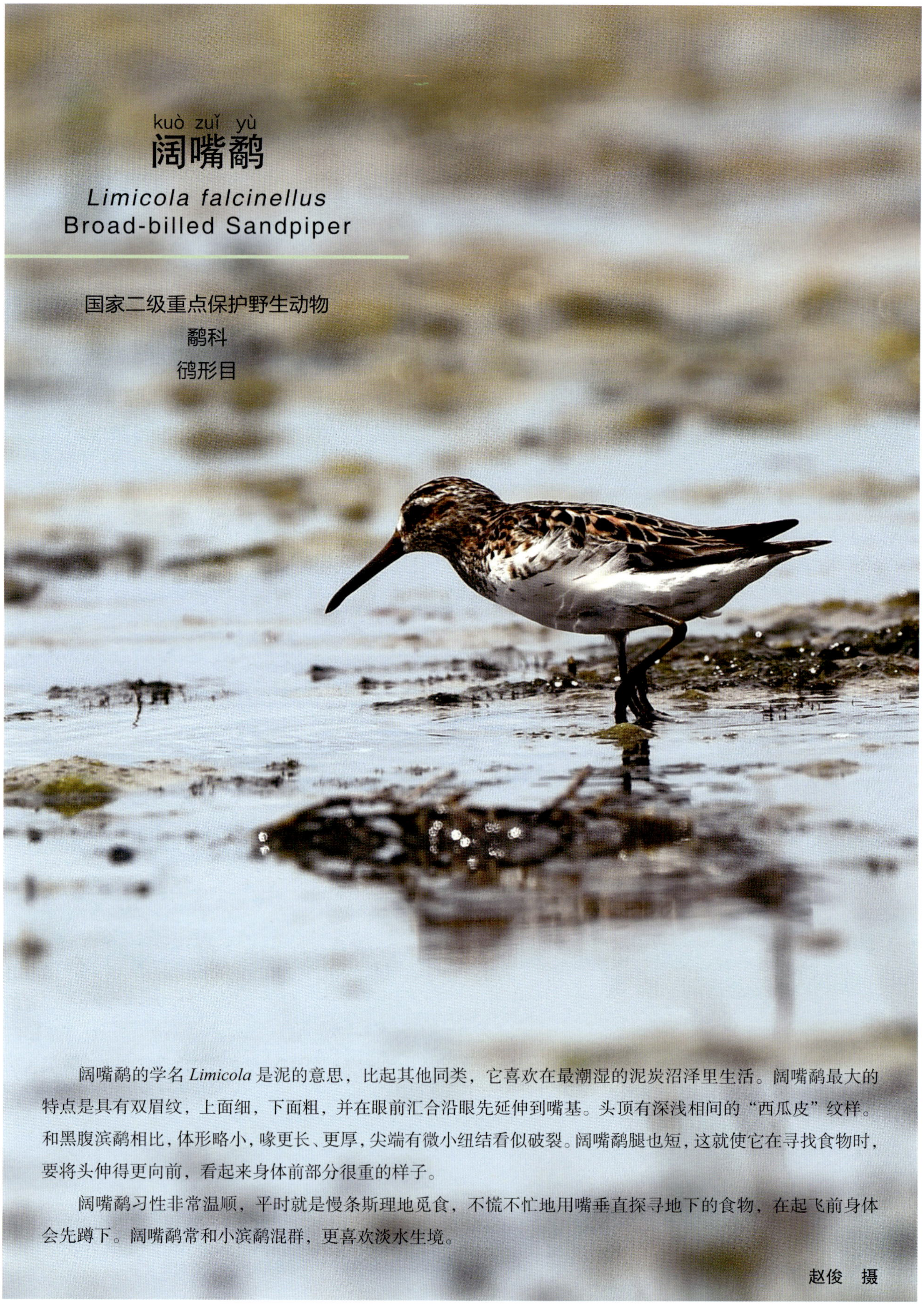

kuò zuǐ yù

# 阔嘴鹬

*Limicola falcinellus*

Broad-billed Sandpiper

国家二级重点保护野生动物

鹬科

鸻形目

阔嘴鹬的学名 *Limicola* 是泥的意思，比起其他同类，它喜欢在最潮湿的泥炭沼泽里生活。阔嘴鹬最大的特点是具有双眉纹，上面细，下面粗，并在眼前汇合沿眼先延伸到嘴基。头顶有深浅相间的“西瓜皮”纹样。和黑腹滨鹬相比，体形略小，喙更长、更厚，尖端有微小纽结看似破裂。阔嘴鹬腿也短，这就使它在寻找食物时，要将头伸得更向前，看起来身体前部分很重的样子。

阔嘴鹬习性非常温顺，平时就是慢条斯理地觅食，不慌不忙地用嘴垂直探寻地下的食物，在起飞前身体会先蹲下。阔嘴鹬常和小滨鹬混群，更喜欢淡水生境。

赵俊　摄

刘兆瑞 摄

## 红颈瓣蹼鹬

*Phalaropus lobatus*
Red-necked Phalarope

国家"三有"保护动物
鹬科
鸻形目

红颈瓣蹼鹬在东北是罕见的旅鸟，它喜欢生活在高海拔地区，在北极繁殖的所有候鸟当中，最后一个到达却又最先离开北极的便是瓣蹼鹬了。这种迟到早退的鸟类脚上有蹼，羽毛形成厚厚的几层，不仅仅喜欢涉水，更能完全在水中生活。它们有着令人惊叹的漂浮能力，就像软木一样，也善于游泳，常常出没在更外围的海域上。红颈瓣蹼鹬采用绕圈旋转的方式觅食，也被人认为善舞，犹如水上芭蕾，是十分有特点的鹬类。

红颈瓣蹼鹬嘴细而尖，黑色。脚也为黑色，趾具瓣蹼。夏季，雌鸟上体灰黑色，眼上有一小块白斑。背部、肩部有四条橙黄色纵带。前颈栗红色，并向两侧往上延伸到眼后，形成一条栗红色环带。颏、喉白色，胸侧和两胁灰色，其余下体白色。雄鸟似雌鸟，但体形较小，上体较淡，颈部环带棕红色。瓣蹼鹬家族的雌性普遍比雄性体形大，且羽色绚丽。这样的伴侣关系通常意味着，雌鸟会主动向雄鸟发动爱情攻势，当雌鸟产下卵后，雄鸟要负责孵化，并养育幼鸟长大，而雌鸟则去另寻新欢，会再产下一窝卵，自己不尽任何母亲的义务。当繁殖季过后，雌鸟就要补充体能，为漫长的南下迁徙做准备。

## 翻石鹬

*Arenaria interpres*
Ruddy Turnstone

国家二级重点保护野生动物
鹬科
鸻形目

翻石鹬的嘴很短，好像是为藤壶特制的，站在礁石上一边沐浴着海风，一边将嘴插进附着在岩石上的藤壶里，享用最鲜美的海味，每只翻石鹬都会把自己喂得圆滚滚的。当然，翻石鹬更擅长的是用微微向上翘的嘴，翻开海草或小圆石，寻找隐藏在下面的更丰富的食物，如沙蚕、小螃蟹、各种昆虫等小动物，而且它也不拒绝吃腐食。因为腿也短，翻石鹬很适合站在岩石上，这样下盘会很稳，帮它抵御猛烈的海风侵袭，这样的短腿当然也不适合在滩涂上涉水而行。遇到大家伙，翻石鹬会拉帮结伙，临时组团一起将物体翻过来，取食的过程聚精会神，动作麻利。

翻石鹬的羽色比较杂乱，在繁殖季时雄鸟体色由栗红色、白色和黑色交杂而成，脚是橙红色的，十分醒目。到了冬天，翻石鹬身上的栗红色就会消失，而换上单调且朴素的深褐色羽毛。

翻石鹬的学名 *Arenaria* 是沙坑的意思。它习性温顺、很容易接近。如果你想寻找翻石鹬，那么最理想的是在海边，它喜欢栖息于岩石海岸、海滨沙滩、泥地和潮间地带，也出现于海边沼泽及河口沙洲。就连繁殖的时候，翻石鹬都会选择光秃秃的布满岩石的海岸区域。当它迁徙来东北后，就会出现在内陆湖泊、河流、沼泽、以及附近的荒原和沙石地上。

# 翘嘴鹬
### qiào zuǐ yù

*Xenus cinereus*
Terek Sandpiper

国家"三有"保护动物
鹬科
鸻形目

张湘坤　绘

　　翘嘴鹬属于低矮形的灰色鹬，上体灰色，在翅膀的边缘则长有细条状的黑色羽毛，腹部泛白；有晦暗的白色半截眉纹，在繁殖期肩羽有黑色条纹，夏羽则没有。翘嘴鹬脚为黄色，嘴基也有一块黄色，它最明显的特点是嘴巴极为细长，并且上翘的幅度非常大，看起来就像女士的发夹，能轻易地挑起沙地之中的甲壳类动物，它也因此得名。翘嘴鹬在滩涂上常常一路小跑，劲头十足地觅食，步态也十分轻盈，在奔跑时也常停下来，或者转换方向，和其他鹬类比起来速度都要快。

　　翘嘴鹬繁殖期生活在较为寒冷的地带，基本上都集中于北极境内的冰原森林地带，大多靠近河流、湖泊或者池塘等地；而到非繁殖期时，则喜欢迁徙到更温暖的地方，如沿海的礁石、沙地及岛屿上，有时在内陆湖泊附近也能见到它的身影。翘嘴鹬很容易和灰尾漂鹬与青脚鹬弄混，不过在东北，见到它并不容易。

## ●几种带"环颈"的鸻

### 剑鸻 (jiàn héng)

*Charadrius hiaticula*
Common Ringed Plover

国家"三有"保护动物
鸻科
鸻形目

张湘坤 绘

剑鸻有一条完整的白色颈圈贯穿颏、喉,下面是一条较宽的黑色或黑褐色胸带,一直环绕到颈后。剑鸻的头部、眼先、前额基部为黑色,两眼之间有一白色"发带"横于额上。耳羽为黑色或黑褐色,白色的眉纹延伸到眼后。剑鸻身形圆胖,显得很强壮。剑鸻喙短粗,腿也短,使用的就是鸻类鸟典型的"停—跑—捉"的方式捕食,在开跑的时候,就像启动了腿部的发条,十分迅速。其大眼睛有着非常好的视野,奔跑的力度震动了滩涂上的小动物,令它们的食物骚动不安,慌不择路,于是,剑鸻就逮住机会,饱餐一顿。

剑鸻每年3月都会飞来东北繁育后代,在砾石滩上筑巢。为了引诱捕食者离开自己的筑巢地,剑鸻会使用所有在地面筑巢鸟类的撒手锏——"装受伤",拖着受伤的翅膀行走,这种拟伤行为屡试不爽。不过,剑鸻还是特别能培养子女独立性的"开明家长",幼鸟落地一个星期左右,剑鸻父母就会带着它们出门觅食,父亲会在远处负责放哨,母亲领着孩子散养式吃食,让它们独自觅食,并不投喂。幼鸟累了就躲进母亲的翅膀下休息,跑得远了,就会被母亲捉回来。剑鸻飞行很有力,振翅速度并不快,在降落前还会滑翔,很会保持体力。在越冬地,剑鸻会集合成密度很高的群体。当它们休息时,会各自朝向不同的方向,或睡觉或梳理羽毛,当然也在静静观察。如果有猛禽悄悄靠近,它们就会紧密团结起来,一起保持低飞,不会垂直向上。

# 环颈鸻

*Charadrius alexandrinus*
Kentish Plover

国家"三有"保护动物
鸻科
鸻形目

赵俊 摄

环颈鸻的白色领圈从后颈部位来看，非常清晰完整，绕至前胸，与颏、喉、前颈、胸、腹部的白色融会在一起，往下是胸部两侧独特的黑色斑块。环颈鸻是白色额头，和白色眉纹连在一起，头顶前部有一块黑色斑，不与穿眼黑褐纹相连。

环颈鸻的头看起来比其他小型鸻类的头都大，腿也更长，跑起来就像装上了马达，一溜烟得快。环颈鸻的喙比剑鸻的细，社会性比金眶鸻强，但也不如剑鸻。可能是海滩上的食物太过丰盛，环颈鸻很难约束自己的脚步。每天当太阳在海平面上升起时，藏匿在滩涂上的大眼蟹开始出来呼吸新鲜的海风，并借助阳光来回升体温。它们从泥水中伸出两只长眼睛，横行着在水面上移动。滩涂就像一个巨大的怪物在苏醒，露出无数个探头，冒着泡。然而，容不得大眼蟹舒舒服服地晒太阳，因为"打地鼠"的环颈鸻开始觅食了。尽管遍地是大眼蟹，可是抓到它们中的一只，然后顺利吃下去也并不容易。大眼蟹的蟹钳并不好对付，这么大体形的食物，环颈鸻要用自己小而有力的喙，分解掉螃蟹，再一块块吞下去，坚硬的螃蟹壳会在它食管下的嗉囊保存一段时间，软化后才能进肚。整个滩涂都是食物，环颈鸻只能叹气自己眼大肚子小。

张湘坤 绘

## 金眶鸻
### jīn kuàng héng

*Charadrius dubius*
Little Ringed Plover

国家"三有"保护动物
鸻科
鸻形目

    金眶鸻有明显的白色和黑色双套领圈，前额为白色块，两眼之间的头顶，贯穿眼先、眼周和眼后为一圈黑色。最容易辨认的是金眶鸻有着完美的金黄色眼圈，就像戴着金丝边的眼镜，颇有文艺气息。金眶鸻的喙与剑鸻比起来更长、更细。体形和剑鸻比起来也更纤细，长翅膀折叠起来放在身后，使它后端看起来比较尖细。因为头没有环颈鸻那么大，所以在站立时，看起来很平稳，全都仰仗细细的腿爪，来支撑胖胖的身体。求爱的金眶鸻挺起胸，摆动着纤细的尾巴，迈着小碎步，还很妖娆呢。

    有人说，金眶鸻有些鬼鬼祟祟，没有剑鸻自信，或许是因为金眶鸻更喜欢自己行动，所以更要小心、谨慎。金眶鸻更喜欢内陆，每年春天有来东北繁殖的个体，多会选择河岸边或者湖边的泥滩地，或者人为环境的栖息地。与大部分的鸻类相似，金眶鸻的巢很简单，在地面砂砾较多的地方上直接产卵孵化，没有任何的巢材。一次产卵4枚左右，卵壳布满斑点，与周围环境极为相似，就像是地面的鹅卵石。金眶鸻也是"教育型"的父母，为了锻炼孩子，常常扮演受伤的样子，逼幼鸟出去捕食，然后躲在后面偷偷保护。这演技也是让人醉了。

薄兴华 摄

# 鹬科

qiū yù
## 丘鹬
*Scolopax rusticola*
Eurasian Woodcock

国家"三有"保护动物
鹬科
鸻形目

刘兆瑞 摄

● 一些特立独行的鹬

## 一生都走在舞步上的鹬

丘鹬不算小，体长有35厘米。身着梦幻般的伪装，它在森林中的枯叶上溜达，仿佛也是一片随风而动的枯叶，它的羽毛显示着棕色的所有色调，从非常浅到几乎全黑，从头顶的粗纹到尾翼间的细纹，好像是用一支很细小的刷子刷上去的。而且，每只丘鹬羽毛上的色系，都与其他区域的有所区别，羽毛就像涂了一层蜡，使它在被太阳照射时，闪闪发亮。

丘鹬的脑袋有点像三角形饭团，眼睛很靠近后脑勺方向，看起来有点愣。但这个位置上的眼睛特别好使，即使它低头将长嘴插进土里寻找蚯蚓时，眼睛也可以留意到四周的危险。丘鹬的喙尖端偏软，十分敏感、灵活，一碰到蚯蚓就变成夹子，探测功能十分强大。

丘鹬最令人瞠目的是它的步态，人们使用了各种联想来比喻它的步态，有人说它会走太空步，是模仿迈克尔·杰克逊的鸟，有人说它会蹦野迪、会玩摇滚乐。其实，用东北话来形容那就叫"尬呦"。丘鹬这种连吃饭、交配都像踩着弹簧的舞步，可不是白娱乐的，一步一卡，踩踩顿顿，弹弹跳跳，是为了把脚下的蚯蚓惊得四处乱逃，这样就会被丘鹬逮到行踪，填饱肚子了。因此，丘鹬看起来是在娱乐，实际上它是在做"地下工作"。可笑的是，这舞步跳起来就有惯性了，走到哪都带着舞姿，遇见根树枝要跳，过马路要跳，谈恋爱要跳，就连孵蛋的时候也要跳。刚孵化出来的小丘鹬还挺正常的，稍大一点胎教的作用就体现了。妈妈跳，它们就跳，妈妈停，它们也跟"木头人"一样立马停下来。因此，在它们横穿马路的时候，千万别吓到它们，因为它们真会变成"木头人"，这样没有大把时间，你是过不去了。

丘鹬总是在夜晚时飞行，不知道是不是太胖了，它是世界上飞得最慢的鸟，能以5英里的时速匀速飞行。

赵俊 摄

### 流苏鹬
*Calidris pugnax*
Ruff

国家"三有"保护动物
鹬科
鸻形目

## 既会"变脸"也会"变装"

流苏鹬的学名包含喜爱打斗的意思，每只雄鸟为了从繁殖竞争中获胜，都要通过激烈的打斗赢得雌鸟。强壮的雄鸟在一个繁育期内可以和多只雌鸟交配，而另一些则完全没有机会留下后代。事实上，雄性流苏鹬在繁殖后代这件事上，可谓无所不用其极。

流苏鹬是体形较大的鹬类，不仅在鹬界，在整个鸟类世界，它也是独树一帜的奇葩存在。首先它是个"变脸高手"，裸露的面部，有的是黄色的，有的是褐色的，还有的是橘红色的，都布满细疣斑和褶皱；其次是头形，或者是梳着"猫王"一样的爆炸头，或者是两个冲天丸子头，又或者是波浪头。

繁殖季节，雄性流苏鹬开始身着盛装，也许是觉得爆炸头还不够醒目，因此到了繁殖期，流苏鹬的脖子上就会长出一圈爆炸式的流苏饰羽。饰羽从头部到颈部，蓬松又夸张。流苏鹬的英文名叫"Ruff"，其实仅指雄鸟，而雌鸟则被叫作"Reeve"。就是因为雄鸟会长出饰羽，与英国伊丽莎白时代的襞襟十分相似。襞襟就是白色轮状皱领的衣饰，英文就叫"ruff"。

为了满足不同雌性的审美需求，雄性流苏鹬进化出了不同的羽色和求偶策略。首先，不同个体的雄性流苏鹬，脖子上的饰羽颜色变化很丰富，有栗褐色、栗红色、灰白色、白色、浅黄色、黑色泛紫色光泽等。科学家观察发现，差不多有深色羽色的雄性流苏鹬会防卫一片很小的领域，而那些浅色羽色的雄性流苏鹬会和其他领地的主人共用求偶场。荷兰的流苏鹬研究者利迪·荷根将前者深色雄鸟称为"领居型"，后者浅色雄鸟则称为"卫星型"，并指出后者是寄生利益获得者。因为雌鸟喜欢在一处领地里，有两种以上不同的雄鸟。越多的雄鸟就越能吸引流苏鹬雌鸟的造访。所以，"卫星型"雄鸟没有自己的领地，而它们就在"领居型"雄鸟的领地转悠，虽然常被爆扁，但并不受到排挤。雄鸟通过竖起耳羽簇、展开饰羽，做出各种姿势，旋转跳跃，不断争斗等方式吸引雌鸟的到来。当雌鸟像客人一样翩然而至时，雄鸟立刻低下华丽的头颅，匍匐在地，异常谦卑，它们这样保持一两分钟，然后转向雌鸟。如果这中间，在翻转腾挪时遇见雄鸟，那就不客气了，"领居型"雄鸟就会用喙压住"卫星型"雄鸟的头，展现自己的主人地位。这种混战不单纯发生在两只雄性之间，而是会在所有保持领域和共享领域的雄鸟间进行。"卫星型"雄鸟一般武力比较差，但它会寻找时机，偷偷为自己赢得交配权。

在这热气腾腾的求欢之所，流苏鹬中还有一种独特的雄鸟存在。它们脖子上没有夸张的饰羽，长得跟朴素的雌鸟一样，但是一个货真价实的"变装大佬"，因为它们有着非常大的睾丸。这些"男扮女装"的鸟也被称为"拟雌型雄鸟"，它们假装是雌鸟，在雄鸟的求偶场出现，然后伺机与真正的雌鸟交配。这种基因型的雄鸟为何会有雌鸟的外衣，而同时又有雄鸟的睾丸，生理上的结论还有待研究，很可能和基因上雄性饰羽被阻断有关。

总之，流苏鹬不论怎样奇葩，它们的生存繁衍大计都这样一年一年进行下去。雌鸟会选好自己的"如意郎君"，而雄鸟会成功地将自己的基因传递下去。

## 勺嘴鹬

sháo zuǐ yù

*Calidris pygmeus*
Spoon-billed Sandpiper

国家一级重点保护野生动物
鹬科
鸻形目

## 江湖人称"小勺子"

勺嘴鹬小名"小勺子",是人见人爱的小水鸟,也是世界上独一无二的鸟,绝对是鸟界的"国际明星"。勺嘴鹬的名字展现了它的特征,它的嘴前端扁平膨大,如箭头形状,就像一只带柄的小勺子,或者小铲子,令看过的人无不称奇。

勺嘴鹬是一种需要长途迁徙和越冬的鸟儿,它们只在北极海岸冻原沼泽地带上繁殖,在东南亚的湿地过冬,是一种仅分布于东亚—澳大利亚候鸟迁徙路线上的鸟类。在繁殖季节,勺嘴鹬的羽毛就会变成红色,不过非常可惜的是,在中国很难目睹到"红衣"勺嘴鹬,我们见到的勺嘴鹬都是灰白色的,都是迁飞季节在中转站或越冬地的模样。而且,勺嘴鹬的体长一般为15厘米左右,个子非常小,十分不起眼,混在大量迁徙的鸻鹬鸟群里,需要细心辨识鸟嘴的部分才会发现它。

这个小勺子,随身携带餐具主要是为了方便它们取食。和那些以小鱼为食的尖嘴水鸟不一样,勺嘴鹬的取食方式和鸭子更相似,都是以滤食为主的。勺嘴鹬会在退潮时,跑到滩涂或者湖边的小水坑,然后将它那扁扁的像勺子一样的嘴巴深入泥水中,再通过左右摇晃脑袋的方式,试图用宽扁的嘴从水中过滤出小鱼、小虾、沙蚕等海生的小动物。

但是,你以为小勺子的"勺子"就这点功能,那可小瞧它了。"勺子"可以选择性啄食,在泥土或浅水中稳步向前啄食;当然还有横扫,沿着勺嘴轴线的方向啄食前进,并在啄食的高点做横扫动作,据说这种技术是勺嘴鹬独一无二的。"勺子"也可以当锤子用,将鸟喙当锤头一样击入水中或泥地当中;还可以利用尖部刺,类似啄食动作,在插入泥地时上下喙闭合,更加有力。"勺子"还有吸管的作用,只要连续并快速地将喙尖插入泥地较浅的位置,看起来像是从泥地吸取食物那样。

"勺子"之所以有这么多功能,是因为勺嘴在基端也和在顶端一样扩展开了,让勺嘴鹬具备了更宽的舌头,有更多的表皮突起,其实就等于触觉传感器多了,这个勺子造型,就形成了小勺子这些有趣的和其他型鸟喙的差异。

据科学家研究,发现勺嘴鹬在过去几十年间数量急剧下降,主要原因是栖息地被严重破坏。全球气候变暖导致勺嘴鹬繁殖地的冻土层减少,使得它们偏爱的繁殖生境减少和退化,繁殖后代的机会随之减少。而且,勺嘴鹬的迁徙路线非常长,它们在迁徙过程中对于滩涂栖息地的依赖性也很高。这也启示我们,如果我们把勺嘴鹬迁徙的每一站,都保护好了,那就是在保护小勺子。

167 / 鸻形目

## ● 三种沙锥的区别

### 扇尾沙锥
shàn wěi shā zhuī

*Gallinago gallinago*
Common Snipe

国家"三有"保护动物

鹬科

鸻形目

张湘坤　绘

沙锥类学名中的"*Gallinago*"一词，表示雌鸟，"*Gallus*"表示鸡。比如，扇尾沙锥俗名的意思是这种鸟长得像母鸡。

当然除了它们的嘴外，扇尾沙锥的嘴长和头长比例约为 1 : 2，身上的黄色羽缘形成了四条纵带，十分醒目。扇尾沙锥在炫耀表演时，喜欢在高空反复做"∞"形的飞行，振翅十分迅捷，并能发出像小羊的叫声。扇尾沙锥的独特嘴形，使它在滩涂上能进行深层探寻，像缝纫机一样觅食。而且，它们常常结成小群，不像其他沙锥单独行动。

## 针尾沙锥
### zhēn wěi shā zhuī
*Gallinago stenura*
Pintail Snipe

国家"三有"保护动物
鹬科
鸻形目

针尾沙锥的嘴长和头长比例约为1:1.5，嘴形相当笔直而短，也是3种沙锥中，嘴最短的。针尾沙锥的嘴形末梢隆起有粗钝的感觉。主要的区别点是针尾沙锥眼先的黑色横纹相当细，眼后就不见了。针尾沙锥由于斑斓的色彩，与环境融合在一起，平时不容易见到，当你走近时，它会"唖"的一声飞走，飞行速度甚快，飞行方向变幻不定，常呈"S"形或锯齿状的曲折飞行，但每次飞行距离不远，经常飞十几米落地。针尾沙锥雄鸟善做求偶飞行表演，在飞行途中，尾巴会呈扇形展开。

姚毅 摄

## 大沙锥
### *Gallinago megala*
### Swinhone's Snipe

国家"三有"保护动物

鹬科

鸻形目

大沙锥的嘴长和头长比例约为1:2，体形略大，外观上与针尾沙锥极为相似，头大而方，嘴长而直、嘴尖黑，脚是黄色或者黄绿色的。最大的区别是大沙锥腹羽白，有"V"形纵纹。大沙锥在站立时尾羽远远超过翅尖，在飞翔时脚露出尾外很少，翼下较暗，有着密集的黑褐色斑点。大沙锥惊飞时显得笨重，多成直线飞行。

赵俊 摄

小杓鹬　刘兆瑞　摄

● 几种杓鹬

### 小 杓 鹬
xiǎo sháo yù

**Numenius minutus**
Little Curlew

国家二级重点保护野生动物
鹬科
鸻形目

古人语：勺柄谓之杓。杓鹬家族的鸟，都有一个勺柄样的喙，因此杓鹬也可以读作：biāoyù。其学名 *Numenius* 源自古希腊语，有"新月"之义，也是强调其喙部的形状。

小杓鹬体长 28-32 厘米，翼展 68-71 厘米，是杓鹬家族里体形最小、喙最细短的一种，前端略下弯的喙，长度为头长的 1.5 倍左右；全身偏皮黄色。

相比偏爱海滩的"亲戚们"，小杓鹬的领地在近海的干燥草地和农田，极少前往滩涂地区。不过，小杓鹬的食谱范围并不狭窄，除了吃小鱼、小虾、甲壳类和软体动物外，还吃旱地上的昆虫和昆虫的幼虫，以及藻类、草籽和植物的种子。它选择的生存环境和短而细的喙，可以方便捕获到肥美的蚯蚓。杓鹬群常常集体行动，有时小杓鹬也会随着"大部队"飞往滩涂，在潮间带上躲来躲去，就不如在旱地上那么无所顾忌了。

小杓鹬是东亚—澳大利亚迁徙带上的候鸟，是长时间、长距离迁徙的典范。它们在东北多是短暂路过，补充体力。

### 中 杓 鹬
zhōng sháo yù

**Numenius phaeopus**
Whimbrel

国家"三有"保护动物
鹬科
鸻形目

中杓鹬体长 40-46 厘米，翼展 76-89 厘米，显然是杓鹬家族里的"中等生"，头顶有又黑又宽的西瓜皮纹，喙长也中等，约为头长的 2 倍。不仅比小杓鹬的喙更粗壮，还有更明显的下弯。除此之外，中杓鹬整体颜色也更深，体色偏暗。

中杓鹬是在北极或者接近北极的地区繁殖的，比大杓鹬、小杓鹬尤其是白腰杓鹬更靠北。因此，它在东亚—澳大利亚迁飞行路线上的距离也最远，春季从越冬地飞回繁殖地要在 1 万千米，需要 40 天左右；而由繁殖地飞往越冬地，因为带着未成年的孩子，迁徙时间差不多要 100 天，这期间会在 2-4 个停歇地补充能量，东北的大面积湿地就是它们的"加油站"。中杓鹬比起小杓鹬更喜爱滩涂，但在潮水漫过滩涂的涨潮时期，也会飞往草地、农田等停歇，与小杓鹬混在一起，食物也差不多。

# 白腰杓鹬
### bái yāo sháo yù

*Numenius arquata*
Eurasian Curlew

国家二级重点保护野生动物
鹬科
鸻形目

张湘坤　绘

  白腰杓鹬体形较中杓鹬大，体长50-60厘米，翼展80-100厘米。喙是头长的3倍，极长且明显下弯，体形与长喙常和大杓鹬混淆，但体色较淡，下体几乎为白色，在飞行时露出白色楔形的腰背。

  涉禽依赖水而又不能像水鸟那样在汪洋大海中恣意生活，但它们深谙大海的潮汐。它们不会在每天的同一时间去海滩，而是根据潮汐的周期，调整自己进食的时间。白腰杓鹬非常善于利用潮间带，长喙就是为探入潮间带的螃蟹洞而生长进化的。除了吃更大一点的螃蟹外，其他的食谱和小杓鹬差不多。不过，白腰杓鹬的长喙对清理羽毛作用也很大。白腰杓鹬多繁殖于西伯利亚，在我国东北为夏候鸟。

## 大杓鹬
dà sháo yù

*Numenius madagascariensis*
Far Eastern Curlew

国家二级重点保护野生动物
鹬科
鸻形目

刘兆瑞 摄

  大杓鹬是我国有分布的体形最大的鸻鹬，体长 53-66 厘米，翼展 88-110 厘米。喙在杓鹬家族是最长的，且有更明显的下弯。看大杓鹬在滩涂上吃食，喙深深地插进滩涂，一下又一下，就像在刺绣一样。幼鸟的喙通常较短，在观察时要进行区分。大杓鹬羽毛更加偏向暖褐色，腹部布满纵纹。

  大杓鹬在我国东北的黑龙江及俄罗斯东南部繁殖，通常在河流、沼泽、潮湿的草地等地育雏。春秋均迁徙较早，大杓鹬常常小群迁飞，会与白腰杓鹬混群，在站立时体形与羽色也难以和白腰杓鹬区分，只有在飞行时才容易辨认。

  目前，大杓鹬在全球范围内被列为易危，因为该种群正经历数量快速下降的阶段，主要就是由栖息地丧失和退化带来的影响。

## ●长腿的鹬类

### 鹤鹬
### *Tringa erythropus*
### Spotted Redshank

国家"三有"保护动物
鹬科
鸻形目

于秀云 摄

　　许多长腿的鹬类，都能在淡水区域涉水觅食，但鹤鹬是最愿意游泳并且将头伸入水中倒立觅食的。虽然鹤鹬也是小型涉禽，但长腿和长嘴，让它具有鹤类的优雅身姿。鹤鹬比红脚鹬体形还大些，颈也长，下嘴基部是红色的，细长嘴黑色、直且尖，脚细长为暗红色。鹤鹬在飞行时，两条长腿不得不伸出体外。鹤鹬的飞行能力超强，飞行时也灵活迅捷。鹤鹬独自觅食还好，如果过集体生活，就非常吵闹，甚至到了歇斯底里的地步。

　　夏季的鹤鹬通体黑色，只有白色的眼圈，在黑色的头部翻动，极为醒目；上体羽色呈黑白斑驳状，仿佛一袭黑色的华美晚礼服，探动着长颈、迈着长腿，十分与众不同。在吉林莫莫格国家级自然保护区，鹤鹬作为夏候鸟会来湿地安家。当西风带来秋意，鹤鹬华美的黑袍渐渐褪去，变成平平无奇的灰褐系羽色时，它就会飞去越冬地。它在最好的时光里，留下最美的身影。

175 / 鸻形目　如是观鸟集 水边的飞羽　水鸟卷

## 红脚鹬

### *Tringa totanus*
### Common Redshank

国家"三有"保护动物

鹬科

鸻形目

丁传江　摄

**与鹤鹬相比，红脚鹬的体态更紧凑结实，当然不能用优雅来夸赞它，它的腿和喙都短，和鹤鹬比起来更矮壮。**

红脚鹬和鹤鹬的学名一样含有"Tringa"一词，表示它们都是一种白色腰部的水鸟。红脚鹬夏羽以灰褐色杂以棕色、黑色斑点和横斑为主，最醒目的是红色嘴基和亮橙红色的腿，上嘴基部到眼上前缘部分有一小块白斑。冬羽还是上体为灰褐色，黑色羽干纹消失，头侧、颈侧与胸侧具淡褐色羽干纹，下体为白色。

红脚鹬在滩涂上探寻食物，眼界并不开阔，专注眼前取食，常常涉水而行，有时也会游泳。红脚鹬在休息时，更喜欢待在自己的族群里。它在降落时经常向上伸展翅膀，好像解除疲劳一样。

## 青脚鹬

*Tringa nebularia*
Common Greenshank

国家"三有"保护动物
鹬科
鸻形目

刘兆瑞 摄

青脚鹬的繁殖地要比红脚鹬更靠北，位于亚北极区域的林间空地、旷野和高地泥炭沼泽地带，往东一直到西伯利亚，往南至爱沙尼亚、贝加尔湖和黑龙江下游。青脚鹬在东北主要是旅鸟和冬候鸟，有时8月就会飞来，春天会飞去繁殖地。

青脚鹬整个下体为白色，上体为灰黑色，有黑色轴斑和白色羽缘；前颈和胸部有黑色纵斑；嘴微上翘，腿长，近绿色，在飞行时脚伸出尾端甚长。青脚鹬身形高而瘦长，相当强壮。它在安静时十分优雅，但大多数时间很吵闹。

青脚鹬体长30-35厘米，翼展却可以达到53-60厘米，它能飞升到300米高空，这是其他鹬类很难达到的高度。青脚鹬以虾、蟹、小鱼、螺、水生昆虫和昆虫幼虫为食，采取探寻式取食，青脚鹬总是在水中寻寻觅觅，涉水而行，躲在泥里的小动物常常被搅动得沉不住气，只要暴露一点行踪，青脚鹬就会一头伸进去将其捕获。青脚鹬喜欢单独或成对在水边浅水处觅食，和红脚鹬相比能进到齐腹深的深水中涉水而行。

## 泽鹬
### zé yù

*Tringa stagnatilis*
Marsh Sandpiper

国家"三有"保护动物
鹬科
鸻形目

张湘坤　绘

　　如果泽鹬和鹤鹬同框,那它们看起来就像鹤鹬的孩子,的确小得多。泽鹬也只有青脚鹬的一半大小,嘴像针一样细。泽鹬腿很长,以至于看起来有点像黑翅长脚鹬的感觉。只不过泽鹬是灰褐色带有浓郁黑色纵纹的水鸟。它的羽色、体形和青脚鹬超级像,因此,当两者站在一起时,青脚鹬大,泽鹬小。还有一个主要的区别在于嘴形,青脚鹬嘴粗而上翘、泽鹬嘴细而直。但是,细长的腿和嘴,一点没耽误它们和鹤鹬抢吃的。长得小有长得小的优势,泽鹬可以迅速起飞。泽鹬栖息于湖泊、河流、芦苇沼泽、水塘、河口和沿海沼泽与邻近水塘及水田地带。

## ●几种在浅水区域活动的鹬类

lín yù
### 林鹬
*Tringa glareola*
Wood Sandpiper

国家"三有"保护动物
鹬科
鸻形目

赵俊 摄

林鹬的学名中含有"Tringa"一词，意思是一种白色腰部的水鸟，和白腰草鹬一样。与白腰草鹬的区别在于，林鹬是偏灰褐色的鸟，脚很长，在飞行时远伸于尾后，眉纹也长于白腰草鹬；林鹬的翼下色浅，黄色较深，外形更显纤细；林鹬的翅膀比白腰草鹬更窄，斑块较大，飞行时更机动灵活。

林鹬在繁殖期主要栖息于林中或林缘开阔沼泽、湖泊、水塘与溪流岸边；比青脚鹬更容易接近，更常觅食于开阔区域。

林鹬在中国主要为旅鸟，部分在春季3月末，到达长白山繁殖地；秋季于9月末，从东北往南迁徙。林鹬在广东、海南、香港和台湾为冬候鸟。

## 白腰草鹬

bái yāo cǎo yù

*Tringa ochropus*
Green Sandpiper

国家"三有"保护动物
鹬科
鸻形目

丁传江 摄

白腰草鹬是以黑褐色和白色为主的鸟，颈较短，白色眉纹仅限于眼先，与白色眼周相连。寒冬有活水的地方可见白腰草鹬，常单独行动，因为谨慎而有些鬼鬼祟祟。与林鹬相比，白腰草鹬体形更大，身形更壮实，体色更深。白腰草鹬会有上下摆动自己尾部的行为，但不像矶鹬那样摆个不停。

白腰草鹬在受惊时会沿"之"字路线飞开，不顾形象姿势随意，但多数时候是低飞，少有林鹬那样垂直向上地飞，但比林鹬飞得要远，看起来更惊慌。

# 矶鹬

*Actitis hypoleucos*
Common Sandpiper

国家"三有"保护动物
鹬科
鸻形目

张湘坤 绘

  矶鹬是一种有着"多动症"的鸟，仿佛是让自己时刻保持忙碌一样，身体的尾部会不停地上下摆动，就像坐上了弹簧球。理羽的时候、觅食的时候，就连飞行的时候，看起来也是一顿一顿地。矶鹬会在刚刚飞过水面的高度，交替进行振翅和滑翔。翅膀还不会升起超过水平的高度。

  矶鹬的羽色是橄榄绿褐色和细而闪亮的黑褐色羽干纹，以及端斑与白色交杂的鸟。矶鹬体长只有16厘米，体形小，腿短，喙和颈部也短。身形紧凑结实，全神贯注且没有上下摆动的时候，十分平稳。它喜欢出没在多石的溪流、河谷和海岸，叫声吵闹，性情机警，在飞行和交配时会发出"叽叽叽"的叫声。

# 灰尾漂鹬

*Tringa brevipes*
Grey-tailed Tattler

国家"三有"保护动物
鹬科
鸻形目

摄影：孟宪茹

第一次看见灰尾漂鹬是在松花江边的长白岛上，那是腊月北国最冷的季节。开阔的江面上，寒风毫无遮挡地游荡，悄无声息将身后的空气凝结。灰尾漂鹬淡然地出现在江边的石滩上，不时地点头和摆尾，悠闲地在水边漫步觅食。石板灰色的羽色和青石相融，要不是它在移动，很难将它发现。观鸟人说，这只灰尾漂鹬在这里度过了整个冬天，也在吉林市市区江段留下第一次的影像记录。

灰尾漂鹬身上有着细密如水波的灰色横纹，白色眉纹和白色眼圈，黄色的腿脚，看起来干干净净。灰尾漂鹬喜欢生活在山地、沙石以及河流沿岸，它们通常会单独或者结成小群活动，群体比较松散。它们善于行走，速度很快。在遇到危险时，灰尾漂鹬常常蹲伏在隐蔽的地方，有时候也会起飞，飞行速度快。石蛾、毛虫、水生昆虫、甲壳类、软体动物是它们的主要食物，它们有时候也会吃小鱼。

● 两种滨鹬

### 弯嘴滨鹬
### Calidris ferruginea
### Curlew Sandpiper

国家"三有"保护动物
鹬科
鸻形目

赵俊 摄

　　弯嘴滨鹬是体形较小的滨鹬，它最明显特征是黑色的嘴下弯。弯嘴滨鹬繁殖羽体羽呈深棕色，颏白，腰部的白色混杂在棕色羽间，不如冬羽明显，冬羽上灰下白；眉纹、翼上横纹及尾上覆羽的横斑都是白色的。弯嘴滨鹬是鸻形目鹬科中最常见、最喜结群的鹬类；休息时，习惯单脚站立；常有哀婉的叫声，栖息于沿海滩涂及近海的稻田和鱼塘。

### 黑腹滨鹬
### Calidris alpina
### Dunlin

国家"三有"保护动物
鹬科
鸻形目

丁传江 摄

　　黑腹滨鹬比弯嘴滨鹬还要小一些，有着偏灰色的羽色，夏羽时腹部有一大块黑色，因此被称为"黑腹滨鹬"。黑腹滨鹬有着白色的眉纹，嘴长短适宜，略微下弯，尾中央黑两侧白。和弯嘴滨鹬还有区别的地方是，黑腹滨鹬腿更短，腰部颜色深。黑腹滨鹬繁殖于全北界北部,迁徙时见于东北；喜沿海及内陆泥滩，单独或者小群活动，常与其他涉禽混群，终日低头忙碌找吃的。

# 鸥科

## 黑尾鸥
### *Larus crassirostris*
### Black-tailed Gull

国家"三有"保护动物
鸥科
鸻形目

郭丽 摄

## 海猫

之所以被称为"海猫",是因为黑尾鸥的叫声似猫。它们在海洋和陆地之间讨生活,主要在海面上捕食上层鱼类,常常伴随船只觅食。黑尾鸥不会潜水,更多时候,它们需要等待鱼群游到海面的时机。波涛汹涌的海面下暗流涌动,鱼群数不胜数,却让黑尾鸥望尘莫及,它们能等待的就是一场场追杀。小鱼群绵延数千米,在慌不择路中寻求生长,它们正在被海底世界一群游得最快的猎手围追堵截。其中,就有黑尾鸥的帮手,比如,鲯鳅和黄条鰤,它们都是海底世界最出色的猎手。有时,它们也会扮演合作的角色,当鲯鳅用同样速度追赶鱼群时,上万条黄条鰤就从海底向上包抄,这时蹲守在礁石上的黑尾鸥就腾空而起,小鱼纷纷跃出海面,却落入等待它们的黑尾鸥之口。海面不停地沸腾,这意味着黑尾鸥的盛宴到来。尽管这样的场面在一年时间里,只会在这一周出现。

黑尾鸥因尾羽前端的宽大黑纹而得名,主体羽色为白色,翅羽暗灰色。它们体形中等,长约46厘米,展开双翅可达126–128厘米。黑尾鸥长有黄色的脚,鲜红的眼眶和嘴尖,黄色的喙和爪,整体颜色简洁而夺目。黑尾鸥雄鸟体形比雌鸟略大,颈部和嘴较粗;雌鸟体态修长,声音清脆。由于羽毛颜色相同,非繁殖期的黑尾鸥很难分辨雌雄。到了繁殖季节,雄性黑尾鸥会在雌性面前点头,如果雌性也点头示意,那么表示雄性可以进一步发展彼此的关系,雄性会给雌性喂鱼,以此传达爱的体恤。在确立关系后,它们开始孕育新的生命。黑尾鸥是一夫一妻制,一旦确立了关系就会终生相伴。组建了新家庭的黑尾鸥,开始准备筑巢,海岸的岛屿上布满了天然的石阶和石缝,成为天然的巢基地,黑尾鸥需要一周的时间来修缮巢穴,它们不断地衔来树枝和嫩草,就可以使爱巢温馨、舒适。

## 普通海鸥

*Larus canus*
Mew Gull

国家"三有"保护动物
鸥科
鸻形目

丁传江 摄

## 海鸥有点冤

人们一般都将所有生活在海洋环境的鸥类称为"海鸥"，看着鸥鸟飞翔在湛蓝的海天之间，人们赞美海鸥；当海鸥走进人们的生活，抢夺人们手里的冰激凌时，大家抱怨的也是海鸥。其实，海鸥也是鸥科大家族7属53种的一种而已。让它为所有"强盗"海鸥背锅，也是有点冤的！

普通海鸥和银鸥比较起来，没有嘴上的红斑，也没有红眼圈，眼睛看起来温柔多了；海鸥的脚似黑尾鸥的脚，为黄色或偏浅色，尾巴纯白色似银鸥；普通海鸥头和胸有浅淡的条纹或斑点。和其他鸥类相比，普通海鸥喜欢远离水域的地方筑巢，通常临近高沼泽地的湖泊，筑巢于地面的草地或者小石堆上。虽然集小群筑巢，但巢之间很分散。

关于海鸥与人类的关系，十分久远。确切地说，人们在海鸥身上学到了认识海上天气的办法。如果海鸥贴近海面飞行，那么预示着未来的天气将是晴好的；如果它们沿着海边徘徊，那么天气将会逐渐变坏。如果海鸥离开水面，高高飞翔，成群结队地从大海远处飞向海边，或者成群的海鸥聚集在沙滩上或岩石缝里，则预示着暴风雨即将来临。海鸥能预见暴风雨的能力并不是单纯地靠本能，而是在进化的过程中，海鸥为自己生存进化出的独特身体构造。海鸥的骨骼是空心管状的，其中没有骨髓而充满空气。就像关节炎病人能预知阴雨天一样，海鸥的这个小特点，让它们的骨骼很像气压表，能及时地预知天气变化。但是，与人类关节行动不便不同，海鸥骨骼这个特点是便于它们飞行的。除此之外，即使不靠骨骼，海鸥翅膀上的一根根空心羽管，也像一个个小型气压表，能灵敏地感觉气压的变化。富有经验的海员都知道，海鸥常着落在浅滩、岩石或暗礁周围，群飞鸣噪，这对航海者无疑是发出提防撞礁的信号；它还有沿港口出入飞行的习性，每当航行迷途或大雾弥漫时，航海者观察海鸥飞行的方向，就是作为寻找港口的依据。因此，普通海鸥又被人们誉为海上航行安全的"预报员"。

# 北极鸥

*Larus hyperboreus*
Glaucous Gull

国家"三有"保护动物
鸥科
鸻形目

丁传江 摄

## 完美的鸟

　　最近一次看北极鸥，是 2022 年 2 月，在吉林市松花江边的长白岛上。天气暖得很早，那只北极鸥或许是提前北上了。当它和赤麻鸭站在一起时，就看出它的体形有多大了。平日里肥硕的赤麻鸭，站在北极鸥旁，一下子迷你起来。

　　每种鸟类都尽可能地根据环境和习性进化得完美了，可是横向比较起来，完美仍然有高下。

　　北极鸥虽然体形不小，却是飞行高手，翅膀一闪就能穿越山海。除此之外，北极鸥还是竞走高手和游泳健将。它们既可以飞快地在海滩上行走，也可以灵巧地在水中捕猎。北极鸥分布于环北极地带，它们最喜欢的食物就是海雀，充满脂肪的海雀宛如行走的肉堡，吸引着北极鸥垂涎欲滴。北极鸥会用各种方式享用小海雀，除了幼鸟、成鸟外，它们也不放过鸟蛋和雏鸟。在冰天雪地之中，北极鸥借助自己雪白的羽色伏坐着，并垂下自己的头，将黄色的喙和明亮的眼睛藏起来，小心翼翼地等待小海雀的降临，有时还没等小海雀落下来，就被北极鸥跳起来捉住了。在海上，北极鸥诱捕小海雀的方法是采取"之"字形飞行，让小海雀摸不清它会从哪个方向攻击；为了防止小海雀潜入水下，北极鸥会像隐形轰炸机一样，通过渐进飞行、滑翔、突然掉头、加速、俯冲、擒拿这一系列的动作捕获食物。

　　当然，像所有鸥鸟一样，北极鸥绝不会钟情于单一食物，而是有什么吃什么。北极鸥猎杀的对象十分广泛，除了海鸟、鱼虾以外，甲壳类动物和各种水生脊椎、无脊椎动物等也不放过。那些生活在苔原的北极鸥甚至会对鼠类下手，毕竟这种动物的繁殖能力实在是太强了，给各行各业的猎食者提供了充足的口粮。

　　北极鸥的捕猎策略、身体构造，从空中技巧到羽毛的进化，无一不配合它的完美生存。它的活动范围包括我国东北，河北、山东、江苏及广东等地，说明它的适应能力相当强。在繁殖能力方面，北极鸥虽然属于中等水平，但一般一窝也就产卵两三枚，不过作为一种大型鸟类，北极鸥的卵孵化速度算是比较快的，不到一个月幼鸟便能破壳而出。在整个繁衍的过程中，雄性北极鸥和雌性北极鸥会通力协作，筑巢、孵卵、养育后代，北极鸥夫妇会共同承担责任。因此，小北极鸥一般都能健康长大，很少会出现夭折的情况。时至今日，北极鸥依然保持着可观的数量及稳定的繁衍状态，属于典型的无危物种。

## 银鸥
### yín ōu
*Larus argentatus*
European Herring Gull

国家"三有"保护动物
鸥科
鸻形目

丁传江 摄

## 想说爱你不容易

　　银鸥还有一个名字，叫作"叼鱼狼"。你一定需要脑补一下，池塘边，人们扔来面包喂水池中的野鸭。一只银鸥飞过来，抢走了一块面包，然后游到水池中央，开始不断地往水中抛下，又捡起面包，这样，面包在每次抛掷中分散成小块。这时，银鸥开始伸着脖子等待，一动不动。不多久，水中的金鱼浮出水面，开始啄食面包块，这时银鸥出击了，完成了自己的"垂钓"。一个下午，银鸥都乐于一次次重复这样一整套过程，而鸟类观察家自始至终都没发现，银鸥吃过面包。

　　银鸥显然有着使用工具的习性，它们拥有聪明的大脑，不仅会用面包片做诱饵引诱鱼儿上钩，还会为了砸开贝类，把贝类砸到岩石上。它们既懂得大海，也懂得人类。看过最令人啼笑皆非的视频，发生在英国，就是一只银鸥溜达进超市，径直走到零食货柜前，巡视并"偷出"一包薯片，然后走出自动门，迫不及待在门口撕开包装，一副老练极了的样子。更有甚者，它们会突然俯冲抢走游人或行人手中的食物，甚至叼走小型的宠物狗。灵敏的嗅觉绝对能让它们寻找到遍布城市的食物，它们对城市的熟悉，远胜于人。在西班牙，更有人提议要通过监测海鸥的活动，识别非法倾倒垃圾的地点。

　　事实上，越来越多的海鸥已经背井离乡，定居或者旅居在人类社会中，在高楼大厦上安家筑巢，习得与人类共存的方法，并能在人类居住的地方繁衍。海鸥的寿命很长，年长的海鸥知道所有窍门，它们将寻找食物的经验，建立起广泛的集体记忆，一代代传递下去。不过，垃圾饮食也造就了垃圾鸟儿，它们开始变得又肥又大，孵化出来的鸟蛋越来越少，雏鸟的生命力越来越弱……这些远离海岸的鸥鸟，活成了反映我们人类最糟糕一面的鸟。在英国，它们被相当多的人视为"人类公敌"。这些银灰色的大鸟，看起来是那么美丽、优雅，却让人想说爱你而并不容易。

# 灰背鸥

huī bèi ōu

*Larus schistisagus*
Slaty-backed Gull

国家"三有"保护动物
鸥科
鸻形目

## 这个杀手有点冷

金庸写武侠小说，坏人越写越少，而江湖依旧越来越坏。亚当·尼科尔森写作《海鸟的哭泣》，却讲述了一个令人惊叹的天地，除了父母的职责外，这个天地没有关怀。鸥鸟看起来是如此神秘、美丽，却残酷而暴力，在他看来，鸥鸟的存在像是地狱的一个版本，善意在其中没有扮演任何角色。

除了声名狼藉的银鸥外，在繁殖季节中差不多所有鸥鸟都有同类相食的恶习，灰背鸥当然也不例外。它们抓住"邻居家的小孩"，无情地将它们的头部撞击，攥住它们的颈部，刨开它们的腹部。不要责怪雏鸟误入其他鸥鸟的领地，也不要试图为它们开脱，这习性并不是因为食物短缺、资源匮乏，也不是择优劣汰，仅仅是因为雏鸟是唾手可得的"美味点心"，可以不费吹灰之力。在这个天地里，除了力量的法则，没有其他法则。

灰背鸥和许多食肉动物一样，繁殖期早，它的孩子已经比别的小海鸟大很多了，很快它们就会加入父母的行列。灰背鸥有着白色的胸脯和肚皮，展开的双翅为灰黑色，颇接近猛禽，事实上这也是它们追求的恐吓效果。灰背鸥强有力的喙既可以捕杀幼鸟，又可以啃食腐肉，涂着眼影的眼圈和黄嘴上的一块红色斑块，令人浮想联翩。每年的这个季节，灰背鸥的日子都过得相当惬意，虽然食物很多，但悬崖上所有的雏鸟都需要经常进食，稍有延误就可能致命。当然，并不是所有家长都能照顾好自己的孩子，如果父母在海上捕鱼的时间过长，雏鸟就会饿死。对灰背鸥来说，这就是送上门的美餐，它当然不会放过。

## 红嘴鸥

### hóng zuǐ ōu

*Chroicocephalus ridibundus*
Black-headed Gull

国家"三有"保护动物
鸥科
鸻形目

张湘坤 绘

## "变脸"的鸟为哪般

鸟儿在繁殖季变换羽色是很正常的,而红嘴鸥、黑嘴鸥及棕头鸥这一类中型鸥鸟,在繁殖季"变脸"还是很出奇的。

"变脸"出自戏曲中的情绪化妆,是揭示主人公内心情感的一种浪漫主义表现手法。这种表演许多剧种都有,以川剧最著名。相传"变脸"是源自古代人类面对凶猛的野兽,为了生存把自己的脸部用不同方式勾画出不同形态,以吓唬入侵的野兽。川剧把"变脸"搬上舞台,用绝妙的技巧使它成为一种独特的艺术文化。

红嘴鸥的"变脸"初衷并不浪漫,而是和远古的人类一样源于恐惧。毕竟红嘴鸥的个子小,在相食同类的鸥鸟群中,如何保护自己的幼崽?于是,红嘴鸥开启了自己冬令时和夏令时的"变脸"特技。

一般来说,白色对于鸥鸟是一种积极伪装,相对于黑色,白色更像天空、冰山和飞溅的浪花,因此当鸥鸟俯冲进水中捉鱼时,鱼往往少有戒备之心。当然,对于那些真正的鱼类终结者,比如,鸬鹚、海鸦、潜鸟等,可以在水中追杀猎物的鸟,而不需要白色的掩护。即使是强大的黑背鸥、银鸥等,也只是具有深色上翼,肚皮都是白色的。不过,鸥鸟的幼崽羽色是深色的,像猫头鹰一样有着棕白相间的花斑羽色,这是因为它们需要在陆地上成长,也需要在海岸上翻捡食物,所以它们不能长成白色暴露自己。

红嘴鸥在夏季的头羽,仿佛披上"黑色的头纱",它用黑色的面孔吓退其他鸥鸟,从而来保护鸟蛋和雏鸟免遭邻居的荼毒;而当冬季到来时,红嘴鸥又换上漂亮的白色头羽,用红唇飞去海中捕鱼了。

丁传江 摄

## 三趾鸥
### sān zhǐ ōu
*Rissa tridactyla*
Black-legged Kittiwake

国家"三有"保护动物
鸥科
鸻形目

张湘坤 绘

## 在海上生活

　　看起来温顺的三趾鸥体态优雅，和那些在城市周边的海岸上晃荡的魁梧的诸如银鸥、黑背鸥不一样，它们是地球上最成功的一种海鸟，不仅在数量上，还在"鸟生"的选择上。其中的秘密就是，除了繁殖季外，它们远离大部分鸥类赖以为生的海岸一带，而是去往更广袤的海洋深处，在惊涛骇浪中保持一只海鸟的尊严。

　　在风暴中迷失的三趾鸥偶尔会飞来内陆，出现在东北的江湖里。它们的体形不算小，翅膀很窄且长；这样的翅膀令它们在强风中依然坚挺，振翅迅速，振翅的幅度也格外大，让它们自如地穿行在风浪中，就像暴风鹱一样。在大多数时候，三趾鸥的翅膀会向外伸得很直，看起来翅膀的前后缘平行了一样，在风平浪静时，三趾鸥的翅膀会向后弯折一定角度，显然人类对帆船的设计，一定借鉴了海鸟的翅膀。在所有年龄段，三趾鸥的腿都是黑色的，使它们看上去独一无二；在站立时，翅尖差不多要超过尾部，因为腿短，所以给人一种坐在了尾巴上的感觉。

　　三趾鸥常常集合成巨大的群落，筑巢在陡峭的悬崖上。它们用短途的捕鱼之旅带回食物，反刍给巢中的雏鸟，或者聚焦于繁殖地附近可得到的低热量浮游生物资源；在长途捕鱼之旅中，它们寻找高热量、富含油脂的鱼群，填饱自己的肚子。选择远洋为栖息地，三趾鸥进化了很多适应性行为，它们不是在随机寻觅食物，而是小心翼翼地分配自己的时间与体力，充分显示了变通的能力，用智慧将日常捕鱼分成两种不同的方式，以及将这些任务分配给它们熟悉的不同海域。在悬崖上，它们的"家"一个挨着一个，遇到渡鸦及其他鸥类的威胁时，小三趾鸥的雏鸟也不会逃跑并躲藏，它们只会蜷伏起来背对侵略者，把自己的喙藏好，以此减少任何威胁。这是它们不得不忍受在陆地上生存的原因，一旦有一天可以飞离海边的悬崖，三趾鸥就将义无反顾地飞向远洋。

赵俊 摄

### 普通燕鸥
pǔ tōng yàn ōu

*Sterna hirundo*
Common Tern

国家"三有"保护动物
鸥科
鸻形目

## 似燕似鸥剪水作花飞

　　普通燕鸥体长只有35厘米左右，比普通海鸥小一个头的长度；它头顶黑色的"小圆帽"，有着深深的叉状尾羽，当它像一只燕子一样，轻盈地掠过波光粼粼的水面，长而尖的喙，剪破水面溅起水花，轻巧地将一只小鱼衔在嘴里时，你才会发现，鸥鸟就是鸥鸟！

　　不过，燕鸥还是和鸥鸟有很大差别的。鸥鸟的身形十分壮实且圆胖，翅膀长，尾部短，尾端呈方形；而燕鸥身形小巧纤细，翅膀窄、尖并且弯折得厉害，最明显的是有一条叉状长尾。鸥鸟的喙颇有厚度，下喙的末端还有些上倾；燕鸥的喙则长而锐利。鸥鸟在飞行时经常滑翔或者翱翔，翅膀长时间不动，好像飘浮在空中一样，随心所欲毫不费力，即使振翅，也十分缓慢，幅度也小；燕鸥在飞行时就需要一直很用力地扇动翅膀，很少滑翔，即使滑翔也不会很久，但飞行姿态优雅、轻盈，它们还有一项绝技，就是悬停，因为它们需要观察水下的鱼类，看仔细了，就会突然扎下水去捕捉食物，而鸥鸟则不会这样。显然，鸥鸟更适应陆地生活，它们会从地面的垃圾堆、垃圾场等地方寻找食物；燕鸥就不会出现在这样的地方，它们像海鸟一样在水面捕食。鸥鸟会在水面上漂浮游泳，而燕鸥则不会，它们会停栖在某处，也会走几步，但不会走很远，它们更倾向于飞翔。

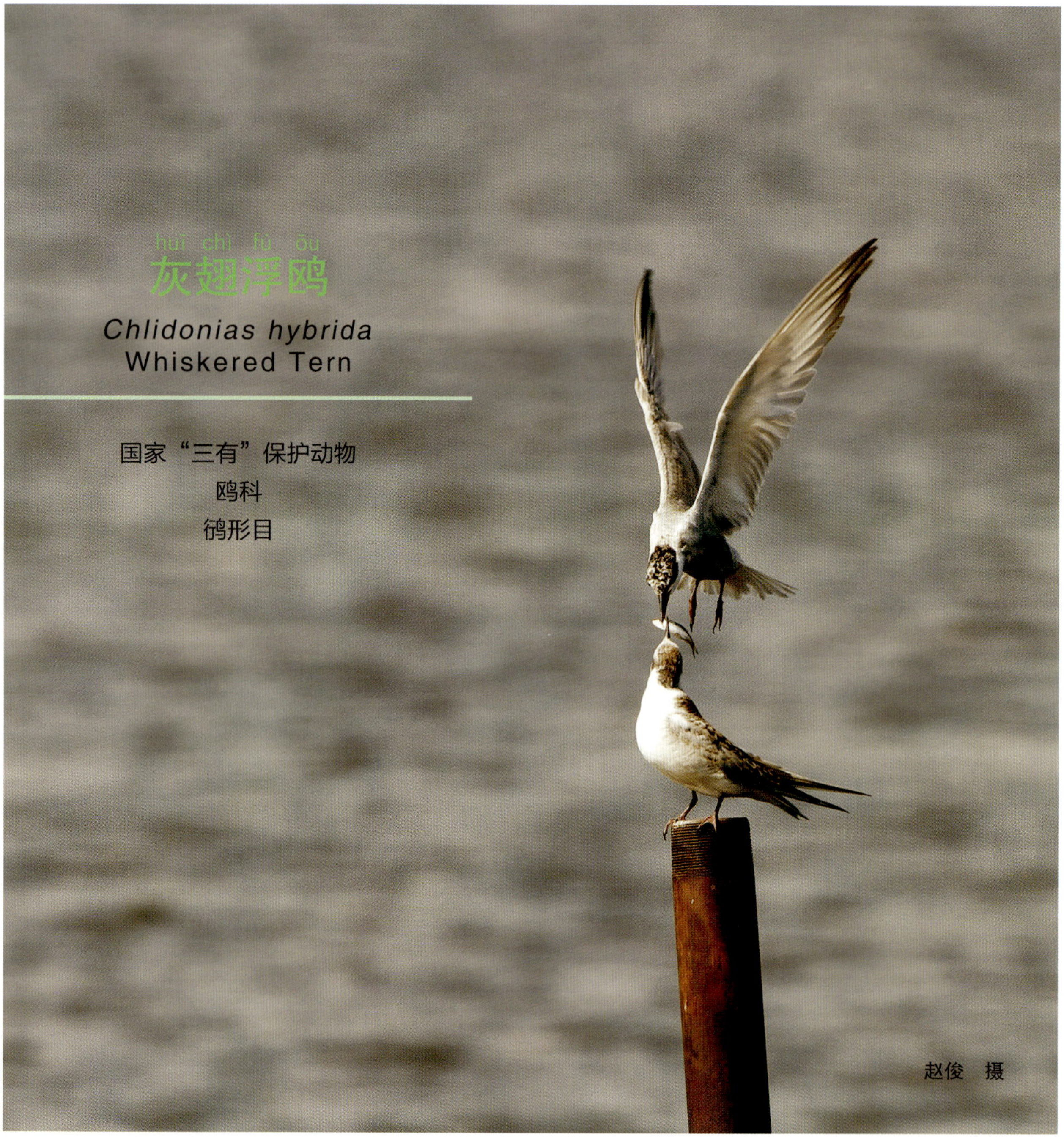

huī chì fú ōu

## 灰翅浮鸥

*Chlidonias hybrida*
Whiskered Tern

国家“三有”保护动物
鸥科
鸻形目

赵俊　摄

## 翅舞云天

灰翅浮鸥是一种体形比普通燕鸥还要小 10 厘米的浅色燕鸥，全身羽色为黑、白、灰的搭配。它似乎有着一双无所不能的翅膀，在空中飞行、捕猎、战斗、哺喂幼鸟，灵巧轻盈，可以做急转弯，从一侧转向另一侧，从不悬停或者下潜，会在水面上空 5–10 厘米的位置进行长距离巡飞，直接从水面觅食，扇动翅膀带着渔获，直接拉升。灰翅浮鸥的幼鸟羽色是花花搭搭的褐色杂斑，虽然和爸爸妈妈的黑、白、灰截然不同，但和巢里的枯草枝一个色系。作为湿地生态系统的精灵，灰翅浮鸥有着重要的生态功能。每当繁殖季，成百上千的灰翅浮鸥像飞扬的白雪，掠过湿地的水面，用舒展的身姿在山水之间飞舞出一幅流动的水墨丹青。

## 斑海雀

*Brachyramphus marmoratus*
Marbled Murrelet

国家"三有"保护动物
　　海雀科
　　鸻形目

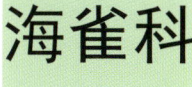

海雀科

张湘坤　绘

## 会飞的"小企鹅"

斑海雀就像长不大的"丑小鸭",浑身密杂以暗灰色、褐色横斑,嘴小尾短,只有眼睛大大、萌萌的,总觉得一下子就会蜕变成美丽的天鹅一样,让人充满怜爱与期望。

云石斑海雀是海雀科二十多种海鸟的一员,却因为全球性近危,成了罕见候鸟。大多数海雀的外形酷似企鹅,但与企鹅无亲缘关系,只是趋同进化的结果。斑海雀除繁殖期外,大多数时间都在海中度过,常划动双翼潜水,可以潜到10米深的水中捕食。

斑海雀喜欢生活在海岸、岛屿、湖泊、渔场等地方。它们在水中游泳时,嘴巴和尾巴会上翘;上岸时却能呈现直立的状态,那样子像极了企鹅。这只"企鹅"可是会飞的,而且非常善于飞行,能在水面上直接飞起,不需要助跑。

斑海雀的巢穴常常建造在松树的树杈上面,用苔藓来筑巢。近年来,斑海雀的数量一落千丈,一方面,它们栖息繁殖的松树被大量砍伐;另一方面,它们一年只产一枚卵,而这些卵却是其他鸟类,如暗冠蓝鸦最爱的零食。美国鸟类学家为了保护斑海雀的卵,用了一种非常大胆又有趣的手段:他们用小鸡蛋画了一批斑海雀的卵,然后在卵中注射一点点能引起恶心的化学品。这些加了料的卵被放进树林,结果怎么样?当然,鸦科这种鸟学东西就是快,最后75%的暗冠蓝鸦都拒绝再次品尝斑海雀的卵了。鸟类学家这种试图用肠胃不适的手段来阻止捕食者的办法,并不是常规保护物种的好办法,只是迫不得已。而且,对世界上最聪明的鸟类使用催吐效果的"糖衣炮弹",也很冒险。它们也许真的会记住斑海雀的卵很难吃,也很可能用不了多久就会发现,真正的斑海雀的卵都在高处,而加了料的卵放的位置要低很多。这样,鸟类学家又要开动新的脑筋了。

## 三趾鹑科

### 黄脚三趾鹑
*Turnix tanki*
Yellow-legged Buttonquail

国家"三有"保护动物
三趾鹑科
鸻形目

张湘坤 绘

# 颠倒性别角色的鸟

三趾鹬是体小而尾短的鸟，整体外形和雉科的鹌鹑很像，只是它的后趾不见了，因此又叫"半足鸟"，这也是它与鹌鹑区分开来的主要特征。中国境内有3种三趾鹬。黄脚三趾鹬是棕褐色的三趾鹬，上体及胸两侧具明显的黑色斑点，在飞行时翼覆羽淡黄色，与深褐色飞羽形成对比。与其他三趾鹬的区别是，黄脚三趾鹬的腿是黄色的。它们夏季在东北、河北、山东和长江中下游一带繁殖，秋季则迁到中国华南及泰国、越南等地越冬。

三趾鹬的雌雄性别角色定位和世界上99.06%的鸟都不一样，确切地说，和大多数鸟的性别、角色、定位都相反！在它们的"婚姻"生活里，不仅是一雌多雄，而且是雌鸟占据主导地位！可以说，三趾鹬打破了人们对鸟类的常规认识，在三趾鹬家族中，雄性长相灰溜溜的，雌性才是漂亮的那一个。不仅如此，在繁殖季时，雌性也会积极占域，会努力跳舞求偶，吸引对方的注意，甚至会出现两只雌性三趾鹬为了争夺一只异性而大打出手的情况；当然了，雄性在求偶季时也会认真挑选配偶，如果对方没有让自己满意，它就会选择离开。

那么，为何雄性三趾鹬会拒绝送上门的雌性呢？那是因为三趾鹬家族的传统是"一妻多夫制"。雌性在获得雄性的青睐之后，就会与之交配，然后在巢穴中产卵，只不过产卵之后，需要雄性孵化，以及照顾幼崽，为它们觅食，把它们养大。雌性在产卵后就会拍拍屁股走人，一点儿也不负责"售后"，妥妥的"渣男"，完全将性别、角色颠倒过来。

不过在一个繁殖季里，雌性三趾鹬会和多个异性表明心意，然后留下爱的果实。这种"婚姻形式"堪比摩梭人的走婚，只是比较起来，"走"得更彻底！

不过，鸟类专家却不得不赞叹三趾鹬的生殖策略高明。分析起来，三趾鹬体形小，且主要在地面上活动，这好比行走的"午餐"，不仅猛禽会狩猎它们，就连小型哺乳动物也会攻击它们，拥有无数天敌。外界环境如此险恶，使它们不得不"逆行"：采取"一妻多夫制"，这样具有繁殖能力的雌鸟到处寻偶、产卵，降低了雄鸟在繁殖季落单，雌鸟长时间困守孵化而被天敌捕食的概率。同时，这种"逆行"操作，使得雌鸟的后代分布更加广泛，即使一部分"牺牲"了，大多数还能活下去，从而使基因被传递下去。因此，三趾鹬的性别、角色颠倒是在进化过程中演化出的一种生存策略。

# 沙鸡目

# 沙鸡科

## 毛腿沙鸡

máo tuǐ shā jī

*Syrrhaptes paradoxus*
Pallas's Sandgrouse

国家"三有"保护动物
沙鸡科
沙鸡目

赵俊 摄

# 在下"沙半斤"

毛腿沙鸡，又叫"沙斑鸡"，人送外号"沙半斤"。或许是好事之人，称过它们的体重，有半斤左右，于是这个外号就传开了。作为"游侠"，毛腿沙鸡绝对在鸟类江湖里有一号，这个栖息在平原、草地、荒漠、半荒漠和盐碱森林与沙石原野的鸟，天生就有些本事。

一出生，毛腿沙鸡就会伪装，只要有点风吹草动，它们就蹲在地上不动，不是"装死"，而是"装石头"。这要归功于它们的羽色，不仅天生就自带伪装，而且羽色搭配十分优雅、时尚，绝对是荒漠里的颜值担当。

细细观看成熟的毛腿沙鸡，脸上有两抹锈色的"腮红"，雄性头部偏棕灰色，雌性头顶有明显与之区分的黑色羽干纹。毛腿沙鸡最明显，也最有设计感的伪装色是上体的羽色，色调非常有层次，是沙棕色缀以黑色横斑，肩、背部横斑宽大，往后较细而密；翅上覆羽及各级飞羽为沙棕色缀有蓝灰色或黑色斑纹，并形成宽细不同极具乐感的渐次变化的栗色横带形状。到尾羽部分，羽轴为黑色，中央一对尾羽特别尖长，呈深棕色，伸出体外。毛腿沙鸡的前胸大块棕灰色，雄性的眉纹、下颏及胸和下腹，仿佛被油画笔画上的分界线，宽细不一还夹杂白斑和黑斑，十分明显地装饰了毛腿沙鸡的前半部羽色。

全身各种深浅的沙色斑驳组合，就是毛腿沙鸡"装石头"的"戏服"。一只离队的"沙半斤"，如果不幸遇到了天敌，也是伪装高手的兔狲，最明智的做法就是蹲在石头堆里不动。

毛脚沙鸡还有一"轻功装备"，就是脚上的"毛靴"，既能隔热又能御寒，踩在沙子上无声，行走在积雪里不会下陷。虽然腿短，飞也飞不远，但是"沙半斤"在贫瘠的地方生活得有滋有味。平时，它们多是住在距离水源不远、不近的地方，因为每天要成群结队去喝水。繁殖季节过后，毛腿沙鸡不会迁徙，就在荒野附近游荡。在走路时，身体左右摆动，根本不像"半斤"的样子；在飞行时，呈波浪形，速度很快，双翅呼呼带风，却不做长距离飞行。它们散漫地行走在荒漠里，觅食各种植物的嫩叶、种子、浆果，低调又谨慎。

毛腿沙鸡做得最冒险的，又不得不做的就是每天晨昏去喝水。为了提高战斗力，它们都要结集成小群，呼啦啦一大片，特别有气势。有时，它们为了寻找水源还要飞个数里地。毛腿沙鸡喝水时常把嘴放入水中，连续吞咽而不抬头。育雏期间，当了爸爸的雄鸟，每天还要担当"运水工"，既辛苦，又危险。每只毛腿沙鸡一家在繁殖季会产卵3枚。雄鸟绝对是个"好丈夫"，与雌鸟分担孵卵的工作。在幼鸟出生之后的两个月间，雄鸟每天都要往返于巢穴与水源之间，自己先喝饱，然后站到浅水中，让浓密的胸腹部羽毛浸入水中，让羽毛像海绵一样充分吸水。

这个绝技真的很特别，毛脚沙鸡的羽毛不仅能吸水，而且在飞行过程中，不会漏出来。这样雄鸟就充当了移动的"饮水机"，因为用羽毛运水，雄鸟既不能飞高也不能飞快，最重要的是还要躲避猛禽的袭击，当它安全回到巢穴时，它就像个凯旋的将军一样，呼唤幼鸟来喝水。幼鸟蹲在爸爸身下，吸吮着羽毛中的清水，发出幸福的叫声。其他的鸟儿，真是做不到。

# 佛法僧目

# 翠鸟科

## 普通翠鸟
*Alcedo atthis*
Common Kingfisher

国家"三有"保护动物
翠鸟科
佛法僧目

张湘坤 绘

## 美丽的诅咒

普通翠鸟体形很小,身材丰满,配有一个大脑袋和像匕首一样的喙,尾巴也很短。它是一种美丽、非凡的小鸟,营巢在溪流边的土堤上,自行凿洞,洞平直,底部扩大,用消化后吐出的鱼骨做铺垫物,育雏基本上都是麦穗鱼等小鱼。在没有看过翠鸟之前,我先看过的是用点翠工艺制作的精美绝伦的首饰。那是一抹惊艳了时光的幽蓝,风行了上千年。那抹蓝色,就来自翠鸟。翠鸟的羽色全身翠蓝,腹面棕色,颊和喉部有白斑,雌鸟身上的蓝色更多。翠鸟性孤独,平时栖息在水旁林木上候捕鱼虾等食物,有时,还可以看到它鼓翼悬停在水面上狩猎,见到鱼虾经过,立刻迅猛出击,直射水中,用喙捕获食物。有时,翠鸟可以捕获超过它体长的鱼,如泥鳅,会吞进去一半,先消化前半部分,然后把其余部分吞进去。翠鸟的翠羽被水边的波光折射,翠色欲滴、闪闪发光,翠鸟因此而得名。

用翠羽做首饰的历史,由来已久。早在春秋时期,师旷所著《禽经》中就有对翠鸟的描述:"背有采羽曰翡翠。状如鹌鹑,而色正碧,鲜缛可爱。饮啄于澄澜洄渊之侧。尤惜其羽,日濯于水中。今王公之家以为妇人首饰。其羽值千金。"此文准确描述了翠鸟的羽色及生境,这些美丽的精灵,原本可以在林间水边自由自在地生活,可惜在漫长的岁月里,却被人类的贪念而屠杀,身上美丽的幽蓝,成了致命的诅咒。

据记载,点翠所需的羽毛,必须从活的翠鸟身上剪下,才可以保证颜色的鲜艳、华丽。"用小剪子剪下活翠鸟脖子周围的羽毛,轻轻地用镊子把羽毛排列在图上粘料的底托上。"史料还记述了明代皇后的凤冠,用了10万只翠鸟。这些翠羽和宝石交相辉映,以含蓄、拙朴之美,映衬着宝石的光华。北宋时期,社会安定,工商业发达,老百姓生活富庶,翠羽工艺发展出现了一个小高峰。不管是王宫贵族还是平民百姓,都崇尚翠羽和黄金相搭配的首饰、服饰,东京开封兴起了各种样式的首饰作坊。点翠工艺在清代乾隆时期已达顶峰,现藏在沈阳故宫博物院的黑缎嵌点翠凤戏牡丹女帽,就是清代点翠工艺的巅峰之作。长期的捕猎,加之环境污染、人口膨胀,一度使翠鸟濒临灭绝。

更可惜的是,翠鸟的不幸,不是孤例。在19世纪的西方,枪械的滥用带来"羽毛繁荣"的时期,开始流行使用越来越多的鸟毛装饰帽子;到维多利亚时代后期,甚至发展成了将整只鸟制成标本,装饰到帽子上的奇葩时尚。由于需求不断增长,鸟类的数量急剧下降。

现在,翠鸟仍然是观鸟人最爱的鸟种之一,等候翠鸟捕鱼,实在是绝对精彩的瞬间,为了那一瞬间,摄影家甘愿付出无数的等待。只不过,翠鸟从来没有让人失望过。

# 赤翡翠
### *Halcyon coromanda*
### Ruddy Kingfisher

国家"三有"保护动物

翠鸟科

佛法僧目

## 鱼类统治者

在西方，翠鸟有着鱼类统治者的传说。在我国，人们将这个捕鱼能手和虎、狗相提并论，因此它们又叫"鱼虎""鱼狗"。看翠鸟捕鱼，很容易联想到，这是彩色版的"孤舟蓑笠翁"。一般，它们会停息在河边的树枝或者岩石上，经常长时间一动不动地注视着水面，等待鱼虾经过。翠鸟的眼睛能使它在入水的瞬间，迅速调整以找到鱼虾的准确位置，因此，一旦被它盯上，那就很难逃脱。

翠鸟分布在世界各地，共有90种，分别属于17个属。翡翠属是其中之一，翡翠鸟因为具有宝石般辉亮的羽衣而得名。赤翡翠，顾名思义是赤棕色的翡翠，不过根据赤翡翠亚种的不同，颜色略有差别，有的红得发紫，有的红得发黑，但大体在棕色谱系里。赤翡翠的腰中央和尾上覆羽基部中央有一抹翠蓝色。在颏、喉部有少许白色；嘴下延至后颈两侧有一条粗的黄白色纹；身体前部及尾下覆羽为赤黄色，前颈和胸的颜色还偏深，到腹部为浅。赤翡翠比翠鸟要大一圈，体长在25厘米左右，远看整只鸟都是棕红色的，近看才会发现不同颜色的掺杂。翠鸟的喙基本为黑色，长而尖；赤翡翠的喙为红色，长、粗且厚，像小胡萝卜，几乎要把身体坠下去，与头部不相称。赤翡翠栖息环境主要在阔叶林地带以及沿海地带。赤翡翠在翡翠亚科的家族中，是能生活在最北边的成员，在中国的东北长白山地区可见。其他翡翠鸟都是土洞，可有鸟类研究者曾观察到赤翡翠像啄木鸟一样，在白皮柳的树干啄木，不知是为了取巢材，还是在做洞成巢。

像所有翠鸟一样，赤翡翠是完全食肉性的鸟。食谱种类非常丰富，主要是以鱼类为主的，除此之外，在林地附近，它们会吃各种昆虫，包括甲虫、蝗虫、蚱蜢及各种幼虫，还有小型节肢动物、青蛙、小蜗牛和蜥蜴；如果靠近沿海，那赤翡翠的食谱，就要增加小龙虾、鱼、螃蟹等小海鲜。在印度，有鸟类摄影师拍摄到多种翡翠鸟捕食小老鼠的视频，它们会把整只老鼠吞掉。正常人们熟悉的是，翠鸟属的捕猎者在捉到小鱼后，并不会直接吞食，而是先将鱼在树枝或石头上摔打，将鱼打死后再整个从头到尾地吞食。可是，当它们捉到小老鼠时，它们就知道老鼠和鱼类不同，因此并不直接摔打老鼠，而是改用喙啄，翡翠鸟的喙又粗又尖，小老鼠此生看来又增加了一个天敌！由此可见，翠鸟的消化能力也是相当不一般的！

lán fěi cuì
# 蓝翡翠

*Halcyon pileata*
Black-capped Kingfisher

国家"三有"保护动物
翡翠科
佛法僧目

## 此翡翠非彼翡翠

提起翡翠，人们自然而然想到的是玉石中的翡翠。即使告诉你，翡翠还是一种鸟，也会让人恍惚间不知道是谁用了谁的名字。翻开《说文解字》寻找答案，历史会告诉你，"翡翠"本为鸟名。《说文解字》里说翡是"赤羽雀也"，翠是"青羽雀也"，均出自郁林，就是今天的广西地区。《异物志》里也有解释，说翠鸟像燕子、红色的雄鸟叫"翡"、青色的雌鸟叫"翠"。其实，翡翠鸟并不只广西有，在江淮和东北地区也有。因为其中羽毛中的红、绿二色极为艳丽，大概在唐宋时，人们开始以翡翠来比喻红色或绿色的石头，晶莹剔透，像翡翠鸟一样。就这样几经流传，"翡翠"的美称，在达官显贵、市井百姓间被叫得熟了，只是不再是鸟名，而是美玉了。

蓝翡翠在翠鸟家族中，贵为"蓝妃"，那是因为它极其美丽、温顺、叫声悦耳、动听，模样机灵，又有一身艳丽华贵的蓝紫色羽毛，不愧有"蓝妃"的美称。在古人的诗词中，它的身影一出现，就是一幅画："有意莲叶间，瞥然下高树。擘波得潜鱼，一点翠光去。"这是唐诗《衔鱼翠鸟》描摹的一幕。蓝翡翠平时多栖息于比较开阔的平原和山麓地带，喜在沼泽、池塘及多树的溪旁活动，在海拔600米以下的清澈河流边也不罕见。

雄性蓝翡翠在求偶时，十分讲究礼数。它不仅要在雌鸟面前展现自己美丽的形态，还要时不时给雌鸟送去食物，简直是"暖男一枚"。看来不只在人类世界里，追求女孩子需要通过送礼物讨对方的欢心，鸟儿也不例外。

## 冠鱼狗

### guàn yú gǒu

*Megaceryle lugubris*
Crested Kingfisher

国家"三有"保护动物
翠鸟科
佛法僧目

张湘坤 绘

## 非鱼非狗冠鱼狗

"冠鱼狗"这个名字，乍一听，又是鱼又是狗的，令人心生旁骛，而只有熟悉鸟类的朋友才会会心一笑，"头戴羽毛花冠，身披波点外衣"，冠鱼狗可是翠鸟科鱼狗属中相当特别的一种鸟。

之所以名为"鱼狗"，是因为冠鱼狗在水边等候小鱼出现时，姿态如猎狗蹲伏，而它又在吃鱼的翠鸟中，属于体形较大的。明代李时珍在《本草纲目·禽一·鱼狗》中记载："鱼虎、鱼师、翠碧鸟。狗、虎、师，皆兽之噬物者。此鸟害鱼，故得此类命名。"

冠鱼狗名字的由来，还因为它头上有耸立的冠羽。黑白相间的冠羽在青黑色羽色中十分夺目，与白色椭圆或其他形状大斑点辉映，时尚简洁。1941年，剑桥动物学家休·科特在制作鸟类标本时，无意发现，工作台下放着一只棕斑鸠和一只斑鱼狗的尸体，一些胡蜂在大吃棕斑鸠，却对冠鱼狗视而不见。这引起了科学家的思考，这个例子很好地说明了，鸟类的鲜艳羽色可能起到保护作用，以使它免遭天敌的攻击。这是一个在当时还算是异想天开的思路，科特也用了接下来20年的时间，一直在努力证实这一点。胡蜂、猫和人都是"品尝师"，他评估了像冠鱼狗、戴胜、麝雉、锡嘴雀包括家麻雀等很多鸟类的适口性，最后得出结论：真正好吃的鸟如鸽子、鹬类或者松鸡，都长着暗淡、隐蔽的羽色；而像冠鱼狗这样黑白分明或者颜色丰富的鸟——天生就有警戒色的，则有着相反的口味，人畜不爱。

冠鱼狗在捕鱼时，警觉如猎狗，而且很有耐心，有时它一蹲就是好几个小时。有时，它会迅速地掠过水面，像巡航机检视属地般，搜索食物的踪迹。当锁定目标后，它首先调整体态，如空中悬停的直升机，继而闪电般俯冲水中，用喙钳紧紧卡住食物，迅速撤离水面。说到喙，冠鱼狗的喙尖长且锋利，如短匕首，那是它捕食的重要武器。为了防止猎物挣扎逃脱，它一旦捕到猎物，便迅速返航，飞到安全的栖息地，再悠然享受美餐。如果猎物庞大，一时难以制服，冠鱼狗便把栖木或岩石当作砧板，用喙钳叼住猎物，在砧板上反复摔打猎物，直至猎物昏厥、失去反抗能力。这时，冠鱼狗才从容地将其吞咽下去。

翠鸟都有这样的本事，若猎物是鱼儿，则冠鱼狗一般先会从头开始享受。为了达到这个目的，它会把昏死的小鱼略往上抛，接住，略往上抛，接住……耐心地调整入口角度，直至鱼头完全进入喉咙，最后以大口吞咽完成进食。

# 雀形目

# 鹡鸰科

### shān jí líng
## 山鹡鸰
*Dendronanthus indicus*
Forest Wagtail

国家"三有"保护动物
鹡鸰科
雀形目

郭丽 摄

## 逮不着　打不着

  不知道山鹡鸰尾部不停摆动的行为是何时开始进化的，大胆设想一下，会不会是在和人类交集之后出现的呢？任何一只鸟也不愿意自己被瞄准，而一命呜呼；当然，也不是所有的鸟都选择以"多动症"来自保。不论何时你看到山鹡鸰都是十分紧张的状态，它不停地左右摆尾，还配合起蹲的态势，随时准备在遇到危险时，快速飞起。因此，每次看见山鹡鸰，都感觉该看心理医生的是自己。

  山鹡鸰是褐色和黑白色的林鹡鸰，羽色最美、最突出的装饰就在两翼和胸前，都是黑褐色和白色斑相交的。山鹡鸰有着白色的眉纹和腹部，和所有能做摆尾动作的鸟一样，尾巴较细长，腿肌肉不够发达，飞行时是典型鹡鸰类的波浪飞行。

  山鹡鸰是一种善于鸣叫的小鸟，羽色也很有观赏性，可是天性使然，它不愿意被人逮到，更不愿意让人饲养，因此宁肯绝食而死，也不妥协在笼子里。

  山鹡鸰每年春天来北方繁殖，主要食物是林间的昆虫，低山丘陵地带的山地森林、稀疏的次生阔叶林还有混交林、落叶林和果园，都是山鹡鸰喜欢栖身的地方。它们会在树的水平枝丫上筑巢，一些细树枝、苔藓、草茎、羽毛和兽毛等，是它们筑巢的主要材料。这使山鹡鸰成为一种特殊的存在，因为鹡鸰科鸟类多是不进入森林的。它的叫声也很特别，"哽嗞哽嗞"的声音，像过去挑水用的扁担钩和水桶梁摩擦发出的声音，因此老百姓也叫它"扁担钩子"。

209 / 雀形目　如是观鸟集 水边的飞羽　水鸟卷

刘兆瑞　摄

## 白鹡鸰

*Motacilla alba*
White Wagtail

国家"三有"保护动物
鹡鸰科
雀形目

白鹡鸰　普通亚种　刘兆瑞　摄

白鹡鸰　灰背眼纹亚种　刘兆瑞　摄

## 在下"张飞鸟"

在松花江边，白鹡鸰是用肉眼即可分辨的小鸟，尤其是它在水边洗澡时，黑白羽色灵活地戏水，很容易让人想到是它。白鹡鸰体长20厘米左右，比山鹡鸰长差不多3厘米，是黑、白、灰三色的鹡鸰。它喜欢近水的开阔地带，栖息在稻田、溪流边及有水的公园，也能与人为邻。在繁殖季，东北可见普通亚种、东北亚种、灰背眼纹亚种、黑背眼纹亚种出现。它们身上黑色羽色的多少和分布，便随亚种而异。

白鹡鸰有很多的别名，比如，白颤儿、白面鸟、白颊鹡鸰、眼纹鹡鸰等，"白颊'张飞鸟'"的称呼，据说出自鲁迅的《从百草园到三味书屋》一文，他写到冬天在百草园用筛子诱捕鸟类的故事："但所得的是麻雀居多，也有白颊的'张飞鸟'，性子很躁，养不过夜的。"白鹡鸰现在是国家"三有"保护动物，自然不可非法捕捉。不过，从鲁迅的口中可以得知，这是无法人工饲养的鸟。因为性子躁被叫作"张飞鸟"，要不很难将它和猛张飞联系在一起。

白鹡鸰有个外号叫"白颤儿"，可以看出它的习性——无时无刻不在上下晃尾巴。如果说这个行为是它机警的表现，那它有时还边走边叫，不断地暴露自己，可见求偶季到来，自相矛盾也是没有办法的事了。

鹡鸰鸟在空中的飞行机动能力很强，但在平地上起飞的初速度不快，尾巴的起伏也是为了配合动作维持身体的重心稳定，以便更好地起飞。与大部分鸟类不同的是，白鹡鸰不爱上树，只有等到晚上需要休息时，才会集成大群飞到树上集体过夜。

白鹡鸰的飞行路线个性鲜明，是近似正弦曲线的波浪形。有人看见它们在波峰和谷底间不断停止或扇动翅膀，如此循环往复，令观者看得不亦乐乎。

## 黄头鹡鸰
huáng tóu jí líng

*Motacilla citreola*
Citrine Wagtail

国家"三有"保护动物
鹡鸰科
雀形目

张湘坤 绘

刘兆瑞 摄

## huáng jí líng
# 黄鹡鸰
*Motacilla tschutschensis*
Eastern Yellow Wagtail

国家"三有"保护动物

鹡鸰科

雀形目

丁传江 摄

# 灰鹡鸰

huī jí líng

*Motacilla cinerea*
Grey Wagtail

国家"三有"保护动物
鹡鸰科
雀形目

许善友 摄

## 三种黄色系鹡鸰的区别

抛开亚成年鸟和雌鸟不谈，三种黄色系鹡鸰的雄鸟还是比较容易区分的。黄头鹡鸰的头和下体都是艳黄色的，就像蒲公英的黄花一样黄，腿为黑色的，尾巴较短；黄鹡鸰的喉部以下至腰部和臀部都是黄色的，如同榴莲派一样，头部灰色，其他羽色为褐色或橄榄色，腿也是黑色的，尾部也较短；灰鹡鸰和黄鹡鸰容易混淆，它是偏灰色的鹡鸰，黄色部位在腰以下，腿色浅，是几种鹡鸰中，腿部略短、身形最细长的，也最消瘦，尾部很长。

黄头鹡鸰常涉水而行寻找食物，水能淹没至腰部；灰鹡鸰常在浅水中觅食，但水面绝不会超过它的脚；黄鹡鸰多半会在水边石头上觅食，很少涉水。灰鹡鸰和黄鹡鸰会在飞行中捕捉食物，也会用悬停的方式；而黄头鹡鸰一般不会这样。黄头鹡鸰摇动尾部的特征不明显；灰鹡鸰和黄鹡鸰则会不断地摇动尾部，在所有鹡鸰中，灰鹡鸰是摇动尾部最有持续性的。

灰鹡鸰在飞翔时，有更多的猛冲和跳跃动作；黄鹡鸰在飞行时两翅一收一伸，呈波浪式前进，常常边飞边叫，鸣声"唧唧"；黄头鹡鸰更愿意在水边小跑着追逐食物，在飞翔时边飞边叫，叫声重复而且有颤音。

灰鹡鸰单独或者成对出现，有时和白鹡鸰集成小群混群，和其他鹡鸰不同，灰鹡鸰常停栖在水边的树枝上；黄头鹡鸰通常成对或成群一起栖息；黄鹡鸰成对或者3-5只的小群出现，愿意停栖在河边或者河心的石头上。

# 布氏鹨
## bù shì liù

*Anthus godlewskii*
Blyth's Pipit

国家"三有"保护动物
鹡鸰科
雀形目

赵俊 摄

# 树鹨
shù liù

*Anthus hodgsoni*
Olive-backed Pipit

国家"三有"保护动物
鹡鸰科
雀形目

赵俊 摄

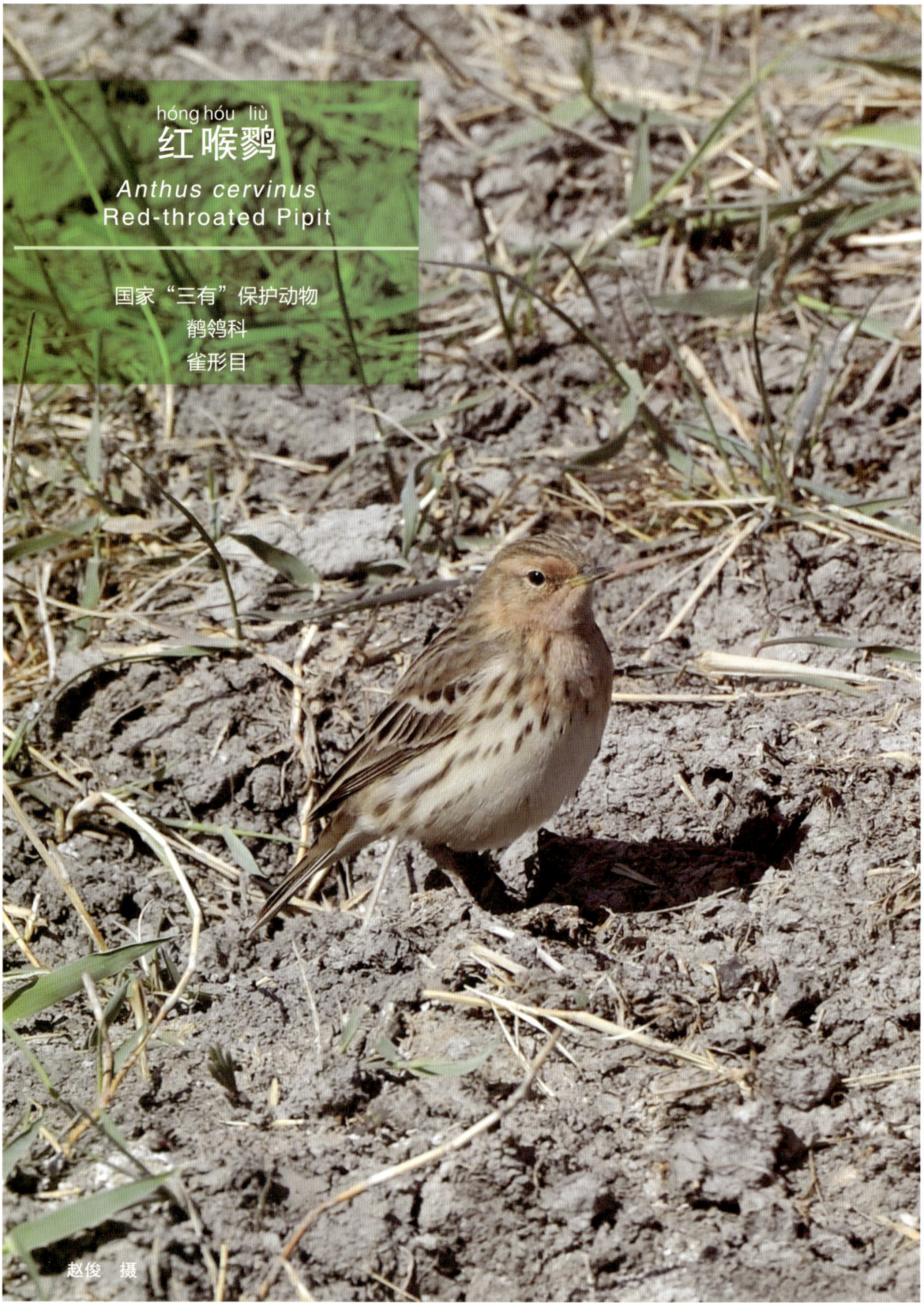
hóng hóu liù
红喉鹨
Anthus cervinus
Red-throated Pipit
国家“三有”保护动物
鹡鸰科
雀形目
赵俊 摄

### shuǐ liù
# 水鹨
*Anthus spinoletta*
Water Pipit

国家"三有"保护动物
鹡鸰科
雀形目

赵俊 摄

## 几种鹨的区分

鹨的区分真是很难的，高手借助叫声可以十拿九稳，而单凭外貌辨认，却十分不容易，因为它们长得都太像了。只能在"蛛丝马迹"上寻找差别。鹨类因为身上有纵纹，会被看成缩小版的鹨类；所有鹨类都没有冠羽，在突然起飞、离开时会大叫，然后是绵软的波浪飞行。

红喉鹨可以说是最容易辨认的，因为它的喉部是粉红色的，上体褐色的红喉鹨和树鹨最接近，只是红喉鹨上体的褐色比树鹨还重些；胸部有少许粗的褐色纵纹，腰部也有些纵纹和斑块；可以注意到红喉鹨的腹部发粉黄色而非白色，背部及翼无白色横斑，红喉鹨的叫声尖细，比其他鹨悦耳。它在古北界繁殖，去非洲越冬。

当田鹨、布氏鹨、树鹨排排站时，它们十分像3个渐进演化的版本，田鹨的站姿最挺拔纤细，布氏鹨整体就回缩了一些，羽色也深了些，到树鹨的时候，羽色全部加重，身形也敦实了些；树鹨最小有15厘米，接下来是田鹨有16厘米，布氏鹨最大差不多有18厘米；田鹨和树鹨的脚是粉红色的，布氏鹨的脚偏黄；田鹨常见于稻田及低矮的草地，急速于地面奔跑，在进食时尾摇动，布氏鹨喜欢旷野、湖岸和干旱平原，树鹨要比其他鹨更喜欢有林的栖息地，受惊时会降落于树上；田鹨越冬地多在广西及广东，布氏鹨则飞去印度，树鹨越冬地在中国东南、华中、华南及台湾和海南。

北鹨的繁殖地在东北，是中等体形，约15厘米的褐色鹨。北鹨与树鹨比较相似，但背部有两个"V"形白色纵纹，整体的褐色也很重，黑色的髭纹明显；与红喉鹨的区别是背及翼有白色横斑，腹部较白，尾部没有白色边缘。北鹨喜欢栖息在开阔、湿润的多草地区及沿海森林，有时也降落在树上，越冬地在东南亚、菲律宾、苏拉威等地。

水鹨是头顶灰褐色的鹨，具有细纹。水鹨繁殖期下体为橙黄色，胸部较深，胸侧和两胁有模糊的纵纹，冬季羽色上体为深灰褐色，前胸的纵纹较深且浓密，下体暗黄色有纵纹。水鹨喜欢高山草甸及近溪流的多草地带。

# 河鸟科

## 褐河乌
*Cinclus pallasii*
Brown Dipper

国家"三有"保护动物
河乌科
雀形目

褐河乌 朴正吉 摄

# 水乌鸦

河乌科为鸟类的一个小科，全世界仅有5种，中国有2种。它们实现了雀形目鸟类的突破，是唯一能在水中生活、觅食的鸟类。在东北地区常见的是褐河乌，它们对水质的要求极高，一般在清澈见底且多岩石的森林、溪流中生活。它们全身羽毛为深褐色，和它们喜欢栖身的岩石颜色十分接近。虽然长着与其他雀形目鸟类相同的喙和爪，却能在水面浮游，也能像企鹅一样靠扇动翅膀潜行，因此俗称"水乌鸦"。

在长白山近300种鸟类中，褐河乌是少有的留鸟，它从不迁徙南方，一年四季都坚守在长白山。和那些爱往林中飞的鸟儿不同，褐河乌从不离开河流，几乎不会进入树林里，也不会停留在树上。它的爪没有蹼，却能靠扇动翅膀在水底灵活行走、捕食猎物。那么，褐河乌为什么能在水中游泳呢？那是因为它们的骨骼密度比较高，能帮助它们潜水下沉；稠密的羽毛可以防止它们散失热量，发达的油脂腺可以让羽毛有效地阻隔冰冷的溪水，使它在穿越激流时，不会背负上一滴水，更不会令羽毛湿重；当它潜入水中追捕鱼类时，褐河乌眼睑上的瞬膜，起到了潜水镜的作用，不仅防水，还可以看清水下的一切状况；鼻子中鼻瓣能防止水流入鼻腔；这些构成了褐河乌顶级的潜水装备。另外，褐河乌血液里的血红素含量高，因而载氧量也高，就可以使褐河乌潜水续航的能力提高。就连没有脚蹼的脚爪，也起着十分重要的作用，它们可以牢牢地抓住湿滑的石头，稳扎地傲立于激流中。褐河乌飞起来有些沉重、笨拙，而它也不会高飞，就喜欢在河面上方两三米的高度沿河飞行。乱石河床造就了湍急的河流和复杂的地形。褐河乌要十分熟悉栖息地才行，河面上一块块凸起的石头是它们歇脚的地方，也是它们的舞台。在很多时候，褐河乌会在石头上自娱自乐，也用来吸引异性。它腿部稍曲，尾巴上翘，头与尾不时地上下摆动。你也可以把这看作它的热身运动，因为一旦发现激流中有鱼虫的身影，它就会一头扎进水中。褐河乌入水后，可以在水下游动几米或10多米的距离，在水下停留数秒或几十秒钟。它们会翻起水中的石头，在下面寻找食物。褐河乌的食谱中，不仅有水生的石蛾幼虫、鳞翅目和毛翅目等昆虫，也有少量漂浮在水面的植物种子及小河虾等底栖动物，还有激流不时送来的小鱼。如果抓住了一只小螃蟹，它就会叼起螃蟹爪带它飞上岩石，一边摔打，一边耐心等待合适的时机，饱餐一顿。

褐河乌将巢建在靠近水边的岩石裂缝中，乍一看就是石头间塞着一片苔藓，要不是雏鸟张开嘴巴，很难让人发现苔藓后面是一个安全隐蔽又温暖干燥的巢。褐河乌的巢呈碗状，外层为苔藓，内层由干草和树叶编织而成，伪装得十分巧妙。雏鸟在离巢后，还需要跟亲鸟生活一段时间，每次亲鸟都会带一只幼鸟来到湿滑的岩石上，一边喂养，一边令其观摩，学习应对生存的一切技能。即使在寒冷的冬天，它们也会在激流中逆流而上，深入水中，寻找越冬的昆虫和其他水生动物。

褐河乌也会像松鸦一样洗蚂蚁浴，利用蚂蚁的分泌物蚁酸来清除羽翼上的寄生虫，使褐河乌的羽毛变得光滑又坚韧，利于飞行。在鸟类大家族中，褐河乌称得上是一种极具个性的神奇鸟类。

# 参考文献

[1] 赵正阶. 中国鸟类志[M]. 长春：吉林科学技术出版社，2001.

[2] 马敬能，菲利普斯，何芬奇. 中国鸟类野外手册[M]. 长沙：湖南教育出版社，2000.

[3] 莱德勒，伯尔. 常见鸟类的拉丁名[M]. 重庆：重庆大学出版社，2020.

[4] 伯克黑德. 鸟的智慧[M]. 北京：商务印书馆，2019.

[5] 贝克. 游隼[M]. 杭州：浙江教育出版社，2017.

[6] 伯克黑德. 剥开鸟蛋的秘密[M]. 北京：商务印书馆，2020.

[7] 卡曾斯. 鸟类行为图鉴[M]. 长沙：湖南科学技术出版社，2020.

[8] 伯克黑德. 鸟的感官[M]. 北京：商务印书馆，2017.

[9] 尼科尔森. 海鸟的哭泣[M]. 长沙：湖南文艺出版社，2020.

# 林间的歌声

## 如是观鸟集　林鸟卷

沈荣 / 著

张湘坤 / 绘　刘兆瑞　郭丽 / 等摄

封面摄影 / 刘兆瑞　顾问 / 唐景文

吉林人民出版社

出 品 人：常　宏
选题策划：吴文阁
责任编辑：刘子莹
装帧设计：昌信图文

**图书在版编目（CIP）数据**

如是观鸟集 / 沈荣著 . -- 长春 : 吉林人民出版社，2025.4. -- ISBN 978-7-206-21927-6

Ⅰ . Q959.7-49

中国国家版本馆 CIP 数据核字第 2025JN4933 号

### 如是观鸟集：林间的歌声

RU SHI GUAN NIAO JI : LIN JIAN DE GESHENG

著　　者：沈　荣
出版发行：吉林人民出版社（长春市人民大街 7548 号　邮政编码：130022）
咨询电话：0431-85378007
印　　刷：吉林省吉广国际广告股份有限公司
开　　本：889mm×1194mm　　　　　　　1/16
印　　张：13　　　　　　　　　　　字　　数：250 千字
标准书号：ISBN 978-7-206-21927-6
版　　次：2025 年 7 月第 1 版　　　　印　　次：2025 年 7 月第 1 次印刷
定　　价：258.00 元（全三册）

如发现印装质量问题，影响阅读，请与出版社联系调换。

# 前 言

2016年，我们在松花江畔的长白岛上，拍摄了一部关于护鸟人的纪录片。一个春日的傍晚，夕阳西下，在岛上巨大的球形鸟笼前，一个小女孩坐在婴儿车里，她一边挥着胖胖的小手，一边喃喃地对着鸟笼里被救护的鸳鸯，说着"拜拜、拜拜"。

那可爱的小模样，每每想来总是让我内心温暖。多么希望，当我们大手牵小手，在江边看各种各样的水鸟时，不要只会告诉孩子，那是"鸭子"；多么希望，我们的孩子不是从超市的冰柜中，认识褪掉毛的鸡和鸭的模样。或许这才是我写《如是观鸟集》的初衷吧。如果有某一个孩子受到此书的启发，开始热爱鸟类，甚而把博物学当作未来的事业，那岂不是更好！

在我很小的时候，有两个记忆是关于鸟的。一个记忆是在北山庙会上看到的小鸟算卦，小鸟会用喙拉开小抽屉，从里面抽出卦签给它的主人，引来围观者惊叹！现在看来，能算卦的小鸟有很多种，尤以杂色山雀最常见。不同鸟类有不同的学习能力、逻辑能力和认知能力，鸟类的智慧超出人类想象，这一点深深令人着迷。另一个记忆是跟着大表哥去山上粘鸟，山坳里的雪厚厚的，没过膝盖，大表哥立了一张网，然后不知道他跑去哪里轰鸟，不一会儿一群鸟就飞了过来，有些就粘在了网上。鸟扑棱扑棱的，我不敢上前，也不知道大表哥后来拿那些鸟怎么着了，大表哥耍枪弄棒，养狗追猫，那些鸟的命运可想而知。"但即使这样，"吉林市野生动物保护协会的唐景文老师说，"20世纪七八十年代的野生鸟类数量，也比现在多很多！"

唐景文老师和我们纪录片的摄像，也是鸟类摄影师的丁传江老师，是引领我观鸟、护鸟的前辈。他们的鸟类知识和观鸟的实践经验十分丰富，唐老师还会用口技学鸟鸣诱鸟，跟他们走入山林，你会发现自己的视听范围被拓宽，自己感受的世界也因为飞鸟而丰富起来。

远古时代，我们的先人参天法地，观物取象，观鸟兽纹羽，创造了八卦，汲取到了天地的化育。在甲骨文中，"觀"字左边就是一只睁着圆圆眼睛的猫头鹰站在树上回头看的样子。显然，古人早就知晓了猫头鹰有着非凡的视力，由观鸟进而如鸟样观，因此观和看不同，祖先赋予了"观"字更广泛的内涵。

至于现代"观鸟"这一名称和技术，是在19世纪90年代，英国鸟类学家埃蒙德·塞卢斯，在其著作《观鸟》中提出来的。他主张：放下猎枪，拿起望远镜。他以科学研究为目的，燃起了在自然生境中观察鸟类的热情，却令博物馆派的鸟类学家陷入了危机。在那个年代，观鸟人并非主流。他宣扬：明日的动物学家应该是携带望远镜和笔记本，步出户外，随时准备记录下自己的观察与思考，而不是单纯地对着僵硬的标本做分类。这个观点在今天看来如此平常，在当时却是突破性的，这引来一些专业人士的嫉恨，也彻底改变了鸟类学。可以说，塞卢斯发起了野外鸟类学研究，启迪了后人，成为鸟类学史上极其重要的先驱人物。

现如今，全球观鸟的人超过百万。观鸟人来到野外，不仅使用望远镜，还依靠更先进的光学影像设备，记录鸟类各种各样的行为，令观鸟与研究鸟类成为更有趣的事情。我就是通过摄像机的取景器，近距离地看到鸟的千姿百态，才萌生对观鸟的热爱的。

每个观鸟人都有自己生命中的"第一只鸟"。虽然冬季的松花江边，有着几千只迁徙而来的水鸟栖息，我的"第一只鸟"却是旅鸟黑翅长脚鹬。当我看到这只穿着"红靴子"，"踩着高跷"的鸟时，它曼

妙的身姿深深地吸引了我，打破了我对水鸟的刻板印象。2022年冬天，我在广西养病的时候，特意去了上林东红湿地，那里曾是黑翅长脚鹬的栖息地。可惜，当我们到达的时候，群山环绕之地，裸露着干燥的土地。夕阳透过古老的渡槽心形的桥拱，散发出爱的气息，而我们却没看到任何一对水鸟家庭在这里生活的痕迹。

鸟类正经历着史无前例的演化巨变，那些数百万年来栖息的土地，迁徙时停留的补给区，繁殖时有着富庶食物的家园，慢慢被人类开发为农田、城市和郊区。气候的变化、河道的更改、有毒的农药、食物的匮乏，诸多因素在改变着鸟类的觅食、繁殖和迁徙。只有了解鸟类——我们长着羽毛和翅膀的朋友，了解它们的习性，了解它们的栖息地，了解它们和我们人类千丝万缕的关系，才能更好地爱护它们。

人类和鸟类一样，都是内嵌在自然之中的。虽然人类自古以来就开始了对鸟类的观察与研究，鸟类学的著作也浩如烟海，但鸟类的行为与智慧还是有很多未解之谜。在众多的书籍资料中，甄别良莠，用自己的经验去理解、消化，并非一件容易的事。我和鸟类真正相遇时，已经错过了我记忆力最好的年纪，但是好奇心丝毫没有减退，因为生活阅历的积累，好奇心反倒成为最大的动力，让我在观鸟、识鸟的过程中，体会到无穷的乐趣。我已原谅自己没有"好记性"这个事实，并用无限的感受力和同理心去提升认识、记忆一门学问的能力。因此，可以说这套书也是我的观鸟心得和读书笔记！所选鸟类，取自吉林省鸟类名录，这在动物地理分界中属于古北界。在古北界的鸟类中，候鸟比例很大，水禽和世界广布种比例也比较大，而攀禽等种类较少；食虫鸟类比例大，以果实等为食的种类比较少。

现在，观鸟成为我的日常爱好。在我家的后花园里，常常光顾的是喜鹊和麻雀，偶尔停留的是伯劳、普通鸭和几种鸲与鸫类的小鸟。我的书桌上就放着望远镜，随时可以观察来造访的朋友。葡萄、桑葚归喜鹊，紫苏和各种花的种子归麻雀。每年早春，我都会给小池塘里早早注水，麻雀就会在对面小学校园的屋顶上安家，开启忙碌的繁育季。尽管我非常期待麻雀可以为我消灭藤本月季上的蚜虫，但我也会在磨石上，留下小米、果仁、煎饼等食物，看着鸟妈妈喂食自己的宝宝，实在是件开心的事。整个春夏的早晨，鸟语花香，我们在屋内，麻雀在门外，大家一起"干饭"。我也投喂流浪猫，它们相安无事，因为流浪猫总是在午后慢悠悠地来，恰好和麻雀错开"干饭"的时间。雨季过后，草木疯长，各种飞蝶、昆虫悠然而往。我不会给生虫的果树喷农药，以保证昆虫和飞鸟有一个安全的环境。这小小的生境，也是一个浓缩了自然的生态系统。我由学习观鸟，到对植物感兴趣，再到学习查地图、设计观鸟路线……最深的感受就是，观鸟人学习的构架应相当广阔，从观察到描述，再到怎样看待整个自然界，甚至会影响每个人世界观的建立。因此，对我来说，观鸟之路，刚刚开始。

感谢此套丛书的总编吴文阁先生和编辑刘子莹女士对我的信任与鼓励，感谢诸多鸟类摄影师无私的帮助。还要特别感谢我的先生张湘坤，不仅在我生病手术期间，照顾我的生活起居，让我安心创作，还为此套丛书缺失的图片手绘鸟类插图，记录下我们有羽毛的朋友独特的生命故事，并使之能以艺术的姿态呈现。

沈 荣<br>2023年10月25日

# 目 录

## 鸡形目

### 雉科    2
黑琴鸡／花尾榛鸡／斑翅山鹑／鹌鹑／环颈雉
- 这是一只"战斗鸡"
- "飞龙"在枝
- 鹑之奔奔
- 雉类的王国
- 像鸭子一样嘎嘎叫
- 妻妾成群

## 鸨型目

### 鸨科    10
大鸨
- 大鸨年年见

## 鸽形目

### 鸠鸽科    14
岩鸽／山斑鸠／火斑鸠／灰斑鸠
- 岩鸽、原鸽和家鸽
- 飞奴的别称
- 从《诗经》中飞来
- 斑鸠拜年
- 鸽子陪伴人类有多久了
- 鸽子的秘密
- 厌苦春鸠声

## 鹃形目

### 杜鹃科    22
北棕腹鹰鹃／四声杜鹃／大杜鹃／东方中杜鹃／小杜鹃
- 鸠占鹊巢
- ONE MORE BOTTLE 再来一瓶
- 大号、中号、小号杜鹃一门三兄弟

## 夜鹰目

### 夜鹰科    30
普通夜鹰
- 贴树皮

### 雨燕科    32
白喉针尾雨燕／普通雨燕／白腰雨燕
- 带翅膀的炮弹
- 腰部一道杠的雨燕
- 从你的全世界路过

## 佛法僧目

### 佛法僧科    38
三宝鸟
- 鸟中俏罗汉

## 犀鸟目

### 戴胜科    42
戴胜
- 臭也难掩光芒

## 䴕形目

### 啄木鸟科    44
蚁䴕／星头啄木鸟／小星头啄木鸟／小斑啄木鸟／大斑啄木鸟／棕腹啄木鸟／白背啄木鸟／三趾啄木鸟／黑啄木鸟／灰头绿啄木鸟
- 像蛇一样你怕不怕
- 最小的啄木鸟
- 树木网格员
- 三趾是个谜
- 䴕志在木
- 小刨锛
- 大斑和小斑
- 白背心
- 似鸦不是鸦

## 雀形目

### 百灵科    56
蒙古百灵／大短趾百灵／亚洲短趾百灵／凤头百灵／云雀／角百灵
- 天生台上的角
- 朋克发型的百灵
- 渴望爱情的小犄角
- 干旱之境的百灵
- 衔来一枚阳光

## 燕科     63
**崖沙燕 / 家燕 / 金腰燕 / 西方毛脚燕 / 烟腹毛脚燕**
- 崖壁建筑师
- 穿花衣的燕子
- 剪刀尾 万能舵
- 借个屋檐给你
- 吾爱吾家

## 山椒鸟科     68
**灰山椒鸟**
- 呆鸟不呆

## 鹎科     69
**栗耳短脚鹎**
- 鸟类播种机

## 太平鸟科     70
**太平鸟 / 小太平鸟**
- 大小花脸

## 伯劳科     73
**虎纹伯劳 / 牛头伯劳 / 红尾伯劳 / 西方灰伯劳 / 楔尾伯劳**
- 擅长反侦查
- 屠夫鸟
- 海妖般的声诱
- 凶狠的"佐罗"
- 撸串狂魔
- 劳燕分飞

## 黄鹂科     79
**黑枕黄鹂**
- 不要因喜欢而伤害

## 卷尾科     80
**黑卷尾 / 灰卷尾**
- 以"骗"为生
- 灰龙尾燕

## 椋鸟科     83
**北椋鸟 / 灰椋鸟**
- 莫扎特和椋鸟
- 为什么鸟儿想说话

## 鸦科     85
**松鸦 / 灰喜鹊 / 喜鹊 / 星鸦 / 红嘴山鸦 / 达乌里寒鸦 / 秃鼻乌鸦 / 小嘴乌鸦 / 大嘴乌鸦**
- 聪明的"八字胡"
- 喜上眉梢
- 山地专家
- 鸟类外交官
- 鸦科大佬
- 有情有义的灰喜鹊
- 种树小能手
- 白脖寒鸦
- 最聪明的鸟

## 鹪鹩科     100
**鹪鹩**
- 山蝈蝈

## 岩鹨科     102
**领岩鹨 / 棕眉山岩鹨**
- 彩色的麻雀
- 黄眉大王

## 鸫科     105
**白眉地鸫 / 虎斑地鸫 / 灰背鸫 / 白眉鸫 / 白腹鸫 / 赤颈鸫 / 红尾斑鸫 / 斑鸫**
- 白眉猎人
- 穿橙色马甲的烦人精
- 鸟类听力系统的变化
- 红尾斑鸫和斑鸫的区别
- 虎鸫
- 魔笛之音
- 红脖子

## 鹟科     113
**红尾歌鸲 / 蓝歌鸲 / 红喉歌鸲 / 蓝喉歌鸲 / 红胁蓝尾鸲 / 北红尾鸲 / 红腹红尾鸲 / 黑喉石䳭 / 白喉矶鸫 / 蓝矶鸫 /**

灰纹鹟／乌鹟／北灰鹟／白眉姬鹟／鸲姬鹟／红喉姬鹟／
白腹蓝鹟
- 夜莺的表亲们
- 蓝精灵养成记
- 也寄人间雪满头
- 山地歌手
- 三种灰色系鹟的区别
- 彩色鸟卵的作用
- 琉璃鸟
- 歌鸲三姐妹
- 火燕
- 黑喉石䳭
- 最好的歌手是更好的父亲
- 鸟未老 眉先白
- 黄点颏

## 王鹟科　　　　　　　　　　　　130
寿带
- 谁持彩练当空舞

## 雅雀科　　　　　　　　　　　　133
棕头鸦雀／山鹛
- 鸟中肉丸子
- 长尾巴狼

## 树莺科　　　　　　　　　　　　136
鳞头树莺／远东树莺
- 短尾莺
- "咕噜——粪球"

## 蝗莺科　　　　　　　　　　　　138
北短翅蝗莺／中华短翅蝗莺／苍眉蝗莺／矛斑蝗莺／
小蝗莺／北蝗莺
- 两种短翅蝗莺
- 四种旅居东北的蝗莺

## 苇莺科　　　　　　　　　　　　143
厚嘴苇莺／黑眉苇莺／东方大苇莺
- 几种苇莺

## 柳莺科　　　　　　　　　　　　145
冕柳莺／褐柳莺／巨嘴柳莺／黄腰柳莺／黄眉柳莺／
极北柳莺／双斑绿柳莺／淡脚柳莺
- 八种柳莺

## 戴菊科　　　　　　　　　　　　149
戴菊
- 东北最小的留鸟

## 绣眼鸟科　　　　　　　　　　　150
红胁绣眼鸟
- 最小的名鸟

## 攀雀科　　　　　　　　　　　　154
中华攀雀
- "佐罗"与"大头鞋"

## 长尾山雀科　　　　　　　　　　156
北长尾山雀
- 东北"黏豆包"

## 山雀科　　　　　　　　　　　　157
杂色山雀／沼泽山雀／褐头山雀／煤山雀／黄腹山雀／
苍背山雀／灰蓝山雀
- 八种山雀的辨识

## 䴓科　　　　　　　　　　　　　162
普通䴓／黑头䴓
- 世界上唯一能头向下爬树的鸟类

## 旋木雀科   164
欧亚旋木雀
- 爬树雀

## 雀科   165
麻雀
- 世界公民

## 燕雀科   167
燕雀／苍头燕雀／粉红腹岭雀／白翅交嘴雀／松雀／
普通朱雀／北朱雀／红交嘴雀／红腹灰雀／锡嘴雀／白腰朱顶雀／
极北朱顶雀／黄雀／金翅雀／黑头蜡嘴雀／黑尾蜡嘴雀／
蒙古沙雀／长尾雀

- 两种燕雀
- 色彩缤纷的七种燕雀
- 给黄雀正名
- 两种蜡嘴雀
- 草率的羽色
- 两种朱顶雀也是一点红
- 有着金色"徽章"的鸟
- 一种褐色的燕雀
- 林花谢了春红

## 鹀科   183
灰头鹀／白头鹀／白眉鹀／三道眉草鹀／栗鹀／栗斑腹鹀／
栗耳鹀／芦鹀／苇鹀／红颈苇鹀／田鹀／小鹀／黄喉鹀／
黄胸鹀／黄眉鹀

- 从灰头到白发
- 有栗色羽纹的鹀
- 两种叫花椒的鹀
- 大白眉和小白眉
- 三种栖息于芦苇地的鹀
- 鲜黄羽饰的三种鹀

## 铁爪鹀科   196
铁爪鹀／雪鹀

- 铁爪子
- 小雪球

## 参考文献   198

# 鸡形目

# 雉科

## 黑琴鸡
hēi qín jī

*Lyrurus tetrix*
Black Grouse

国家一级重点保护野生动物
雉科
鸡形目

张湘坤 绘

## 这是一只"战斗鸡"

雄性的黑琴鸡有着健硕的身材，当它鼓起尾翼时，正面看起来就像一个拳击手吊着两只鼓着肌肉的膀子走向拳击台。这是一只活脱脱的"战斗鸡"，它蹦着、跳着，开始热身。当对手出现在求偶场上，黑琴鸡的一对小红冠子便撑得又圆又大，它们开始捉对厮杀，翘着尾巴，低着头，瞪着眼！最可笑的是，站在一旁的雌性黑琴鸡，抬头目视他方，根本没有理会身后打得乱叫、羽毛乱飞的雄鸡，只顾自己的云淡风轻。得胜的雄鸡，就像京剧舞台上的老生，俯身快步，一圈一圈围绕着母鸡转。幸运的话，这只雄鸡会同时赢得几位"美人"的青睐，只要能让自己的基因繁衍下去，为此奋斗也是值得的。

雄性黑琴鸡在交配过后就走了，只留下雌性黑琴鸡独自抚育幼雏。黑琴鸡在繁殖能力方面是很强的，作为一种野生鸟类，雌性黑琴鸡一窝可以产卵10枚左右，而且孵化速度也非常快。如果气候比较合适的话，有时候只需要不到3个星期，幼鸟便会破壳而出。新生的黑琴鸡幼鸟不需要母亲长时间的照顾，天生天养、风吹日晒，幼鸟只需要1年的时间便能达到性成熟，然后步入下一轮的繁育。

雄性黑琴鸡全身最别致的地方是尾部的18枚黑褐色羽毛，最外侧的三对儿呈镰刀状，向外弯曲，与西洋古琴的形状极为相似，因此得到黑琴鸡的美称。冬天来临，林海中的最低温度可以达到零下40多摄氏度，但是黑琴鸡仍然可以在下午的时候优哉游哉漫步于河畔与山谷之间。为什么它们不惧怕严寒呢？原来它们懂得充分利用自己黑色的羽毛，选择一天中阳光最充足的下午两三点的时候活动，这样就可以尽可能地吸收太阳光热，从而大大增强御寒的能力。到了黄昏的时候，太阳下山之后，它们就在雪地上用爪子扒出一个直径为30—40厘米的雪窝，以抵挡凛冽的寒风，随后安然入眠。

黑琴鸡也喜欢集体活动，而且它们的聪明之处就在于懂得根据季节、食物以及周围环境的不同决定集群的具体数量，每群可以有几只、几十只，甚至上百只，这样不仅提高了其觅食的效率，而且降低了遇到风险的概率。

## 花尾榛鸡

huā wěi zhēn jī

*Tetrastes bonasia*
Hazel Grouse

国家二级重点保护野生动物
雉科
鸡形目

雷玉民 摄

## 雉类的王国

中国被称为"雉类的王国",拥有世界上近 1/3 的雉科种类。尤其是在我国的西南地区种类非常丰富,其中又有大约 1/3 是我国的特产种。比如,红腹锦鸡,它被中国古人神话为凤凰,龙凤呈祥,成为中国上千年的文化图腾、而在北方最常见也最漂亮的当数环颈雉。

雉科是鸟纲鸡形目中最大的一科。鸡形目分布于除南极洲以外的世界各地。我们熟知的鹌鹑、环颈雉、绿孔雀等都属于这一科。雉科中的雉类体形较大,一般与家鸡相似,雌雄体色多不同,雄性羽毛多彩而艳丽,雌性羽色黯淡,人们通常将这一类鸟统称为"鸡";而另一类羽色灰暗,体形较小的则称为"鹑"。

它们的头顶常有羽冠或肉冠,喙短而强健,腿脚发达有力,脚三趾在前大趾在后,几乎成一个平面,适于地面奔跑,不善远飞。按生态习性分类，被称为"陆禽"。尾长短不一，尾羽呈平扁状或侧扁状，有些种类有特别延长的中央尾羽。尾羽不仅是飞行中控制方向的舵，也是求偶时重要的炫耀部位。雄性都有距，就是爪子后面突出像脚趾的部分，有的种类雌性也有，这是鸡形目特有的炫耀器官。鸡形目多数为留鸟，主要取食植物，兼吃昆虫等。觅食时多用脚刨挖后再用喙取食。在繁殖期间，雄性好斗，求偶常有炫耀行为。雄性的叫声和求偶炫耀有的简单，有的复杂，常营地巢，雏鸟为早成鸟。

雉对人类的贡献和价值不可估量，至少人类生活中的家鸡就是由原鸡驯化而来的。据统计，全世界家鸡的数量有240亿只，几乎是世界人口的4倍。雉科鸟类在人类文化中具有很重要的意义。中国的许多少数民族都有模仿它们形态和习性的舞蹈，如傣族的孔雀舞、哈尼族的白鹇舞等。诗词歌赋中也常有它们的形象。斗鸡在世界的许多地区也是人们喜爱的娱乐活动。现如今，许多国家的国鸟是雉。与候鸟相比，留鸟更适合做国鸟。而雉就是地栖而不迁飞，更像一国的忠诚国民。中国拥有世界上最美丽的雉，这既是自然的厚爱，也是中国人的幸运。

1988年，全国人大颁布了《中华人民共和国野生动物保护法》，将38种鸡形目鸟类列入国家重点保护动物名单，使中国的珍稀雉类获得了法律的有效保护。

## "飞龙"在枝

生活于中国东北的花尾榛鸡在满语中被叫作"斐耶楞古"，意思是"树上的鸡"，后来取其谐音，被称为"飞龙"。是雉科鸟类中分布最广、最常见的一个种类。

花尾榛鸡是典型的森林鸟类，大都栖住在植被茂盛、浆果丰富的红松、冷杉、云杉等针叶林及柞树、桦树等阔叶林或混交林中，常常在背风的山坡或倒木旁活动。花尾榛鸡的食物主要是植物的嫩枝、嫩芽、果实和种子，已有记录30多种植物和10余种动物嗜食松子、榛子、橡子和杨柳及桦树的芽苞、嫩尖、花序，以及各种藤本和草本植物的果实和种子。

花尾榛鸡在东北生活，在与严寒和冰雪的长期对抗中，练就了一身适应冰雪的本领。它体形结实，喙短，呈圆锥形，适于啄食植物种子；翼短圆，不善飞；脚强健，具锐爪，善于行走和掘地寻食；鼻孔和脚均有被羽，以适应严寒。

冬季，它们会到落叶桦树林与河流两岸稀疏的乔木林地生活，这里阳光可以直接照射，日照时间较长，而且有多芽的枝条，可以得到充足的食物。当地面被雪覆盖时，花尾榛鸡完全在树上觅食，与此相适应，它的爪上具有栉状缘，可以抓住冰滑的树枝，这是对冰雪环境长期适应的结果。尽管在树上活动，但花尾榛鸡并不在树上过夜，需要休息的时候，它们会钻到厚厚的雪窝中过夜，让大雪做厚厚的棉被。

花尾榛鸡也不像家里的大公鸡，整天"咯咯"地叫个不停，它性情温和，喜欢安静，体色接近于青灰色，上面还布满了白斑，在树上一动不动待着的时候，仿佛与树皮融为一体，不仔细看很难发现。花尾榛鸡平时多在地上漫步，遇到危险时先警惕地观察四周，确认危险来临才急速奔跑，或者跑几步再起飞，真的是不喜欢飞行。

长尾林鸮、苍鹰等猛禽及一些鼬科动物是花尾榛鸡的主要天敌。有些地方的花尾榛鸡已经濒临灭绝。

## bān chì shānchún
# 斑翅山鹑
*Perdix dauurica*
Daurian Partridge

赵俊 摄

国家"三有"保护动物
雉科
鸡形目

## 像鸭子一样嘎嘎叫

  对于人类来说，每个冬季都充满着考验。而对于动植物来说，能留在寒冷的北方，说明它们的适应性基因要比人类强大许多。在漫长的冬天里，大地悄悄孕育着芽、蕾、种子和卵，面对着每个日出与日落，充满信心地迎接着未来。

  冬日里的斑翅山鹑，格外珍惜中午的暖阳。每当此时，它们常常一家一家出来觅食，顺便把早餐和晚餐一起吃了。荒野的冬日，雪厚尺有余，成熟的胞果，皮薄且干燥，果皮疏松地包围着种子，却刚好不会开裂，它们静静地伸到雪被之上，等待发现它们的鸟儿，这也是斑翅山鹑最喜爱的食物。积雪松软处，雌性斑翅山鹑像企鹅一样匍匐前进，因为腿短力弱，它们还是不想过分消耗体力。在雪地上，它们爬出许多纵横曲折的痕迹，留下了在冬天寻找它们最明显的踪迹。

  斑翅山鹑是体形略小的灰褐色鹑类，脸、喉中部及腹部橘黄色，喉部有羽须，腹部有马蹄形的黑色羽斑，就像一个黑色长方形口袋，这是斑翅山鹑雄鸟的标准特征，雌性没有。雄性斑翅山鹑的黑色口袋斑纹深浅也不同，很容易分辨出哪个是家长，哪个是当年的"男孩儿"。斑翅山鹑的斑翅和背部的斑纹，是草丛里最好的迷彩服。如果它们卧在大石堆中不动，你就很难发现它们。

  暖阳令山坡上的积雪表层微微融化，饱含水分；夜间又冻结成冰壳，斑翅山鹑健步向前，也总是很容易在松软的深雪处陷下去，却为一家子踏出寻找食物的道路。它们的胃口不大，似乎很容易吃饱。饭后慵懒地卧着，在暖阳下打盹，蓬松的羽毛，卧成一个球，看起来就像河豚。鸟儿的幸福不过如此。

  当冬日的长夜慢慢来临，斑翅山鹑一家整整齐齐躲进避风的沟坎里，它们也给彼此轻轻梳理羽毛，用尾脂腺的油脂涂抹全身的羽毛，同时慢慢消化嗉囊里的食物。因为每个夜晚都在这里抱团取暖，它们身下的雪地渐渐露出褐色的地表，地表上的杂草被太阳晒得蓬松，斑翅山鹑卧在这里就像卧在隔凉、隔湿的床垫上，又或者像是北方人家压了柴火的暖炕上。不论是进食还是过夜，总会有一两个哨兵环顾四周，保持警惕。春天的时候，它们就会分道扬镳，在繁殖期来临之际开始组成家庭。这时往往会引发群体间的争吵，它们的声音也非常奇特，都是类似鸭子的"嘎嘎"声，虽然它们更应该和鸡相近。

## 鹌鹑
### ān chún

*Coturnix japonica*
Japanese Quail

国家"三有"保护动物
雉科
鸡形目

## 鹑之奔奔

对于古人来说，鹌鹑是人间珍馐。这种古老的鸟类，分布极广，品种繁多。其肉和蛋营养丰富，味美适口。

据说早在 5000 年前，埃及的壁画上就有鹌鹑的图像。金字塔上也有食用鹌鹑的记载。中国不仅是野鹌鹑的主要产地之一，也是饲养野鹌鹑最早的国家之一。自战国时代起，"鹑"就被列为六禽之一，成为筵席珍肴。只是现代人，见鹌鹑蛋远比见鹌鹑要多，市面上除了鸡蛋、鸭蛋，就属鹌鹑蛋多了。这当然要归功于养殖业，最早开始养殖鹌鹑是在西汉年间，只不过那时驯养鹌鹑是为了赛鸣或者赛斗。尤其是唐宋时期，不论是民间还是皇宫都颇为盛行。《唐外史》中记叙，西凉地区驯化进贡给唐明皇的鹌鹑，可以随金鼓的节奏而争斗。宋徽宗更喜欢饲养好斗的鹌鹑，以供取乐。到了明代，鹌鹑的药用价值被开发出来，据《本草纲目》记载："肉能补五脏，益中续气，实筋骨，耐寒暑，消结热。"《食疗本草》中还有食用该种食物，可以使人变得聪明的说法。一直以来，鹌鹑蛋的营养价值被认为比鸡蛋高，有"安性味甘、平、无毒，入肺及脾，有消肿利水补中益气的功效"。但在我们日常生活中，吃鹌鹑蛋似乎不仅仅是考虑它的营养价值，更多是为了换换口味。后来，到了清代，曾有人著《鹌鹑谱》一书，总结养鹌鹑的经验，此时，斗鹑已成为达官贵人的一种赌博方式。

中国人自古与鹌鹑的关系十分亲密，此种亲密是中国人独有的，那不仅仅是在物质层面，更是在精神层面。古人给鹌鹑起了一个特别的名字，叫作"早秋"，是因为它们的羽色斑驳，好像早来的秋天，又好像补丁很多的旧衣服，所以古人形容衣着褴褛为"鹑衣"，成语中有"鹑衣百结""衣若悬鹑"，杜甫诗中还留下了"鹑衣寸寸针"的句子。

在最古老的《诗经》中，也有关于鹌鹑的诗句，《鄘风·鹑之奔奔》里的鹌鹑是用来反讽人的。"鹑之奔奔，鹊之彊彊。人之无良，我以为兄。鹊之彊彊，鹑之奔奔。人之无良，我以为君。"大意是，鹌鹑双宿双飞，喜鹊相依相傍。那人品行不端，我却把他当作兄长。喜鹊双双对对，鹌鹑对对双双。那人品行不端，我却把他当作君子。全诗以比兴手法，告诫人们鹌鹑尚知居有常匹，飞有常偶，可诗中的"无良"之人，反不如禽兽，而作者还错把他当作兄长、君子。以鸟做对比，此时的鹌鹑也是悲的，因人的无良而悲。

7 / 鸡形目　如是观鸟集 林间的歌声　林鸟卷

赵俊 摄

## 环颈雉

huán jǐng zhì

*Phasianus colchicus*
Common Pheasant

国家"三有"保护动物
雉科
鸡形目

刘兆瑞 摄

### 妻妾成群

环颈雉也叫雉鸡，老百姓还愿意叫它野鸡。我国是雉鸡类的王国，其中，环颈雉则是分布最广、适应能力最强的雉鸡类。我国从南到北分布19个亚种，北方的亚种颈部白环较宽，南方的亚种颈部白环较窄，台湾的亚种颈部已经没有白环了。

一看到环颈雉，我就会想到电影《黑豹》里的戏服。黑豹的原型是非洲历史上真正的黄金之国的帝王：曼萨·穆萨。

再看雄性环颈雉，它就有着金属光泽的五彩羽毛，颈部最醒目的是佩戴着白色羽毛的项圈。它仿佛一生都在穿着华丽的袍子，在雌性面前高傲地走来走去。就好像如果你征服了最骄傲的对手，你也变得骄傲了一样。

而平时更多的时候，环颈雉是低调的。它更喜欢行走，如果在荒原上，你与一只环颈雉偶遇，它会瞬间在你眼前消失。此时为了隐藏自己，它会紧贴地面，几乎没有任何声音和体味，这样一来，就连狐狸那样嗅觉灵敏的动物也找不到它。

雄性环颈雉之间，最好不要碰面，因为那意味着一场战斗要打响了。雄性环颈雉一生的伴侣绝不止一个，用"妻妾成群"形容并不为过。强壮的雄性环颈雉，有本事守护自己的每个伴侣。为了保护自己基因的传递，它要有绝对的勇气，面对挑衅。但争斗又是文明的，因为很少发生流血事件，当它走在田野，走向它的敌人时，它的羽色在阳光照射下闪闪发亮，它昂着油亮的绿色脑袋，面颊似乎像樱桃汁那样鲜红。器宇轩昂，令它看起来更像一个绅士，在为了保护自己妻子的名誉而战斗。

环颈雉妻妾成群也就罢了，繁殖能力也要强于大多数鸟类。在寒冷的地区或者四季分明的地区，环颈雉每年可以繁育一次，而在比较温暖的地区，环颈雉一年可以繁育两次。有些繁殖能力特别强的环颈雉亚种，一窝甚至能产卵20枚左右，所以在人类不对它们出手的情况下，这种鸟类也有资本在大多数地区立足。

同时，环颈雉能够适应形形色色的环境。当然最理想的是山地灌丛或者是丘陵地带。一来这些区域更有助于环颈雉隐匿自己的身影，二来这些区域都有着丰富的食物资源可供环颈雉维持生计。环颈雉适应性极强，耐高温也抗寒冷，它既可以饮用带冰碴儿的水，在零下几十度的地区生活，也可以钻进沙子中洗澡，还可以几天不喝水，生命力的强大可见一斑。

对于环颈雉的天敌来说，想要打环颈雉的主意也是很困难的。首先，环颈雉的飞行能力在雉科家族首屈一指，很少有其他雉科鸟类比它们的飞行能力更强；其次，环颈雉很擅长在陆地上奔跑，崎岖不平的地形尤其对它们有利。

环颈雉也是世界上分布范围最广的雉科鸟类之一，也正是因为这种鸟类环境适应能力极强，所以时至今日依然有许多国家在继续引入环颈雉，也有些国家，开始面临环颈雉泛滥的苦恼。

# 鸻形目

# 鸨科

## 大鸨
### dà bǎo
*Otis tarda*
Great Bustard

国家一级重点保护野生动物
鸨科
鸨形目

赵俊 摄

# 大鸨年年见

一个环境学家曾有一句名言：人类的一切都始于人类的肚子。对于鸟类来说，又何尝不是？

最近的一条关于大鸨的新闻，是一群大鸨已经连续6年飞到北京的农田越冬。大鸨是典型的草原鸟类，飞到农田越冬，引发了社会各界的关注。专家说，来到农田寻找新的栖息空间，对于大鸨来说，是适应环境的被动选择。农田里散落的种子、粮食和昆虫以及杂草为大鸨提供了食物来源。为了保护大鸨平安越冬，北京已经行动起来，对农田进行了适当改造，清除了危险的障碍物，给农民普及护鸟、爱鸟知识，志愿者也展开行动，清除垃圾，轮流值班守护大鸨。为了争取大鸨年年见，他们已经做足了保护工作。

大鸨是全球体重最重的候鸟，它被视为衡量生态环境优劣的指示物种，为国家一级重点保护野生动物，有"鸟类大熊猫"之称。而大鸨也曾数量众多，鸟生兴旺，从它的名字上就能看出端倪："鸨"字拆开为七十鸟。据说最早被人发现时，常70只左右群体活动。《诗经·鸨羽》有云："肃肃鸨翼，集于苞棘。肃肃鸨行，集于苞桑。"形容大鸨在桑树和酸枣丛中抖动翅膀的样子，尽管是用来比喻劳动人民的生活不易，却也生动而贴切地展示了大鸨曾经与人类生活惜惜相伴。

在和人类相伴的漫长岁月里，人类对大鸨的认识体现在大鸨的别名里，其中有3个最特别。第一个别名是地鹕，"上有天鹅，下有地鹕"，人们把大鸨看作地上的鹅，列为"四大美味"之一。第二个别名是独豹，李时珍在《本草纲目》中有所表述："鸨有豹纹，故名独豹，而讹为鸨也。"大鸨的体羽有着大面积的栗棕色"豹纹"，看来这是独豹名字的由来，而独豹也很可能被谐音以大鸨之名传播开来。第三个别名就是老鸨，这个顶顶"大名"，并不能说明大鸨是一只有故事的鸟，只能说明人类见识偏颇，以大鸨说事。最早谈到大鸨的是《国语》："鸨，纯雌无雄，与它鸟合。"因为大鸨雌雄外貌差异太大，以至于被古人误解鸨这种动物，完全是"母系社会"，只有雌性没有雄性，所以它们随意与其他鸟交配。而写了独豹的李时珍，也赞同老鸨的定位："闽语曰鸨无舌……或云纯雌无雄，与他鸟合。"看来李时珍也深信不疑，这里还提到了他从闽语中听来的鸨无舌的言论。在《西游记》里，孙悟空和二郎神斗法，孙悟空最后变化成了一只大鸨，二郎神见他变化得如此"低贱"，识破了孙悟空的鬼点子，也就不再变化，而是现出了真身，取过弹弓，把孙悟空打了一个跟斗。与吴承恩同时代的宋权在《丹丘先生论曲》中说："妓女之老者曰鸨。鸨似雁而大，无后趾，虎纹。喜淫而无厌，诸鸟求之即就。"这时，老鸨的社会属性被确定下来，这帽子一戴上，就没能再摘下来。

然而，不管人类如何给大鸨起名字，尴尬的永远不会是大鸨。雄性大鸨体形健壮、高大，在草原上奔跑有力，跑动时的昂头挺胸颇有非洲鸵鸟的雄姿，因此，大鸨也被看作会飞的"鸵鸟"。虽然大鸨起飞还需要助跑，而且飞行的高度一般不超过200米，但大鸨是长途飞行的好手，迁徙时飞行距离远至2000千米。

大鸨的污名没有影响它们的爱情。繁殖期的大鸨充满了野性的魅力。雄鸟求爱时会高高翘起尾羽，来回地小跑，同时飞快地翻转覆羽，"炸"出一朵洁白的大花，仿佛名模最后的亮相。它将自己完美的配色，通过力与美展示给雌鸟，喉咙会膨胀成悬垂的气囊，颈部裸露的皮肤变为蓝灰色，并被竖起的颈下须状羽分为左、右两条。在跳舞的同时，它将尾羽直竖朝天，向雌鸟展示下面的白色羽毛，露出得越多、越白，就越受雌鸟的青睐。实际上，大鸨的交配是世界上最文明的，在交配时，雄鸟将身上最漂亮的羽毛展现出来，在地面上跳起优美的舞蹈，在最激烈时，雄鸟将精液喷射出来落在草叶上，雌鸟过去将精液吸入泄殖腔中，即完成受精过程，整个过程雄鸟与雌鸟身体并不接触。

每个看过大鸨求爱场面的人，都会感受到这个世界的多姿多彩！保护鸟类，保护物种的多样性就是在保护整个世界的美好与幸福。

# 鸽形目

# 鸠鸽科

丁传江 摄

刘兆瑞 摄

## 岩鸽 yán gē
*Columba rupestris*
Hill Pigeon

国家"三有"保护动物
鸠鸽科
鸽形目

## 岩鸽、原鸽和家鸽

达尔文在《物种起源》中说:"多种多样的家鸽品种起源于一个共同的祖先岩鸽。"岩鸽因多栖息在岩石上而得名,衔树枝、草根筑巢,饥食草籽,渴饮海水。这样的习性在家养鸽身上得到延续,比如,它们不喜欢在树上栖身,即使为它们准备了柔软的草窝,它们仍爱再衔些枯枝、草棍,甚至小石块铺在草窝中产蛋孵化。它们的嗜盐爱好至今没有改变,给鸽子喂淡盐水是养鸽者不可忽略的一件事。这些习性都为达尔文的观点提供了有力的佐证。

家鸽栖息于乡镇和城市,筑巢于建筑物突出的边缘、桥梁之上等。家鸽在外形上更接近原鸽,而原鸽也被认为是家鸽的野型。岩鸽外形与原鸽也非常相似,只是尾上有一段宽阔的白色羽带。虽然原鸽的英文 ROCK PIGEON 和岩鸽的英文 HILL PIGEON 书写不同,但以前都译为岩鸽,或许达尔文指的野生岩鸽很可能也指原鸽。

300年前,我国明代张万钟写了一本名为《鸽经》的书,书中提到:"野鸽逐队成群,海宇皆然。"我国是世界野生原鸽的原产地之一,除了在北方栖息的岩鸽和林鸽,在中国台湾还有野石鸽、花斑鸽、尼古巴鸽等种类。虽然那时候中国人并没有对鸽子进行现代意义上的科学分类,但此书从论鸽、花色、飞放、翻跳、典故、赋诗6个部分进行详细记述,成为我国已知最早的一部记载鸽子的专著,更是一部"相鸽术",成书时间在1604年至1614年,要比达尔文在1831年踏上"小猎犬号"早了差不多200年。

在漫长的岁月里,人们驯化野鸽为家鸽,经过长期有目的的培育、驯化,又培育出了体态奇异、羽色美丽繁多的观赏鸽和体大如鸡的肉用鸽,以及恋巢性强、善飞翔、飞速快的通信鸽3个种类。从众多的各具特点的野生原鸽,进化到多种多样的家鸽,说明家鸽是一种多源性的产物,更说明人类与鸽相伴的历史已经很久很久了。

# 鸽子陪伴人类有多久了

可以说，"有文明的地方就有鸽子"。列维在自己的《鸽子》一书中说道："越是高等的文明，对鸽子也越敬重。"千百年来，信鸽一直被用来当成信差、快递员和密探。列维是一位科学家，他曾经在第一次世界大战期间，担任美国陆军通信兵团鸽子部门的负责人。根据《鸽子》的说法，人类将鸽子认路回家的本能加以利用，少说也有8000年的历史了。

从公元前3000年埃及的第五代王朝开始，就有养鸽的记载；在希腊，有很长一段时间，鸽子都出现在奥林匹克运动会的开幕式上，并由鸽子把获胜者的消息传递到其他城市；在印度，公元前1600年左右的权贵阶层极爱养鸽，他们在宫廷内饲养着各种各样的鸽子达2万余只。

在中国，早在商朝时期就出现了鸽子的相关艺术形象，在河南殷墟出土的妇好墓中就有一件由绿玉雕琢而成的鸽子；在《礼记》中有文字记载："庖人掌共六畜、六兽、六禽。"六禽之中，就以鸽子为美味佳肴。据四川芦山县汉墓出土陶镂房上的鸽棚推断，汉代养鸽之风盛行，并被统治者当成象征王朝兴盛的吉祥之物。

通过多年对鸽子的驯养，唐朝时期的驯鸽技术十分成熟，除了专门饲养用来食用的鸽子外，古人还训练鸽子来搏斗、放鸽祈求长寿等。就连唐明皇也嗜好养鸽、斗鸽。上有所好，下必甚焉，民间驯养鸽子更是蔚然成风，元稹有诗"静里已驯鸽，齐中亦好鹰"，可见，驯养鸽子已经成了人们用来消磨时间、休闲玩耍的重要内容。可能在偶然间人们发现部分种类的鸽子有"导航""归巢"的能力，于是对其加以筛选、优化和培养，在唐朝就出现了使用鸽子传递信息的记录。到了宋朝，信鸽通信在各种信息传输方式中占据重要地位，毕竟普通老百姓很难享受得起"八百里加急"的待遇。到南宋时，高宗赵构更是迷恋养鸽，甚至不理朝政。明朝时，我国的养鸽已具相当水平，据《鸽经》记载，明朝正统年间，在淮阳，一日大风雨，有鸽坠落在主人屋上，十分困乏。被捉之后，见足上有一油纸封裹的信函。看封面题字，知道该鸽是从京师来的，时间仅有3天。从这段记载可以看出，从淮阳到京师，只用3天，飞行空距700多千米，足见当时信鸽的竞翔水平。清朝时，养鸽业更是繁荣发展，国外的优良名鸽品种来到国内。尤其到了清末民初，无论达官显贵、八旗子弟，还是贩夫走卒、顽童老翁，以豢鸽放飞者大有人在。此时，养鸽者非常喜爱给鸽佩哨。阵阵哨音响起，白鸽在蓝天上飞翔，自是一番心旷神怡。

古今中外，飞鸽传书除了在民间流行，还被应用到了军事上。第一次世界大战期间，鸽子是重要的传递信息工具。有一只叫作"雪妹儿"的鸽子，因为传递了一条拯救同盟军队的信息，从而被授予了十字勋章。

鸽子与人类有几千年的亲密关系，为人类做了其他鸟类无法替代的贡献。可是鸽属鸟类的命运也十分堪忧，其中最著名、也最令人扼腕的就是旅鸽的消失。旅鸽曾经是美国当地最常见的鸟类之一，据说在最鼎盛时期多达50亿只，在人类的捕猎之下，原本种群基因多样性就不够丰富的旅鸽面临着前所未有的危机，它们用了几十亿年的时间演化而成，却只用了100多年的时间就走向了灭绝。而地球上现有的鸽属中，30%还面临生存受威胁，成为近危物种，栖息地不断丧失和过度狩猎仍是令其种群数量锐减的原因。

## 飞奴的别称

飞奴这个名字，别看有个"奴"字，这里面可没有贬义。飞奴的典故可见《开元天宝遗事》中的记载，张九龄少年时，家养群鸽，每与亲知书信往来，只以书信系鸽足上，依所教之处，飞往投之，九龄曰为"飞奴"。这段文字说的是唐玄宗时期的宰相张九龄，他是广东韶关人，因远在长安做官，常年不能见到远在广东的老母亲，于是张九龄在长安养鸽，老家人在广东养鸽。平时思念母亲或者有什么事了，就互放信鸽，以达到通信的目的，于是"飞奴传书"就被记载下来。张九龄家里是个养鸽专业户，那是不是他给信鸽起的这个别名呢？这还无法确切考证，因为唐玄宗也叫自己的鸽子为"飞奴"，还额外给信鸽起了一个优雅名字——"半天娇"。可见，他们有多钟爱鸽子。在那个交通不便、信息闭塞的年代，飞鸽传书简直就是 E-mail 一般的神器，真是想想都很美好。

至于起名飞奴，是因为古时中国的"奴"也是一种文化现象，比如，人形烛台为"烛奴"，茶为"酪奴"，柑橘也叫"木奴"，消暑用的竹夫人又叫"竹奴"，五代之后女子也称自己为"奴家"，还有一个词牌名叫作"念奴娇"，古代上流社会将"奴"作为一种"雅"和"趣"，唤出了许多名堂来。"奴"之所以讨人喜爱，根本原因在于其听话。鸽子性情温顺、易于驯养，还有"导航"和"归巢"的能力，可以千里传书，怎能不叫人怜爱。

## 鸽子的秘密

也有人说鸽子的坏话，说它们是长着翅膀的老鼠，在公园长椅下啄食面包屑或者飞到城市角落里的垃圾场觅食。还有人说它们就像渡渡鸟一样笨，事实上这两种鸟真是近亲，都是鸽形目，鸠鸽科的鸟。鸽子前脑的神经元密度只有乌鸦的一半，的确没有乌鸦聪明，筑巢效率也不高，连麻雀都能一次衔两三根小树枝，可鸽子只衔一根，即使掉到地上，也不去捡回来，性格还有点执拗。而且只要它们的蛋或雏鸟不在自己身体底下，它们可能就认不出来。

但鸽子喝水时，可以直接吸吮，而其他鸟类必须歪着脑袋通过重力让水流进身体里。鸽子通常产两枚卵，当幼鸟孵化后，亲鸽的嗉囊会分泌一种富含蛋白质的"鸽乳"。

鸽子在数字方面颇为擅长，不仅能计数，而且能计算得失。当然，包括蜜蜂在内的很多动物也都会计数，鸽子还能通过后天学习，学会一些抽象的数字法则，它们在这些方面的能力并不亚于灵长类动物。举例来说，它们能够把含有不同数目的物品图片，按照数字大小依序排列，它们也能判定事物的相对概率。鸽子也很擅长辨识看到的图像，它们能够区分英文字母和梵高、莫奈、毕加索以及夏卡尔的画作，它们能区分照片中是否有人，也能熟练辨识人的脸部，甚至解读人脸上的表情。

这些能力都是人们在探索鸽子以及其他候鸟是如何寻找回家之路的秘密时获得的。在 20 世纪 80 年代，人们觉得鸟类拥有磁感应能力，可以根据地球的磁场找到方向。众所周知，罗盘上的磁针能感应到地球上的磁场，从而纠正自己的航向，一直可以找到北方。那么鸽子是用什么检测到磁场的呢？科学家并没有在鸽子身上找到可以感应磁场的任何细胞或者器官，直到 2007 年，科学家通过显微镜，在信鸽的鸟嘴上发现了富铁细胞集群，认为是这些细胞发挥了巨大的作用，帮助信鸽找到地球的磁场。但是 5 年后，新的研究发现，那些细胞其实起到的是防感染的作用，与磁力感应没关系，因此，关于鸽子的探索仍在进行中。

而研究剪水鹱的鸟类学家，通过多年的试验研究，觉得剪水鹱和其他鸟类并不是靠磁场探测地图，它们是靠嗅觉跨越海洋的。那么鸽子究竟是靠可见的紫外线，还是靠太阳、星空方位定向，是靠磁场探测地图，还是靠非凡的嗅觉、视觉？鸽子还有很多秘密需要人类去探寻。

## 山斑鸠
*Streptopelia orientalis*
Oriental Turtle Dove

国家"三有"保护动物
鸠鸽科
鸽形目

### 从《诗经》中飞来

刘兆瑞 摄

我家庭院外面的果园里,种了一棵桑葚,虽然每年结的果实并不多,但我还是希望有一种鸟,能为它而来,那就是斑鸠。

很多人或许一生都没有见过斑鸠,或许都是在一首诗里想象过它的模样:"桑之未落,其叶沃若。于嗟鸠兮,无食桑葚!"这是《诗经·卫风·氓》中写到斑鸠的一段。桑树还没落叶的时候,它的叶子新鲜润泽。嘘嘘,那些斑鸠儿,不要贪吃桑葚。为什么这首诗要以鸠起兴呢?因为桑葚的果实酸甜可口,皮薄多汁,虽然颇有营养,但是吃多了会"醉"!斑鸠以种子和果实为主要食物,在人们眼里是一种"傻鸟",性贪而易陷于阱。过去冬季农村捕鸠,挖一茶杯口大小的直洞,并在洞内外撒上谷物。斑鸠徐徐食之,至洞口则探身下啄,结果倒栽其中,无法脱身。鸠贪吃桑葚,以致醉倒,其实就是自落陷阱。接下来《诗经》用斑鸠警示女孩:"于嗟女兮,无与士耽!士之耽兮,犹可说也。女之耽兮,不可说也。"哎呀年轻的姑娘们,不要沉溺于男子的情爱。男人若是恋上你,要丢便丢太容易。女人若是恋男子,要想解脱难挣离。其实,《氓》这首诗很长,有6个段落。作为中国现存最早的一首抒情性叙事诗,它为后世的叙事诗开了先河,从乐府诗《孔雀东南飞》到白居易的《长恨歌》,都或多或少地受到此诗影响。有人说,恋爱就像一首诗,情感可以高度凝练;处于婚姻之中,就该是散文,一地鸡毛的情感总是碎碎念;而离婚则是长篇巨著。在最好的年纪,遇到最好的人,是每个女子的梦想,只是不要忘记,只有好好活出自己,成就越来越好的自己才能幸福。

《氓》中的女子是在埋怨自己像斑鸠一样傻,不该陷入爱情。斑鸠不会知晓女子的心声,也不会因此而改变,或许就因为它们不易改变,才没有像鸽子那样被驯化。的确,斑鸠是岩鸽的近亲,与岩鸽同属于鸽形目。鸽子在《诗经》的年代已经和人类生活在了一起,可惜却缺席于《诗经》。那时的人们认为鸽子是一种贵族鸟,一般的百姓很难见到,即使熟悉了鸽子,可是因为鸽子的习性,要在物资匮乏的年代用粮食喂养,自然难得人心;而在野外觅食的斑鸠则不同,也正因如此,它们得以飞翔在《诗经》中。

## 火斑鸠
### *huǒ bān jiū*

*Streptopelia tranquebarica*
Red Collared Dove

国家"三有"保护动物
鸠鸽科
鸽形目

张湘坤 绘

## 厌苦春鸠声

　　早春的枝丫上，翠色渐起，火斑鸠在高枝上休息，远远看去就像一朵硕大的玉兰花蓓蕾，娇艳欲滴。

　　如果说山斑鸠是一种偏粉色的斑鸠，那火斑鸠就是酒红色的斑鸠，雄鸟头部为灰色，颈部戴着黑色的半围领，羽色饱满，体态丰盈，自带春天的芬芳。

　　人类自古以来，就与鸠为邻，假设遇见一个心情不好的诗人，被春风里鸠鸟的咕咕鸣叫声所烦恼，而吟出"厌苦春鸠声"，那也是难免的。春天是斑鸠寻偶的季节，其实即使不是求偶季，斑鸠也喜欢鸣叫，期待已久的春天被鸠鸟唤醒，这是一件多么美好的事情啊！可是遇见心情烦躁的人，这鸣叫就让人受不了，变得更加烦了。这事就发生在了中唐名士元稹的身上，对的，这位元稹就是写出"曾经沧海难为水，除却巫山不是云"的元稹。

　　这首诗的名字叫《春鸠》，他发了一顿牢骚，说春鸠的叫声很烦，说幸好不是夏天，要是春蝉出来，那就更烦了。不过看来他是真烦，没多久就又写了一首《春蝉》，所以当春鸠遇见春蝉，可以想象是如何的鼎沸喧闹。其实这两首诗，就像诗人的日记，将自己宦海沉浮所遇的小人比作春鸠和春蝉，一吐胸中块垒。后人常将元稹和白居易并提，李、杜、元、白，他们之间既有着山高水长的情谊，又有着与各自命运博弈的高下，此中长短自有后人评说，而春鸠依旧，年年日新。

## 斑鸠拜年

### 灰斑鸠
### huī bān jiū

*Streptopelia decaocto*
Eurasian Collared Dove

鸠鸽科
鸽形目

灰斑鸠素净得就像一位修女，带着长长的尾羽，走来走去。羽色中若隐若现好多色彩，比如，浅粉红、淡灰色、蓝灰色、黑褐色，还有葡萄灰褐色。只有红色的虹膜、眼睑，十分纯正、笃定。

在城市里，灰斑鸠并不令人陌生，每当春季就能看见它们炫耀飞行，在屋顶或者天线等高高的停栖处起飞，然后翅膀和尾部展开，向下滑翔，轨迹常呈螺旋形。它们在上升过程中，有时会轻柔地振翅。灰斑鸠飞行时身形瘦长，尾部也很长，会有不规则的爆发式振翅，一闪一闪。灰斑鸠的叫声是"咕咕——咕"，第二声较重，并重复多次。灰斑鸠是唯一一种会在降落时发出独特叫声的鸠鸽类，巨大、刺耳而又呆板、空洞的叫声，就像集会上的喇叭声。

成年灰斑鸠在树上筑巢，在树枝编织的巢中产下白色的蛋，然后雌雄亲鸟共同喂养。在此之前，雄斑鸠要完成自己独特的求爱仪式，这被人们戏称为"斑鸠拜年"。

雌斑鸠不论是停落在树上还是地上，雄斑鸠都要谦卑地接近，从另一端围绕雌斑鸠，然后一步一叩首，点头、哈腰还要发出咕咕的鸣叫声，就像拜年一样，可是拜得有点"死皮赖脸"，真是让人看一次笑一次。假如雌鸟径自走开了，雄鸟便奋起直追，边追还要边鞠躬、边鸣叫，追得愈快，鞠躬的次数愈多，直到雌鸟答应它的求偶为止。说起在雨天活跃的鸟类，非斑鸠莫属，也由此可见斑鸠的热忱。

赵俊 摄

# 北棕腹鹰鹃

*Hierococcyx hyperythrus*
Northern Hawk Cuckoo

国家"三有"保护动物
杜鹃科
鹃形目

## 鸠占鹊巢

孔子劝勉自己的学生学习《诗经》:"多识于鸟兽草木之名。"那么学习《诗经》只是简简单单为了多认识动物和植物的名字吗?显然不止如此,钱穆先生因此解读:"诗尚比兴,多就眼前事物,比类而相通,感发而兴起。故学于诗,对天地间鸟兽草木之名能多熟识,此小言之。若大言之,则俯仰之间,万物一体,鸢飞鱼跃,道无不在,可以渐跻于化境,岂止多识其名而已。孔子教人多识于鸟兽草木之名者,乃所以广大其心,导达其仁,诗教本于性情,不徒务于多识。"原来,诗教不仅是经世之学,还是性情之学。作为现代人,亲近自然,于自然中获得心灵的丰盈,通过由己及物的类推,以鸟兽草木为凭借,忘怀物我之隔,将天地自然人化,以仁爱建设世间秩序,以仁爱涵养性情,多些启发,多些思辨,实在是除鸟兽草木之名以外,特殊的收获。

世人熟知的成语"鸠占鹊巢",就出自古老的《诗经·召南·鹊巢》:"维鹊有巢,维鸠居之。之子于归,百两御之。"这首诗描述了一场盛大的婚礼,那一天有个姑娘要远嫁,宾客和随从众多,需要一百辆车迎娶恭送,最后姑娘来到夫家,礼毕婚成。结婚是一件美好的事,为什么要用"鹊巢"作为诗眼?以"鹊"和"鸠"起兴寓意是什么呢?

"鹊"是喜鹊,"鸠"是指杜鹃鸟。杜鹃科的鸟类有12属50种,在中国最常见的有棕腹鹰鹃、大杜鹃、中杜鹃、小杜鹃,还有四声杜鹃,都是杜鹃科典型的鸟类,它们都有巢寄生的习性,因不会筑巢和孵卵,将自己的卵产在其他鸟类的巢穴中而著名。维鹊有巢,鸠鸟居之、方之、盈之,这就是"鸠占鹊巢"成语的由来,以此比喻不劳而获,强占别人的住所或胜利果实的行为。

那么姑娘出嫁和鸠占鹊巢有何关系呢?难道是讽刺新娘子不劳而获吗?也许诗的作者不是旁观者,就是新郎的原配夫人,她心情酸涩地看着自己的丈夫迎娶新人,如此隆重和气派,新人就像鸠鸟一样,占据了自己曾经辛苦经营的爱巢,不禁心生悲凉。此种情形,在古时一夫多妻的制度下,显然屡见不鲜。

在真实的鸟类世界里,鸠占鹊巢更加黑暗和血腥。杜鹃将卵产于其他鸟类的巢中,让其他鸟类孵化和育雏。而且它们会因为担心聪明的寄主看出鸟蛋的数量不同,而把寄主的一枚蛋叼出来运走。而最先孵化出来的杜鹃鸟幼雏,或许还没有睁开眼睛,就会干坏事,它会在第一时间将寄主的卵推出巢外,以此独占抚养。棕腹鹰鹃的寄主主要是鹟科的小鸟,当你看到还是幼鸟的棕腹鹰鹃比自己的代理"母亲"大出好几倍,还努力张开大口,从"母亲"那里讨吃的,用来填饱自己的肚子时,不禁无限同情与爱怜那只雌鸟。这就是自然界中的鸠占鹊巢,有情与无情,都有着各自遵循的生存法则。

因此,当再读《鹊巢》一诗,并与人的生活、情感发生联系时,便不再有云泥之隔,而是相呼相应,引人深思。

## 四声杜鹃
sì shēng dù juān

*Cuculus micropterus*
Indian Cuckoo

国家"三有"保护动物

杜鹃科

鹃形目

## ONE MORE BOTTLE 再来一瓶

  四声杜鹃以鸣叫声得名,可见其叫声极有特点。它们的声音不仅格外洪亮,而且四声一度,音拟为"gue-gue-gue-guo",就像汉语的4个字音。经过人类的解读,这个标准四声音被人类听出了"快快布谷""割麦割谷""光棍好苦"等不同的情绪和内容。其实,根本没有人真正知道四声杜鹃叫的是什么,但是我觉得有一个"翻译"最有趣,那就是"ONE MORE BOTTLE",翻译过来是"再来一瓶",因为四声杜鹃会每隔2—3秒钟一叫,有时彻夜不停。像极了酒鬼,在无人的深夜路边,一声又一声,再来一瓶。

  四声杜鹃其实常隐栖树林间,平时不易见到。它们看起来和大杜鹃很像,只是虹膜呈深褐色,眼占头部比例大些;头部浅灰与深灰色的背部形成对比;腹部横斑较粗,间隔也宽。翅为暗褐色,而大、中、小杜鹃翅均为灰色或深灰色。尾羽有宽阔的黑色次端斑。与大杜鹃相比,显得肩窄、翅短而较瘦小。

  四声杜鹃也有巢寄生的习性。科学家研究发现巢寄生鸟类的大脑很小,这有两种解释,一是它们必须比寄生的那些鸟更早发育,因此演化出较小的大脑;二是因为它们寄生在别的鸟巢里,不大需要耗费精力养育自己的后代,所以大脑才会变得小,因为养育孩子是一件非常费力的事情。杜鹃是早成鸟,很快就会长得比寄主还要大。晚成鸟占所有鸟类的80%,像最聪明的鸟类、乌鸦、山雀、渡鸦、松鸦等,它们的大脑在后天会越长越大,这都要归功于亲鸟的辛勤养育。换句话说,自己抚养幼雏的鸟类大脑会发育得比放弃哺育幼雏的鸟类更大。

  四声杜鹃最喜欢侵占一些小鸟的巢,比如,苇莺、黑卷尾、灰喜鹊、黑喉石鵖等,它们的卵是淡粉红色,接近白色,钝端有锈红色云状斑,与大杜鹃的卵相仿,并且与它们寄主卵的外形极为相似。其实,也有一些鸟,想出了对付杜鹃"鸠占鹊巢"的办法,如织布鸟。为了不白白养这种"害人精",织布鸟从"房屋"的设计入手,改变了一般的巢穴结构,加上又长、又窄的走廊,门口也变窄再变窄,这样一来,通向巢穴要经过一条狭长的甬道,此种深宅设计专门针对杜鹃鸟类的体形和它们各种龌龊的勾当,至于走廊的外边有一个大场口,那是故意骗杜鹃做伪装用的,看织布鸟的城府有多深,可惜不是所有鸟都学得来的。

## 大杜鹃
### dà dù juān
*Cuculus canorus*
Common Cuckoo

国家"三有"保护动物
杜鹃科
鹃形目

## 东方中杜鹃
### dōng fāngzhōng dù juān
*Cuculus optatus*
Oriental Cuckoo

国家"三有"保护动物
杜鹃科
鹃形目

## 小杜鹃
### xiǎo dù juān
*Cuculus poliocephalus*
Lesser Cuckoo

国家"三有"保护动物
杜鹃科
鹃形目

### 大号、中号、小号杜鹃一门三兄弟

我曾看过一个成功学理论，说有些暗黑的人其实更容易成功。在鸟类的生存丛林里，像杜鹃一门三兄弟这样以巢寄生，成功完成自己种群的繁衍，似乎就暗合了上述成功理论。

大号、中号、小号杜鹃，分别是大杜鹃、东方中杜鹃和小杜鹃。它们的外形十分相像，大杜鹃雄鸟的叫声为两声一度的"布谷"，清晰响亮，所以又叫"布谷鸟"。中杜鹃的叫声低沉，"布咕咕咕"，叫声通常为四声。小杜鹃的叫声是富有节奏感的五音节声至六音节声，似"有钱打酒喝喝"或"eat-your-choky-pepper"，叫声是音调高而音节单一的啸声。小杜鹃体形较小，有24—26厘米，腹部横斑较粗，间隔宽；大多数个体虹膜褐色；与中杜鹃不同的是，雄鸟尾下覆羽无斑纹，雌鸟棕色型腰部和头顶，没有斑纹。中杜鹃体形中等，有25—34厘米，介于小杜鹃和大杜鹃之间；体态似大杜鹃，但腹部横斑较粗，间隔较宽，虹膜黄色或褐色；雄鸟尾下覆羽常有横斑，雌鸟棕色型腰部和头顶均有斑纹。大杜鹃体形大，有32—35厘米，虹膜黄色或橙色；腹部横斑细，间隔较窄；雌鸟棕色型头顶有横斑，腰部无斑纹；翼角白色，有黑色横斑；与中杜鹃相比，显得肩宽而壮硕；较其他杜鹃更胆大，常站在开阔的楼顶或电线上。

大杜鹃　刘兆瑞　摄

它们一门三兄弟所属的杜鹃科其实是一个大科，又可划分为杜鹃亚科、鸡鹃亚科、地鹃亚科、犀鹃亚科、鸦鹃亚科和岛鹃亚科6个亚科。不过在6个亚科中，只有杜鹃亚科和部分鸡鹃亚科的种类，拥有与代表性"人物"杜鹃同款的巢寄生习性。自然界中也有一些鸟类，会偶尔有把蛋产在其他鸟类巢中的情况，但像杜鹃这样完全放弃筑巢、放弃抚养的鸟类少之又少。杜鹃一夫多妻，雄鸟和雌鸟交配后，就会离开，不会给雌鸟筑巢，更不会参与孵育，而雌鸟在整个繁殖季会不停地交配、产卵，大概要产15枚。在没有雄鸟的帮助下，它们根本无法完成孵化喂养，只能选择把卵产在其他鸟的巢中，由其他鸟喂养自己的孩子。它们只会选择孤独地躲在角落里，用一声声"布谷布谷"，唤醒远处孩子血液中的基因。

而刚刚孵化出来的杜鹃雏鸟，浑身赤裸，还睁不开眼睛，但靠着本能的驱使，就会努力把巢里其他的鸟卵和雏鸟顶到巢外，它们还能模仿宿主雏鸟的声音，并且用响亮的声音，向毫不知情的养父母乞食。到了能飞翔的时候，它们的体形已经变得巨大，宿主的鸟巢都没法完全装下它。每次看到小个子"母亲"尽心尽力喂养杜鹃的画面，内心都会为之震颤。之后，最不同寻常的事情发生了，尽管从未见过自己的亲生父母，但那些刚刚羽翼丰满的幼鸟，立刻就踏上了4000英里的迁徙之路，追随自己的家族，飞向遥远的非洲。

小杜鹃　刘兆瑞　摄

27 / 鹃形目　如是观鸟集 林间的歌声　林鸟卷

张湘坤　绘

常东明 摄

东方大苇莺给大杜鹃喂食

许善有 摄

# 夜鷹目

# 夜鹰科

刘兆瑞 摄

## pǔ tōng yè yīng
# 普通夜鹰
*Caprimulgus jotaka*
Grey Nightjar

国家"三有"保护动物
夜鹰科
夜鹰目

## 贴树皮

普通夜鹰当然在夜间活动,白天就趴在树上或者林地上,人们愿意把它叫作"贴树皮"。能在青天白日下,冠冕堂皇地趴着,夜鹰的隐身术可见了得。而且这隐身的本领,从它还是一颗卵开始就精通了。这使得在林间很难发现它们的踪迹。

普通夜鹰通体为暗褐斑杂状,上体偏灰褐色,密杂以黑褐色和灰白色虫蠹斑;喉部有白斑、额、头顶、枕部有宽阔的绒黑色中央纹;背、肩羽端有绒黑色块斑和细的棕色斑点;两翅覆羽和飞羽黑褐色;其上有锈红色横斑和眼状斑。普通夜鹰就这样一身混搭的树皮色,使它能在树林里安然无恙。它尾长翼长、眼大嘴小,嘴裂张开极宽,鼓翼后可滑翔,在空中盘旋飞行着,顺便就把鳞翅目、半翅目等各种昆虫兜进肚里了。普通夜鹰的叫声有点像"机关枪",冬季一般不叫。普通夜鹰的巢直接筑在地面上,一般只产两枚卵,卵带有"迷彩色",看起来像路边普通的石子。即使如此擅长伪装,普通夜鹰的种群还是很稀少,或许真和它"散淡"的习性有关吧。

## 雨燕科

### 白喉针尾雨燕
bái hóu zhēn wěi yǔ yàn

*Hirundapus caudacutus*
White-throated Needletail

国家"三有"保护动物
雨燕科
夜鹰目

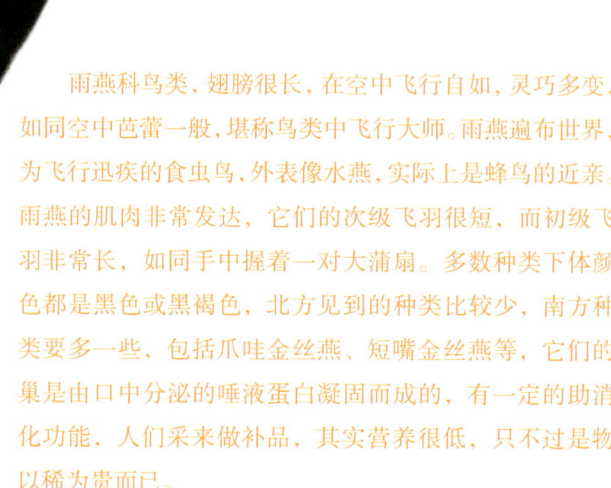

张湘坤 绘

雨燕科鸟类，翅膀很长，在空中飞行自如，灵巧多变，如同空中芭蕾一般，堪称鸟类中飞行大师。雨燕遍布世界，为飞行迅疾的食虫鸟，外表像水燕，实际上是蜂鸟的近亲。雨燕的肌肉非常发达，它们的次级飞羽很短，而初级飞羽非常长，如同手中握着一对大蒲扇。多数种类下体颜色都是黑色或黑褐色，北方见到的种类比较少，南方种类要多一些，包括爪哇金丝燕、短嘴金丝燕等，它们的巢是由口中分泌的唾液蛋白凝固而成的，有一定的助消化功能，人们采来做补品，其实营养很低，只不过是物以稀为贵而已。

# 带翅膀的炮弹

　　白喉针尾雨燕飞起来就像带着翅膀的炮弹，不过这只是从外形上看，而凭实力来说，白喉针尾雨燕真的是鸟类水平飞行的王者。说它排第二，就没有鸟能成为第一。尽管垂直飞行的王者是金雕，但众所周知，垂直飞行会依靠地心引力加翅膀扇动来加速，加速自然会容易一点。但水平飞行的速度是实打实要靠扇动翅膀实现，所以加速比较难。根据科学家的测量，水平飞行速度最快的白喉针尾雨燕，速度可以达到169千米/小时，估计在高速公路上也是要超速的。

　　除了视觉和惊人的速度外，白喉针尾雨燕可以依靠味觉，搜寻到食物的存在。比如，每年当大群的婚飞蚂蚁突然出现时，白喉针尾雨燕总能适时地捕捉到婚飞蚂蚁释放出的化学气味，然后饱餐一顿。

　　白喉针尾雨燕在东北是夏候鸟，每年六月左右繁殖。成年的白喉针尾雨燕体长20厘米左右，尾巴差不多占了1/3的长度，胸部和翅膀很健壮，这决定了白喉针尾雨燕的飞行能力不仅快速而且灵活，在树林里捕食，还可以很好地控制方向，避开干扰。说白喉针尾雨燕是带翅膀的炮弹也不为过，因为它一边飞行一边就收获了双翅目、蚂蚁、鞘翅目等飞行性昆虫的小命。白喉针尾雨燕有时也近地面或水面低空飞行捕食。它很喜欢森林与河谷，羽色也很低调，以黑褐色为主，在阳光的映衬下，会反射蓝绿色金属光泽，额灰白色，颏、喉白色；背、肩、腰丝光褐色，尾上覆羽和尾羽黑色，具蓝绿色金属光泽，尾羽羽轴末端延长呈针状，像半圆形木梳；白喉针尾雨燕在树上攀爬时，它的尾羽像啄木鸟的尾羽一样，起着支撑作用。白喉针尾雨燕的翼覆羽和飞羽黑色，具紫蓝色和绿色金属光彩。雌鸟和雄鸟背部光泽和腋羽白斑大小有着细微的不同，可以用这点区分它们的性别。

　　和许多林栖鸟一样，白喉针尾雨燕既需要树洞来繁殖，也需要树洞躲避风雨。每年它们会产卵4—7枚，每天产1个，然后集中同步孵化。白喉针尾雨燕的育雏时间比较长，为了提高效率，雄鸟和雌鸟会一起飞出去捕食，它们会把空中捉到的飞虫暂时储存在喉部带回去喂给雏鸟。这一家不仅要在树洞里完成交配，也要让逐渐长大的幼鸟能够横七竖八地躺着、趴着、挂着，还要让幼鸟在洞里练习振翅。你说，这需要多么老的树，多么大的树洞呢？每年，白喉针尾雨燕在春秋两季的迁徙中，还要完成近40000千米的路程，所以它们的生存十分不易。在白喉针尾雨燕数量不断下降的今天，保护好这个神奇的物种，需要多方面的努力。

## 普通雨燕

pǔ tōng yǔ yàn

*Apus apus*
Common Swift

国家"三有"保护动物

雨燕科

夜鹰目

丁传江 摄

# 从你的全世界路过

如果你抬头看见一只雨燕从面前飞过，那很有可能是你们彼此唯一的遇见。那只鸟的一生差不多都在路上，不仅与你，而是与全世界路过。当然，雨燕是鸟类中的长途飞行冠军，它们不仅飞得远、飞得高、飞得持久，还飞得快，连名字都与速度有关，"swift"就是"迅速的"意思；而在拉丁文中，雨燕属的学名是"apus"，是希腊语中"没有脚的鸟"。这并不是说，雨燕在进化中失去了脚，而是说这种鸟一生差不多都待在空中的意思。有鸟类学家进行过追踪观察，雨燕可以持久飞行10个月，而且一次也没有降落过。这真是不可思议的事情，雨燕更是不可思议的鸟。所以如果你想知道北京雨燕会在哪过冬？那你要去南非的最南端找它们。

普通雨燕看起来其貌不扬，个子不大，不过在10—30厘米，体重最重也不过150克。体形近似家燕而稍大，全身除颈和喉为污白色外，全为黑色。作为一种候鸟，雨燕在夏季出没于欧亚大陆的大部分地区，从大陆西端的大西洋海岸直至东端的中国黄海沿岸都可以看见它们的身影。流线型的身材是雨燕的飞行利器，还有最关键的是雨燕的翅膀非常发达，捻开它的初级飞羽和次级飞羽，就像两把大扇子，长度甚至是体长的好几倍，因此，雨燕可以凭借狭长的翅膀，利用空气的气流飞翔，产生更大的升力，减少空气阻力，节省体能，使它们能连飞数月而不需要停歇。那么在飞翔中，它们还可以做什么呢？首先当然是进食，雨燕的食物主要是昆虫和蜘蛛，它能捕食很多农林害虫，差不多一天能吃掉7000只昆虫。而且全部的捕猎都是在飞行过程中完成的。雨燕飞行速度极快，身体十分轻巧，动作十分敏捷。当它们发现前方有小昆虫时，便会张大嘴巴，迅速在飞行中捕获猎物并进食。这种技巧能够使它们在空中源源不断地补充能量。即使要喝水的时候，雨燕也不会像普通小鸟一样落在小溪边上，而是张开嘴在水面上掠过便完成了饮水。在空中，雨燕能完成的最不可思议的事情就是交配，整个交配过程速度极快。它们也使用鸟类传统的交配方式"泄殖腔之吻"。普通的鸟类一般会在地面上、树上完成的"繁衍"大任，雨燕在空中便可一气呵成，可见飞行技术之高超。

雨燕在空中完成了吃喝拉撒这样的事情，那么当夜晚降临，它们还要飞吗？答案是，是的。不仅飞，还要一边飞，一边用一半的脑袋睡觉，一半的脑袋保持清醒。这和很多动物具有的"半脑睡眠"是一样的。如此看来，雨燕真是得到了造物主的青睐，不过它们也有着"阿喀琉斯之踵"一样的弱点，那是由于长时间在空中生活，雨燕的脚爪严重退化，变得软而无力。这也导致它们一旦落地，就面临着巨大的风险。因为其他鸟类落地后，能够通过抓力、跳跃的辅助，再次飞向天空；但雨燕不行，软弱的短腿跳不起来，大翅膀也没有扇动起来的空间，所以很难从地面上起飞。同时，雨燕的脚爪很特别，其他鸟是3个脚趾在前面、1个脚趾在后面，可以牢牢抓住树枝；但雨燕的4个脚趾都是朝前的，这意味着它们无法在树枝上保持稳定。这样不能奔走、不能跳跃，只能艰难爬行，完全失去了鸟类的天赋，如果此时被天敌发现，那便只能自认倒霉了。"无脚的鸟"仿佛是一种诅咒，雨燕的一生看来真可以不必落地了，除非它们的宝宝要出生。只不过，它们的后代还是很传统的，并非一出生就会飞，而是像其他鸟类那样，需要经历孵化阶段，所以雨燕需要筑巢育雏。

由于雨燕的身体条件特殊，它们在陆地上不管是筑巢还是停留，选择的都是陡直的地点，比如，悬崖、烟囱、断木等，降落的时候就把脚趾挂上去。它们使用唾液黏合细枝、芽、羽毛、苔藓筑巢，有的纯用唾液将巢筑在洞穴顶部。后面这种鸟巢就是燕窝的一种，但是收集鸟巢的话要冒很大的险。鸟巢建好后就是孵化，雏鸟破壳后由亲鸟轮流喂食。刚开始几天，亲鸟喂的是"食团"，是它们在喉部储存的昆虫咀嚼物，有时可达1000多只昆虫。如果天气比较好，雏鸟只需要5周就能离巢；如果外部环境糟糕，那就需要8周了。普通雨燕的雏鸟离巢后就很少返回繁殖地，在它们成年后的第三年、第四年才开始新一轮的繁殖，因此，它们一生落地的次数屈指可数。

在一部名为《法外之徒》的电影中，男主角在死亡之前，曾有这样的一段画外音，称他看见了来自印第安神话故事中的一种无脚鸟，御风飞行，永不落地，而只有即将迎来死亡的人才能看见这种无脚鸟的翅膀。或许，对于无脚鸟，风中的传奇更适合它，所以遇见不如不见。

# 白腰雨燕
## *Apus pacificus*
## Pacific Swift

国家"三有"保护动物
雨燕科
夜鹰目

姚毅 绘

## 腰部一道杠的雨燕

  在中国，腰部有一道杠的雨燕不仅仅有白腰雨燕，还有小白腰雨燕和戈氏金丝燕。区分这三种雨燕要知道，白腰雨燕最大，体长 18 厘米，戈氏金丝燕最小，体长 12 厘米，中等的是小白腰雨燕，体长 15 厘米；小白腰雨燕羽色偏黑色，白腰雨燕羽色略淡是污褐色，戈氏金丝燕偏黑褐色；白腰雨燕腰上的白斑，呈马鞍形较窄，喉色较深，小白腰雨燕的腰部和喉部白斑更白，戈氏金丝燕腰部呈灰白色；白腰雨燕的尾长而尾叉深，也能合拢成钉状，小白腰雨燕的尾部几乎为平切，而戈氏金丝燕尾部略呈叉形。戈氏金丝燕的外形和白腰雨燕很像，它们的生境也基本一致。闻名世界的燕子洞，位于云南省红河州建水县城东 30 千米处。这是在寒武纪时代地壳运动生成的石灰岩溶洞群，距今已有 5 亿年的历史；已探明的洞内面积为两万平方米，号称西南第一燕子洞。洞中有富水河穿流而过，左右有奇峰耸立，洞前尚有冬暖夏凉的黑龙洞终年流水瀑漏，洞外有 3 万多平方米枝叶茂盛的天然林地，洞内巢居百万只雨燕，其中就包括白腰雨燕和戈氏金丝燕，每年春夏，燕飞如万箭齐发，十分壮观。

  在东北，指名亚种的白腰雨燕是夏候鸟，迁徙时见于中国南部、台湾、海南岛以及新疆西北部。成群活动在开阔地区，也和其他雨燕混合，飞行速度比白喉针尾雨燕要慢，进食的时候，会做不规则振翅和转弯，以调整速度和方向。

# 佛法僧目

## 佛法僧科

### sān bǎo niǎo
# 三宝鸟
*Eurystomus orientalis*
Oriental Dollarbird

国家"三有"保护动物
佛法僧科
佛法僧目

张湘坤 绘

# 鸟中俏罗汉

三宝鸟很容易让人忽视，因为在我国，它虽然数量多、分布广，却并不容易见到。或许是因为它总是隐藏在高高的树枝上，很少落地吧。什么时候能感受到它的不凡呢？那就是在它战斗的时候。三宝鸟喜欢用啄木鸟和喜鹊的旧巢，这样难免就会在每年的繁殖季，有一番争抢。

对于很多不善筑巢的鸟类来说，呈球形的喜鹊巢和树洞巢一样，遮蔽性能好又坚固，是现成的"便宜"。所以自古以来就有"鸠占鹊巢"一说，只是古人当时就知道"鸠"可不止一种鸟，而更像是代称。的确，吉林省的鸟类专家曾有一个考察报告记录过，在左家自然保护区占领喜鹊巢的猛禽，有红脚隼、红隼、灰脸鵟鹰、苍鹰、燕隼、长耳鸮、领角鸮和雕鸮，除此之外就是三宝鸟。在向海自然保护区，还有专家记录到纵纹腹小鸮、长耳鸮和小麻雀在占领喜鹊巢，更有甚者，绿头鸭也赫然出现在名单中。看来不仅只有猛禽有本事占据喜鹊的巢，连小麻雀，以及在陆地上就可以营巢的绿头鸭，都要占一占，更像是"谁先看到谁先得"，你说喜鹊气不气呢？所以，平日里我们总是觉得喜鹊胆子大，谁都敢骚扰、敢戏弄，觉得喜鹊是"欠登儿"，或许喜鹊是在发泄被抢巢的宿怨也不好说呢！

只要不是群殴，一只三宝鸟对一只喜鹊，看来喜鹊占不了便宜。三宝鸟面对燕隼也不害怕，不害怕不是靠颜值，而是靠大头和阔嘴，使它看起来有小猛禽的架势，妥妥的一个狠角色。别看三宝鸟平时飞行不紧不慢，可它振翅十分有力，在激战中，会变得异常灵活，躲闪进攻、利落干脆。就连平时炫耀性飞行的时候，也会表演旋转式，或俯冲或急转弯。

如果三宝鸟站在树上，不拿望远镜看，只是一只黑黢黢的鸟，飞行时可以见到翅膀上有大的圆形蓝白色块斑。实际上，三宝鸟近看非常漂亮，主体蓝绿色，嘴鲜红色呈三角形。三宝鸟飞行技术高超，飞行时，时而翻卷直上，时而急转直下，很少直线飞行，在夏天会不断地冲击水面消暑。

既然名为三宝鸟，那可不可以联想三宝鸟有三宝呢？其实三宝鸟的名字来自佛家用语，在佛家说法中，"三宝"就是"佛、法、僧"，指佛陀、佛法和僧人。有一种说法是，最初给三宝鸟命名的是日本人，他们给一种叫声发音如同日语"佛、法、僧"的鸟起名为三宝鸟；当发现这叫声其实是来自一种猫头鹰的时候，"佛法僧"之名已经安在三宝鸟头上了，因此将错就错。另一种说法是，佛法僧目的鸟类通常习惯久站，凌空立于枯树枝头，仿佛是佛家高僧入定一般，因此被形象地称为"佛法僧目"。实际上，还是第二种说法比较靠谱，因为佛法僧目的鸟类众多，有9科200多种，包括翠鸟、犀鸟和峰虎，仿佛十八罗汉，各有各的本领，它们平时常蹲在枝上，看似老僧入定，其实眼观八方，一旦发现有昆虫、蜥蜴等猎物出现，就立即起飞追捕。

# 犀鸟目

# 戴胜科

dài shèng
# 戴 胜

*Upupa epops*
Eurasian Hoopoe

国家"三有"保护动物
戴胜科
犀鸟目

赵俊 绘

## 臭也难掩光芒

看见，我就想起庭院里种植的橘黄色百合花，它扇形的羽冠在逆光中飞扬，就像花一样华美。它的羽冠神似古人称作"胜"的头饰，因而以"戴胜"得名。然而除了这个名字外，戴胜全是不雅的外号。比较起来，臭姑姑算是宽容的，那么为什么这个美得似花的鸟，臭名在外呢？

在自然界中，用臭味做武器防御自己的动物、植物、昆虫有很多。最著名的便是臭鼬，还有黄鼠狼、小食蚁兽，它们自带"生化武器"，轻者使人恶心昏厥，重者则令人窒息失明。鸟类中如信天翁和一些海鸥，也会排出体内恶臭的胃油，用以攻击其他鸟类，而一旦被这胃油损坏羽毛的防雨层，就没有鸟类能挨过北极漫长的冬天。

但是对于戴胜来说，臭只是防御的一部分，甚至不是主要目的。首先，臭来自它们的生活方式。戴胜对育雏的地方毫不挑剔，那些天然的树洞是它们的首选，如果能遇到啄木鸟不要的树洞，它们也不嫌弃，土崖墙壁的缝隙，或者在人类居住区的角落里，戴胜都会铺吧铺吧安上家。然后吃喝拉撒就都在洞里了，从来不打扫，任由积粪如山。接下来它们就会在粪堆里产卵，开始臭上加臭，排出一种富含二甲基硫化物的黑棕色油状液体，涂抹在蛋上，当幼崽孵化出来后，再涂抹在幼崽身上。要知道这类化合物不仅恶臭无比，还很危险。天然气井、油井、沼泽等环境就充满这种化合物，能使氧气含量降低，接近这类环境，意味着有窒息而死的危险。这也是为什么在农村，戴胜又被叫作"棺材板"，不仅因为它们愿意出现在坟墓里，还因为它们的巢散发着致命的气味。那么为什么戴胜妈妈自己不怕死，却将孩子置于危险之境？科学家给出了答案，原来在戴胜妈妈排出的油状液体里，有一种粪肠球菌，这种菌相当于抗生素，涂在鸟蛋上或者幼鸟羽毛上，可以抑制其他细菌的繁殖与侵害，避免鸟蛋腐烂，换句话说，它是在保护戴胜宝宝。因此，所有的戴胜宝宝从降生开始，就接受了这个"臭油"的洗礼，粪肠球菌还保护幼崽的羽毛不被侵蚀，使戴胜宝宝能够顺顺利利长大，羽色光彩照人。所以，戴胜在进化的过程中，是在善用微生物与己的互利互惠，创造、调节与微生物的有益联系，这一本事其实人类也与生俱来，包括粪肠球菌，人类体内也有，那人类会怎样利用呢？千万不要用戴胜的方式啊！

# 鸮形目

# 啄木鸟科

## 蚁䴕

yǐ liè

*Jynx torquilla*
Eurasian Wryneck

国家"三有"保护动物
啄木鸟科
䴕形目

张湘坤　绘

### 像蛇一样你怕不怕

不仅人类怕蛇,很多鸟儿也怕。有一种鸟干脆就进化出拟态蛇的行为,以吓唬接近自己的敌人,它们就是蚁䴕。当遇到威胁,或要震慑对手时,蚁䴕会左右、前后大幅度地摇摆脖颈。它们的拉丁文学名就表明这种鸟的脖子易弯曲,所以"歪脖儿鸟"的俗名也由此而来。它们也会像蛇一样吐信,只不过它们的舌头并不分叉;蛇吐信是为了探索空间,捕获空气中的气味,而蚁䴕的长舌头是它们吃饭的"勺子",用以捕捉地面或树洞里的蚂蚁。蚁䴕的舌头非常长并长有刺毛,加上嘴基唾液腺分泌的胶状黏液、覆盖舌面,只要轻轻接触猎物,便可轻易地将它们生擒。当蚁䴕寻得蚁洞的时候,便将舌头伸进蚁穴中,然后将蚂蚁或者卵蛹粘住,再拉出。这是普通啄木鸟舌头的特性,因此,蚁䴕也被分列为啄木鸟科下的成员。只不过,蚁䴕并不会啄木,但它们也生活在树洞里,或者寻找天然的树洞,或者用啄木鸟用过的树洞,它们的主要食物是蚂蚁,而不是树洞里的蛀虫。

蚁䴕在东北繁殖,但并不被人所熟悉,实在是因为它们特别善于伪装。蚁䴕差不多属于褐色羽色的小鸟,体长不过16—19厘米,身上不同的部分,杂以污灰色、黑褐色、棕褐色、白色等各种虫蠹状斑。它们在树上时,像树枝;在地面上时,像枯草。蚁䴕十分善于攀登,大多数时间里,蚁䴕会攀在树干上休息,用尾巴做支架,一动不动;或者在地面蹦跳着觅食。当它们栖息在低灌木和草地上时,因其体色与地面枯草或沙土相似,常闻其声,不见其踪影,故又有"地表鸟"之称。如果你的果园里能吸引来一只蚁䴕,那实在是幸运。因为果园里甘甜的水果,最容易招来蚜虫,而放牧蚜虫的就是蚂蚁,蚁穴自然就很多。所以这会形成一个完美的生态链,但前提是,你不要在果园里使用各种农药,这会使生态链中的每一个链都受到影响,当然弊大于利。

蚁䴕喜欢生活在近山的开阔疏林地带,除繁殖期成对活动以外,常单独活动。它们善于飞行,也会飞得很快,但行踪诡异多变,忽而升高,忽而下降,毫无征兆地转向。在繁殖季,它的叫声十分频繁,尖锐但不难听。蚁䴕十分高产,每窝会有5—14枚卵,幼鸟为晚成鸟,因为有足够的蚂蚁军团做食物储备,蚁䴕的幼鸟想要顺利成长,大都不成问题。

## 小刨锛

### xīng tóu zhuó mù niǎo
# 星头啄木鸟
*Yungipicus canicapillus*
Grey-capped Pygmy Woodpecker

国家"三有"保护动物
啄木鸟科
䴕形目

白学唯 摄

锛在中国木作历史上有着不俗的地位,在新石器时代就出现了,中国的古琴制作又叫"斫琴",其中使用的工具就有锛。用锛刨木的样子,就像星头啄木鸟啄木一样。星头啄木鸟属于小型啄木鸟,体重不过30克左右,其成年后的体长也只有16厘米左右。但是,与大斧子不同,小刨锛不仅是合格的森林卫士,还是一个宗族兴旺的物种,这生存之境都是靠小刨锛打下的。

星头啄木鸟是一种黑白色条纹的啄木鸟,如果你看见它攀在树木上,再辨识它近黑色条纹的棕白色略黄的腹部,是可以想到它是啄木鸟科的鸟类。除了黑白配色外,星头啄木鸟的额部和头顶偏深灰色,一道宽阔的白色眉纹自眼后延伸至颈侧,头顶的羽色就像戴了一顶深色的安全帽,后脑还有一条深灰色羽与后背相连;下体无红色,这与大多数啄木鸟身上都有大块红色羽色相区别。而雄性星头啄木鸟的后脑勺两侧有红色的小斑,不过雌鸟没有。

星头啄木鸟喜爱东北平原,常活动在广袤的山地和平原阔叶林、针阔叶混交林和针叶林中。常单独或成对活动,只在繁殖期结小群。它们是机警的小鸟,繁殖季亲鸟轮流孵卵,每次往返巢穴都会警惕地巡视,然后才会安然入巢。

# 小星头啄木鸟
### xiǎo xīng tóu zhuó mù niǎo
*Yungipicus kizuki*
Japanese Pygmy Woodpecker

国家"三有"保护动物

啄木鸟科

䴕形目

## 最小的啄木鸟

张湘坤 绘

小星头啄木鸟自然比星头啄木鸟小,它们差不多15厘米左右,看起来就像麻雀一样大。尤其是代表啄木鸟特征的喙特别短,最长不过1.7厘米,使它们看起来根本不具备啄木鸟的典型性。可是小星头啄木鸟的喙还是坚硬有力的,连水曲柳那样的硬木也会照刨不误。它们虽然不会像其他大啄木鸟那样啄开树干,但啄木取虫不在话下。很多被它们啄开的树洞,就成了它们或者其他小鸟的巢穴。小星头啄木鸟还要求自己的家又大又宽敞,尽管它们的卵非常小,只有1厘米左右。

小星头啄木鸟也是黑白羽色的啄木鸟,与星头啄木鸟相比,它们的白色点斑、横斑颇多,眉线要短且白,眉线后上方不具有星头啄木鸟那样的红色条纹。

小星头啄木鸟虽然个子小,却比较耐寒,喜欢温带甚至是寒温带,在山地针叶林地带或者针阔叶混交林地带和阔叶林地带生活,同时它们能够适应比较高的海拔,2000米的高山林地不在话下。原生的小星头啄木鸟,一直在东北繁衍生息是那里优秀的森林小卫士。小星头啄木鸟虽然是留鸟,却不常见。毕竟在偌大的森林里,仰望树的上端发现这个小家伙,并不是件容易的事。小星头啄木鸟还有着强大的繁殖能力,使它们成为啄木鸟中的灭虫主力,特别是对于北方的森林来说。它们的食性也非常广,比如,天牛、金花虫、吉丁虫、锹形虫等害虫都是它们的食物。

## 小斑啄木鸟
### *Dryobates minor*
### Lesser Spotted Woodpecker

国家"三有"保护动物
啄木鸟科
䴕形目

## 大斑啄木鸟
### *Dendrocopos major*
### Great Spotted Woodpecker

国家"三有"保护动物
啄木鸟科
䴕形目

### 大斑和小斑

大斑和小斑都是啄木鸟，而且都是常见的黑白相间的啄木鸟。只是大斑啄木鸟有着红色的臀部，而小斑啄木鸟的下体全白；小斑雄鸟头顶是红色的，像小红帽，但雌鸟没有，而大斑雄鸟在枕部有狭窄的红色带，当然雌鸟也没有；小斑啄木鸟两翅黑色布满了成排的白斑，而大斑啄木鸟在肩部和两翼有一大块白斑。除此之外，大斑啄木鸟和小斑啄木鸟最大的区别就是体形，大斑啄木鸟属于中等体形有 24 厘米长，喙尖利明显长；小斑啄木鸟属于小型啄木鸟，体长 15 厘米，娇小而圆胖，头圆喙短。如果再仔细分辨，小斑啄木鸟的喙是黑色的，而大斑啄木鸟的喙是灰色的；小斑啄木鸟的眼睛虹膜是红褐色，大斑啄木鸟的眼睛虹膜近红色。

在啄木的时候，大斑啄木鸟的錾木声响亮，并有刺耳的尖叫声；小斑啄木鸟的叩击声远远不及大斑啄木鸟，只伴有低弱的声音。小斑啄木鸟的叫声非常奇特，如同用指甲刮篦子的声音，如果你在森林中或冬日里听到刮篦子的声音，那就是小斑啄木鸟在附近无疑了。小斑啄木鸟会有规律地和其他小型鸟类，如山雀集群出现；大斑啄木鸟性羞怯，基本上单独行动，只在繁殖季后期，成松散的家族群活动。比较起来，小斑啄木鸟虽然也羞怯，但要活泼得多，在觅食的时候，也不像其他啄木鸟那样生涩，而是随性地忽动、忽停，它们会在树枝间不断地穿梭，显然精力十分旺盛，又生怕错过什么似的；大斑啄木鸟常在树皮表面取食蛀虫，不会錾击树干很深，它们会攀附在树干上，螺旋式上升，无死角式敲击树干。大斑啄木鸟的飞行比小斑啄木鸟有力，路线起伏更小；小斑啄木鸟飞行速度快，就像体形小、尾巴短的鸟类那样，波浪式起伏飞行。小斑啄木鸟全年都要依靠捕捉生活在树干、树枝上的昆虫为生。冬天的时候，小斑啄木鸟会在生境周围漫步，还会出现在本不应该出现的地方，如芦苇地，还有一些灌木丛，它们会优雅地叩击，而不是猛烈地惊吓那些虫子食物。大斑啄木鸟还能出现在高海拔地区，它们的利爪具有攀缘能力，十分像武侠小说中的轻功高手，遇见有人出现时，还会在大树的另一侧藏起来，并且在一棵大树与另一棵大树间，不断跳跃穿梭，如履平地。

不论是大斑啄木鸟还是小斑啄木鸟，森林里的害虫都是它们的食物，对于大斑啄木鸟来说，食性更广泛，除了以甲虫、小蠹虫、蝗虫、吉丁虫、天牛幼虫、蚁科、蚊科、胡蜂科、鳞翅目、鞘翅目等昆虫和昆虫幼虫为食外，也吃蜗牛、蜘蛛等其他小型无脊椎动物，偶尔也吃橡实、松子、稠李和草籽等植物性食物。

薄兴华 摄

岳汝华 摄

# 棕腹啄木鸟

*Dendrocopos hyperythrus*
Rufous-bellied Woodpecker

国家"三有"保护动物
啄木鸟科
䴕形目

张湘坤 绘

## 树木网格员

棕腹啄木鸟就像彩色版黑白相间的啄木鸟,色彩艳而不俗,大面积的腹部是淡淡的赭石色,这个色彩过渡从棕腹啄木鸟头顶和颈部的深红色到臀部的红色,再到尾下覆羽的偏粉红色,使棕腹啄木鸟的配色十分和谐而高级。它们的背部有黑色和白色的横斑,腰部也布满黑羽和白色斑点。雌性棕腹啄木鸟头顶颜色也有修饰,是黑色杂以星星点点的白色。棕腹啄木鸟的身上还潜藏着其他配色,雄鸟虹膜为暗褐色,雌鸟虹膜为酒红色;喙的上部分是黑色,下部分则呈现淡黄色,且稍沾绿色;跗跖和趾是暗铅色,爪是暗褐色。

棕腹啄木鸟喜欢生活在次生阔叶林、针阔叶混交林、冷杉苔藓林等地方,蚂蚁、蟒象、象甲、步行虫等昆虫是它们的主要食物,但是它们最喜欢吃蚂蚁。曾看过一个视频,棕腹啄木鸟在树上浅啄打孔,横平竖直,呈环形网格状,整齐划一。对一棵树如此排查,真是名副其实的"网格员"。

很多文章在批评啄木鸟,认为啄木鸟并不是益虫,说有些啄木鸟非但不捉虫,反而啃咬健康的树木,使健康树木生虫,然后捕虫吃。还有的人认为有些啄木鸟沉迷于啄木,而忘记了捉虫,这些啄木鸟将树木啄得开膛破肚,风儿轻轻一吹就倒了。这些说法不知道依据是什么,大多数啄木鸟如果不靠捕虫生存,那么它们啄木的意义何在,浪费生命、消耗生命是有违天性的。而事实上,啄木鸟在森林中的存在,是有利于森林正常运转的。它们在树上啄洞,而这些洞穴会被它们当作巢穴,用来育雏。而更多的洞穴是给那些没有啄木天赋的鸟儿安家育雏的。如果当地的啄木鸟数量越多,那么可供其他鸟类使用的巢穴就越多,森林里的鸟类家族就越繁盛。反之,如果可使用的巢穴越来越少,那么依靠洞穴育雏的鸟类数量也将越来越少。

对于棕腹啄木鸟来说,它们的巢穴会选择在腐朽或者半腐朽的树洞里面,即使这样仍要花费它们差不多一个月的时间才能完成。在繁殖季,一切都在争分夺秒,选择十分健康的树啄洞意味着要付出更多,显然这不是啄木鸟的选择。棕腹啄木鸟给自己建筑的洞穴也有艺术性,它们的洞孔呈椭圆形,和其他啄木鸟的洞孔不一样。棕腹啄木鸟的繁殖期是4—6月,雌鸟每窝大概会产3枚卵,孵卵的任务由雌鸟和雄鸟共同承担。还有一点要提及的是,棕腹啄木鸟是唯一有迁徙行为的啄木鸟。

# 白背啄木鸟
## bái bèi zhuó mù niǎo
*Dendrocopos leucotos*
White-backed Woodpecker

国家"三有"保护动物
啄木鸟科
䴕形目

赵俊 摄

## 白背心

  白背啄木鸟在啄木鸟家族中是中等体形的黑白色啄木鸟,大小在 25 厘米左右。它们的特征为下背白色,仿佛穿着一件白背心。雄鸟额头为白色,头顶是朱红色,雌鸟则是黑色。腹和两胁是白色,且布满黑色羽干纹,臀部为浅绯红色。两翼及外侧尾羽白点成斑。或许是因为体形大了些,喙也长且有力,白背啄木鸟并不怯生。生活的栖息地也多在海拔 1200-2000 米高的原始针阔叶混交林和阔叶林中。

  白背啄木鸟在錾木的时候,就像一辆跑车,在短暂启动后,便迅速加速,直到要结束时,才会减速、放慢直到停下。像所有啄木鸟一样,白背啄木鸟也是单独行动,配对后会一起活动。它们基本是各自抱着一棵树,从下往上地毯式搜寻猎物,很多时候,也会和其他伙伴交换大树,仿佛查遗补漏般。白背啄木鸟有时会飞到林缘地带,有时也在地面的倒木、树根或土堆上觅食蚂蚁和地面昆虫。在冬季食物匮乏时,白背啄木鸟活动范围更大,有时会飞到人类居住地附近的丛林和栅栏或者木材堆上寻找食物。

  白背啄木鸟每年都寻找新的朽木啄洞、筑巢,雕琢理想的巢穴对于它们来说也不费事,基本 4-10 天就可以完成,所以它们年年换新家。它们的洞口是标准的圆形,只有 5-7 厘米大小,但内部最深可达到 40 厘米,内径也有 13 厘米,洞底就用啄下来的木屑为产床,白背啄木鸟每窝会产卵 3-6 枚,雌鸟和雄鸟轮流孵卵,共同抚育幼鸟成长。

## 三趾啄木鸟

*Picoides tridactylus*
Eurasian Three-toed Woodpecker

国家二级重点保护动物
啄木鸟科
䴕形目

张湘坤　绘

## 三趾是个谜

在3亿年前的泥盆纪，地球上还是"鱼类的时代"。后来，由于海洋中氧气的减少，一些鱼爬上了岸，变成了四足动物。这个时期的四足动物有着不同数量的脚趾，多的十多根，少的四五根。再后来，经过灾难的清洗，五根脚趾的动物生存了下来。到了三叠纪晚期，恐龙时代的先祖——始盗龙出现了，由于其双足行走，它们的第五号脚趾已经形同虚设。到了侏罗纪晚期，兽脚类恐龙的一支开始进化出羽毛，并飞向了天空，鸟类出现了，它们选择了四根脚趾。

根据地面行走、抓握树枝、攀爬树干、攀附悬崖等功能，鸟类也将四根脚趾的使用，进行了有效的"排列组合"：大多数鸟儿采用的是常态足，1趾在后，2趾、3趾、4趾在前，可以满足行走、栖息等功能；对趾足是2、3两趾在前，1、4两趾在后，满足像啄木鸟这样在树上攀爬的需要；异趾足和对趾足相似，是1、2两趾向后，3、4两趾向前，只有咬鹃科鸟类树栖的鸟具有这种趾型。还有并趾足，并趾足和常态足类似，只是向前的三趾基部愈合，像翠鸟和佛法僧目鸟类具有此型足。雨燕科的鸟类属于前趾足，就是四根脚趾都向前方，适宜用来攀附在悬崖、树桩上。

还有一类鸟，1号脚趾完全退化，它们选择用三根脚趾生存，如三趾滨鹬和黄脚三趾鹑这类需要跑得快的鸟，尤其是黄脚三趾鹑，遇到危险时想到的不是飞，而是跑。那么，仅仅是为了跑起来更有速度，就退化成三趾吗？显然这不是全部原因，三趾啄木鸟在树上攀爬，并不需要那样的速度。难道是为了练就"绝世轻功"，献祭了一根脚趾？不过笨想起来，三根脚趾一定更加轻盈！看来这还是一个谜。

当然，还有一类鸟，如鸵鸟，又省了两根脚趾，只剩下两根，是鸟类中趾数最少的。鸵鸟的内趾较大，具有坚硬的爪，外趾则无爪，鸵鸟除了依靠强健的后肢、巨大有力的两根脚趾疾速奔跑外，还演化了自带的杀伤力极强的攻击性武器，而且攻击力堪比"开膛手杰克"。要知道，成年的鸵鸟用力一蹬，这个力度可以达到500斤，想想500斤的重量，通过脚指甲划过任何一个生物的肚子，毫无疑问一定会造成"开膛破肚"的局面。

回头再看三趾啄木鸟，它就可爱了很多，在啄木鸟中有着独特的识别标记，就是头戴"小黄帽"，还有一条沿着背部中央生长的白色斑纹。和它小巧的身材比起来，三趾啄木鸟的头就略显大了，宽而长的眼后白色纵纹一直延伸到肩部。雌性三趾啄木鸟的头部是黑色的，头上分布着点状和条状白羽。

## 黑啄木鸟
### hēi zhuó mù niǎo
*Dryocopus martius*
Black Woodpecker

国家二级重点保护野生动物
啄木鸟科
䴕形目

岳汝华 摄

## 似鸦不是鸦

2021年9月30日，参考消息网转发了一条9月29日来自华盛顿的报道，美国政府宣布，23个物种已经永久性灭绝，其中包括象牙嘴啄木鸟。象牙嘴啄木鸟的羽毛是黑色和白色的，雄鸟羽冠呈红色，体长50厘米左右。这种鸟曾是美国最美丽的鸟类之一，自1944年以来就再也没人见过了。象牙嘴啄木鸟曾在1967年被列入濒危动物名录，但仍然因为被列入濒危动物名录的时间太迟，以致难以挽救。公报指出，这一悲伤的消息强调了人类过度采伐、引入入侵物种和疾病而助长了物种的衰落和灭绝。另外，还有气候的变化，都是鸟类生存不断陷入绝境的原因。

象牙嘴啄木鸟还有生死未卜的产于墨西哥的帝啄木鸟，如果它们真的都不存在了，那么黑啄木鸟应该是现今体形最大、寿命最长的啄木鸟了。它体长45-47厘米，全身青黑，只有头顶羽色朱红。明朝李时珍在《本草纲目·禽一·啄木鸟》中引用《异物志》里的描述："啄木有大有小，有褐有斑，褐者是雌，斑者是雄，穿木取蠹，俗云雷公采药吏所化也。山中一种大如鹊，青黑色，头上有红毛者，土人呼为山啄木。"文中精确地描述了几种啄木鸟，最后单独提及的"山啄木"应该就是黑啄木鸟。它和丹顶鹤一样，羽色简洁，有着朴拙之美，是古北界典型的鸟类，是北部森林出没的神秘精灵，据说它也是啄木鸟科唯一出现在这里的鸟种。当漫天飞雪覆盖了广袤的原始森林时，它一袭黑衣穿行而过，因为头顶的朱丹而似鸦不是鸦。黑啄木鸟不迁徙，它的飞行也不像其他啄木鸟那样起伏，森林里的蚂蚁是它的主要食物，各种昆虫和幼虫以及水果也在它的食谱上。雄性黑啄木鸟头顶朱红长及后颈，而雌性只在头后半部呈现朱红，颇有谦让之意。这种特征，在幼鸟时期便有明显区分。宋人有诗："淮南啄木大如鸦，顶似仙鹤堆丹砂。"而明代诗中写道："此禽不与众禽同，头戴珠冠一点红。嘴似铁钉钉铁木，爪如铜钻钻铜桐。朝飞南浦云烟外，夜宿西山风露中。非是远来求食啄，只思除却蛀心虫。"到了清代，在《钦定鸟谱》中的描述就更详细了："朱顶大啄木，黑睛黄白晕，青黑长嘴，吻根微白，鲜红头顶。通身黑色如鸦，尾有长翎二根，尖皆两歧，甚劲，而曲向内，覆树时以两歧贴于树身以助足力。苍白足，前后各两趾。此啄木之最大者。"黑啄木鸟是我国境内最大的啄木鸟，分布在云南和西藏。

# 灰头绿啄木鸟
*Picus canus*
Grey-headed Woodpecker

国家"三有"保护动物
啄木鸟科
䴕形目

## 䴕志在木

啄木鸟在我国最早的鸟类文献《禽经》中被称为"䴕"。"䴕"这个字的本意可以说专属于啄木鸟。根据西晋著名文学家、政治家张华的《禽经》注解："䴕志在木。《尔雅》曰：'䴕斫木，鸟巢木中。嘴如锥，长数寸。常斫树，食蠹虫。喙振木，虫皆动也。'"古人对啄木鸟的形态描述和行为习性掌握得十分准确，古称"䴕"和"斫木"的代称也十分形象，在树干上钻洞取虫是它们的看家本领。

唐宋八大家之一的欧阳修赋有《啄木辞》："……彼䴕鸟兮善啄，吾利汝喙兮饥汝腹。飞以鸣兮啄且食，虫不尽兮啄莫息……"虫不尽兮啄也不停息，看来啄木鸟是一个执拗的鸟。传说三皇之一的燧人氏钻木取火，让远古人摆脱了茹毛饮血的历史，开创了华夏文明，就是受到了啄木鸟的启示。"有鸟若鸮，以口啄树，粲然火出。圣人感焉，因取小枝以钻火，号燧人氏，在庖羲之前，则火食起乎兹矣。"

走进森林，当四周响起机械般的"哒哒哒……"声，这一定来自啄木鸟。它们以每秒18~22次的速度啄击，远远超出人看到或听到的次数。它们的大脑在每次击打的时候，也需要承受1.2千克的反作用力，因此它们的大脑有着非凡的构造，用以自我保护，不仅不会脑震荡，还可以轻松缓解这日复一日、永不停歇的冲击力。这特殊的构造就是啄木鸟的头骨由许多薄骨交叉组成，这使它们的头像海绵一样被包裹而成，在撞击时会发生轻微变形，却是天然的防震装置。它们的喙十分坚硬，而实际上也非常有弹性，其下喙在啄木的时候，是会弯曲的。它们的嘴里还有一块被称为"舌骨"的特殊骨骼支撑啄木鸟的舌头，而且是环绕整个头骨一直到鼻孔开口处，这舌骨上还附着肌肉，它们就像一圈安全带，缓解头部的撞击力。啄木鸟舌部的发达，不只有单一目的，它们的舌部肌肉可以使舌头伸出和头部一样长，同时能分泌唾液和有黏性的分泌物，并长有倒刺和凸状物，这样舌头就可以伸进树洞中钩取蠕虫和各种昆虫。

啄木鸟"䴕志在木"，在进化的过程中，它们另辟蹊径，选择了没有其他鸟类在意的钻入树中的虫子为食，既让自己生存下来，又治愈了树木，维护了森林的生态平衡，实在是值得爱戴的鸟类。而且啄木鸟大家族的成员，基本上都以啄朽木为巢，每年都换新巢，为需要鸟巢的鸟类提供繁衍的家园。但仍有人挑理，说有的啄木鸟会故意啄出树洞让树液流出来，吸引昆虫，也会因为啄出的树洞太大，令树木死亡；有的啄木鸟会在树上储藏食物诸如橡子，令树木千疮百孔；有的啄木鸟会在食物匮乏的时候，啄食其他幼鸟的大脑，令其死亡；有的啄木鸟会在田地里吃白菜心……可以说，这些行为打破了"森林医生"这个光辉形象。但是，凡是存在的都是合理的，人类主观的认识只是盲人摸象，无法评判一个鸟类家族的价值所在。而最有资格做评判的永远是大自然！

灰头绿啄木鸟是中等体形的绿啄木鸟，体长在27厘米。嘴相对要短要钝，叫声也较轻细。额、头顶是朱红色，头顶往下至后颈是灰色，下体灰色，颊及喉部灰色，眼先黑色，眉纹灰白色。灰头绿啄木鸟有着漂亮的、橄榄绿色的背和翅上覆羽，而腰部和尾上覆羽为另一种黄绿色，尾羽外侧嵌以黑白色细横斑。灰头绿啄木鸟身上的色块泾渭分明，看起来十分清爽可爱。雌性灰头绿啄木鸟的头顶和枕部不是红色，而是黑色。

在森林中，雀鹰是啄木鸟的天敌，但啄木鸟也有同盟军，它们常常和山雀合作。当它们啄食害虫时，山雀总是出现在它们左右，等待享用"森林医生"吃饱后留下的剩余食物。所以当等待啄木鸟制作美食时，山雀总是在一旁乐得大声唱歌。而当歌声突然停止时，啄木鸟就会明白天敌来了，所以它会停止发出声音，迅速躲藏起来。因此，山雀和啄木鸟实际上是共生的伙伴！

如是观鸟集 林间的歌声　林鸟卷　䴕形目 / 54

岳汝华 摄

雀形目

## 百灵科

### 蒙古百灵
měng gǔ bǎi líng

*Melanocorypha mongolica*
Mongolian Lark

国家二级重点保护野生动物
百灵科
雀形目

张湘坤 绘

# 天生台上的角

　　蒙古百灵就像天上的星星散落在广袤的草原上。这是一种你无须仰视的小鸟，你也无法预期如何与它相遇。它会鸣啭着高飞入云天，而你只能闻其声不能见其影。繁殖季过后，你会看到集成大群的蒙古百灵，且一定会被它们发出的、来自草原的音乐之泉所震撼。

　　这是一种被蒙古族人民视为吉祥、幸福、智慧的鸟类。在普遍朴素、低调的百灵属中，蒙古百灵的羽色还是很特别的，甚至能看出它内秀的小心机。蒙古百灵头顶就像一杯拉花咖啡所呈现的视觉效果，牛奶部分像槭树的树叶，棕白色的眉纹环绕将头顶和脸部分割出来，生出不俗的艺术气质。它的颈和胸部黑色的斑纹就像礼服的领结，是这个著名歌者华丽的装扮。蒙古百灵有着长长的翅膀，初级飞羽基本为黑色，次级飞羽为白色，次级飞羽基部的小覆羽为栗红色。飞行时可见翅上有明显的黑、白、栗三色上下翻飞，使蒙古百灵的舞蹈颇有观赏性。

　　1983年5月，内蒙古自治区人民政府正式将百灵确定为自治区的区鸟。而实际上，百灵鸟作为中国四大笼养鸟之首，从草原上的精灵到人间烟火里"台上的角"，正是从元代开始盛行的。众所周知，元朝由蒙古人当政，身为草原游牧民族的蒙古族，对草原本土的百灵鸟有着与生俱来的偏爱，随着蒙古人执政中原，草原歌王百灵鸟也就进入皇室，后又走入民间。接下来到明朝再到清朝，百灵鸟的饲养已经相当普及，民间有"文百灵，武画眉"的说法，可见百灵鸟的地位之高。人们熟悉"鹦鹉学舌"，都认为鹦鹉的模仿能力是最强的，但实际上要论模仿能力，百灵可比鹦鹉强得多。要知道，鹦鹉只会模仿很少的声音，而百灵虽然不会模仿人语，却能学会近百种声音。古人还用上百年的时间研究、总结出"百灵十三套口"，既可见百灵卓越的模仿能力，又可见在众多笼养鸟中，人们对它的偏爱。笼养的百灵多为蒙古百灵，内行的人会告诉你，选择脖子粗、胸膛宽阔的鸟，那是因为这等体魄的鸟有着发达的鸣肌，能发出复杂、多变的声音，是百灵"十三套口"的天赋所在。

　　那么百灵的"十三套口"究竟是什么呢？其实就是百灵会学十三种诸如麻雀、猫狗、母鸡等鸟、兽、虫甚至老百姓日常生活中出现的车轴声或者乐器声，而且在过去，南北方这十三套的内容不一样，只不过有一些声音已经离开了大多数人的生活，所以现代人也与时俱进，不再以动物、自然、生活为师，而是用音响设备，对小百灵进行音乐教育。可见百灵的"压音"古有古法，今有今招，尊古而不泥古。一只好的百灵鸟，不但鸣叫有"音"，而且得有"规矩"，比如，一鸣叫就会上"鸣台"。所以笼养百灵的笼子也是专属定制的，要用高笼，笼中央有一根修饰精美的立杆，为"鸣台"，又美其名曰"凤凰台"。野外的百灵擅长站在木桩上，边拍翅膀边鸣叫。换成优秀的笼养百灵依旧要会边拍翅膀边唱歌。只唱不舞，百灵也会掉粉。所以什么样的百灵才是好鸟？"上了台儿的才叫角儿，台儿下的只能叫票友！"好百灵鸟要能唱、能舞、不怕人，最好人来疯、能上台表演。笼养百灵鸟吃喝如何暂且不算，就说笼底的细沙，也要最好的细河沙，要经常换、晒，别滋生细菌导致百灵鸟生病烂脚。不论人类如何精心喂养、培育百灵，可是对于百灵鸟来说终究是"因歌而囚"，离开广袤的大草原，被笼养于方寸之间，无论如何都是个悲剧。更何况，笼养鸟娱乐的时代早已远去。那么，不如到草原去，到大自然中去，亲耳聆听那天籁之音吧。

## 大短趾百灵
dà duǎn zhǐ bǎi líng

*Calandrella brachydactyla*
Greater Short-toed Lark

国家"三有"保护动物
百灵科
雀形目

## 亚洲短趾百灵
yà zhōu duǎn zhǐ bǎi líng

*Alaudala cheleensis*
Asian Short-toed Lark

国家"三有"保护动物
百灵科
雀形目

## 干旱之境的百灵

地球是神奇的，地球上的生物更神奇。不论在怎样的极限之地，都有生物生存。嗜酸生物、嗜碱生物、嗜盐生物，在海洋最深处的海沟，在极高温的火山口，在南极大陆的岩石上，在雪山之巅，在核辐射之地……在非洲最炎热、最干旱的沙漠之地，生活繁衍的唯一的鸟类就是百灵。所以短趾百灵属选择半荒漠、盐碱地、干枯的泥地和开阔的干旱之地是不足为奇的。那里仍然有它们喜欢食用的杂草种子和少量的昆虫。

大短趾百灵是百灵属里中等体形的沙色百灵，上体布满黑色纵纹，下体皮黄白色，胸部黑色纵纹细小。大短趾百灵的眉纹是白色，黑色横纹截断了白色眉纹，嘴较大，喉部发白没有细纹，就像忘记打领带的样子。大短趾百灵飞行时最大的特点是，像溜溜球一样突升、突降，它会飞到一定高度后鸣唱，鸣唱时充满活力，同时振翅而舞，并逐渐攀升至几十米高。下降时，便收紧双翅任其自由降落，直到接近地面时才打开双翅，继续重复鸣唱、高飞的表演。

亚洲短趾百灵个头比蒙古百灵小5厘米，比大短趾百灵小1厘米，只有13厘米大小。看起来就是一只极其普通的、有着褐色杂斑的百灵，颈前也没有黑色斑块。嘴短粗，站立时身姿直挺，胸部纵纹散布，区别于其他小百灵鸟的地方是尾部有一白色宽边。它也是古北界典型的鸟类，在东北地区常见。亚洲短趾百灵不能像大短趾百灵那样进行溜溜球似的飞行，波动不明显，会经常改变飞行时的振翅频率，忽快、忽慢，随心所欲，并且在很低的时候就开始鸣唱，大短趾百灵就从不会这么做。而且亚洲短趾百灵的生境比大短趾百灵的生境更贫瘠、更荒凉。

由此可见，百灵鸟是一种生命力顽强，同时毫不娇气的鸟类。不论草原的水草丰盛还是贫瘠，不论气候炎热还是寒冷，百灵鸟都能进退自如。干旱之地，它们甚至将自己掩埋进沙坑中，用沙子洗浴。而鸟类的科学家早在20世纪初就发现，不同生境的百灵，它们的羽色和生境相匹配，土壤深，百灵鸟的羽色就暗，羽色偏浅，那么周遭环境也多是浅色调。也有科学家找到证据，说是鸟类能够利用环境改变羽色，如通过沙浴，能让羽毛染上栖息地沙土的颜色，或者通过换羽令使羽色接近栖息地。

对于百灵鸟来说，器官演化更是与栖息地息息相关，无论是雌鸟还是雄鸟，它们的后爪通常会比普通的鸟类长一些，这样百灵鸟才能更稳地栖息在树枝上。它们踩着高高的枝头直冲云霄，边飞边鸣，这就是百灵鸟最重要的特征，也是百灵鸟独有的美好姿态。而生活在贫瘠之地的短趾百灵属，没有高树可栖，所以脚趾也进化得短了，更适合行走。

59 / 雀形目　如是观鸟集 林间的歌声　林鸟卷

大短趾百灵　赵俊　摄

亚洲短趾百灵　刘兆瑞　摄

## 朋克发型的百灵

### 凤头百灵
*Galerida cristata*
Crested Lark

国家"三有"保护动物
百灵科
雀形目

刘兆瑞 摄

  有着朋克发型的凤头百灵，应该是与人类互动最近的鸟类之一了。如今，朋克从音乐走向生活，越来越多的年轻人喜欢这种轻微的小朋克发型，代表着少许的青春、少许的张扬、少许的叛逆和少许的自信。而凤头百灵的生活习性从来没有改变过，它没有其他百灵那样频繁地鸣唱、飞行，而一旦它决定从地面或者停栖处起飞，就会以陡峭的角度飞入云霄，不到几十米的高度决不鸣唱，然后再持续上升，同时会在空中绕很大的圈子，或起起伏伏，或留在空中悬停，降落的时候也会仪式感满满，设计好角度而不是垂直落下。

  为了适应高耗能的"炫鸣飞行"，凤头百灵具有更大的两翼面积，从而能拥有更低的翼载，就是体重与翼面积的比值，以保证完成招牌性的炫耀动作。在引人注目的"炫鸣飞行"之外，凤头百灵和大多数百灵科鸟类一样，长相低调。体长17-19厘米，羽色呈土褐色，具有褐色的纵纹，在干旱的旷野平原环境中，可以随时遁形。不过，凤头百灵在生物学上又为看似朴素的百灵科贡献了自己的多样性标志——显著的羽冠。它的羽冠长而尖，喙长而下弯。作为百灵家族的成员，凤头百灵也拥有一副好嗓子。如果能在草原上与它相遇，那一定是一生中最美妙的回忆。

## 云雀
*Alauda arvensis*
Eurasian Skylark

国家二级重点保护野生动物
百灵科
雀形目

赵俊 摄

## 衔来一枚阳光

"你是一只云雀，衔来一枚阳光。"云雀是诗人和音乐家借以向世界传递快乐、温暖与自由的小鸟。全世界大约有 75 种云雀，可以通过云雀的喙区分不同的品种。有的云雀的喙细小成圆锥形，有的云雀的喙则长而向下弯曲。云雀的羽毛颜色像泥土，有的呈单色，有的羽色上有条纹。雄性和雌性的相貌相似，它们身长 13-23 厘米。雌鸟头小，无后脑勺，嘴近处窄；雄鸟头大，有后脑勺，嘴近处宽。雌鸟的眼和嘴在一条直线上，两眼离嘴角较远；雄鸟的眼在嘴上边，两眼离嘴角较近。雌鸟眉粗短，眉色不鲜明，有的眉中间有间断，在后脑勺处不相连；雄鸟眼眉白，宽而长，两眉线一直延伸到头部，在后脑勺处连为一体。

当然，雄鸟和雌鸟最大的区别是雄鸟不仅能唱出嘹亮、清澈的歌声，还能一边飞一边唱，歌曲又长又复杂。虽然云雀也是一夫一妻制，但实际上它们的伴侣关系一言难尽。

每年的 2 月，辽阔的草原还是黄白相间的原野，雪还没有消融，草还没有恢复生机，顽固的冬天还在恋恋不舍，但云雀一年中最重要的社交时刻已经悄悄开始，它们的鸣唱明显更加欢快，仿佛会将春天和伴侣一起呼唤而来。

3 月，阳光普照草原的时间更长了，也加快了云雀配对的节奏。几百万年来，云雀和草原一同演化，它们的生息和草原的枯荣同步。此时，草原为它们提供了取之不尽的建筑材料，各种草叶和细蒿秆。集群的云雀开始分散开，和自己的伴侣选择领地和巢区。

雌性云雀将杯状巢筑在地面草丛中，材料就由身边的草叶和细蒿秆等构成。雄鸟虽然不会帮忙筑巢或孵卵，但雏鸟吃的食物有一半都是它们抓来的。尤其是在雏鸟羽翼丰满后，雄鸟仍然为孩子带来食物。然而，科学家有一个发现，让我们不得不耐心思考云雀的婚姻关系。每个云雀巢内有 20% 的雏鸟基因，都与照顾它们的那只雄鸟无关，很明显，这是一种杂交行为。那么对谁更有利呢？首先看雄鸟，答案是对雄鸟有利，因为性伴侣越多意味着子嗣也越多。那么对于雌鸟呢？如果巢中有太多雏鸟，并不是雄鸟的孩子，它可能就不会照顾它们了。所以，最先进的思想认为，雌鸟尽可能多和其他雄鸟交配，一是为了使后代获得更好的、更多元化的基因，可以提高雏鸟的生存率；二是给生命中的意外制造更可靠的关系，因为一旦它失去雄鸟，还有"备胎"愿意为它和孩子提供生活保障。因此，假设雄鸟和雌鸟都对各自的婚外情心照不宣，那只能认为这是对族群繁衍最有利的行为，不把所有的蛋放在一个篮子里，会维护公共利益，使整个族群更加安全，更有生产力。身为母亲，雌鸟当然会照顾自己的后代，但雄鸟则不确定哪些幼鸟是自己的，因此它会致力于整个族群的福祉和公共的利益。换句话说，"对一只雌鸟有利的事情，也对当地的雌鸟和雄鸟都有利"。

# 角百灵

*Eremophila alpestris*
Horned Lark

国家"三有"保护动物
百灵科
雀形目

张湘坤 绘

## 渴望爱情的小犄角

　　看到角百灵就忍不住想笑，它围着黑色"围嘴"、头上有着小而弯的"犄角"样冠羽，一下子让我想起经典电影《虎口脱险》里，在大剧院暗杀德军首领的那场戏，里面有个戴着红犄角、穿着红斗篷的人物。角百灵为什么如此有戏剧性？在高海拔的荒芜、干旱平原或者寒冷的荒漠里，有着褐色保护色的角百灵，只能在自己的冠羽上彰显魅力了。虽然与那些有着独特冠羽的著名鸟类相比，角百灵属于名不见经传，但它的小犄角仍然让人过目不忘，成为百灵鸟独一无二者。难怪角百灵的学名中有这样的描述：eremos 表示孤独的地方，philia 表示爱情。这样，是不是就会永远忘不了那个长着渴望爱情的小犄角了？

　　和所有百灵鸟一样，虽然角百灵喜欢在草地上奔跑觅食，但它冲上云霄时，仍然喜欢鸣唱。它会在岩石或者栖息处，悄无声息地起飞，垂直上升，然后在阶梯状上升过程中鸣唱，它偶尔也会停顿下来，将翅膀收紧，但很快就会再次攀升，有时候可以达到250米的高度。下落时，它像炮弹般垂直降落，只有在接近地面时，才终止垂直。这就是角百灵炫飞的模样，在表达爱情的过程中，认为义无反顾才是最好的表白。

# 燕科

## 崖沙燕
### *Riparia riparia*
### Sand Martin

国家"三有"保护动物
燕科
雀形目

刘兆瑞 摄

## 崖壁建筑师

　　崖沙燕是只有12厘米左右的褐色燕，下体白色，胸前的一道褐色胸带是它的特征性标志。除了澳大利亚，崖沙燕几乎分布在全世界。它们生活在沼泽及河流之上，最喜欢在水面上疾驰掠过，或者停栖在突出的树枝上。别看崖沙燕个子小，却是一个崖壁建筑师，专门将家安置在沙崖上，并且亲自啄造。

　　每年崖沙燕会成群结队来北方安家，5月安家，7月幼鸟就能长大。它们对巢址的选择十分挑剔，首先沙壤黏度要合适，既要啄得动，还要坚固不会坍塌；崖壁还要足够陡峭，避免诸如黄鼠狼等天敌的侵害；附近还要有水源地或者沼泽，以提供食物；因为集体营巢，少说几十只，多则上百只，所以巢址要足够大。能够满足崖沙燕集体营巢的理想之地并不多见，一旦选好，雌鸟和雄鸟就会一起上阵，轮流用嘴啄洞，十几天的工夫，巢洞就会像蜂巢一样出现在崖壁上，别看洞口小，可是洞中颇有乾坤。每个崖沙燕的巢穴差不多都有近2米深的水平坑道，坑道或许会根据邻居家的位置而发生弯曲，坑道的尽头就是巢室，也有接近一只崖沙燕身长的直径范围，呈浅盘状，巢材主要是芦苇茎和叶、枯羊草和鸟类羽毛。崖沙燕每窝可以产卵4-6枚，雏鸟为早成鸟。

　　尽管崖沙燕是建筑大师，可是巧妇难为无米之炊，随着人类居住地的不断扩张，越来越多崖沙燕的理想之地正在悄悄消失，而人燕争地的情况更是时有发生。

　　在河南郑州有一处埋电缆的工地，几天的工夫就被一群崖沙燕选中安家，筑起了密密麻麻的洞巢。因为适宜的居住地越来越少，而工地上的沙子断面，特别适合筑巢，但是时机显然不对，施工方破坏了一小部分巢洞后，中断了施工，选择为燕子育雏让路。于是，便在燕子筑巢的沙地上留出孤岛，供燕子育雏。每每燕子归巢，都让人感受到郑州是一个有爱的城市。在河南许昌也有类似的情况发生，为了避免挖沙人对燕巢的破坏，专门为崖沙燕划出了五十亩"宅基地"，并采取了断路、立网、垒墙等一系列保护措施。这种专为崖沙燕设立的保护区以及规范操作示意图，值得全国推广。毕竟，又是一年燕归来，才是中国人应该追求的诗意栖息之地。

## 家燕

jiā yàn

*Hirundo rustica*
Barn Swallow

国家"三有"保护动物
燕科
雀形目

刘兆瑞 摄

## 借个屋檐给你

人类对于自然界的认识就是这样，你自以为很了解很多生物或者植物，其实还远远不够，甚至在相当长的时间里，我们的认识都是歪曲的。每个物种都有自己独特的演化史，能够摆脱时代的束缚，从一个物种的观察放眼整个自然界是不容易的，而只有这样的架构或许才能帮助我们建立真正的世界观。

西晋时期的文学家傅咸，在《燕赋》中说：有言燕，今年巢在此，明岁故复来者，其将逝剪爪识之，其后果至焉。不晓得我国古人是如何知道燕子冬天是要南飞的，在西方相当长的时间里，人们都坚信燕子是在池塘底下泥巴的空隙里越冬的。

在亚里士多德时代，人们就知道了关于鸟类迁徙的概念，在中世纪的动物寓言里，作者也能描述燕子飞渡汪洋到远方越冬。但是那时候，相当长的时间里，人们更愿意寻找燕子冬眠的证据，相信它们是藏到池塘底下泥巴的空隙里过冬，而不是在海的那一边。因为那样看起来更合理，虽然也有很多人不愿意盲信，但是鉴于当时的科学技术条件，真是无法了解它们是怎么做到的，是怎么跨越大洋又如何判断方位的。

而很多时候，燕子的南飞要比我们理解的南飞更南。燕科不同的燕子，越冬地也不同。只有真正跟踪观测到，才能让人确信它们去了哪里。在德国南部一个叫作拉多夫采耳的小镇，有一家著名的鸟类迁徙研究所，在这里借助现代科技，通过卫星发射器，可以观测到一些大型鸟类是如何迁徙的，在旅途中它们的体温如何，在什么位置、是否在飞行、在行走或者站立，就如同鸟儿在眼前一样。如果将以太阳能为动力的发射器生产出来，人们就可以这样细致地观测雨燕、崖燕等小一点的鸟类迁徙详情了。

春天，家燕是最先回来的。燕子飞时，春气弥漫，春潮涌动，春花悄悄绽放，山青水暖。它们轻车熟路地来寻旧垒，每每到乡下，最羡慕家家户户的屋檐下，热闹的燕子家族飞来飞去。这些年，在城市里也容易看见老房子里有燕子来安家的。看着它们出双入对，辛勤哺育幼鸟，再看萌萌的燕子宝宝，总是张着大嘴吃不饱的样子，到它们也能像自己的父母一样，稳重地立在电线上，学习觅食，实在是浓缩的人生。

## 金腰燕
### *Cecropis daurica*
### Red-rumped Swallow

国家"三有"保护动物
燕科
雀形目

刘兆瑞 摄

## 穿花衣的燕子

小时候想不明白,为什么黑白色的燕子是"穿花衣"?直到后来看到金腰燕,才恍然大悟。金腰燕顾名思义,最显著的标志是栗黄色的腰带,过渡色是浅栗色,与深蓝色的上身衔接,下体白而多黑色细纹,尾特长,为深凹形;上体黑色,具有灰蓝色光泽,与棕色脸颊成对比。在野外,金腰燕容易和斑腰燕混淆,只是斑腰燕并不常见。

其实家燕也不是单纯的黑白色,如果你仔细地端详它,它是蓝黑色和白色的搭配,而且胸部和喉部偏栗红色,也有一条蓝色的胸带不易被发现。这样想来,家燕也是色彩斑斓的,所以笼统地说"小燕子,穿花衣"是没有问题的。

金腰燕与家燕相比,颈部更粗,喙也更粗,身型更壮实;翅膀短且圆,振翅缓慢,经常滑翔,飞行起来没有家燕潇洒。家燕会长距离掠飞,尤其是在水面上的时候,就像在练习划船,而且随意转向,极具观赏性。小时候,我有一次和小伙伴涉过牤牛河到对岸抓青蛙,我不敢,就站在河边看燕子飞,后来见燕子频频低飞,就转身告诉小伙伴可能要下雨,于是我们赶在下大雨涨水前安全到家。现在想起来,我站在河里,河水在我腋下流淌,而且河面很宽,这是很危险的。

家燕最喜欢与人类混居,是小孩子的玩伴。而金腰燕主要出没在山区和海边悬崖地带,或者在桥梁、建筑物和废墟周围。金腰燕比家燕飞得更高,不像家燕还能在牛群的脚边飞过。金腰燕更有板有眼,按一定的路线巡视飞行。

熟悉燕子习性的朋友,会根据燕子的巢分辨住在里面的是哪种燕子。因为不同的燕子筑巢的样式也不同。还是拿家燕和金腰燕比较。家燕的巢是半个碗的形状,它们紧贴于墙壁上,"碗口"会和顶部保持几厘米到十几厘米的距离,搭建这样的巢需要8-14天。而金腰燕的巢就像半个葫芦瓢,倒扣在楼板上,需要利用屋顶和墙壁两个面来固定巢。从巢口到内室,还有一段"玄关",比较起来,金腰燕的巢更结实、耐用,也更精细、安全,从整个燕科家族中的巢穴比较看来,金腰燕的巢也是最高端的。如今,城里的家燕,胆子越来越大,有的也住进了楼房,聪明地选择走廊墙壁上有突出的地方,如灯座,作为巢的底托筑巢,巢前还有电线可以落脚。这样的巢绝对优于老式的筑巢方式,所以巢安稳了,第二年春天它更愿意"把家还"喽!

## 西方毛脚燕

*Delichon urbicum*
Western House Martin

国家"三有"保护动物
燕科
雀形目

赵俊 摄

## 吾爱吾家

西方毛脚燕头大，所以乍一看，觉得这鸟不小，实际上它比金腰燕要小5厘米，只有13厘米大，是小型的钢蓝色和白色燕。西方毛脚燕和家燕一样，是最常出现在地面平房区域的燕类。家燕被人类亲切地当作"家人"，西方毛脚燕因为脚部有白色的羽毛覆盖，被人叫作西方毛脚燕，用来和其他燕类相区分，但是西方毛脚燕也得到了和家燕一样多的喜爱。

自古就有"燕子不落无福之地"的俗语，难道说燕子会占卜，知晓哪家、哪户何时兴、何时衰？还是燕子就是一个嫌贫爱富、专攀高枝的"拜金鸟"？当然不是，充其量燕子会感知善类，不会破坏它的家园，不会伤害它的宝宝，所以安全、安静、方便觅食的地方才是燕子筑巢的考量。

"旧时王谢堂前燕"，大户人家人丁兴旺，高宅大院，安全结实，靠山临水建宅基地的又多，那些安静的、宽阔的屋檐自然就是燕子的首选，所以与其说燕子择人家，不如说择的是屋檐。你爱你家，吾亦爱你家。只是"乌衣巷"毕竟不多，寻常的积善人家，安顿了更多的燕子家族。

与"巧燕"金腰燕的高端巢比起来，西方毛脚燕的巢稍逊一筹，它的巢也依赖屋顶和墙的夹角，是直接粘在屋顶的，但没有金腰燕的巢那样明显、突出。西方毛脚燕巢的出入口是直接开在巢体上，不向外凸出，在外面就能看到雏鸟，但还是比家燕的巢要坚固、耐用。

选择人类屋檐的家燕、金腰燕、西方毛脚燕等燕类无疑是在进化过程中勇于改变习性的。因为在没有人类之前，在人类没有屋檐之前，在家燕还不叫家燕之前，它们又在哪里安家呢？不过是和其他燕族一样，在野外筑巢，同时要承受风雨和天敌的侵扰。所以，它们登堂入室、依赖人类的庇护，甚至需要有足够大的贡献，让人类做它们的铲屎官。比较起来，或许人类更以貌取人，更爱攀高枝，也更势利，因为燕子可以捕捉害虫，燕子轻盈可爱，燕子恋家、护家，人们也就向燕子敞开了大门。人和燕子彼此和谐共生，一起吾爱吾家。

## 烟腹毛脚燕

*Delichon dasypus*
Asian House Martin

国家"三有"保护动物
燕科
雀形目

张湘坤 绘

## 剪刀尾 万能舵

烟腹毛脚燕是和西方毛脚燕一样大的、矮壮的黑色燕，外形也和西方毛脚燕很接近，只是胸部为烟白色，翼衬是黑色，脚上也有白色羽毛覆盖，也是义形尾，只是尾叉较浅。事实上，燕科鸟类根据体形的大小和品种的不同，尾巴的长度和形状也会有所不同。粗略来说，就是有短尾和长尾的差别。短尾燕飞行得快，如雨燕；长尾燕飞得优雅，如燕子。但是它们的功能是一致的，主要就是起到保持身体平衡、把握飞行方向、控制升降、调节空气流向的作用。

燕子的飞行习惯与它们的觅食习惯密切相关，与那些张着嘴，在天空中如同扫地机器人般收割食物的鸟类不同，燕子是"赏金猎人"，会主动捕捉特定的猎物。

所有燕科种类几乎都只食空中的无脊椎动物，主要是昆虫。只有极少数，如双色树燕会经常摄入浆果类食物，不过也只是在昆虫匮乏期间。燕子会消耗大量时间在空中捕捉害虫，是最灵活的雀形鸟类之一。在同一个生境，不同的昆虫分布也不同，使燕科鸟类各取所需，主要的策略就是尽它们所能，捕获最多的猎物。毕竟，一窝幼鸟每天要吃掉几百只昆虫，随时处于饥饿状态。所以燕子夫妇只有飞得更快、更稳，才能捕捉到更多的食物。因此，在漫长的进化过程中，燕子的尾巴也就渐渐形成了现在的这种剪刀形，从而使它们能又快、又准地捉虫，更好地哺育后代。

剪刀形的尾巴，除了可以提高飞行的速度外，还可以配合燕子捕食时突然转向。叉形尾可以提高燕子的机动性，当燕子在空中转弯时，燕尾负责保持平衡，调整飞行方向，控制升降，调节空气流向以调整速度，降低阻力，配合翅膀而不会使自己头尾不一致变得歪歪扭扭。剪刀尾有着"万能的舵"的作用，让燕子身体变得十分灵活。

燕子不是机会主义者，它们的一生都在计划中。在越冬地，它们会根据当地的情况，随时调整自己的食谱。来到迁徙季，不论南方有多南、北方有多北，它们都会克服千辛万苦，迢迢归来。

"燕子归来寻旧巢"，这是燕子和人类几千年来培养的深厚情感。人类又何曾不想"三愿如同梁上燕，岁岁长相见"。

# 山椒鸟科

## 灰山椒鸟
### huī shān jiāo niǎo

*Pericrocotus divaricatus*
Ashy Minivet

国家"三有"保护动物
山椒鸟科
雀形目

## 呆鸟不呆

作为黑白版的山椒鸟,自然不比彩色版的山椒鸟灵动,加之头大身子小,脖子又粗,常独自立于大树顶上发呆,灰山椒鸟又被叫作"呆鸟"。灰山椒鸟体长18-20厘米。体羽为黑、白、灰三色,上体是灰色或石板灰色,两翅和尾是黑色,翅上具斜行白色翼斑,展翅时从下面看呈"∧"字形,甚为显著,外侧尾羽先端白色。前额、头顶前部、颈侧白色,与鹡鸰的区别在于下体白色,与小灰山椒鸟的区别是眼先黑色。雄鸟头顶后部至后颈黑色,雌鸟头顶后部和上体均为灰色。

灰山椒鸟在中国东北地区主要为夏候鸟,在其他地区为旅鸟。春季于5月初迁来东北繁殖地,秋季多在9月至10月开始南迁。迁徙期间有时集成数十只的大群,但多呈松散的队形,边飞边鸣叫,鸣声清脆,在迁徙过程中,常分散在树上活动和捕食。迁徙不紧不慢,总是要不时地降落在村落中的大树上栖息。

灰山椒鸟喜欢茂密的原始落叶阔叶林和红松阔叶混交林,也出现在林缘次生林、河岸林;以叩头虫、甲虫、瓢虫、毛虫、蝽象等鞘翅目、鳞翅目、同翅目昆虫和昆虫幼虫为食。

张湘坤 绘

张湘坤 绘

鹎科

## 鸟类播种机

### 栗耳短脚鹎
### lì ěr duǎn jiǎo bēi

*Hypsipetes amaurotis*
Brown-eared Bulbul

国家"三有"保护动物
鹎科
雀形目

在人类无法追溯的远古时代，动物和植物就在各自的演化中做出了截然不同的选择，动物选择了移动，植物选择了不动。而在植物做出这个选择的同时，它们早已为自己找到了可以移动的策略，那就是借助动物。

在茂密的丛林中，在以山谷、悬崖、丘陵为框架的植物牢笼中，大多数植物要想安身立命、繁衍生息，都需要让自己的种子远离这里，寻找更多的光明和更湿润的土地，而搭乘动物的快车是它们维持生命繁衍的关键。其中，鸟类军团是长久以来植物最密切、也最忠诚的合作伙伴之一，植物为鸟类提供各种果肉、果实以果腹，只为了让鸟类的翅膀可以带着它们的后代勇闯天涯。而植物做出的牺牲是值得的，鸟类甘愿接受各种诱惑来为植物传播种子。鸟类飞得远，排泄快，消化能力刚好可以为种子去除阻碍发芽的外壳，将种子带到足够远的地方生根发芽。

栗耳短脚鹎就是鸟类播种机的一员，它是杂食性鸟类，主要以忍冬、鼠李、小檗、红豆等其他乔木和灌木的果实与种子为食，也吃部分昆虫。秋天的时候，山桐子会结出一串串红色的果实。栗耳短脚鹎被吸引过来，将山桐子的果实囫囵吞下。但是，栗耳短脚鹎无法消化种子，只能将种子排泄出来。于是，在栗耳短脚鹎飞过的地方，到处都是山桐子的种子和新长出的幼苗。

这个身长28厘米的灰色鹎鸟，体形还是蛮大的，这意味着它的饭量也不会小。在东北，它们属于过路鸟，会结群在江浙一带以及台湾越冬。在鹎属鸟类里，栗耳短脚鹎腿短，也没有其他鹎类张扬的冠羽，体色也毫不出众，只有扇形的耳部栗色覆羽，稍显与众不同，胸前灰色带浅色纵纹，令它看起来老成持重。这些不会影响它成为植物出色的伙伴，当它们带着这些种子来到新的地方，让种子生根发芽时，就意味着将来它们有更多的栖息地可以生存。

# 太平鸟科

## tài píngniǎo
# 太平鸟
*Bombycilla garrulus*
Bohemian Waxwing

国家"三有"保护动物
太平鸟科
雀形目

岳汝华 摄

# 大小花脸

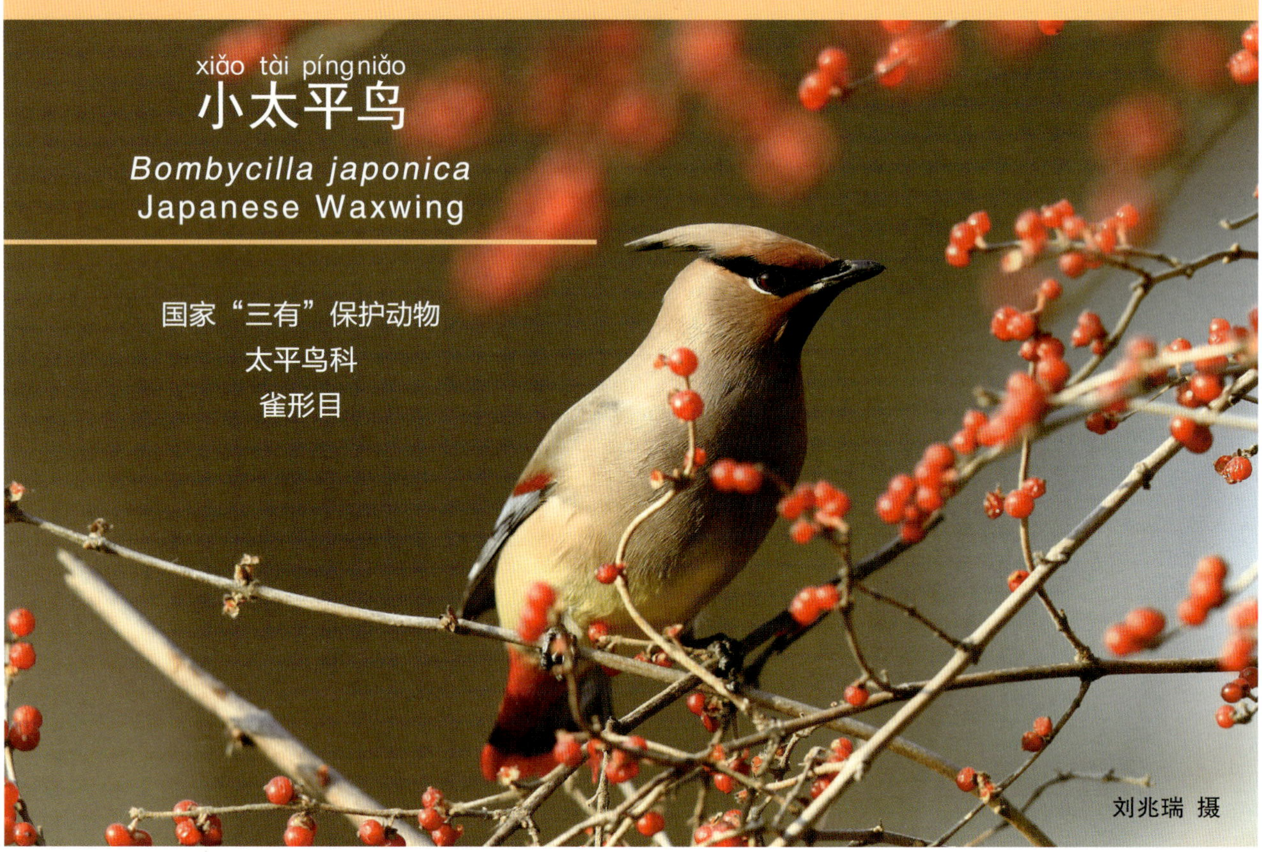
xiǎo tài píngniǎo
小太平鸟
Bombycilla japonica
Japanese Waxwing
国家“三有”保护动物
太平鸟科
雀形目
刘兆瑞 摄

太平鸟在中国有两种，分别是太平鸟和小太平鸟。它们是一种令人过目难忘的鸣禽，就像上了戏妆的花脸，只不过小太平鸟似乎偷了懒，妆容有些许不到位，但不影响它们威风凛凛的形象。太平鸟是一种粉褐色的鸟，体羽蓬松，头部色深呈栗褐色，越向后颜色越淡，头顶有一细长的簇状羽冠，一条黑色贯眼纹从嘴基经眼到后枕，位于羽冠两侧，在栗褐色的头部上插入，极为醒目。下颏和喉部也是浓浓黑色。翅上有白色翼斑，次级飞羽羽干末端有红色滴状斑，尾部有黑色次端斑和黄色端斑。太平鸟又叫“十二黄”，就是因十二根尾羽的尖端都有黄斑而得名。

太平鸟和小太平鸟很像，不同之处在于太平鸟尾部尖端为黄色，而小太平鸟的则是绯红色。小太平鸟的黑色过眼纹，绕过冠羽延伸至头后，次级飞羽羽尖绯红。

太平鸟在东北越冬，越冬栖息地以针叶林及高大阔叶树为主，主要集聚在槐林和针叶林。除了繁殖季，太平鸟其他时间最喜欢集群栖息，有时甚至集成近百只的大群。树木顶端和树冠层就是它们的舞台，或站立，或跳跃，飞上飞下，配合着它们清亮的鸣叫，极具观赏性。很多时候，它们也飞到低矮的林边灌木上或路上觅食。飞行时，太平鸟鼓动两翅急速直飞，除繁殖期外，没有固定的活动区，常到处游荡。

在繁殖期主要以昆虫为食，秋后则以浆果为主食，也吃花楸、酸果蔓、野蔷薇、山楂、鼠李的果实以及落叶松的球果。在皑皑白雪覆盖的大地上，它们四处寻找醒目的浆果，一旦发现食物，就开始暴食，而几乎无法飞行。

# 虎纹伯劳

hǔ wén bó láo

*Lanius tigrinus*
Tiger Shrike

国家"三有"保护动物
伯劳科
雀形目

## 伯劳科

## 擅长反侦查

伯劳属的鸟类需要两种类型的栖木,一种用于狩猎,另一种是夜晚栖息的场所。显然,第一种是制高点栖木,可以为这种昼行性猎手提供足以俯冲捕猎的高度。可见,伯劳拥有相当出色的视力,而且好到足以引起驯隼人的注意。驯隼人发现,伯劳这种鸟有着完美的视力,能够在猛禽的身影在天空中出现而凭人类的眼睛还远远无法看见时就发出警报。驯隼人一度饲养伯劳,一是当诱饵,二是依靠伯劳本能的反应为驯隼人提供情报。无法比较是猛禽的眼睛厉害,还是伯劳的眼睛更厉害,不过可以肯定的是,对于擅长在高空侦察的猛禽来说,伯劳无疑擅长反侦察。

张湘坤 绘

## 凶狠的"佐罗"

几乎所有的成年雄性伯劳,都戴着"蒙眼的面罩",堪称"佐罗"。只是与劫富济贫的侠客不同,伯劳的眼里只有猎物,不仅恃强凌弱,还以残酷的方式"凌迟"猎物。

虎纹伯劳是背部棕色的伯劳,它的"佐罗"眼罩十分宽阔,从额基、眼先到贯眼而过,宽且黑。与红尾伯劳比起来,虎纹伯劳的喙要厚一些,尾短而眼睛大。它的前额、头顶至后颈为蓝灰色;上体其他部分,包括肩羽及翅上覆羽为栗红褐色,杂以黑色波状横斑;下体白,两胁为蓝灰色略有褐色横斑;飞羽为暗褐色,外翻过渡到羽缘为棕褐色;尾羽为棕褐色,暗显褐色横斑,外侧尾羽端缘为棕白色。

虎纹伯劳的羽色使它栖身在树林里并不起眼,它们喜欢疏林边缘,当然少不了在带荆棘的灌木及洋槐等阔叶树旁筑巢。这个只有 19 厘米的小鸟，有着猛禽的气度，背上的虎纹、带钩的嘴，一看就是不好惹的鸟。除了像其他小型鸣禽一样捕捉甲虫、蟋蟀、蝗虫、蝴蝶之类的昆虫吃外，虎纹伯劳还会猎杀其他小型鸟类甚至是中小型的蜥蜴。有时候即便遇到了蛇，虎纹伯劳也敢斗上一斗，绝对是猛禽的作风。当然，遇到真正的猛禽，它们还是要躲开的，而且不是无肉不欢，植物的种子也在它们的食谱上。可以说，它们的适应能力不是一般的强。

雄性虎纹伯劳虽然彪悍，但也是宠妻狂魔，雌鸟孵化时，由雄鸟喂给食物，一般雄鸟就在距巢 25–30 米的范围内活动，任何威胁接近巢穴，雄鸟都会发出刺耳的惊叫声或赶去驱逐。雌性虎纹伯劳最多一窝会产七枚卵，即使这样也才是伯劳家族的平均水平。它们的孵化期非常短，一般只需要两个星期左右幼鸟便会破壳而出，只不过刚出生的虎纹伯劳幼鸟只有 4 克左右的体重，还需要一段时间的哺育，等到幼鸟长到 24 克的时候便能离开巢穴独立生存了。可见，虎纹伯劳在鸟类进化中算是比较先进的了。

## 牛头伯劳
niú tóu bó láo

*Lanius bucephalus*
Bull-headed Shrike

国家"三有"保护动物
伯劳科
雀形目

# 屠夫鸟

刘兆瑞 摄

伯劳鸟的拉丁学名中 lanius 是屠夫的意思，而它们被称为"屠夫鸟"一点也不为过。不能小看屠夫这个名词，实际上，在伯劳属中还有一些鸟类被称为"fiskaal"，这个词的意思特指刽子手。但人们更愿意用屠夫鸟称呼伯劳，这是因为伯劳不止有简单的刽子手的本事。就拿人类历史中屠夫出身的人物说明，比如，睿智飘逸的姜子牙，在 72 岁遇见周文王姬昌前，只能依靠宰牛卖牛肉贴补生活，不做屠夫可能连饭都吃不饱；又如，鸿门宴上救了沛公的樊哙和桃园三结义的张飞，他们都是屠夫出身，但有勇又有谋，这也是伯劳被称为屠夫鸟的寓意。

首先，别看伯劳是鸣禽之流，却有一颗当猛禽的心。比如，牛头伯劳看着小巧温柔，萌萌的，可爱极了，实际上它是伯劳中最凶猛的一种。牛头伯劳又称"红头伯劳"，头为栗红色，背为灰褐色；雄鸟过眼纹为黑色，雌鸟则是栗红色；颏、喉和下颊为白色；胸、腹以及两胁为淡棕色，冬羽具黑褐色鳞纹。它体形精干，上嘴的先端钩曲如鹰嘴，这就是支撑伯劳猛禽之梦的所在，是它们杀猎的致命武器。但雀形目鸟类细小的爪子，除了能灵巧地栖息在树枝上外，对捕猎没有什么用处。伯劳虽然有着一双强健的超出一般鸣禽的脚，趾上还有利钩，但和猛禽那样杀伤力的爪子比起来，还纤细得很，它不能像鹰、猫头鹰等猛禽那样，通过俯冲的力量"飞踹"猎物，给予致命攻击。这种腿部肌肉组织和武器的缺乏使鸣禽必须快速实施捕杀，所以除了依赖尖利的钩喙，伯劳还有不同的猎杀策略。

用锋利的喙一击就刺穿猎物，这是对付虫子、蛙类等昆虫的基本攻击战术；当需要制服麻雀这样的小鸟时，伯劳需要按住麻雀，同时颇具耐心地用喙一下又一下啄杀麻雀，直到猎物失去反抗能力；当需要猎杀老鼠这样的猎物时，伯劳有另一种技能——用带钩的嘴巴刺穿、插住猎物后，剧烈摇晃受害者，造成类似于颈部扭伤、脊椎断裂等瘫痪性伤害。根据研究人员的说法，这种来回剧烈摇晃能够产生多达 6 个 G 的重力加速度——大致相当于高速过山车上乘客所感受到的力，或者低速追尾车祸受害者所感受到的冲击。这足以弄断一只大老鼠的脊椎或一只小动物的脖子，而这一切都是通过伯劳的头部晃动产生的。所以一种红背伯劳又被称为"九重杀手"，因为它们曾一度被认为可以杀死九种动物并吃掉它们。

牛头伯劳在东北繁殖，冬季南迁至华南、华东及台湾。迁徙路上，它们就一路走一路猎杀，凶悍残忍。因为经常可以看到它们把早已断气的猎物刺穿挂在树枝或带刺铁丝网等尖锐物体上，这种令人毛骨悚然的行为，并不是对其他鸟类发出的警告，而是一种食物储藏方式。因此，有人说伯劳是"迄今为止鸟类中最具铁石心肠的"。

# 红尾伯劳

*Lanius cristatus*
Brown Shrike

国家"三有"保护动物
伯劳科
雀形目

刘兆瑞 摄

## 撸串狂魔

如果你不小心进入了伯劳的领地,那你最好不要往一些长满荆棘的树枝上细看,否则你会怀疑自己踏入了地狱。因为那些充满尖刺的树枝上,会时不时地插着蚂蚱、青蛙、鸟类、蜥蜴等小动物的尸体,恐怖至极。这个"凶案现场"的制造者就是伯劳。

我曾亲眼看见一只红尾伯劳捕获了一只麻雀,就在我家长满荆棘的院子里,乍看就像两只麻雀在打架,但是声音完全不对。红尾伯劳将麻雀按在地上,不时地啄它一下,麻雀发出的是惊恐、痛苦的叫声,这个过程持续了2分钟左右,当麻雀不再试图挣扎的时候,红尾伯劳开始抓起它飞走,第一次仅飞出一米远,当第二次再抓起麻雀飞起来时,它就迅速飞离了我的视线。被红尾伯劳抓走的猎物就会被它插到树枝的尖刺上,或者铁丝网的铁刺上。借助刺对食物进行固定,撕扯而食,对伯劳而言,要方便得多,而且吃不完的可以挂在上面晾干保存起来。毕竟像它这样的小型肉食性鸟类并不是很多。大的鸟类看不上这点肉,由于存储的地方有刺,很多盗取食物的小动物也犯不上冒险。这种将食物穿起来的行为,能够帮助它们肢解大型猎物。因此,有人形象地称伯劳为"撸串狂魔",多猎捕的或者吃不了的,就被它穿在树枝上做储备粮,尤其是在繁殖季节,伯劳储备食物的量会增加。所以有更多食物储存的雄鸟就更能获得异性的青睐,在繁殖和抚育幼鸟时会更易成功。所以一

赵俊 摄

般情况下,伯劳需要两种类型的栖木,一种用于狩猎,另一种是夜栖的场所。它们的领地意识很强,需要多种多样的栖木制高点。

将食物穿起来,还有一点好处是,很多昆虫是有毒的,伯劳可以聪明地判断出哪些是毒虫,于是它们会等毒虫的毒素慢慢降解掉,然后再吃。和许多猛禽一样,伯劳也会吐出食物中不消化的皮毛和骨骼,形成"食丸"。

红尾伯劳又叫作"褐伯劳",其通体呈黄褐色,其翅膀则呈暗褐色,胸部羽毛呈绒白色,很像麻雀,它也偏爱以麻雀为食。红尾伯劳主要在东北地区繁殖,雄鸟是黑色的贯眼纹,翅膀羽色较深;而雌鸟则苍淡,贯眼纹是黑褐色。为了吸引雌性伯劳,雄性伯劳会准备特别的求偶仪式,它们化身炫耀技术的"穿串工",用丰盛的肉串吸引雌性伯劳,谁穿得漂亮,谁就是赢家。

# 西方灰伯劳
## Lanius excubitor
## Great Grey Shrike

国家"三有"保护动物
伯劳科
雀形目

岳汝华 摄

## 海妖般的声诱

西方灰伯劳体形略大一些，差不多24厘米，是黑、灰、白三色的伯劳。头顶、颈、背及腰为灰色；粗大的过眼纹是黑色，上有白色眉纹；两翼为黑色具有白色横纹；尾黑而边缘为白色，尾长且圆；下体近白。西方灰伯劳是高度肉食性的鸟类，常停栖在高大的树木上俯视猎物的出现，飞行也十分有力，且能进行长距离的飞行，还会伴随波浪状俯冲。西方灰伯劳也是唯一一种会在飞行过程中，追捕其他鸟类的伯劳，会紧随自己的追捕对象急转弯或者转向。看它追捕猎物的屠夫气质，很难想象它不是猛禽，而是鸣禽！

伯劳是怎么混进雀形目鸣禽里的，估计被它猎杀的鸟儿有苦也说不出，只能说伯劳在演化过程中是成功的。对于科学家来说，鸣禽的含义很具体：所有鸣禽都是栖息鸟类，这一目被称为"雀形目"，它们具有独特的脚趾排列，帮助它们抓住树枝。鸣禽是雀形目中三个亚目之一，为鸣禽亚目，包括4000多个鸟种，从小巧的戴菊到大个子渡鸦都是。

这样的分类就可以说明，不是所有的鸣禽都是歌唱家，当然也无法阻挡有的鸣禽做出猛禽的行为。话说鸟鸣有两个关键的功能：保卫领地和求偶。伯劳的领地意识极强，为此而鸣叫不在话下。伯劳属的鸟类共有27个物种，其中大部分被称为"shrike"，这个名字是指有尖锐叫声的鸟类，和lanius一起，这两个单词差不多将伯劳属的鸟类主要特征给概括了。再说求偶，雌性伯劳以雄性伯劳的战果见高下，穿在尖刺的猎物会说明一切。伯劳放弃了能储存食物的嗉囊，而选择让自己的鸣管更发达，以使自己很好地控制发声器官，它不一定想成为歌唱家，它更想容易地学会其他鸟的鸣叫，如褐头鸫、金翅雀、暗绿绣眼鸟等。因此，伯劳不仅证明了自己是合格的鸣禽，还展现了非凡的鸣唱技巧。它就像神话故事里，海妖唱歌吸引水手那样——伯劳会模仿其他鸟类的歌曲，将闻声而至、毫无戒心的小鸟欺骗、引诱过来，再进行强有力的伏杀！自始至终，伯劳都没有离开屠夫鸟的本性，它比那些本能地发出鸣叫的鸟更有智慧、更有学习力。

## 楔尾伯劳
### xiē wěi bó láo

*Lanius sphenocercus*
Chinese Grey Shrike

国家"三有"保护动物
伯劳科
雀形目

刘兆瑞 摄

### 劳燕分飞

楔尾伯劳是中国14种伯劳中体形最大的，能达到32厘米。因尾巴长且呈楔形而得名，俗名"长尾灰伯劳"。猛禽中的灰背隼仅比楔尾伯劳长1厘米，于是楔尾伯劳因个子大又有凶猛的习性，俗称为"小猛禽"。作为屠夫鸟，伯劳也不太怕人，它们也有"好奇心"，善于观察人类的行为，始终与你保持一定的距离。对人有一种若即若离的感觉。你接近它，它会马上飞走，但它并不会飞远。等你再次靠近，它会离你再远一点儿。这也使人类对伯劳的观察，变得不那么难。这一观察就是千年，伯劳也因此在古人的诗词书画中频频出现，伯劳也是一个有故事的鸟。

传说周宣王时，大臣尹吉甫听信继室的逸言，误杀前妻之子伯奇。有一天，他在郊外看见一只从未见过的鸟，对着他啾啾而鸣，声音甚是悲凉，感觉这只鸟可能是伯奇魂魄所化，就说："无乃伯奇乎？"鸟儿拍动翅膀，鸣声变得更悲哀。尹吉甫说："果吾子也。"于是又说："伯奇劳乎？是吾子，栖吾舆。非吾子，飞勿居。"话音刚落，鸟儿就飞过来停在他的车上。于是尹吉甫就载着这只鸟回家，到家以后鸟儿又停在井栏杆上对屋哀鸣。尹吉甫便假装要射鸟，拿起弓箭将继室射杀了。这个故事虽然有点离奇，但人们愿意相信伯劳鸟之名以"伯奇劳乎"一语而得。

伯劳古称"鵙"。伯劳作为鸟名，《禽经》引用的是班固所著的《汉书·艺文志》中："鵙，伯劳也。"

中国最早的一部诗歌总集《诗经》中有专门写伯劳的诗句："芃芃黎苗，阴雨膏之，悠悠南行，召伯劳之。"还有《豳风·七月》中再次出现的伯劳："七月鸣鵙，八月载绩。"分别用了鵙和伯劳，两个名词同指一种鸟。到了明代李时珍时期，他在《本草纲目》中用详尽的考释佐证了"伯劳"就是"鵙"。

伯劳鸟常被古人借喻：惜时，离愁。它的鸣声局促、尖锐，声声是别春的离愁。《乐府诗集·东飞伯劳歌》中："东飞伯劳西飞燕，黄姑织女时相见。"说的是伯劳和燕子分别飞往不同的方向，因为伯劳是留鸟，而燕子是候鸟，一到冬天就各飞东西。这是成语"劳燕分飞"的由来，用来比喻人的别离，缠绵凄美而老少皆知。"年华摇落适谁怨，伯劳燕子东西飞"是叹光阴荏苒；《西厢记》中："他曲未终，我意转浓，争奈伯劳飞燕各西东；尽在不言中"是离别苦。南朝乐府《西洲曲》中载："日暮伯劳飞，风吹乌桕树"吟唱了孤单女子的相思之情。还有一种解读就是，伯劳凶猛，会捕食家燕的雏鸟，当燕子发现有楔尾伯劳出现时，便群起而攻之，将伯劳驱赶到繁殖区以外，然后燕群返回，以保证雏鸟的安全。古人观察到这个现象，看到伯劳勇武，具备男子汉的气质，小燕子多形容美女，是女孩的代名词。

可见，中国人观察伯劳、记载伯劳的历史非常悠久，有关它的故事和传说也丰富多彩。在二十四节气中，有这样的说法，"芒种二候，鵙始鸣"。每一年，随着节气的轮转，人们都重温着对伯劳的念叨，它属于自然，不管它的行径怎样禁不住细究，都活在诗意的生活里。这也是古人的情怀，对生命的尊重，对自然的敬畏，永远值得学习。

## 黑枕黄鹂
### hēi zhěn huáng lí

*Oriolus chinensis*
Black-naped Oriole

国家"三有"保护动物
黄鹂科
雀形目

# 黄鹂科

## 不要因喜欢而伤害

黑枕黄鹂每年来东北的时候，正是迎春花开的时候。羽色和花色一样，那是送走雪季、迎来春天最靓丽的金黄色。"两个黄鹂鸣翠柳，一行白鹭上青天。"黑枕黄鹂在鸟界是明星物种，属于体形中等的雀形目鸟类。雄鸟、雌鸟外形有些许不同，雄鸟的羽色非常均一，几乎都是金黄色；它们的喙为粉红色，有着黑色的翅膀和尾巴；眼睛则是红色的，嵌在浓重的黑眼圈里，黑眼圈从眼睛一直环绕到脖子后部。雌性黑枕黄鹂的头部偏黄绿色，上部羽毛有黑色镶嵌，没有浓重的黑眼圈。

在求偶季，黑枕黄鹂会发出韵律多变、美妙清脆的叫声，时而有着清澈如流水般的笛音，时而粗哑好似责骂的声音，时而又是平稳、哀婉的轻哨音，动听又有趣。黑枕黄鹂倚树而栖，因为它们喜欢的食物枯叶蛾科幼虫以及蝶类幼虫，还有各种浆果，都分布在乔木的树冠上以及灌丛的上部，所以黑枕黄鹂喜欢栖息在这附近，也是为繁殖季更好地捕食做准备。黑枕黄鹂也不擅长在地面行走，主要活动于较低海拔的阔叶林中，特别是在湿地有高大阔叶树的区域附近。

黑枕黄鹂的筑巢技术很高，因为生性胆小，它们不会选择显眼的高枝来筑巢，所以在树顶上很少见到黄鹂鸟。黑枕黄鹂的巢属于编织巢中的皿状巢，呈开口球筐状，一般搭建在树冠层的树枝间，形似摇篮，它们极其重视巢的稳固性，使用树皮、麻类纤维、细小的树枝、草茎作为筑巢材料，当然在东北，苞米叶也是很好的筑巢材料。将这些材料组织起来，在水平枝杈间就能构建起稳固的

赵俊 摄

巢穴，同时利用夏季浓密的枝叶遮蔽鸟巢和雏鸟，使猛禽难以进到树枝之间捕猎。

前年曾有人爆料，有摄影爱好者为拍摄更清晰的黑枕黄鹂喂食幼鸟的画面，将鸟窝附近的枝叶全部剪断，"鸟巢（以及附近树叶）修剪过度，导致幼鸟被晒死。此文阅读量破千万，引发热议。多数网友斥责这种摆拍行为，对幼鸟的死亡表示惋惜。从图片中可以看到，黑枕黄鹂的鸟窝附近并无树叶，只有一根"光秃秃"的枝干，一对成年黄鹂正在给几只嗷嗷待哺的幼鸟喂食，这的确不符合常理。而这种事情，也屡见不鲜。

喜欢不应该伤害，尊重自然、禁止摆（棚）拍，很多观鸟、拍鸟的人提出"尽量不使用航拍器追逐野生动物，避免惊扰鸟类等野生动物正常筑巢、休息、觅食与育雏"，"保持距离"，"慎用闪光灯，尽量减少人工光源的使用"，"自然摄影严禁伤害野生动物"等倡议。野生动物也需要安全距离，不同野生动物的生活习性和对生境的依赖与要求也不相同，只有保持距离才是绝对的喜爱。

# 卷尾科

刘兆瑞 摄

hēi juǎn wěi
## 黑卷尾
*Dicrurus macrocercus*
Black Drongo

国家"三有"保护动物
卷尾科
雀形目

## 以"骗"为生

如果说，寄生鸟类小杜鹃，毛还没长出来就知道"害人"，让人气愤，那么黑卷尾对猫鼬的所作所为，却令人哭笑不得，它们都是鸟类中"亦正亦邪"的角色。

黑卷尾体形不大，成年后有30厘米左右，通体羽毛漆黑、油亮。辨别它和乌鸦最快的方法就是看尾巴，黑卷尾的尾巴像燕子尾巴，只不过尾羽呈深叉状，末端向外上方卷曲。黑卷尾也有乌鸦般的好记性，性格凶猛，睚眦必报。它飞翔时，也能在空中捕食飞行昆虫，像家燕一样敏捷，所以在南方俗称"黑鱼尾燕"。说它"亦正亦邪"，是因为黑卷尾主要从空中捕食飞虫，以夜蛾、蜻象、蚂蚁、蝼蛄、蝗虫等害虫为食。

黑卷尾喜欢在开阔地带栖息，在繁殖期间领地意识非常强，遍布亚欧大陆和非洲。黑卷尾在不同的地方生存，因为环境不同，它也有着不同伴生的伙伴和食物。比如，在非洲沙漠，它和猫鼬就爱恨交织。猫鼬是生活在非洲卡拉哈里沙漠的一种只有60厘米左右的小型哺乳动物，体重多在500-1000克，主要以昆虫、老鼠、蛇等为食。它们可以挖洞找出生活在沙漠下面的蝎子、蜘蛛、蜈蚣等虫子，而这正是黑卷尾需要的食物。可那是猫鼬的劳动果实，怎么会轻易拱手相让。于是，每天黑卷尾都要精心地编织"骗术"。

在沙漠上，猫鼬就是行走的美味小肉条，它们有很多天敌，大一点的肉食性动物都能捕捉它们，比如，狐狸、豺狗、鬣狗、蜜獾、花豹等，不过猫鼬最怕的还是天上的老鹰，因为老鹰俯冲时，正好是猫鼬的视觉盲点，面对突然袭击，猫鼬很容易就能被老鹰抓走。为此，猫鼬选择了群居生活，一大群总有一双眼睛管点用。每天觅食的时候，它们都会专门派一只猫鼬站岗放哨，只是其身高有限，视野也有限。这个时候，黑卷尾就走进了它们的生活，因为黑卷尾不论是站在树上还是在空中盘旋，它们对老鹰、狐狸等猫鼬的天敌，总是能提早一步发现。于是黑卷尾就向猫鼬发出警告，站岗的猫鼬接到信号，会立即高声尖叫，在地面上埋头挖掘蝎子的猫鼬听到警报就会立即奔向洞穴，也就安然逃过了被老鹰或狐狸捕捉的危险。不过，不要以为黑卷尾只是在"乐于助人"，事实上，它只是醉翁之意不在酒，当猫鼬躲进洞穴后，它就飞过来，接手了猫鼬挖出来的虫子，毫不客气地吃进自己的肚子里。按理说，黑卷尾帮着猫鼬躲过了生死的考验，给人家吃点虫子当回报也是应该的。可偏偏黑卷尾不按常理出牌，有事没事就喊"狼来了"。几次下来，被坑的猫鼬很快就发现黑卷尾的"司马昭之心"，于是黑卷尾的警报再也不好使了，猫鼬大快朵颐，黑卷尾只能又饿、又馋，眼巴巴瞅着。可是不要以为故事到这就结束了，黑卷尾能选择在沙漠上生存，那也不是一般选手。只见黑卷尾清清嗓门儿，嗷嗷地学起了猫鼬哨兵的警报声，果然有效，只见猫鼬顿时扔下手里的活，窜回洞里去了！独自留下猫鼬哨兵，不知所以然。黑卷尾立刻飞来，又吃了个饱。

美国作家蕾切尔·卡逊在《寂静的春天》中写道：一部地球史就是地球生物及其周围环境相互作用的历史。地球上的一切生物的自然形态和习性都是依赖环境塑造的，包括人类。在这个过程中，生物对环境的反作用较小，直到人类有了改变自然的能力时，这个平衡就被打破了。"靠骗术为生"，人们黑化黑卷尾，与其说是为猫鼬打抱不平，不如说人类还是恐惧有些动物能像黑卷尾一样思考。

刘兆瑞 摄

# 灰卷尾
## *Dicrurus leucophaeus*
## Ashy Drongo

国家"三有"保护动物
卷尾科
雀形目

张湘坤 绘

## 灰龙尾燕

  灰卷尾是继黑卷尾之后，第二种常见的卷尾，有着十四种亚种分化，在我国有三个亚种。各个亚种的色度不同，从吉林、黑龙江南部到华东、华南的亚种体色为灰色，脸上有一个大白斑；从华中、华南越冬到海南岛的灰卷尾体色偏暗，且眼先为黑色；靠西南分布的亚种，体色偏灰黑色，脸无白色斑。大体说来，从北到南，灰卷尾的体色变化也由浅到深。"色号"存在地理上的渐变，也是它们的一个特点。

  北方灰卷尾脸颊上的白色"豆腐块"，就像京剧里人物角色脸上的一团白粉，只是灰卷尾涂上优雅、俏丽，而京剧人物却是丑角的扮相。灰卷尾能发出清晰、嘹亮的鸣声，还能发出咪咪叫，更能像黑卷尾一样模仿其他鸟的叫声。

  灰卷尾具有初级飞羽 10 枚，翅形长而稍尖；尾羽 10 枚，长而呈叉状，当它迎着光，同时张开自己的翅膀和尾羽时，就像三面折扇遮住美人脸，正在"企想远风来"。至于它为何又叫灰龙尾燕，想是因为它有着似燕尾型又似龙尾般灵活的尾羽，可以驾驭超高的飞行捕猎技巧，非常适合空袭飞行中的昆虫。灰卷尾常常栖息于平原丘陵地带、村庄附近、河谷或山区。飞行时结小群或成对，常常立于林间空地的裸露树枝或藤条上，看到昆虫飞过会快速起飞，敏捷地转向，翻腾于空中追捕昆虫，时而展翅升空，时而闭合双翅，做波浪式滑翔，呈一个 U 形转弯后回到原点。飞行姿态一张一弛，十分优美。

  灰卷尾是益鸟，食物中有鞘翅类、膜翅类、鳞翅类蛹及幼虫和成虫，这些多是对树木、苗圃、果园、农作物危害甚大的有害昆虫。特别在育雏期间，灰卷尾能大量消灭蛹、蛾、幼虫等害虫，对自然界中生物防治、保护作物有重要作用。

赵俊 摄

# 椋鸟科

## běi liángniǎo
## 北椋鸟

*Agropsar sturninus*
Daurian Starling

国家"三有"保护动物
椋鸟科
雀形目

## 莫扎特和椋鸟

北椋鸟是我国椋鸟科中最小的种类。人们很早就知道，鸟类鸣唱并不是本能，而是后天习得，所以很多小鸟经过训练是可以学会唱歌、说话的。北椋鸟又叫"燕八哥"，就因为它有这个本事，能像八哥一样学说人话。据说，幼年的北椋鸟最多需要七天就能完全记住一句话。当学会说话之后会与人类进行简单的交流，能力惊人，因此也成为极受欢迎的笼养鸟。

1600年，人们做过一个残忍的试验，他们切断了一只鸟的头，却发现它仍能鸣唱，其实对于养鸡的农民来说，这不稀奇，因为他们更早知道鸟的鸣唱声音并不是来自头部，而是来自鸟类的身体。连亚里士多德都曾经认为，鸟和人一样，舌头是主要的发声器官。之后人们又花了相当长的时间，确定了鸟类的鸣管和人类喉部的相似性。不同鸟类的鸣管存在着巨大差异，而实际上随着人们研究越来越多的鸟类，就发现鸟类鸣唱或者发出各种不同的声音，依赖的不仅仅是鸣管和舌头，还有呼吸系统、睾丸和大脑。

有一只椋鸟曾经和莫扎特生活过一段时间，莫扎特之所以买了它，是因为买它的时候，它就已经能鸣唱莫扎特《G大调第17号钢琴协奏曲》的一部分，至于谁教会它唱的没有人知道。它和莫扎特生活了三年，后来传记作家在研究莫扎特养鸟这段时间的作品时，发现有一首叫作《音乐玩笑》的曲子极其与众不同，传记作家听出了此曲"有着椋鸟的印记……像断裂的小夜曲，无休止地重复和奇异的结尾，听上去好像是乐器突然坏掉了"。

椋鸟是一个能从人类社会生活中汲取创作灵感的创作型歌手，它能将其他鸟的声音、人的语言和机械噪声，融入自己原本的曲调。起初，研究者觉得这是一个缺点，因为所学的总是弄混，后来才发现这是一个特点："将记忆中存储的声音重新编辑组合，形成一套抑扬顿挫、无限循环的调子。"它会专注地倾听、选择和记忆，每一次都汲取新鲜的声调和刺激，所以椋鸟是学习型鸟类。

# 灰椋鸟
## huī liángniǎo
*Spodiopsar cineraceus*
White-cheeked Starling

国家"三有"保护动物
椋鸟科
雀形目

郭丽 摄

## 为什么鸟儿想说话

从理论上讲，椋鸟科的鸟类都能说话。椋鸟科是雀形目的一个鸣禽科，由大约107种分布于整个欧亚大陆、非洲和北美洲的活泼、好寻衅的鸟类构成。设想一下，世界各地的椋鸟聚集在一起，那也是一个说着各国语言的"联合国"。

椋鸟科具有特殊的鸣管与舌头，这两种器官与人类的声带和舌头非常类似，因此它们才具备了"说话"的条件。有人为椋鸟科拉了一个"学话排名榜"，分别是鹩哥、八哥、灰背八哥、花鹩哥、花八哥、黑颈椋鸟、灰头椋鸟、丝光椋鸟、紫背椋鸟、斑椋鸟、黑冠椋鸟、北椋鸟、灰背椋鸟、粉红椋鸟、紫翅椋鸟、红嘴椋鸟、灰椋鸟。最具代表性的是鹩哥与八哥，鹩哥是椋鸟科中最会说话的，它可以模仿和发出多种有旋律的声调，说话能力不亚于一些大型鹦鹉。八哥是椋鸟科中最常见的鸟种，它的学习能力也十分强大，一般的八哥可以学会并说出6-7句话。另外，其他的椋鸟科成员如灰椋鸟、丝光椋鸟等也可以模仿人声，只不过它们的学习能力稍微弱一些。由此可见，灰椋鸟的说话能力属于椋鸟科的垫底水平。

灰椋鸟体形比18厘米的北椋鸟大，有24厘米，属于中等体形的棕灰色椋鸟。北椋鸟的头部和胸部为灰白色，灰椋鸟则属于暗黑系，头黑，头侧具白色纵纹，臀、外侧尾羽羽端及次级飞羽狭窄，虽有白色横纹，仍不如北椋鸟鲜亮。通体灰蒙蒙，观赏性不强。灰椋鸟在中国东北繁殖，冬季迁徙经中国南部。

我曾经在松花江边见过有人带着自己的鹩哥出来玩，那绝对是明星，它说的每句话都会让人们欢笑，比如，"你吃饭了吗？""恭喜发财！"语音之准、语调之幽默，无不令人捧腹！

鸟类是少数和人类一样具有视听交流能力的生物，椋鸟科的鸟类甚至可以使用我们的语言和词汇！那么它们真的理解自己在说什么吗，还是仅仅复述了它们听到的内容？科学家分析，或许两者都有一点！鸟类在自己的族群里，有自己的语言，可以帮助它们辨别自己的鸟群。它们更善于学习其他鸟类，甚至动物的叫声，可以吓唬捕食者远离自己，避免被吃掉。它们不仅擅长模仿，而且知道如何使用模仿的能力，这说明鸟类不仅很聪明，而且有很好的记忆力。

我饲养了一只虎皮鹦鹉，将它挂在院外的杏树上，周围总是有呼啸而过的喜鹊群，总是有叽叽喳喳成群的麻雀，当然也偶尔有突然出现的掠食者伯劳。所以那只鹦鹉很多时候，都会发出多变而复杂的鸣叫，制造出有很多虎皮鹦鹉的假象，以说明它不是孤立无援的。

鸟类当然也可以愚弄人类，一些宠物鸟逃到野生环境后，就把它们学会的人话教给同伴。所以当人们去野外散步时，偶尔会听到有人跟自己喊话，当四处查找后，才发现是一只鸟正在跟自己讲话。显然，当宠物鸟复述我们的话时，是把我们当成了它们鸟窝的一员，于是它们希望自己的声音能够跟窝里的朋友保持一致。

## 聪明的"八字胡"

鸦科

拉丁语Garrulus意为饶舌的、健谈的咔嗒声，它也出现在松鸦的学名中，可见松鸦生性活泼，喜欢吵闹。目前，全世界有松鸦34个亚种，它们的学名都是一样的，虽然分布在不同的地区，但是鸟类专家认为，任何地方松鸦的语言都是一样的。

典型的松鸦偏粉褐色，两翼为黑色具有白色块斑，体长28-35厘米。飞行时两翼显得宽圆，飞行沉重，振翼无规律。松鸦最显著的特征之一是翼上有蓝黑相嵌的图案，那是松鸦略显矜持的奢侈配色；其二是松鸦嘴边各有一条黑色颊纹，很像长了"八字胡"。这两点看似绅士的装扮，也难掩饰它们顽劣的性情。

"天麻麻黑的时候松鸦的叫声又像烟雾一样呛过来了，很凶。"这是湖北著名作家陈应松老师，以神农架深山为背景创作的获奖小说《松鸦为什么鸣叫》中的一句。荷兰人管松鸦叫作"闹鬼鸟"，觉得那震耳欲聋的鸣叫，就像电钻将螺钉打进墙壁的声音。真是不知道为什么，鸦科鸟类的叫声像背负了全世界的苦难，每一声都撕心裂肺、大惊小怪的。或许在生理结构上，松鸦的鸣管体形较大，可以让它们发出比天鹅、雉鸡等其他鸟类更丰富、更宽广的声音吧，所以虽然超级难听，却也与众不同。

因为松鸦实在太有才了，似乎能发出我们日常生活中的任何声音，从麻将牌、电钻到一窝刚出生的小猫的声音。在人工喂养的环境下，松鸦还会说"你好"，会喊"爸爸、妈妈、奶奶、大伯、姐姐"。松鸦还会学其他鸟兽鸣叫，能巧妙地模仿赤肩鵟刺耳的叫声。这样做是因为可以让附近的其他鸟儿以为有一个猛禽在身边，从而远离它们找到的坚果。

松鸦的聪明还体现在储藏食物的习性上。在冬季到来之前，松鸦将榛子、橡果和能捉到的树虫藏起来作为越冬的食物。每年松鸦都要贮藏成千上万的食物，并大都记得每个贮藏地点的位置。更神奇的是，它们会根据食物的腐烂速度，优先选择取食。如果在它们藏匿食物或者取食的时候，被其他同类窥视，它们还会偷偷将食物转移。像我亲眼看到过，喜鹊在藏匿食物的时候，连人也不放心。松鸦无须防备的就是自己的配偶，它们既慷慨又忠诚，而且信任彼此。若有小偷接近配偶储藏食物的地方，松鸦还会帮忙驱赶小偷。人们还看到过，松鸦会以松枝为武器相互刺杀。

在对待伴侣方面，雄性松鸦颇为绅士，它们肯猜测雌松鸦的心思，至少是她的胃口，并送上她最想要的东西以示爱意。松鸦并不像秃鼻鸦和寒鸦那样喜欢群居，而是更喜欢和伴侣双宿双飞。松鸦就像其他许多鸦科鸟类一样会分享食物，但这只是为了赢得配偶的青睐。科学家做了一个巧妙的实验，让雄松鸦通过屏风观看它们各自的配偶品尝一份特别的美食，然后再让它们自行挑选要送什么给它们的配偶。让人没想到的是，雄松鸦选择的是雌松鸦没有选择的虫子，以弥补雌松鸦没有吃到的遗憾。如此"暖男"怎么不会提升伴侣之间的关系呢？可见对美食的态度，鸟类也有人类一样的心思。

松鸦的智慧，还有令人拍案称绝的地方，那就是鸟类学家发现松鸦会有"蚁浴"的行为。因为松鸦不喜欢用水洗澡，为了驱赶身上的寄生虫，它们会将蚂蚁咬碎，然后将含有蚁酸的蚂蚁体液涂在自己的羽毛上，借助蚁酸除掉自己身上的寄生虫。或者干脆捣毁蚁窝，故意让愤怒的蚂蚁围绕上身，当蚂蚁慌乱的时候会释放蚁酸，这可是有效的杀虫剂，于是松鸦就这样巧妙地进行了一次免费的"干洗"。难怪人们会称呼它们为"有羽毛的大猩猩"。

sōng yā
# 松鸦
*Garrulus glandarius*
Eurasian Jay

国家"三有"保护动物
鸦科
雀形目

雷玉民 摄

## 有情有义的灰喜鹊

**灰喜鹊**
*Cyanopica cyanus*
Azure-winged Magpie

国家"三有"保护动物
鸦科
雀形目

刘兆瑞 摄

  一只灰喜鹊像一架平稳降落的小飞机，从东到西滑过我的庭院，稳稳地降落在葡萄架上。接着，发出嘎嘎的叫声，随后十几只灰喜鹊先后飞来，我的一架葡萄就是它们的饭前开胃菜或是饭后甜点了。通常它们会在早上四五点钟，或者傍晚的四五点钟来，偶尔也有单独的喜鹊飞来，想是因为没吃饱，在上午或下午，飞来吃点间食。一排葡萄架，它们通常会从左至右地毯式的品尝，不浪费、不剩余，等到葡萄叶掉得差不多的时候，它们就吃到了不同甜度、不同口感的葡萄。

  灰喜鹊应该是比我们家更早来到这个小区的，与我家院子一个栅栏相隔的是一个校园，曾经因为没有招生，空置了三年。最初只是两对灰喜鹊在校园里安家，三年来，它们繁衍成了拥有几十只成员的大家族，往往呼啸而过，颇成气候。

  一天早晨，我在厨房就听到身后的院子里有一种从来没有听过的刺耳的叫声，就像火警或者空袭警报一样。我连忙穿过客厅，走进院子里的阳光房，只见窗外白色架子上，停着一只灰喜鹊，叫声就是它发出的，离得近了，越发感觉那叫声的古怪，而灰喜鹊见我出来，立刻就飞走了。我正狐疑着走进院子，就看到一只小松鼠在窗台上翻着一个篮子，跳来跳去。原来，灰喜鹊是在向我报警，家里来了不速之客。

  这样的事情，后来又发生了一次。因为疫情期间，全城静默，刚开学的学校开始线上教学，操场上异常安静。那个春天我和邻居都在喂养两只从不远处山上下来的小松鼠，它们会来我家的小池塘喝水，会连吃带拿我们投喂的松子和核桃。它们完全无视灰喜鹊的警告，我们也乐见它们的光顾。可惜后来，学校开学了，小松鼠再没有出现了。只有灰喜鹊的家族一日繁盛一日。

## 喜鹊
### Pica serica
### Oriental Magpie

国家"三有"保护动物
鸦科
雀形目

刘兆瑞 摄

## 喜上眉梢

中国人是典型的乐天派，出门看见喜鹊，就觉得一天都会交好运。在农耕社会里，人们观察鸟类，并且向鸟类和其他动物学习。在和动物相伴、相生的过程里，人们超越了单纯的观望与相处的层次，而跃升到了文化的境界。

喜上眉梢是中国传统的吉祥图案，与龙凤呈祥一样，喜鹊文化是中国文化的重要标志之一。在青海"柳湾文化"遗址上，出土的新石器时代彩陶罐上就有喜鹊图案，可见，在原始社会就留下了中国人对喜鹊的情愫。喜鹊对气候的感知较为敏锐，冬天通常选择向阳的枝头筑巢，所以《周易》认为它"先物而动，先事而应"，如果没有按惯常的季节筑巢，可能是不祥之兆。人们认为它低头叫预示天阴，仰头叫则说明好天气即将来临。人们认为常见的鹊鸟能传达未知的消息，把鹊附会成报喜鸟，称为"喜鹊"。可见，中国古代"天人合一，万物有灵"的思想内涵十分丰富。周代师旷所著的《禽经》中说："灵鹊兆喜。"清代陈世熙在《开元天宝遗事》也提到："时人之家，闻鹊声，皆为喜兆，故谓灵鹊报喜。"灵鹊报喜，预示着吉祥，预示着心想事成后的欢喜。

延续至今，从各地民间的风俗习惯、绘画、对联、剪纸、小说、散文、诗词以及歌曲、影视、戏曲等方面都有喜鹊文化的一席之地，渗入了人类社会生活的方方面面。中国最美丽的传说"牛郎织女鹊桥相会"的神话故事几乎家喻户晓，一幅"喜鹊登梅"图更是盛行于黄河两岸、大江南北。《搜神记》里有一个故事：张颢在梁州做官时，有一天下过雨后，一只喜鹊飞来，忽然落地化成一块石头，张颢将它敲破，里面居然有一枚金印，后来他果然升官任太尉。从此，"鹊石"就成了官员应天命升迁的吉兆。故宫博物院中收藏着一幅南宋时期的《梅鹊图》，这幅画的作画方式比较独特，不是用笔在纸或绢上画的，而是用十五六种色丝装的小梭代笔，巧妙搭配，在织机上织成的。《梅鹊图》出自缂丝名匠沈子蕃之手，因为作品极费人工，故有"一寸缂丝一寸金"的说法。这幅缂丝图很好地体现了原画稿疏朗、古朴的意趣，枝干和花朵相互映衬，显得分外和谐。站在梅树上的两只喜鹊，一只抬头观察四周，一只缩颈欲睡，造型生动活泼、清丽典雅，是南宋时期缂丝工艺杰出的代表作。乾隆很喜欢这幅《梅鹊图》，光印章就盖了十来个，还在上面题写了"乐意生香"。

喜鹊比灰喜鹊略大10厘米；在羽色上，灰喜鹊以蓝色和灰白为主，而喜鹊主要为黑、白羽色。喜鹊常集小群，而灰喜鹊喜欢集大群，所以集群的战斗力就更强。喜鹊善于筑巢。喜鹊巢主要由枯树枝构成，远看纵横交错，似一堆乱枝，实则特别精巧，近似球形，有顶盖防雨，有横梁支架，外层为枯树枝交错编搭，间杂有草和泥土，内层为细的枝条和河泥，用爪踩塑成"碗状"，再垫有麻、纤维、草根、苔藓、兽毛和羽毛等柔软的"弹簧褥子"。这个巢往往要花费喜鹊夫妇4个月的时间，它们通常选择在松树、杨树、柞树、榆树、柳树、胡桃树等高大乔木上营巢。因此，它们的巢常被不善营巢或者自己根本不筑巢的猛禽觊觎、霸占，倒是成全了那些南来的猛禽，有巢安居、繁衍后代。

## 星鸦
### xīng yā

*Nucifraga caryocatactes*
Spotted Nutcracker

国家"三有"保护动物
鸦科
雀形目

张湘坤 绘

### 种树小能手

星鸦栖于松林，是典型的针叶林鸦类，高度依赖山地环境。它们个头不大，只有33厘米左右，是深褐色而密布白色星状点斑的鸦。臀及尾角为白色，短尾巴和强直的喙使它们看上去特显壮实，也显得头部比例较大。星鸦的喙部粗壮，侧面看呈明显的矛状，兼顾了啄食和压碎的功能，这是为它们最喜欢的食物松果专门"配备"的，它们在寻找松果的时候会用喙夹住松子，抻出来后，直接用喙夹碎外壳，吃掉里面的果仁。

观察星鸦，最好将视线投向松树的顶枝，因为那里是星鸦特别喜欢站立的地方，满身斑点的星鸦高高在上，感受松树在季节的交替中发生的变化，也在等待和寻觅它们最爱的食物。每当秋天，松果成熟的时节，星鸦就开始准备冬天和来年春天的食物。俗话说得好，家有余粮遇事不慌，对于星鸦来说，它的生活就是寻找和收藏松子的过程。有别于花松鼠把松子储藏在自己的洞穴中，冬日醒来大吃一顿再重新睡去；也有别于橡树啄木鸟把橡子嵌入橡树树干中，随饿随取；星鸦选择的是四处"广积粮"的策略。它们多选择向阳的山坡，即使有雪覆盖，在太阳出来的时候，也多半会融化。它们先用爪子挖松土壤，然后把六七粒松子埋下，再盖上土，以柴草或残枝加以伪装，还有的时候，会在储存食物的地方用小石子做个记号。如果有现成的树洞来藏匿松果那就再好不过了。有人计算过，星鸦在短短的一分钟内就能将三十二枚松树的种子据为己有，它们将松子装在自己的舌头下面，然后再找安全的地方储藏起来。每年秋天，一只星鸦就要将2.2万粒松子到3.3万粒松子储存在5000个不同的地方。等到冬天，星鸦就从藏宝模式转换为寻宝模式。没有人能真正弄清楚它们是如何记忆这庞大的藏宝图的。就像信鸽如何从万里之遥飞回家一样，星鸦一定不仅仅依靠视觉记忆，或许也依靠磁场、依靠嗅觉。总之，它能够依赖自己储藏的食物，安然度过漫长的冬天，迎来繁忙的求偶季，直到秋天再次进入收获的季节。

在这期间，星鸦不仅能找到自己的食物，也能找到其他同类的储藏。当然还有一部分，被遗落在土壤里，渐渐地长出小松树来。20世纪90年代，在小兴安岭的原始阔叶红松林里，科研人员研究比较了十多种鸟兽动物对红松种子取食和传播的情况，其中，星鸦和松鼠都能分散贮藏种子，且有传播作用。星鸦搬运种子的距离最远可达4千米，每个贮点种子数约2.7粒，贮点深度约2.2厘米，在多种生境中贮藏种子，冬季和早春易见到对贮藏点的重取。松鼠的搬运距离一般不超过500米，每个贮点种子数约2.9粒，贮点深度约2.1厘米，多在母树林中贮藏种子，少见到远距离埋藏点。红松幼苗可见于多种生境，但只在落叶松林、天然更新杨桦林和母树林中有较明显的幼树种群。分析认为，星鸦的取食和传播效率要高于松鼠，二者的传播意义也不同。因此，星鸦更是义务的种树小能手。

## 红嘴山鸦
hóng zuǐ shān yā

*Pyrrhocorax pyrrhocorax*
Red-billed Chough

国家"三有"保护动物
鸦科
雀形目

刘兆瑞 摄

# 山地专家

山鸦属家族有两个成员：红嘴山鸦和黄嘴山鸦。它们的外貌最大的区别如它们的名字一般鲜明，一个是红嘴，另一个是黄嘴。它们都有着简洁的羽色搭配：黑配红和黑配黄。这不仅使它们具有极高的辨识度，也使它们因灵动的跳跃色而显得生机勃勃。

在鸦科中，红嘴山鸦体形属于大的，约45厘米；身披黑色而充满光泽的羽毛，很长的阔翼使它们具有高超的飞行技巧；长而弯曲的鲜艳的红嘴，红色的脚爪，是山地间辛勤的"开垦者"。在夏季，两种山鸦都是以小型无脊椎动物，如甲虫、蜗牛、蝗虫、毛虫和苍蝇的幼虫等为主食。红嘴山鸦走走停停，不时地用长嘴刨地，每次翻动土地，差不多都可以翻起2-3厘米的土壤，很多时候为了寻找最爱的蚂蚁，红嘴山鸦可以凿出10-20厘米的小洞。所以在红嘴山鸦的聚集地，长有植被的地区可以免于盐碱化，全仗山鸦的开垦。

大山在什么时节会给它们提供什么食物，红嘴山鸦深谙其道。在昆虫稀少的季节，植物的种子和果实，是红嘴山鸦的食物。它们的足迹随着食物的分布而变化，当然也包括当地居民的牧场和农田。在冬季，那些旅游者的聚集地，如滑雪场和野营地，也成为红嘴山鸦光顾的地方，它们在人类活动的区域里寻找垃圾堆或者野营住宿地的食物储存地。它们的飞行足迹可达20千米，海拔也可以达到3千米以上。攀登喜马拉雅山的登山者曾经在海拔8200米的高处观察到黄嘴山鸦的踪迹。在两种山鸦共存的地区，黄嘴山鸦的繁殖地往往高于红嘴山鸦，因为它们相对于红嘴山鸦更适应高海拔的生活。

山鸦逐渐攀上高峰，也与人类的干扰有着绝对关系。开阔草地不断被人类占用和流失，以及全球气候的变暖，都使山鸦不得不向海拔更高的高山气候区迁移。而科学家的一个统计，更是令人瞠目结舌。那就是人类的生态足迹，它是指人类为了维持饮食、居住、能源、交通、商业以及废弃物处理等需求，每个人平均所消耗的生产地及浅滩的面积。发展中国家为1公顷，在美国却高达9.6公顷，对全世界人类来说，生态足迹的平均值是2.1公顷。如果按现阶段科技条件，每个人要达到美国人的生态足迹水平，我们还需要4个地球才够用。

除了人类的困扰，山鸦还要面对各种猛禽天敌，包括游隼、金雕和雕鸮，就连渡鸦也会以山鸦的雏鸟为食。在西班牙北部生活的红嘴山鸦很幸运，它们的伴生鸟类里有黄爪隼。红嘴山鸦会选择将巢筑在黄爪隼的聚居地附近，因为这种只吃昆虫的隼可以有效阻挡一部分大型食肉性禽类，从而使山鸦的繁殖率提高。

山鸦是一夫一妻制，它们是鸟类中少数的维持单一配对关系的鸟，它们非常重视自己的伴侣，也有返回原宗地繁殖的习惯。它们的繁殖地多为峭壁上的洞穴或者裂缝。它们用树根、木棍和植物的茎为原料，以草、坚韧的藤条和毛发固定筑造大型的鸟巢。雌性山鸦一年会产四五个鸟蛋，并由雌鸟单独孵化。两周到三周后雏鸟就会破壳而出，红嘴山鸦的雏鸟基本上是没有毛的，但生活在高海拔的黄嘴山鸦雏鸟则有一身细绒毛。雏鸟由两只亲鸟共同抚养，黄嘴山鸦的雏鸟大概在孵化后30天长好羽毛，而红嘴山鸦则需要40天。

红嘴山鸦常常集群飞行，差不多呈方形的翅膀，伸出六枚翼指，使每个动作都仿佛带着表情。它们愿意冒险俯冲、急转弯和转向，在特技飞行中，翅膀会弓起并向后折叠，下落后又会以陡峭的角度上升，呼啦啦就像被风吹起的黑色灰烬，带着隐隐的红色火星。

## 白脖寒鸦

dá wū lǐ hán yā
### 达乌里寒鸦

*Coloeus dauuricus*
Daurian Jackdaw

国家"三有"保护动物
鸦科
雀形目

赵俊 摄

  达乌里是指贝加尔以东的地区，达乌里寒鸦在那里繁殖，在中国是冬候鸟。一般寒鸦为 37 厘米左右大小，达乌里寒鸦要比寒鸦小 5 厘米，是以黑白色为主的鹊色鸦。

  达乌里寒鸦的别名有很多，因为全身羽毛主要为黑色，仅后颈有一宽阔的白色颈圈向两侧延伸至胸部和腹部，在黑色体羽的衬托下极为醒目，像戴了一个白皮毛围脖，所以白脖寒鸦的别名很恰当。成年的达乌里寒鸦体色是黑和灰白相间，而亚成鸟是接近纯黑的，只有在第二年春末的时候，才会逐渐换成与成年一样的鹊色。

  在外貌上，寒鸦和白颈鸦与达乌里寒鸦很像，区别是寒鸦后颈灰白色，颈圈不延伸至胸部和腹部，胸部和腹部均为黑色，颈圈呈半环状；与白颈鸦的区别是，达乌里寒鸦体形较小且嘴细，胸部白色部分较大，白颈鸦的白色仅延伸至胸部，腹部仍为黑色。因为达乌里寒鸦和白颈鸦分布区不同，所以在野外不会被混淆。

  达乌里寒鸦还被称为"大自然的清洁工"，换句话说，它什么东西都吃。除了蟋蟀、甲虫、金龟子等昆虫，也吃鸟卵、雏鸟、腐肉、动物尸体、垃圾、植物果实、草籽和农作物幼苗与种子等。鸦科的鸟类善于寻找食物，早在诺亚方舟的故事里，就给人留下了深刻的印象。为了寻找陆地，诺亚释放了渡鸦，渡鸦没有返回方舟，《圣经》原文也没有提到。可诺亚和读者都知道，当洪水退去时，会出现很多鸦类可以吃的腐肉，渡鸦和乌鸦寻找食物的智慧，使它们追随食腐野兽和猎人，并让它们成为绝对可靠的寻觅陆地之鸟。

  据说，当寒鸦雏鸟初飞后，亲鸟飞羽脱落，不能飞翔，雏鸟就会捕食饲喂亲鸟，所说慈乌报母 40 天，指的就是寒鸦。此行为尚未被科学证实，不知真假。

## 秃鼻乌鸦
### *Corvus frugilegus*
### Rook

国家"三有"保护动物
鸦科
雀形目

张湘坤 绘

# 鸟类外交官

如果"鸟国"派遣一位外交官来人类的世界，会不会选乌鸦呢？毕竟大多数乌鸦都愿意与人类互动，它们充满好奇，具有社会性，分布广泛且寿命很长。更重要的是，在人类眼里，乌鸦是最聪明的，当然这也是人类定义的聪明。它们会制造工具、玩游戏、讲人话、找到隐藏的东西，会利用公路上的汽车压碎核桃、用面包屑吸引鱼，会识别它们憎恨的人，有些行为连黑猩猩都做不到，总之，它们是令人类最着迷的物种之一。毕竟，大多数鸟类的智慧都隐藏在茫茫鸟海中不被人知，身处各种各样的栖息地，不同的生存压力和自然环境塑造了它们独特的行为和思维模式。只是鸦类或者鹦鹉有着更接近人类的智力表现、创造力与抽象思维能力。

秃鼻乌鸦是乌鸦中较聪明的一种，它们有着非凡的解决问题的能力，而且会使用正确的工具去解决。秃鼻乌鸦的体形在雀形目中属于大型的，成年的秃鼻乌鸦体长可达53厘米左右，这一长度甚至大过许多猛禽。飞行时尾端楔形，两翼较长窄，翼尖"手指"显著，头显突出。它们有着相当大的脑容量，科学证明脑容量越大，动物智力越高。秃鼻乌鸦全身披着灰黑色的蓬松羽毛，像穿了大一号的帽衫。之所以被称作"秃鼻"，是因为它额裸露，嘴长直、细而尖，基部裸露皮肤为浅灰白色。秃鼻乌鸦幼鸟的脸则全被羽覆盖，没有裸露的皮肤，嘴峰略突兀有白色"口裂"，容易与小嘴乌鸦相混淆。成年的秃鼻乌鸦待在地上时，也会很难与小嘴乌鸦和冠小嘴乌鸦相区别，前额更陡，头顶更显拱圆形，就是辨认秃鼻乌鸦的好办法。另外，秃鼻乌鸦走路时，步态不稳，像吃多了一样摇摇晃晃。全天乃至全年总是集群出现。

除了觅食的智商，和伴侣间关系的智商，秃鼻乌鸦也与众不同。在繁殖季，总能见秃鼻乌鸦的雄鸟和雌鸟同步鞠躬并张开尾羽炫恩爱，除此之外，秃鼻乌鸦还会彼此亲吻。因为在群体里生活，在拥挤的栖息地筑巢，会有很多机会发生摩擦。研究者发现，当秃鼻乌鸦看到伴侣与其他乌鸦发生冲突后，通常在一两分钟内，就会跑去亲吻那只难过的乌鸦，安慰它，给予它温柔的抚慰。乌鸦也会衔来树枝"埋葬"死去的同类，并积聚在周围，讨论它的死因和死亡的后果，可能还有领地和配偶的一系列问题。所以，不管是爱还是悲伤，都不是人类独有的情感体验。

不过科学家通过研究猴子的行为，已经证实了社交生活可以使生物演化出更高的智力。如今，鸟类科学家相信许多鸟种也具备这种社交上的智能。就像秃鼻乌鸦那样，群居的鸟类必须挑选社交对象安抚对方的怒气，并且避免和其他鸟类争吵；同时它们得密切注意其他鸟类的行为，以便决定自己要和它们合作还是竞争；要和谁沟通、要向谁学习等。当然它们也要了解其他鸟类，找到记忆里这些伙伴曾经做过什么，发出什么样的叫声，有着怎样的行动，并且预判它们的恶行为；哪些是寻找到了食物，哪些是警报声，要赶快逃之夭夭。因此，许多鸟类的脑子或许也像人类一样具有能处理关系的构造。

2015年，西雅图传出一个8岁小女孩发生的故事，这个名叫加比曼恩的小女孩，从4岁起就在往返公交车站的途中喂乌鸦，后来她每天都用托盘装些花生放在院子里给乌鸦吃。盘子里偶尔也会出现一些小玩意儿，例如，一只耳环、螺栓和螺丝钉、扣子，或者已经开始腐烂的螃蟹爪子，加比曼恩最喜欢的是一颗乳白色的心。小女孩把那些好玩的东西，收藏了起来，还做了标注，写上了收到的日期。乌鸦显然懂得"礼尚往来"，或是表达它们的感激之情。这一点我丝毫都不怀疑，因为我曾经喂养的小野猫也连续好几年冬天都会为我抓一只小耗子，放在我的窗台上。所以假想乌鸦为鸟类的"外交官"应该有点意思吧！

xiǎo zuǐ wū yā

# 小嘴乌鸦

*Corvus corone*

Carrion Crow

国家“三有”保护动物

鸦科

雀形目

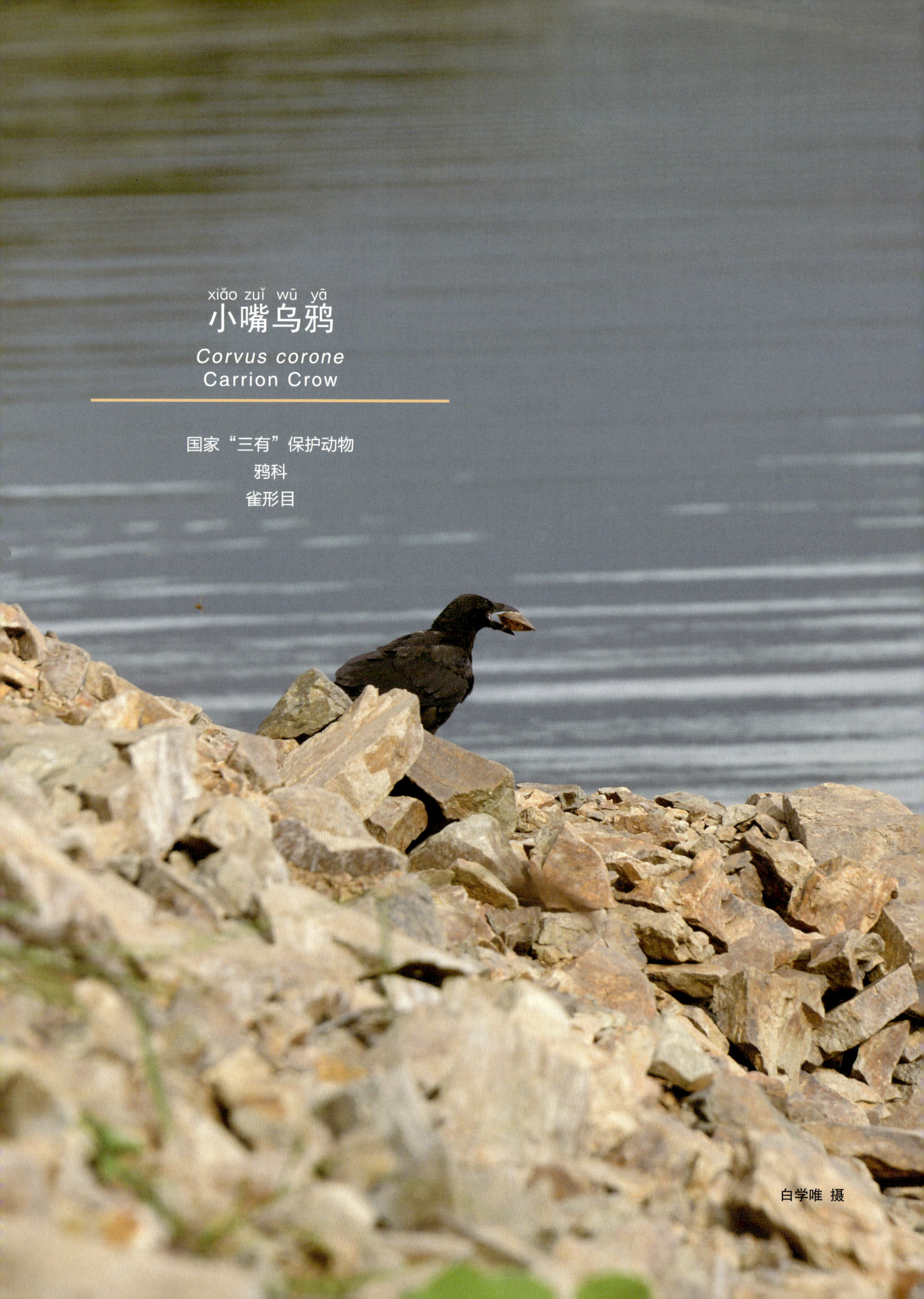

白学唯 摄

# 最聪明的鸟

鸟类在地球上有着最广泛的生态位，它们遍布世界各地；鸟类存在的历史超过一亿年；如今世界上有一万多种鸟类，数量是人类的50-60倍，从繁衍的角度来看，鸟类是脊椎动物里最成功的物种。所以有人说，按照人类的智力标准测量鸟类的智力，十分可笑。人类认为的逻辑、推理、规划、洞察力等，哪一种智力可以推断出风暴即将来袭？一个从未去过的地方，依靠什么样的智力能凭空到达？或者在几百万平方英里的范围内埋藏成千上万颗种子，并且在半年后还记得埋藏地点？人类的最强大脑可以吗？

不过，人类还是在现阶段想办法选出了最聪明的鸟，那就是鸦科鸟类，首先是鸦科中最大的种类渡鸦，还有乌鸦和鹦鹉；其次是辉拟八哥、猛禽（尤其是鹰和隼），以及啄木鸟、犀鸟、鸥类、翠鸟、走鹃和鹭。此外，麻雀科和山雀科的鸟类排名也很靠前，排名垫底的是鹌鹑、鸵鸟、鸻、火鸡等。这里边应该排除候鸟，候鸟的智慧人类了解得还远远不够。况且，候鸟的脑容量比留鸟小，这是为了迁徙必须做的牺牲。一是不能消耗太多能量让自己发育太慢；二是不需要大脑储存在一个地方学习或记忆得到的创新行为，因为迁徙后到另一个地方就没用了。候鸟善于长距离飞行，这是最令人羡慕的。自从美剧《英雄》问世以来，很多人都在心里问自己一个问题，如果让你拥有超能力，你会希望是哪一个？真有一个问卷调查，得到一个答案，不是隐身术，不是预知力，而是飞行。

在冠军的领奖台上，人类最终选出了新喀鸦。因为新喀鸦能够将铁丝扳弯取得食物。它能制造、使用工具，巧妙地操纵人造装置，以获得食物奖励。能够超过新喀鸦的动物只有黑猩猩和红毛猩猩，这两种灵长类动物虽然厉害，但也无法制造钩状的工具，况且乌鸦能制造的钩状工具还不止一种。新喀鸦还玩儿出了花样，科学家看到它把一颗坚果丢进栏杆上一个嵌着大金属螺栓的圆洞里，这样坚果就卡在洞口和螺栓之间，它再用喙撬开吃里面的果仁，能做出类似行为的是小嘴乌鸦。有一个很火的视频，主要讲的是日本某座城市的一只小嘴乌鸦，停在斑马线上方，当红灯亮时，它会把坚果放在斑马线上，然后飞回原地等待，绿灯亮起后，如果经过的车辆把那颗坚果碾开了，它就会等红灯再次亮起时，飞下来叼走里面的果仁儿。如果坚果没有被碾开，它就会把坚果再放到车轮会驶过的地方。

小嘴乌鸦没有因为嘴小而个头小，实际上它属于大型的鸦类，体长在50厘米左右，和秃鼻乌鸦的区别在于嘴基部被黑色羽，与大嘴乌鸦的区别在于额弓较低，头顶看起来很平，嘴虽强劲但形显细小，嘴峰弯曲。全身羽毛紧致，看起来"裁剪得体"，不像秃鼻乌鸦"穿着宽袍大袖"。小嘴乌鸦的翅膀宽，形状均匀，尾翼呈方形。小嘴乌鸦走路的时候，路线笔直，站姿呈水平状态，一副立刻就会捕食或发出威胁的戒备状态。小嘴乌鸦典型的情况是单独或成对出现，虽也成群，但不集群繁殖，巢址分散，不如秃鼻乌鸦那样热爱集体活动。

在《乌鸦喝水》这个超级著名的故事里，我觉得主角就是一只小嘴乌鸦。最近一次我想到《乌鸦喝水》这个寓言是讲给儿子听的，如果乌鸦一开始就用一块大的石头投入水瓶，很可能就会把瓶子砸碎，所以我告诉他事情要一点一点做，要一块石头一块石头试探着放进去。小的时候，我们的教科书里总是提到，只有人类才是高级的生物，我们人类有着最发达的大脑，而很多鸟类的大脑只有黄豆粒那么大，鸟类的一些智慧行为只是本能，算不上高级智慧。事实上每一种鸟类都有自己的智慧，甚至可以说是天赋。很多喜欢观鸟的人，都会把自己的人生体验赋予鸟类的观察中，它们好像是我们摇摇晃晃刚学习走路的婴儿模样，又好像是我们爱争风吃醋、春心萌动的年少时刻，是我们漂泊在外的兄弟，或是一个倦鸟归巢的亲人，而其实它们只是鸟，一群长着羽毛的朋友，甚至可以称为"我们的老师"。

## 大嘴乌鸦
### dà zuǐ wū yā

*Corvus macrorhynchos*
Large-billed Crow

国家"三有"保护动物
鸦科
雀形目

张湘坤 绘

# 鸦科大佬

大嘴乌鸦不仅是鸦科，也是雀形目鸟类中体形最大的几个物种之一，成年的大嘴乌鸦体长可达50厘米左右。雌雄相似，全身羽毛黑色。喙粗且厚，上喙前缘与前额几乎呈直角。额头特别突出，在栖息状态下，这一点是辨识大嘴乌鸦的重要依据。大嘴乌鸦与小嘴乌鸦的区别就在喙粗厚且尾圆、头顶更显拱圆形，这使它看起来既彪悍又凶煞。

而实际上，大嘴乌鸦有强有力的喙、高智商和社会性加持，战斗力的确不俗。因为杂食性，常能见它们成群地在地面骚扰，或在空中围攻小到红隼、大如金雕等各种猛禽，打劫猛禽的"战利品"，是个不折不扣的狠角色。其实，不只是大嘴乌鸦，其他种类的乌鸦以及喜鹊、灰喜鹊、红嘴蓝鹊等鸦科鸟类都有这种"黑帮大佬"的习性。想一想，一群乌鸦来到你的街道或者你身处的公园，把整个居民区都接管过来，那气息足以令你瞠目结舌。

乌鸦的名声，在人类国度的创世神话里便已出现，并一直都有两种评论的声音围绕着，一种说乌鸦是最聪明的，另一种说乌鸦是不吉利的。

在满族的传说中，努尔哈赤有一次兵败逃亡时，头顶飞来一只乌鸦站在树上，追兵认为有鸟站的地方肯定不会有人躲着，于是放弃了搜查，努尔哈赤侥幸得活，所以乌鸦就成了满族的神鸟。满族家庭的院子里一定要有索罗杆，杆顶有一个斗型容器，是专门饲喂乌鸦的祭器。据说现在北京一到冬天铺天盖地回城里过夜的乌鸦，就是清朝几百年间不停饲喂的结果。

在中国，乌鸦是神鸟要从远古时代说起，那时就有"阳乌载日"的神话。《山海经·大荒东经》云："汤谷上有扶木，一日方至，一日方出，皆载于乌。"说是太阳每天都是由乌鸦背负运行的，于是"阳乌""金乌"便成了太阳的代名词，乌鸦也成了一种神鸟，备受敬仰。在汉代，因为乌鸦反哺的习性，正好符合统治者的需求，所以乌鸦又被赋予了"孝鸟""慈鸟"的称谓。

同样在中国，乌鸦也有恶名。屈原有诗："鸾鸟凤凰，日以远兮；燕雀乌鹊，巢堂坛兮。""燕雀乌鹊"与"鸾鸟凤凰"相对，代指流俗小人，显然是一种恶鸟。乌鸦代表着不祥，这一观念也存于汉代。《焦氏易林》中出现的"城上有乌，自名破家，招呼鸩毒，为国患灾"，"乌飞狐鸣，国乱不宁，下强上弱，为阴所刑"，"南徙无庐，乌破其巢，伐木思初，不利动摇"等记载，足以说明乌鸦在汉代也不总是光明、美好的形象。

从人类对乌鸦的崇拜，到对乌鸦的厌恶，其实与人们的生产方式密切相关。古人最早崇拜乌鸦，是在渔猎时期。古人以打猎作为生存手段，乌鸦能让猎人更快地找到死去未久的猎物，进而获取更多的食物。等人类迈入农耕文明时，乌鸦就变得不讨喜了。因为，杂食性的乌鸦喜欢偷食农作物，所以，乌鸦开始变成人类讨厌的对象。加之食腐的乌鸦成了一种报丧的信号，更加令人反感。所以乌鸦仍然是乌鸦，变化的是人心。

# 鹪鹩科

刘兆瑞 摄

## 山蝈蝈

### 鹪鹩
*Troglodytes troglodytes*
Eurasian Wren

国家"三有"保护动物
鹪鹩科
雀形目

给鹪鹩起名"山蝈蝈",明显是看低了这个小家伙,因为把鹪鹩列为鸟类歌唱家也不为过。

鹪鹩属于小鸟之列,不过3寸,也就是10厘米左右;在鹪鹩的拉丁文名字中trogle表示洞穴,dytes表示栖息,就是因为小,它们可以在取食昆虫后在洞穴和裂缝中休息。鹪鹩的羽毛呈褐色布满横纹及斑点;有一条泛黄的白色细眉纹;尾羽短,上翘;嘴尖而略微弯曲;短圆的翅膀配矮胖的球形身躯;它有细长而尖利的脚,带着这个球形身躯一蹦一跳,不仅灵巧,还十分可爱。因为它不在树上栖息,多在土崖悬下的草皮下活动,不注意会以为是小老鼠。

鹪鹩每秒钟可以唱出三十几个音符,远超出我们的耳朵和脑袋可以察觉的速度。更惊人的是,鹪鹩有着二重唱的天分,雌雄不仅善于鸣唱,而且在二重唱时,它们会用自己独特的脑电波,抑制伴侣大脑中的鸣唱区域,从而使其鸣唱与自身同步。科学家认为,在鹪鹩歌剧般的二重唱中,雌雄个体间交换的听觉反馈暂时抑制了听者鸣唱的运动回路,这有助于连接这对鹪鹩的大脑,协调类似"心灵感应"的表演。这些鹪鹩告诉我们,"神仙伴侣"就需要通过感官联系融为一体。

但遗憾的是,为了种族繁衍,鹪鹩并不能做到是彼此的唯一。作为最小的鸟类之一,每个寒冷的冬天,都会有小鹪鹩被冻死,为了弥补损失,在严冬之后的来年春天,鹪鹩开始增加产蛋量。雄性鹪鹩在春天会建造大概6个鸟巢,每造完一个巢,它就高兴地大声歌唱,当一只雌性鹪鹩选中它时,就可以在最美的鸟巢里产蛋,丈夫解决鸟巢的外表,妻子负责内部装修,当雌性鹪鹩终于坐在自己的蛋上时,丈夫就可以安心地把第二只甚至第三只雌性鹪鹩吸引过来。鹪鹩拥有足够多的鸟巢,足够多的能量,还有足够多的精子,决不浪费时间,因为如果没有这样的忙碌行为,鹪鹩就无法生存。这是因为它们很难适应寒冷的冬天,鹪鹩因体形小而可能会被成群冻死。它们必须建造很多鸟巢,生很多小雏鸟,并且终日劳碌,只有这样,才能满足种族的繁衍。

除了对抗冷酷的大自然,鹪鹩还要防范天敌的偷蛋行为。为了防止这类损失,鹪鹩聪明地选择与黄蜂为邻,很多鹪鹩的巢穴都离黄蜂巢不足一米远,有了黄蜂这个免费的保镖,偷蛋贼就不敢轻举妄动了。

想到鹪鹩生存的不易,再聆听它的歌声,却丝毫没有哀怨与忧愁,为了生命,为了爱情,尽情欢歌。忍不住让人发出诗人聂鲁达那样的感叹:它那比手指还小的喉咙,如何能倾泻出这瀑布一般的歌声?

《庄子·逍遥游》中有一名句:"鹪鹩巢于深林,不过一枝;偃鼠饮河,不过满腹。"一直以来,鹪鹩都被比作鸟中的平民,形微处卑,可是它仍然有着旺盛的生命力,翩然自乐、生生不息,比之鹰隼又如何呢?高适也有诗云:"且欲同鹪鹩,焉能志鸿鹄。"小小鸟儿仍要飞上蓝天,"普天壤以遐观,吾又安知大小之所如?"

# 岩鹨科

张湘坤 绘

# 领岩鹨
*Prunella collaris*
Alpine Accentor

国家"三有"保护动物
岩鹨科
雀形目

## 彩色的麻雀

岩鹨科是一种嘴细而尖的小鸟，共有 13 种 36 个亚种，分布在古北界旧大陆上。中国有 1 属 9 种，栖息于高山岩石及森林草甸中，以昆虫为食，常在岩石缝隙中筑巢。

领岩鹨形似麻雀，却比麻雀大，体长在 17 厘米左右。羽色也比麻雀丰富许多，领岩鹨头部为灰褐色，眼睑及颈部优雅地分布着白色褐色珠状斑纹，头及下体中央部分为烟褐色，两胁浓栗间或密布纵纹，尾下覆羽黑而羽缘白色；嘴细尖，嘴基较宽，而在嘴的中间部位有一明显的紧缩，这是该种鸟类特异之处；鼻孔大而斜向，并有皮膜盖着；嘴须少而柔软；前额羽稍松散，彼此并不紧贴覆盖；尾为方尾或稍凹；跗跖前缘具盾状鳞。初级飞羽为褐色，与棕色羽缘成对比的翼缘；尾深褐而端白。幼鸟整个下体为褐灰色，有淡黑色条纹，嘴裂为显著的橙红色。

领岩鹨和麻雀不同的是领岩鹨一般单独或成对活动，极少成群。鸣唱飞行时与鹨类很像，飞行快速而流畅，波浪起伏后扎入繁枝茂叶中。在地面时，领岩鹨的翅膀和尾部会持续扇动，站立的姿势也非常挺直，身形更壮实。领岩鹨为高山鸟，栖息于 2200-3100 米的高山针叶林带及多岩地带或灌木丛中，食物以昆虫为主，兼食蓼科和车前子及其他种类的果实等。在北国的冬天，领岩鹨会下降至溪谷中栖息，集小群或成对在灌木丛中或雪地上跳跃，由一个岩石飞向另一个岩石。领岩鹨性较羞怯，见人藏匿，只在空旷的山谷间留下婉转多变又十分动听的鸣声。

领岩鹨的羽毛虽不出众，却有着极不寻常的交配行为，它们属于最滥交的鸟。雄性有着惊人的生殖系统结构，泄殖腔突起比一天需要交配二十几次的林岩鹨还要大。领岩鹨的输精管，重叠紧绕为两团，形成输精球，好像鸟卵一样，由腹膜生出皮囊覆之，悬于肛门两侧呈袋状，在身体里靠耻骨支撑。科学家经过对比研究得出，睾丸越大的鸟类，越存在精子竞争，它们必须尽可能地交配，以保证自己的基因传递下去。而相反，那些睾丸较小的鸟类，因为有着高度忠诚的配偶，所以就没有那么大的睾丸"配置"。

# 棕眉山岩鹨

zōng méi shān yán liù

*Prunella montanella*
Siberian Accentor

国家"三有"保护动物
岩鹨科
雀形目

张湘坤 绘

## 黄眉大王

  棕眉山岩鹨的拉丁名中，prunella 是 bruneus 的变体，说明这种鸟大体为棕色。棕眉山岩鹨有一条长而宽阔的皮黄色眉纹，从额基一直向后延伸至头后侧，在黑色的头部极为醒目，不怒自威。忍不住让人联想起《西游记》里的黄眉大王，尤其是浙江版电视剧里的造型，两条黄眉毛，又粗又长。黄眉大王不愧是弥勒佛座下的童子，不仅武艺高强，还有两大无解的法宝护身，单挑群战都无所畏惧，使孙悟空到处搬救兵营救师傅，最终也没能战胜黄眉大王。黄眉大王真的可以和牛魔王竞争"西游第一妖王"之位了。

  棕眉山岩鹨在鸟界只是一种小型鸟类，绝对掀不起风云。它比领岩鹨小，不过 15 厘米左右。除了标志性的眉纹，棕眉山岩鹨属于褐色斑驳的岩鹨，背、肩栗褐色布满黑褐色纵纹；两翅黑褐色，翅上有黄白色翅斑；体为黄褐色或皮黄色，胸侧和两胁杂有细的栗褐色纵纹。棕眉山岩鹨与褐岩鹨较为相似，但褐岩鹨头顶是暗褐色，头侧为黑色，眉纹为白色，体侧无斑纹；而棕眉山岩鹨头顶是黑色，区别明显，在野外不难识别。

  棕眉山岩鹨繁殖在俄罗斯及西伯利亚等地，在中国东北越冬，主要栖息于低山丘陵和山脚平原地带的林缘、河谷、灌丛、小块丛林、农田、路边等生境。棕眉山岩鹨常单独、成对或成小群活动，它在地上奔跑迅速，善藏匿，常躲藏在茂密的灌木丛中，很少鸣叫，遇人很远即飞，每次飞不多远又落入灌丛。棕眉山岩鹨主要以各种昆虫和昆虫幼虫为食，也吃草籽、植物果实和种子等植物性食物。

张湘坤 绘

鹟科

## 白眉猎人

bái méi dì dōng
# 白眉地鸫

*Geokichla sibirica*
Siberian Thrush

国家"三有"保护动物

鹟科

雀形目

白眉地鸫的拉丁文名中，zoon 是希腊语表示动物，theros 表示猎人。就像一个名副其实的赏金猎人，白眉地鸫羽色十分低调又极具辨识度，最具标志性的特征就是长而粗的白色眉纹。雄性白眉地鸫通体黑灰色，在阳光下有时会泛蓝灰色；腹中部和尾下覆羽为白色；尾也是黑灰色或者蓝灰色，外侧尾羽有宽的白色尖端。差不多只有两种配色，就装扮成了酷酷的杀手模样。它的目标主要是甲虫、金龟子、步行虫、叩头虫等昆虫和昆虫幼虫，也包括蠕虫等小型无脊椎动物和少量植物果实与种子。

白眉地鸫是地鸫属，说明此种鸟类具有地栖性，因此它还有一个名字叫作"白眉麦鸡"。白眉地鸫体长 24 厘米左右，比一般的麦鸡小。不像麦鸡飞行动作缓慢，白眉地鸫飞行迅速，尤其是在遇到人类干扰时，可以立刻起飞上树，只是飞行距离不会很远。那么在哪里可以找到它们？白眉地鸫主要栖息于阔叶林和针叶林，或者针阔叶混交林，那里林下植物茂盛，如果是靠近河流、溪水的森林，那便更受欢迎。白眉地鸫迁徙到东北，也出入于林缘、道旁、农田地边和村屯、花园附近。如果你看见这个长着白眉毛的"走地鸡"，飞快地在叶丛和灌木间躲藏、觅食、奔跑，那千万要盯紧了，因为它生性机警、隐蔽，有着猎人的"素质"，能看见实属不易。

# 虎鸫

hǔ bān dì dōng
## 虎斑地鸫
Zoothera aurea
White's Thrush

国家"三有"保护动物
鸫科
雀形目

刘兆瑞 摄

　　虎斑地鸫属于体形最大的鸫类，体长 27-30 厘米。它们非常善于奔跑，金橄榄褐色的羽毛上面夹杂着一些黑色鳞片斑纹，为它们的地栖带来了很好的伪装。它们因为拥有虎纹，而又被叫作"虎鸫"。虎斑地鸫的眼部是棕白色，耳部的羽毛和脸颊是白色；下体是浅棕白色，颏部、喉部和下腹部是白色或者棕白色，胸部和上腹部是白色。它们的虹膜是暗色或者暗褐色，嘴巴是褐色，脚部是肉色或者橙肉色。虎斑地鸫叫声如同长长的口哨声，"呼"，声音有高有低。

　　虎鸫浪费了这个威武的名字，因为它们生性胆怯，喜欢生活在林间、溪谷、河流两岸等地方，不具有明显的社群性，常常单独或者和家庭成员在一起。虎斑地鸫胆子比较小，一见到人类便会飞走，它们往往贴地面飞行，并且只做短距离飞行。昆虫和无脊椎动物是它们的主要食物，有时候也吃植物的果实、种子、嫩芽等植物性食物。

　　虎鸫每年会在 5-8 月来东北繁殖，通常营巢于溪流两岸的混交林和阔叶林内，迁到东北繁殖地时已基本成对。巢一般多置于距地不高的树干枝杈处，呈碗状或杯状，主要由细树枝、枯草茎、草叶、苔藓、树叶和泥土构成，其中尤以苔藓最多，巢壁糊有少许黄泥，巢内垫有松针、细草茎、细树枝和草根。虎鸫每窝产卵 4-5 枚，雌雄亲鸟共同育雏，常常可见亲鸟叼着满嘴的蚯蚓回巢，喂养自己的所有宝宝。因此雏鸟长得很快，经过十几天的留巢期就可以自己觅食了。

# 灰背鸫
## huī bèi dōng

*Turdus hortulorum*
Grey-backed Thrush

国家"三有"保护动物
鸫科
雀形目

郭丽 摄

## 穿橙色马甲的烦人精

白学唯 摄

对于体色暗淡的鸫类来说，灰背鸫是一个另类，它看起来就像一个火炬冰激凌，秀色可餐。雄鸟上体从头至尾包括两翅表面都为石板灰色，头部微沾橄榄色，头两侧点缀有橙棕色、眼先呈黑色。与暗淡的上半身不同的是，腹部为白色，其下胸两侧、腋羽和翼下覆羽都呈亮橙栗色。尾下覆羽呈白色且点缀有淡黄色——看起来像是穿了一件橙色的马甲。

体形中等的灰背鸫栖息于海拔1500米以下的低山丘陵地带，包括茂密的森林、林缘疏林草坡、果园和农田地带。灰背鸫善于在地上跳跃行走，多在地上活动和觅食。它们主要以鞘翅目、鳞翅目和双翅目等昆虫和昆虫幼虫为食，也吃蚯蚓等动物和一些植物的果实与种子。每年4月末5月初，它们迁到东北繁殖，并于9月末10月初南迁。它们常单独或成对活动，春秋迁徙季节也会集成几只或十多只的小群，有时它们会和其他鸫类结成松散的混合群。迁来后，便在巢区内，高声鸣唱，所以人们又称其为"山画眉"。灰背鸫的歌声从低音阶逐渐向高音阶递增，然后从头再来，歌声中有一个音节特别清晰，似"点滴、点滴"的发音。

从外表上看，灰背鸫是一种非常可爱的生物。但是对人类而言，灰背鸫的生活习性真的非常差劲。作为一种群居生物，每天凌晨三点，这群穿着橙色马甲的小鸟和穿着橙色马甲的清洁工，差不多同时出现，可是清洁工是为了城市的清洁在默默付出，而灰背鸫却要集体鸣叫，这对于正处在睡梦中的人们来说是一种折磨。所以灰背鸫的存在令周围的居民非常烦恼，成了烦人精。

## 白眉鸫
### bái méi dōng

*Turdus obscurus*
Eyebrowed Thrush

国家"三有"保护动物
鸫科
雀形目

张湘坤 绘

## 魔笛之音

  白眉鸫与白腹鸫和灰背鸫为近缘物种。它没有表亲灰背鸫的羽色对比那么鲜明，而是整体呈暖色调。背和头、颈部呈橄榄褐色，胸部和两胁为橙黄色；腹部略白，脚为黄棕色。白眉鸫顾名思义有着白色眉纹，眼下还有一白斑，颇添妩媚；再配以褐色的眼睛，由黄渐变为黑的喙；长得实在是含蓄优雅。

  的确，白眉鸫是一种很好看的鸟，更难得的是它有一副好嗓子。它的鸣叫为两个短促音节，很像恬静的联络笛音，听起来非常入耳，能在寒冬鸣叫出魔笛之音，令人心动，被人称为"世界上叫声最好听的鸟"。

  白眉鸫繁殖于古北界中部及东部，沿西伯利亚向东的茂密针叶林，最高可至海拔 2000 米，为典型候鸟，冬季从南亚到东南亚越冬，曾有迷鸟在欧洲西部被发现，迁徙和越冬的鸟类会结成小型鸟群；它们是杂食动物，以多种昆虫、蚯蚓和浆果为食；喜欢活动于灌木丛及林中，生性活泼，温驯好奇，喜欢鸣叫。

## 白腹鸫
### *Turdus pallidus*
### Pale Thrush

国家"三有"保护动物
鸫科
雀形目

张湘坤 绘

## 鸟类听力系统的变化

  白腹鸫属于中等体形的褐色鸫,在24厘米左右;头为灰褐色,无眉纹,背为橄榄褐色,下腹和尾羽为白色。颏为白色,喉为灰色有条纹,胸和两胁为灰褐色。仔细分辨白腹鸫,它的上嘴为褐色,下嘴为黄色,嘴尖为淡褐色,脚为黄色。

  白腹鸫繁殖期间,在长白山主要栖息于海拔1200米以下茂密的针阔叶混交林中;繁殖于中国、俄罗斯西伯利亚东南部、远东滨海边疆区、堪察加半岛、萨哈林岛和朝鲜,越冬于日本。迁徙期间多活动在1000米以下的低山丘陵地带的林缘、耕地和道边次生林;多在森林下层灌木间或地上活动和觅食。白腹鸫除繁殖期间单独或成对活动外,其他季节多成群;性胆怯,善藏匿;主要以昆虫为食,也吃其他小型无脊椎动物和植物果实与种子。

  作为鸣禽,白腹鸫的鸣管结构及鸣肌复杂,善于鸣啭,叫声多变、悦耳,清脆且响亮,穿透力很强,在很远的地方都可以听见,并且它们经常从早到晚叫个不停。雄鸟在繁殖期间常站在巢附近的高树顶端枝叶簇间鸣唱,雌鸟通过聆听雄鸟的鸣唱选择自己的伴侣,并频繁地与雄鸟追逐于树丛间。

  鸟类学家经过研究得出一个令人惊叹的信息,在繁殖期过后,鸟类的听力和生殖系统及大脑等器官都会发生变化。对于鸣禽来说,听力在全年也有周期性变化,它们会在繁殖季节结束时萎缩,然而到了第二年的春天再继续生长。鸟儿会呈现如此周期性的生理变化也是有原因的。毕竟,迁徙是件很消耗能量的事情。如果在繁殖季节外还保存如此高度的运作能量,那会是一件很浪费的事情,不如暂时关闭,节能减排。这样,鸟儿能够在繁殖季欣赏到美丽的歌喉。

# 赤颈鸫
### chì jǐng dōng
*Turdus ruficollis*
Red-throated Thrush

国家"三有"保护动物
鸫科
雀形目

## 红脖子

刘兆瑞 摄

　　赤颈鸫外貌简洁、干净利落、站姿非常挺拔。体形大小和白眉地鸫差不多，在22–25厘米；上体为灰褐色，有窄的栗色眉纹。颏、喉、上胸为红褐色，像戴了一个圆围嘴；腹至尾下覆羽为白色，腋羽和翼下覆羽为橙棕色。虹膜为暗褐色，嘴为黑褐色，下嘴基部为黄色，脚为黄褐色。

　　在繁殖季，东北的森林里或许都可能找到赤颈鸫，它善于在各种类型的森林中生存，尤其是在针叶林中较常见，迁徙季节和冬季也出现于低山丘陵和平原地带的阔叶林、次生林和林缘疏林与灌丛中，有时也在乡村附近果园、农田和地边树上或灌木上活动和觅食。除繁殖期间成对或单独活动外，其他季节多成群活动，有时也和斑鸫混群。

　　所有的鸫类都偏爱取食浆果，成群的赤颈鸫遇见浆果就会展开"狼吞虎咽"模式。在冬季，它们也会守护自己找到的浆果资源。但更多时候，它们偏爱吉丁虫、甲虫、蚂蚁、鳞翅目和鞘翅目等昆虫及昆虫幼虫；如果靠近水边，它们也吃虾、田螺等其他无脊椎动物。它们的性格非常活泼，在地上觅食时，经常自信地跳跃。

　　赤颈鸫出奇地谨慎，有点声响便会立马飞到树上。它们的飞行模式很松弛，时不时做短途飞行；偶尔会边飞边叫，喊叫声很像鸭子"嘎嘎"的声音。

# 红尾斑鸫和斑鸫的区别

### 红尾斑鸫
hóng wěi bān dōng

*Turdus naumanni*
Naumann's Thrush

国家"三有"保护动物
鸫科
雀形目

刘兆瑞 摄

  红尾鸫和斑鸫是近亲,但在最新的分类中,另挑门户成为斑鸫的指名亚种,独立为新种红尾鸫,红尾鸫和斑鸫的混种又分出两个亚种,其中一个就是红尾斑鸫,另一个身体发黑褐色的是乌斑鸫。红尾斑鸫通常混迹于斑鸫或红尾鸫群中。

  那么如何区分它们呢?

  红尾斑鸫是红褐色鸫,是斑鸫的暖色版;体背颜色以棕褐色为主,腹白,其脸、胸、腰为红棕色,两胁和臀部有红棕色点斑围成一圈;喉部常有黑色斑点;眼上有清晰可见的白色眉纹;起飞时,尾羽展开呈红棕色。

  斑鸫的羽色有"暗黑风",上体深褐色,有黑色点斑,两翼和腰为棕色,喉白,白色眉纹明显。下体白且有黑色点斑,在胸部和两胁形成黑带,翼下为红棕色。

  红尾斑鸫和斑鸫都是害虫"收割机",它们个头虽然不大,食量却惊人。一只斑鸫一昼夜所吃的昆虫重量,几乎等同于它的体重。如果是在育雏期间,一对斑鸫一天可以消灭三五百只昆虫。斑鸫鸟有非常强烈的领地意识,特别是雄斑鸫鸟非常好斗,当其他斑鸫鸟闯入它的领地时,它就会和入侵者决斗,直到把入侵者赶出去为止。有时候,当它看见自己的影子映在玻璃或镜子中时,也会误以为有别的斑鸫鸟进来了,于是便冲上去啄它。

## bān dōng
## 斑鸫

*Turdus eunomus*
Dusky Thrush

国家"三有"保护动物
鸫科
雀形目

刘兆瑞 摄

# 鹟科

### 红尾歌鸲
*Larvivora sibilans*
Rufous-tailed Robin

国家"三有"保护动物
鹟科
雀形目

刘兆瑞 摄

# 夜莺的表亲们

被称为鸲的鸟类有很多，有本书中的歌鸲、红尾鸲、矶鸫，还有林鸲、鹊鸲、溪鸲等，并且现都归属到古老的旧大陆鹟科中。"鸲"这个名字在西方出现于15世纪或者更早，在中国，鸲的本意是能模仿人说话的鸟，拟指八哥。歌鸲属的拉丁文引用的 lusinius 表示为夜莺，可见红尾歌鸲也是夜莺的表亲，是鸣唱家族的一员。

红尾歌鸲是尾部为棕色的歌鸲。黑色圆亮的眼睛在娇小的身体上闪烁，十分优雅，和真正的夜莺相比，红尾歌鸲的羽色并不低调，胸前布满了橄榄色扇贝形纹样，就像红尾歌鸲喉部发出的短促而甜美的鸣声，在水面上激起的层层波纹。

夜莺的英文名字 Nightingale，意为常在夜间的鸣唱，而真正拥有这个名字的是新疆歌鸲。每到夜晚，它们就会在茂密的林间发出天籁般的鸣叫，于是，人们给了它们这个诗意的名字。夜莺长得朴实无华，如果你不仔细寻找，很难发现它。可见夜莺是世界上最注重内涵的鸟类，它是如此注重内在美，以至于只在伸手不见五指的夜晚，在茂密的林间，用歌声把这种美表达出来。

在众多的文学家、艺术家、音乐家由夜莺引发的创作里，我特别喜爱安徒生的童话《夜莺》。因为这是安徒生唯一的一篇以中国为背景的童话故事。彼时，西方人极其崇拜向往中国。安徒生也喜欢游历，他最远到达过土耳其，但是并没有来过中国。在哥本哈根的一个游乐园里，来自中国的红灯笼引发的东方情调，促使安徒生创作了《夜莺》，他讲述了一个发生在中国的故事，夜莺美丽的歌声打动了皇帝，它成了皇帝的宠儿。但不久之后，一只能发出曼妙乐声且外表用珠宝装饰的、华丽的人造小鸟获得了更多赞美，于是，夜莺飞走了。然而，当皇帝的生命面临死神的威胁时，人造小鸟却唱不出一个音符，还是真正的夜莺用婉转的歌声驱走了死亡的阴霾。

据说《夜莺》出版后深受各个阶层的喜爱，幽默的故事给了孩子很好的道德启迪。安徒生的这个故事，不仅诠释了夜莺的内在之美，还将社会性和自然性做了对比。夜莺与皇帝的相互理解和尊重，使他们的生命有了深入心灵的交集。这似乎暗示，即使安徒生对中国所知甚少，即使明了中西文化的巨大差异，但他仍然相信，植根于心灵深处的高贵情感是相近互通的。

1997年5月30日，耗资400万美元的雅尼北京音乐会在太庙广场举行。这场世纪之前的音乐盛宴，之所以感染了亿万中国人，是因为音乐会上雅尼的一首成名曲，那是一首美妙动听、充满东方韵味的"天籁之音"——电声竹笛版的《夜莺》。《夜莺》是充满着中国古典音乐情调的现代电声音乐作品，它的特点是乐曲应用中国的竹笛模拟夜莺的声音。笛子的悠扬、清越，小提琴的婉转、飞扬，大提琴的低沉、肃穆，还有钢琴和电声乐队的雄浑、壮丽，最后还有人声的加入，充分显示了乐曲的独特魅力。

可以说，《夜莺》是专门为中国笛子所作，符合东方人追求乐曲旋律和意境的审美特点。1997年，雅尼创作完成《夜莺》后曾这样描述他的创作背景："我时常聆听自然之声，因为我能从中学到平衡的法则。记得几年前，我在意大利威尼斯的时候，每当日落时分，这只小鸟（夜莺）就会来到我的窗前唱歌。它的歌声美妙如丝，令人陶醉，因为这鸟的歌声包含这么多词汇、节奏和旋律，我为我们之间无法用对方的语言交流而深感遗憾。直到几年后，当有人向我介绍中国笛子的时候，我才发现中国笛子与夜莺鸟的歌声在音调上有许多相同的地方，特别是在高音区。所以我决定为中国笛子谱写一首曲子。我想今天这只鸟如果能听懂我们的音乐语言并参加我们的音乐会，它一定会和我们一起歌唱。"

## 蓝歌鸲

*Larvivora cyane*
Siberian Blue Robin

国家"三有"保护动物
鹟科
雀形目

张湘坤 绘

## 歌鸲三姐妹

红喉歌鸲、蓝喉歌鸲和蓝歌鸲被称为"歌鸲三姐妹",都是歌唱皇后,都有一票追随者。红喉歌鸲和蓝喉歌鸲又叫"红、蓝靛颏",是中国"四大名鸟"之一;它们也更像是双胞胎,羽色都是褐色和白色系,只是红靛颏喉部是红色,蓝靛颏喉部是蓝色,它们都有着白色的眉纹,蓝靛颏胸前还有栗色块斑和两道黑色与淡栗色的宽带。为了维持这片美丽的羽毛,红、蓝靛颏会在换羽季节补充维生素,不然这一年都只能见到普通的灰白羽毛了。

红、蓝靛颏除了喉部颜色不同外,也可以从身形上进行区分。红靛颏从体形上看更加修长,就像一个舞者,迈着优雅的步子在田野中散步;而蓝靛颏则更像一位绅士,胸板挺直,优雅帅气,并且两者的叫声也有些不同。红靛颏声音比较婉转细柔,而蓝靛颏啼叫声如银铃一样,节奏较快,它们都有模仿不同鸟类和昆虫叫声的习惯。

蓝歌鸲的羽色更简洁优美,是以白色和铅蓝色为主的歌鸲,眼先、头侧和颊部以及耳羽由绒黑色曲线包围,分割出铅蓝色的覆羽和白色的腹羽。

三种歌鸲在东北为夏候鸟,秋末迁徙到我国最南部越冬。它们通常地栖,常在平原丛、芦苇及小树林中活动,轻巧跳跃,边走边啄食,稍停时则收尾向上,尾羽略展如扇。一般它们不在大树上活动,多在隐蔽处鸣唱,偶尔在炫耀飞行时鸣唱。繁殖期发出多韵而悦耳的鸣声,常在清晨、黄昏以及月夜歌唱。

别忘了,它们也是夜莺的表亲,看到歌鸲三姐妹,第一眼你就会相信,它们一定是唱歌非常好听的鸟,它们的歌喉在基因里就标示了鸣唱的天赋。它们和夜莺一样,在春天的夜晚歌唱,因为夜里安静,歌声能传得很远。在清晨,除了夜莺,其他鸣禽也都陆续加入早春的合唱队,因为大清早的,天还比较冷,昆虫懒洋洋不肯活动,因此早起的鸟儿不一定有虫吃,所以用这积蓄了一夜的能量寻找伴侣才是更好的选择。除此之外,通过唱歌,鸟儿也开启了自己的社交生活,认识了自己的邻居,会知道都有谁栖息在这里;顺便吵醒昆虫,吃个早饭。

## 红喉歌鸲
<small>hóng hóu gē qú</small>

*Calliope calliope*
Siberian Rubythroat

国家二级重点保护野生动物
鹟科
雀形目

刘兆瑞 摄

刘兆瑞 摄

lán hóu gē qú
### 蓝喉歌鸲
*Luscinia svecica*
Bluethroat

国家二级重点保护野生动物
鹟科
雀形目

# 红胁蓝尾鸲
## Tarsiger cyanurus
## Red-flanked Bluetail

国家"三有"保护动物
鹟科
雀形目

刘兆瑞 摄

## 蓝精灵养成记

红胁蓝尾鸲身披亮眼的灰蓝色羽毛，在阳光下如天鹅绒般熠熠生辉；白色浑圆的小腹和挑染的白眉与白喉，衬托着晶亮的黑眼睛，如同鸟中的蓝精灵，在绿色树丛间跳跃。红胁蓝尾鸲最大的特点是，两胁各有一抹橘黄色，与白色腹部及臀部成对比，使红胁蓝尾鸲的羽色层次更加丰富。那么，红胁蓝尾鸲还有像白腹蓝鹟和普通翠鸟之类的蓝色小鸟为什么这么蓝呢？这是因为它们呈现蓝色羽毛的内部有像海绵或者网状的无数孔洞，通过光线折射在人的眼里就能呈现蓝色了；而且对角度的要求很低，所以无论从什么角度看都是蓝色。

蓝眉林鸲曾经被认为是红胁蓝尾鸲的一个亚种，除了眉纹为亮蓝色外，与红胁蓝尾鸲还有一些差别，后来被独立为一个新种，而红胁蓝尾鸲就成为单一种了。除了容易和蓝眉林鸲混淆外，其实在野外观察雄性红胁蓝尾鸲，看到的并不都是亮闪闪的"蓝精灵"，大部分都是棕褐色的鸟，因此，观鸟者常常误认为，雌鸟的数量要比雄鸟多，那是因为雄鸟的蓝色饰羽是需要时间来养成的。

当红胁蓝尾鸲的雄鸟长到两岁的时候，经过这一年的繁殖季后换羽才能开始变蓝，而且不是一夜之间就变的，它们还要带着全身夹杂着褐色的蓝，经历一年的时间，才能过渡到全身的亮蓝色羽饰。那意味着要成为"蓝精灵"至少需要三年的时间。但要知道，小型雀形目可怜的年生存率不过50%，第一年甚至更低。三年的时间，远远超出它们寿命的一半。因此，在东北我们能看到回来繁殖的红胁蓝尾鸲都是生命的强者，自然比较稀罕。还有人认为，随着年龄的增长，红胁蓝尾鸲的蓝也会变得更蓝，羽色的外缘至初级飞羽都变蓝。这对于寿命最长不过5年11个月的红胁蓝尾鸲来说，堪称神话。

红胁蓝尾鸲成为"蓝精灵"的漫长之路，科学家认为这是一种"羽饰延迟成熟"的现象，是很多鸟都在使用的繁殖策略。羽色暗淡能帮助年轻的雄鸟在第一年减少来自成年鸟的攻击，并且它们可以偷偷观察窥伺年长者的优势领地；年长雄鸟则可以通过显而易见的社会地位差异直接吓退年轻雄鸟，减少雄性斗争的能量消耗，同时能帮助年长雄鸟获得更多婚外交配的机会。

平时看到红胁蓝尾鸲个性比较独，好争斗，是因为它们的领域意识相当强，不仅仅是在繁殖季，在越冬地也是如此。它们会和繁殖期占领领地的时候一样，蓬起两胁的橙色羽毛，扇动翅膀并发出"咔咔""叽叽"的叫声进行威吓。

红胁蓝尾鸲在打败了竞争者、占领领地赢得配偶后，从筑巢到孵卵的任务就都落到了雌鸟的肩上。红胁蓝尾鸲是同步孵化，一天下一个蛋，窝卵数3-6枚。15天孵化期过后雏鸟破壳而出，雌鸟还需要继续在巢中为雏鸟保温，在之后的15天育雏期，雌雄鸟会共同给雏鸟喂食。如果时间条件允许或者巢和雏鸟遭遇不测，在当年第一次繁殖过后它们还能再来一窝。

## běi hóng wěi qú
# 北红尾鸲

*Phoenicurus auroreus*
Daurian Redstart

国家"三有"保护动物

鹟科

雀形目

刘兆瑞 摄

### 火燕

从正面看北红尾鸲，就好像戴了一顶灰白色假发，黑色的面罩围脖，以下是橙棕色的长袍，一直到尾端，就像一小把火焰。从后面看，黑褐色的羽翼上各有一块白色倒三角形的翼斑，和黑色尾羽相呼应，十分醒目。雌性北红尾鸲也有翼斑，只是整体看是橄榄褐色的小鸟。

北红尾鸲在东北繁殖，主要栖息于山地、森林、河谷、林缘和居民点附近的灌丛与低矮树丛中。在长白山栖息的北红尾鸲，茂密的森林为它们提供了丰富的蛋白质，菜单上几乎全部是昆虫，佐以少量浆果为甜点。昆虫多是鞘翅目、鳞翅目、直翅目、半翅目、双翅目、膜翅目等昆虫成虫和幼虫，种数达50多种，其中约80%为农作物和树木的害虫。生态环境好不好，鸟类是用翅膀来投票的，哪里生态好它们就飞向哪里、栖息在哪里，因此说野生动物是生态改善的风向标，而好的生态环境也为野生动物带来富饶的食物保障。

北红尾鸲有强烈的领域行为，对于来犯者决对不放弃驱逐。红胁蓝尾鸲的个头虽然和它一样大，却往往在领地争执中败下阵来。在一对北红尾鸲巢穴80米范围内，几乎看不到其他鸟巢。北红尾鸲不像红胁蓝尾鸲那么渣，它们是在非繁殖季也成双入对的小鸟。每年四月，在领地内清除了干扰者，雄性北红尾鸲开始了自己火热的求爱舞蹈。雄鸟不断对着栖于附近的雌鸟点头、翘尾地鸣叫，当雌鸟应声而至时，雄鸟点头、翘尾的频率便加快，张开两翅呈手舞足蹈状。随后，它们开始相互追逐，彼此一上一下穿梭于低空。

它们对自己的爱巢并不挑剔，但对巢穴的内部舒适度却极其重视，有苔藓、树皮、细草茎、草根、草叶等，还有麻、地衣、角瓜藤、棉花等材料；内垫有各种兽毛、鸟类羽毛、细草茎、须根等。

它们也是非常尽职尽责的父母，雌鸟每窝会产下6-7枚卵。虽是同一窝卵，蛋却是两种颜色，一种是浅红色，另一种是浅蓝色，均有红褐色斑点，尤以钝端较多。蓝色蛋孵化出来的个体稍大一些，雄鸟肚子的毛更红一些，雌鸟浑身更加偏橄榄色。北红尾鸲能区分和自己下的不一样颜色的蛋，尽管大小一样。但北红尾鸲不能区分颜色相同，大小不同的蛋，如杜鹃鸟蛋大很多，就不能认出来。在孵化的过程中，无论雌雄哪只鸟发生意外，这个巢都会被放弃。如果有了蛋，雄鸟发生意外，雌鸟会停止下蛋，但会把目前巢里的蛋独自孵化喂养，直至出窝。如果是雌鸟发生意外，则此窝连同蛋都会被遗弃，雄鸟会弃巢飞走。不过，只要窝里有幼崽，只要父母都在，不管人类怎样干扰，北红尾鸲也永远不会弃巢而去。而每一年，只要巢在，北红尾鸲不出意外还会来这里安家，就跟燕子一样。

# 红腹红尾鸲

## *Phoenicurus erythrogastrus*
## White-winged Redstart

国家"三有"保护动物

鹟科

雀形目

## 也寄人间雪满头

薄兴华 摄

红腹红尾鸲站立在高高的枝头上,就像一颗遗落在树上的、熟透的红果。秋已过,白雪覆在了果实上,这是不是一幅很好的国画题材呢?这种偏爱白色头羽的小鸟,似乎也寄托了白居易的诗情,"我寄人间雪满头",那小鸟你又在思念谁呢?

北红尾鸲和红腹红尾鸲很像,只是红腹红尾鸲的体形更大、头更白、腹更红,尾巴都为红色,北红尾鸲中央尾羽为深色,红腹红尾鸲还有巨大的白色翼斑,也很难和其他种混淆。最重要的是,红腹红尾鸲栖息在海拔4000米以上,和其他鸟混不了。这个生活在高原上的小鸟,并不害怕寒冷,当雌性红腹红尾鸲在冬天迁往低海拔地区的时候,雄鸟还在坚守自己的领地,很多时候,在大雪中寻找食物。那头上的白色羽饰,就是它倔强的样子吧!

雄性的红腹红尾鸲亚成鸟,还没有白色的头顶,但会有白色的翼斑。当红腹红尾鸲高高飞起时,白色的翼斑如同镶嵌在黑色的花边里,黑色的喉部、白色的头顶和火红的胸脯,色彩十分鲜明,简约而不简单。

所有的生物都在与它们生存的环境巧妙地契合,这就是适应性。在飞行高度和耐力上,雁形目和隼形目一直是冠军的争夺者,而像红腹红尾鸲这样不过十几厘米的小鸟,在空气稀薄的高海拔地区生活,一定是进化过程中的自然选择,随着时间的推移,逐渐进化出适应力。

为了飞向空气稀薄的高空,小鸟们牺牲了自己对抗风险的能力。它们的骨头很脆弱,中空、没有骨髓,又细、又长,任何撞击、坠落、打架,甚至强风都会使它们受伤骨折。在初级的野生动物救护站,经常会遇见翅膀折断的鸟类,不论是大鸟还是小鸟,如果没有先进的救助设备,它们最终只能走向死亡。鸟类的内脏也非常脆弱,尽管它们有安全气囊,但那其实只是一层薄膜,吹弹可破。飞鸟不太容易受到攻击,但一旦受到攻击,往往是致命的:即使骨折不会直接致命,也会因为无法起飞、觅食被小型哺乳动物等天敌摧毁。所以对于红腹红尾鸲来说,天空才是最值得眷恋,也是最安全的庇护所。

## 黑喉石䳭

*Saxicola maurus*
Siberian Stonechat

国家"三有"保护动物
鹟科
雀形目

### 黑喉石

张湘坤 绘

黑喉石䳭乍一看像麻雀,是因为它们的大小差不多,背羽也呈栗色,而换一个角度,它们就一点也不像了。实际上,雄性黑喉石䳭整个头部、喉部和飞羽都是黑色,背和肩也是偏黑色的,有棕栗羽缘至腰处逐渐变灰,尾为黑色,尾上覆羽为白色;颈及翼上有粗大的白斑,腰为白色,胸部为棕色。雌鸟则颜色较暗而无黑色,喉部为浅白色。

当然在野外观鸟,飞鸟常常不给你端详的机会,它们一闪而过,加之距离造成的判断力失误,都会给观鸟带来一系列烦恼。在有限的时间和距离里,紧紧抓住一些鸟类的细节,是观鸟的先决条件。观察细节不仅要在近处练习,还要在远处或者鸟类飞翔时练习。鸟喙和脸部是重点,喙的形状可以帮助观鸟者初步判定该鸟所属的类群,而喙和脸部的特征结合起来,就形成了该种鸟与众不同的标志特征。

成熟的黑喉石䳭有着纯黑的头部和喉部,连黑亮的眼睛都深埋其中。黑喉石䳭的分布范围很广,从海拔几百米到四千米以上的高原、河谷、丘陵、平原、草地、沼泽、田间灌丛、旷野以及湖泊与河流沿岸附近灌丛草地均有分布,是一种适应性极强的灌丛草地鸟类。它们并不进入茂密的森林,但频繁地见于林缘地带,以及林间沼泽、草甸和低洼潮湿的道旁灌丛与地边草地上。

和麻雀喜欢在人类的生存空间活动不同,野生生境有很多黑喉石䳭喜欢吃的昆虫,它们吃蝗虫、蚱蜢、甲虫、金针虫、叶甲、金龟子、象甲、吉丁虫、螟蛾、叶丝虫、弄蝶科幼虫、舟蛾科幼虫、蜂、蚂蚁等昆虫和昆虫幼虫,也吃蚯蚓、蜘蛛等其他无脊椎动物以及少量植物果实和种子。捕获食物的黑喉石䳭平时站在灌木枝头和小树顶枝上,有时也站在田间或路边电线上和农作物梢端,不断地扭动着尾羽炫耀,尾羽就像一把小扇子,被它迅速地开合。有时也静立在枝头,注视着四周的动静,若遇到飞虫或见到地面有昆虫活动时,疾速飞往捕之,然后又返回原处。黑喉石䳭也能鼓动着翅膀停留在空中,或做垂直飞翔。在繁殖期间,黑喉石䳭常常站在孤立的小树等高处鸣叫,鸣声尖细、响亮。黑喉石䳭为夏候鸟,通常在3月末4月初迁到东北繁殖地,在9月末10月初飞往南方越冬地。

熟悉了鸟儿会出现在哪里,是观鸟的一个有力线索。你所在城市的境域里会有何种鸟,将会为观鸟消除不必要的障碍。你也会知道自己预期会看到何种鸟,包括哪个时间和哪个地点。观鸟是一个令人激动的旅程,处处都通向未知的领域,那是和我们生存在同一个时空,却崭新的世界。

## 白喉矶鸫

bái hóu jī dōng

*Monticola gularis*
White-throated Rock Thrush

国家"三有"保护动物
鸫科
雀形目

赵俊 摄

## 山地歌手

　　白喉矶鸫是既注重内在美也注重外在美的小鸟，它的头顶和肩头为钴蓝色，张开的翅羽黑白灰渐弱，还具有白色翼斑标志，背部呈现黑褐两色的鳞状斑纹，腰和下体为栗色，这是一袭华丽的袍子，它还有一个标志性的羽饰，那就是喉部有明显的白色条斑，象征着它还是一个优秀的山地歌手。

　　契诃夫在《醋栗》里说，"只要人一辈子钓过一次鲈鱼，或是在秋天见过一次鸫鸟南飞，瞧着它们在晴朗的日子里怎样成群飞过村庄……那他会一直到死都苦苦地盼望自由的生活"。

　　在东北，你可以在每年的4月看到白喉矶鸫迁来繁殖，在9月末又可以看到它们拖家带口地南飞。白喉矶鸫是低山森林鸟类，东北平原广袤的台地是它们繁殖的沃土：在海拔700-1700米的针阔叶混交林和针叶林中栖息，它们尤其喜欢在靠近河流附近多岩石的山地和原始森林边缘靠近河流的次生林中活动。食物完全为昆虫，主要为甲虫、蝼蛄、鳞翅目幼虫等。冬季结群，繁殖期单独或成对活动，生性机警而隐蔽，常站在岩顶和树梢茂密的枝叶间鸣叫，宛如身穿盛装的歌者，歌声徐缓而悠扬。太阳未升起时多在低处鸣叫，随着太阳逐渐升起而向高处移动，歌声颇有韵味，似吹奏笛箫声，故人称"山地歌手"。

## 最好的歌手是更好的父亲

### 蓝矶鸫
#### lán jī dōng

*Monticola solitarius*
Blue Rock Thrush

国家"三有"保护动物
鸫科
雀形目

刘兆瑞 摄

  蓝矶鸫是马耳他的国鸟，马耳他是地中海的一个岛国，被称为"地中海的心脏"。或许因为曾经是英属殖民地的关系吧，马耳他选择国鸟也选择了一种善于鸣叫的小鸟。和知更鸟不同，蓝矶鸫几乎纯蓝色的羽色更象征了海洋。

  生命即竞争与选择，对人类如此，对鸟类也如此。对于善于歌唱的鸟来说，在夜晚干扰少的时候，好好表现自己，肯定能引诱到雌性。雄鸟的歌声就代表了它的颜值和才华，而最终的评判者就是雌鸟。就像奥运会的跳水比赛，选手要完成哪个难度系数，完成得是否圆满，我们人类的耳朵很难评判，但雌鸟就能。它们会考察雄鸟鸣唱曲子的多少、结构、节奏、韵律甚至颤音的表现，明白了这一点，我们就不再纳闷，为什么雌鸟那么在意雄鸟的歌声是不是精准、地道了，因为雌鸟总会选出自己觉得性感、健康、有魅力的声音。那似乎有一套标准，也一定是一个可靠的指标，让鸟儿一代代传承，乐此不疲。

  有选择就有淘汰，说明鸟儿之间还是有差距的，歌声也是衡量智力高低的标准。很多鸟生下来先天不足，在幼年期没有得到很好的照顾，大脑发育没有跟随成长速度，鸣唱组织发育不良，使鸣唱系统不健全，那在雌鸟眼里，就是天上、地下的差别。它的歌声会显露它所经历的一切。因为事实证明，最好的歌手就是更好的父亲。它们可以更频繁地给雌鸟和雏鸟送来食物，因为它们非常清楚应该在哪找到最好吃的东西，它们熟悉森林、熟悉风险，而同时它们能吹着曲子把竞争对手轰走。雌鸟当然愿意选择一切皆好的基因，它希望找到一个保护伞、一个靠山来寻找食物、躲避天敌……

huī wénwēng
## 灰纹鹟
*Muscicapa griseisticta*
Grey-streaked Flycatcher

国家"三有"保护动物
鹟科
雀形目

刘兆瑞 摄

wū wēng
## 乌鹟
*Muscicapa sibirica*
Dark-sided Flycatcher

国家"三有"保护动物
鹟科
雀形目

刘兆瑞 摄

# 北灰鹟 (běi huī wēng)

*Muscicapa dauurica*
Asian Brown Flycatcher

国家"三有"保护动物
鹟科
雀形目

刘兆瑞 摄

## 三种灰色系鹟的区别

鸟类识别犹如瞬时记忆的挑战赛，当一只飘忽而过或者躲躲闪闪的鲜活的鸟出现时，关于它的标准照会立刻在你脑海里出现；同时有一连串鸟类信息，体形、颜色、栖息地，以及细节部分：特殊羽毛、喙的形状、尾羽的样子……所有的线索都会瞬间集合——那也不一定能准确的和眼前一晃而过的鸟对上。如果每一次都不用排除法（那意味着更多的标准照和细节信息），就能识别出鸟的名字，那你不是高手，就是太幸运了。这也是观鸟活动迷人的地方，因为这是个永无止境的"通关"游戏。

无论如何，每种鸟的基本特征都像英语单词一样，值得你特别记忆。有些同属的鸟，就如同拥有相同词根的单词一样，很容易放在一起记忆，因为一起记忆也就意味着区别。比如，灰纹鹟、乌鹟和北灰鹟，它们都是鹟科鹟属的灰色系小鸟，体重、体长都差不多，它们的繁殖地、栖息地也都相近，加之野外识别观察环境受角度、光线、位置等其他因素的影响，辨识难度很大。

三种鹟的基本特征很像，所以相对差异是辨识它们的一个技巧。比如羽色，灰纹鹟体羽为褐灰色（羽色偏褐色），乌鹟体羽为烟灰色（羽色较重），北灰鹟体羽为灰褐色（羽色较浅）。

胸部及两胁：灰纹鹟布满深灰色纵纹（条纹分界明显），乌鹟带有灰褐色模糊带斑（显得脏一些），北灰鹟为褐灰色（几乎没有斑纹）。

喉部：北灰鹟无半颈环，乌鹟喉部有白色半颈环，北灰鹟无半颈环。

尾翼：北灰鹟翼长（几乎至尾端）、有白色翼斑，乌鹟翼上有不明显皮黄色斑纹、翼长至尾2/3处，北灰鹟翼较短（达尾羽的一半）。

在中国东北，三种鸟都是夏候鸟。灰纹鹟主要栖息在落叶林，海拔1100-2200米的山地阔叶混交林、针叶林和亚高山岳桦矮曲林中。灰纹鹟不常见，生性惧生，除了密林，也在开阔森林及林缘单独或成对活动。愿意在树冠层中下部枝叶间，或树冠间飞来飞去，并停息在侧枝上，捕食空中飞来的昆虫，也吃昆虫幼虫。

乌鹟主要栖息于海拔800米以上的针阔叶混交林和针叶林中，往上可到林线上缘和亚高山矮曲林；亦栖于山区或山麓森林的林下植被层及林间。乌鹟树栖性强，常出没在高树的树冠层，很少在地上觅食；用松萝和毛发筑巢于距地5米左右的针叶林横向侧枝上。乌鹟除繁殖期成对外，其他季节多单独活动，日出后是它们的活动高峰，飞捕空中过往的小昆虫。

北灰鹟主要栖息于落叶阔叶林、针阔叶混交林和针叶林中，尤其是山地溪流沿岸的混交林和针叶林中较常见；常单独或成对活动，偶尔见成3-5只的小群，从栖处捕食昆虫，回至栖处后尾做独特的颤动。

## 白眉姬鹟
### bái méi jī wēng

*Ficedula zanthopygia*
Yellow-rumped Flycatcher

国家"三有"保护动物
鹟科
雀形目

刘兆瑞 摄

## 鸟未老 眉先白

白眉姬鹟是一种黑、白、黄三色的小鸟,从喉部至尾部都是鲜艳的黄色,所以又叫"黄腰姬鹟",外号"鸭蛋黄"。而实际上,雄性白眉姬鹟更有标志的羽色是黑色头部上的白色眉纹,十分醒目,与之相呼应的是翼上的条状白斑。有三处明显的色彩标志,认识白眉姬鹟就很容易了。

白眉姬鹟就像长着黑色翅膀的杧果,引人垂涎。其实它不过11厘米左右长,十几克重。栖息于阔叶林和针阔叶混交林中,尤其是河谷与林缘地带,有老龄树木的疏林中较常见,可以找树洞用以筑巢,也出入于次生林和人工林中。常单独或成对活动,多在树冠下层低枝处活动和觅食,也常飞到空中捕食飞行性昆虫。白眉姬鹟食物主要有天牛科、拟天牛科成虫、叩头虫、瓢虫、象甲、金花虫等鞘翅目昆虫。白眉姬鹟不仅羽色艳丽、鸣声婉转悠扬,而且全以昆虫为食,是重要的森林益鸟。

值得盘点的还有白眉姬鹟的私生活,和大多数雀形目鸟类一样,白眉姬鹟婚外生子的现象颇为常见。有鸟类研究人员曾在吉林左家地区对白眉姬鹟的婚配情况进行了调查发现,参与调查的白眉姬鹟48巢,其中,25巢存在婚外父权;雏鸟共245只,婚外子65只;婚外配发生比例约为52.1%。

这是超过半数的比例,对于雌鸟来说,能够受孕的时间通常好几天,大多数雌鸟不只有一个性伴侣。尽管在雌性白眉姬鹟开始寻找巢洞,准备筑巢的时刻,雄性白眉姬鹟都在左右,有着交配守护行为,但当雌性白眉姬鹟开始产卵孵化的时候,雄性白眉姬鹟就开始"开小差"。雄鸟能通过配偶外性行为获得产生更多后代的机会,而雌鸟的滥交行为在演化上的优势却很难解释,或许是为了获得基因更加丰富、优良的后代吧!而不可思议的是,雄鸟在雏鸟孵化出来后,一改之前的"不作为",开始积极地给雏鸟捕捉食物,警戒、驱赶天敌,直到雏鸟离巢,其中自然不乏"情敌"的后代。

# 鸲姬鹟
## qú jī wēng

*Ficedula mugimaki*
Mugimaki Flycatcher

国家"三有"保护动物
鹟科
雀形目

张湘坤 绘

## 彩色鸟卵的作用

雄性鸲姬鹟的白眉有些轻描淡写，说它和白眉姬鹟很像，似乎有些不情愿，颏下至腹部的栗橙色羽也仅仅是一半，下腹便为界限分明的白色羽了。夏羽从头至尾为黑色，翅上的大白斑和白眉姬鹟的差不多。等到秋季换羽后，黑色羽的颜色也变淡，灰色的羽缘使其整体色彩都变淡。

鸲姬鹟体形略小，一般不进入密林深处，习性羞怯，难以寻找。常在树林间做短距离飞行，飞行急速而飘忽不定。它主要栖息在海拔 1000 以下的阔叶林和针叶林以及针阔叶混交林中。当它们飞来东北繁殖，在长白山地区，就出现在海拔 1800 米左右以云杉、冷杉树为主的，并长有杨树和桦树的针叶林内。鸟类能够感知海拔的变化，并在生理上具有可塑性。鸲姬鹟会根据海拔的变化调整自己产卵，将气压变化的信息通过大脑传递给卵壳腺，生成气孔大小合适和数量不同的卵，以保证卵的成活率。鸲姬鹟每窝产 4-8 枚卵，卵的颜色是橄榄绿色或淡绿色，并布满月红褐色斑。那么鸲姬鹟为什么会产颜色这么复杂的卵呢？

首先，我们看鸲姬鹟通常将巢建在针叶树紧靠主干的侧枝枝杈间，距地高 2-11 米；巢主要由松枝和地衣作为外壁支架，由干草叶、干草茎等构成，内垫为兽毛和细草茎。巢呈半球形或碗状，四周树干和树枝上常生长苔藓和地衣，对巢起到一种伪装和隐蔽的作用。鸲姬鹟的绿色系卵，在这样的巢中恐怕很难被天敌发现，那么它的彩色鸟卵是起到保护色的作用吗？和鸲姬鹟同属的斑姬鹟会产下蓝色的鸟卵，这又是为什么呢？

事实上，"大多数彩色的卵都缺乏保护色，而且无一例外地都位于巢中，而巢本身其实并不起眼"。这是威廉·皮克拉夫特在《鸟类的历史》一书中得出的结论。蒂姆·伯克黑德在自己的《剥开鸟蛋的秘密》一书中，关于卵色的作用，他谈到，最早对卵色演化的探索来自华莱士，他是和达尔文同时期提出自然选择理论的人。后来前仆后继的科学家一直在试图解释，白色卵和彩色卵在演化过程中的意义大致有三个方向，伪装与显眼、防御巢寄生和个体识别。诸多的解释中，难免有相互悖谬的地方。关于卵色，华莱士有一个观点，他认为卵色和羽色一样是由"活力"决定的。这也和一些行为生态学家提出的富有想象力的解释，有相同的内驱力。他们提出以下三种假说。一是"勒索假说"，就是雌鸟产出鲜艳的卵色，意味着会吸引捕食者，那就要强迫雄鸟提供更多的亲代照料，增加看护的可能。二是认为醒目的、漂亮的卵色，说明雌性鸟的健康活力。同时，绿色具有抗氧化的特性，其浓度也衡量着雌鸟以及后代的质量。后来，养鸡的人佐证，如果母鸡生病了或者在害怕时下蛋，它的蛋色素就会减少。科学家也做了一个实验，他们把鸟蛋模型涂成不同深浅的蓝色放进不同的鸟巢，雄鸟给雏鸟带回来的食物果然深色的比浅色的多。三是认为醒目的卵，如在开放地段的白色卵比有颜色的卵温度低，遭到太阳辐射就少，这样繁育的成功率就高。

对于鸲姬鹟来说，以上的解释都有可能，尤其是第二种，那些醒目的卵色就是一种很好的防御，将使寄生鸟类的卵无处遁形。

## 黄点颏

hóng hóu jī wēng
**红喉姬鹟**
*Ficedula albicilla*
Taiga Flycatcher

国家"三有"保护动物
鹟科
雀形目

刘兆瑞 摄

　　红喉姬鹟和褐柳莺很相似，体形非常小，除了尾部看起来比较长外，整体看上去矮胖而结实、紧凑。头相对小而圆，眼先和眼周白色或污白色，耳羽呈灰黄褐色杂有细的棕白色纵纹；喙小而精致，基部为黄色，从下方观察时较清晰，更像是柳莺和鹟的结合体。

　　雄性红喉姬鹟上体为灰黄褐色，尾羽为黑褐色，尾羽基部为白色，繁殖期雄鸟喉部为橙黄色，非繁殖期则为近白色，胸以下大致为灰色。所以红喉姬鹟还叫黄点颏和白点颏，该物种的产地在荷兰，在欧洲它还有个名字叫"红胸姬鹟"。雌鸟似非繁殖期雄鸟，但胸部沾黄褐色。

　　红喉姬鹟来东北地区为繁殖鸟，在南部沿海、海南越冬，迁徙时遍及东部地区，数量较多。栖息在有茂密林下层的大面积湿润落叶林区域。红喉姬鹟和大多数鹟鸟相比，习性更为隐秘，通常不停栖在暴露的区域，更喜欢隐藏在树冠中，很难观察到。

　　红喉姬鹟不会边飞边捕食，通常很满足在树叶间捕食昆虫，所以会像莺类那样不停地四处移动，其他鹟类则不会如此。红喉姬鹟身形更敏捷且有冲劲，表现出更好的急转弯能力，通常只进行短距离的飞行，喜欢从低矮的停栖处降落到地面上。

# 白腹蓝鹟
### bái fù lán wēng

*Cyanoptila cyanomelana*
Blue-and-white Flycatcher

国家"三有"保护动物
鹟科
雀形目

赵俊 摄

## 琉璃鸟

体羽光彩夺目的鸟不在少数，而像白腹蓝鹟靠一种单一的蓝色迷倒众生的并不常见。人们还用琉璃鸟为它取名。"琉璃易碎彩云散"，可见，白腹蓝鹟是"好物"一种。

白腹蓝鹟体长不过14-17厘米，看上去比麻雀稍大一点点。雄鸟的体羽色若蓝色琉璃，瑰丽夺目。仔细分辨，蓝色其实很丰富，如头顶为钴蓝色或钴青蓝色，其余上体还有紫蓝色或青蓝色，两翅和尾为黑褐色，羽缘颜色同背部颜色，外侧尾羽基部为白色。白腹蓝鹟的头侧、颏基、喉、胸为黑色，其余下体为白色。雌鸟上体为橄榄褐色，腰沾锈色，眼圈为白色。颏、喉为污白色，胸为灰褐色，胸以下为白色。

不仅羽色如此华贵，白腹蓝鹟的求爱仪式也十分优雅。雄鸟会进行长时间鸣叫呼唤自己的伴侣，它们站在河谷、溪流附近的高树上，耐心地从日出呼唤到日落；宛如哨音的鸣叫清脆婉转、悦耳动听。你会体会到"鸟鸣山更幽"的美好感受。而此时，雌鸟常常会悄悄飞来，躲藏在附近的林下灌丛中。当它选定心仪的雄鸟时，就会飞来落于雄鸟附近的小树枝头，并发出与雄鸟音调相同的鸣唱，轻声附和。雄鸟听到雌鸟回应后则不断点头、翘尾，然后飞向雌鸟，伏在雌鸟背上交尾。随后，它们起飞追逐，一起在丛林中安家落户。

# 王鹟科

张湘坤 绘

shòu dài
# 寿带

*Terpsiphone incei*
Amur Paradise Flycatcher

国家"三有"保护动物
王鹟科
雀形目

# 谁持彩练当空舞

寿带在东北可不常见，用东北话来说，那可是"稀客"。有时候我们看到的雄性寿带是栗褐色的，而有时看到的却是白色的，前者又称"紫练"，后者又叫"白练"。拖着长尾巴的漂亮雄性寿带鸟，在树林间飞舞的时候，像花枝一样，因此又叫"一枝花"。据鸟类学家观察，雄性的寿带羽色会随年龄不同而变化。它们年轻的时候，头部、颈部呈带金属光泽的深蓝色，头顶具有黑色枕冠，背脊、翅膀和尾部羽毛是栗褐色的，仅肚皮上羽毛是白色的。但是到了老年，它们的全身羽毛都变为白色，这一现象与人的毛发变白十分相似。

寿带鸟嘴基甚宽，适于捕食飞虫。这两种色型的雄性寿带，都拥有长长的央尾羽，是躯体长度的数倍，大约有300毫米，形似绶带。

寿带鸟属于热带种类，它们到我国繁殖时间要比燕子迟些，大约5月里，在长江流域才能见到它们的行踪。然后，它们过江、跨河，飞向全国各地。夏季遍布我国东部及南部，包括东北及华北、江苏、四川、云南、广东、甘肃。在秦岭地区，陕南的小山村分布较广。

6月间，繁殖初期，雄鸟站在树枝上，从清晨就开始唱出占区求偶歌，一周后如求偶选巢址成功，就开始营巢。或许是为了方便太长的尾羽进出巢，巢多筑在树叶稀疏的小乔木主权上，位置不高且不甚隐蔽，因此常遭天敌和人为破坏。常见在香椿、刺楸树、女贞子树、洋槐、泡桐、柿子树、构树的"V"形和"Y"形树权上筑巢，巢十分精巧，上口圆，底部尖，呈8厘米左右的倒圆锥体，外壁由植物花序、苔藓、羽毛、棉花、蜘蛛网纺织而成，内壁由细草根、草茎、草叶、树皮纤维和苔藓构成。巢距地面1.2-7米，一窝产卵2-4枚，雌雄鸟均参与孵化和育雏，孵化期12-14天，留巢期10天。寿带对巢蛋保护的警惕性之高，可能在鸟类中是数一数二的。在筑巢和产卵期间稍有干扰，它们就会弃巢而去。弃巢之后会在原巢附近重新筑巢。寿带的攻击性和领域性极强，其他鸟进入其巢区，它们便立即追赶，直到驱走为止。

寿带做巢有三大要素：耕牛、树林、人家。有耕牛的地方就有牛蚊子、蜘蛛、牛虻等昆虫，做巢快完成时它用蜘蛛网上和一些树叶上的黏丝固定巢的外壳；在有树林和人家的地方昆虫较多，便于取食；它们有着一张宽阔的嘴巴，加上发达的口须，可以在空中网捕各种飞虫，比如，蚱蝉、蝗虫卵、金龟子卵、金龟虫、纺织娘卵、粉蝶、苍蝇、蚕蛾、松毛虫等害虫。寿带平时飞行缓慢，往往仅飞短距离即停止，但捕捉昆虫时十分迅速。

9月里，当秋风吹落枝叶的时候，寿带鸟就带着孩子迁徙离开，飞往印度、东南亚一带去越冬了，待来年春天再回来生儿育女。

自古以来，我国人民就十分喜欢和珍视寿带鸟。传说它们是"梁山伯与祝英台"的化身，寓意着幸福长寿。在陕南秦岭，人去世三周年忌日时，灵房门柱上就有白寿带盘绕，象征升华、净化灵魂，福寿长存！我国的传统工艺品中，常借用寿带鸟的美好寓意表达良好的祝愿。在明代、清代的青花瓷器中常见"花卉绶带鸟纹"图。例如，在器物上的《齐梅祝寿》图就是根据"举案齐眉"的故事，绘成一对寿带鸟双栖、双飞在梅花与竹枝间的瑞图，以双寓"齐"，以梅谐"眉"，以竹谐"祝"，以绶谐"寿"，寓意夫妻恩爱相敬、白头偕老。

## 棕头鸦雀
### zōng tóu yā què
*Suthora webbiana*
Vinous-throated Parrotbill

国家"三有"保护动物
鸦雀科
雀形目

鸦雀科

张湘坤 绘

# 鸟中肉丸子

棕头鸦雀是一个胖嘟嘟、圆萌萌的小可爱，要说谁是鸟中的肉丸子，它可以当仁不让。棕头鸦雀可不是"鸦雀无声"中的鸦雀，相反，它的胆子大、不怕人，愿意边飞边叫，甚是吵闹。千万不要把它当作其貌不扬的麻雀，与普通的麻雀和乌鸦比起来，它有着古老而显赫的家族。家族里最著名的是震旦鸦雀，好比"鸟中熊猫"。"震旦"是古印度称呼中国的名字，这种鸟的第一个标本就采集于中国的南京，可见其古老。震旦鸦雀很稀少，但棕头鸦雀的种群稳定，情况要好很多。

鸦雀属是一种中小型鸟类，它们的嘴短而粗厚，且呈锥状，嘴峰呈圆弧状，尖端多具钩。因这样的嘴颇似鹦鹉的超拱形喙，它们得到了"Parrotbill"这样一个英文名，这一点有别于其他鸣禽。鸦雀属还是长尾鸟类，当它们在巢里孵化时，鸟尾巴基本都是在巢外面。

棕头鸦雀不过12厘米左右大，头顶至上背为棕红色，上体余部为橄榄褐色，翅为红棕色，尾为暗褐色。小黑豆一样的眼睛，深深地嵌在蓬松的、棕红色脑袋上，细长的脚爪十分有力，可以在细枝条、柔软的芦苇秆上玩杂耍、荡秋千，还可以让它拉帮结伙、拳打脚踢！棕头鸦雀粗壮的拱状喙不仅可以配合利爪极为出众地完成"杠上体操"，还可以麻利地剥开芦苇秆找虫子吃。

为了防止寄生鸟类偷梁换柱，棕头鸦雀的鸟卵颜色艳丽，呈蒂芙尼蓝色，非常具有少女心。而随着纬度的不断降低，棕头鸦雀的卵色由浅至深，多有变化，更有白色和深蓝色两种分化。令人遗憾的是，仍有大杜鹃会把卵送进棕头鸦雀的巢里，一想到让小呆萌喂养大自己数倍的大杜鹃，就令人怒从心头起，恶向胆边生！

其实，棕头鸦雀作为我国特有的一种鸟类，少不了被古人注意！在不少名人的画作和文学创作中都可见它们的身影。比如，古老的《诗经周南·葛覃》中描写的："黄鸟于飞，集于灌木，其鸣喈喈……归宁父母。"其叫声和通体的形态被认为说的就是棕头鸦雀。对生活有着浓厚情志的宋人来说，怎么会错过如此可爱的棕头鸦雀？宋代画家林椿有一幅《果熟来禽图》，笔法精准，设色妍美，是南宋初期花鸟画的代表作。画中有林檎果一枝，枝上硕果累累，其上栖息一只小鸟，憨态可掬，造型偏胖、嘴短、眼圆，翘起尾巴，挺起毛茸茸的胸脯，做欲飞的情态，形象可爱，灵趣生动；悬挂着沉甸甸果实的树枝，仿佛在轻轻地颤动；果叶正反两面的枯荣之态刻画细致，连虫蚀的痕迹都颇为清晰，生机盎然。而图中的小鸟正是棕头鸦雀。

# 长尾巴狼

## shān méi
## 山鹛

*Rhopophilus pekinensis*
Beijing Babbler

国家"三有"保护动物
鸦雀科
雀形目

刘兆瑞 摄

  山鹛是一种体形修长的莺类，体长18厘米左右，尾长就占到9-10厘米。山鹛的羽色以沙黄色为主，多有粗壮凌厉的黑褐色纵纹，颏、喉、胸和腹多为白色，有时也微沾灰白或皮黄色；山鹛的眉纹是棕灰白色或者白色，几乎和尖利的喙成为一条线，加上如炬的目光也增加了山鹛捕食者的色彩；再加上它们多变的叫声，有时像猫叫，但更嘹亮，有时像狼叫，但更悦耳；因此山鹛被叫作"长尾巴狼"似乎也成了它的特点！

  山鹛主要分布于中国、韩国和朝鲜。作为留鸟，山鹛只在中国北方有分布，也包括中国西部的新疆、青海、甘肃、陕西；华北的河北、山西、河南、内蒙古、北京等省份。山鹛主要栖息于有稀疏树木生长的山坡和平原疏林灌木与草丛中，尤其喜欢低山丘陵和山脚平原地带的低矮树木和灌木丛；也栖息于次生林和林缘地带以及开阔平原上人工栽植的松树幼林中；在中国西北地区，多栖息于干旱平原或多石的山丘灌丛与芦苇丛中，有时也出现在荒漠边缘的绿洲内。

  山鹛虽是留鸟，但仍有部分鸟做季节性游荡，性活泼，常单独活动。山鹛有着莺类鸟的特点，总是很狡猾，让人很难观察。它们总是在灌木和小树枝间敏捷地快速移动，或是在地面奔跑，或是不断地在灌木间短距离飞翔，像一架小飞机总是保持着平衡，从一棵灌木飞到另一棵灌木，在树叶间十分活跃。山鹛隐藏得也很好，只留给人惊鸿一瞥的机会。只在茂密的灌木丛中传来响亮的声音，它们有着充沛的精力和独特的叫声。

  山鹛喙窄，为典型的食虫鸟类，主要以象甲、金龟甲等昆虫为食，也吃幼虫、虫卵和其他昆虫，秋冬季节也吃草籽、果实等植物性食物。山鹛的机灵还体现在它的卵色上，山鹛的卵呈乌白色或绿白色，但布满黑褐色、赭褐和紫色斑点，尤以钝端较密。它的蛋花色越复杂，越不容易被寄生，是少数雌雄共同孵卵的种类。

# 树莺科

## lín tóu shù yīng
## 鳞头树莺

*Urosphena squameiceps*
Asian Stubtail

张湘坤 绘

国家"三有"保护动物
树莺科
雀形目

## 短尾莺

　　为了方便在灌木丛底来回地穿梭觅食，鳞头树莺是不需要太长的尾巴的，甚至不需要过大的身躯。它看起来像没有尾巴的老鼠，一蹦一跳地在树根间、落叶里窜来窜去，想找到它不仅需要好的望远镜或者相机镜头，还需要耐心和运气。

　　鳞头树莺的体形较小，有8-10厘米长，体重在5.5-8.6克。上体羽色为棕褐色或橄榄褐色，额和头顶羽毛圆短，缀以暗褐色狭窄的鳞状斑纹；白色或者皮黄色的眉纹又细、又长，清晰地从额基沿眼上向后一直到颈侧；而黑褐色的贯眼纹自鼻孔、眼先向后延伸至枕部，和眉纹一起标记出头部的位置。鳞头树莺的下体是污白色，胸部是褐色；虹膜是黑褐色，嘴巴是褐色，脚是粉红白色或者黄白色。陡然而止的尾部，仿佛发育不完全或者遭到了断尾攻击，而实际上，轻快、灵活是它的生存技巧，可以帮助它收获最不起眼的蚂蚁、小蜂、叩头虫等食物。而在繁殖期，它们就像虫子一样，一整天叫个不停，宛若虫子中的无间道。

# “咕噜——粪球”

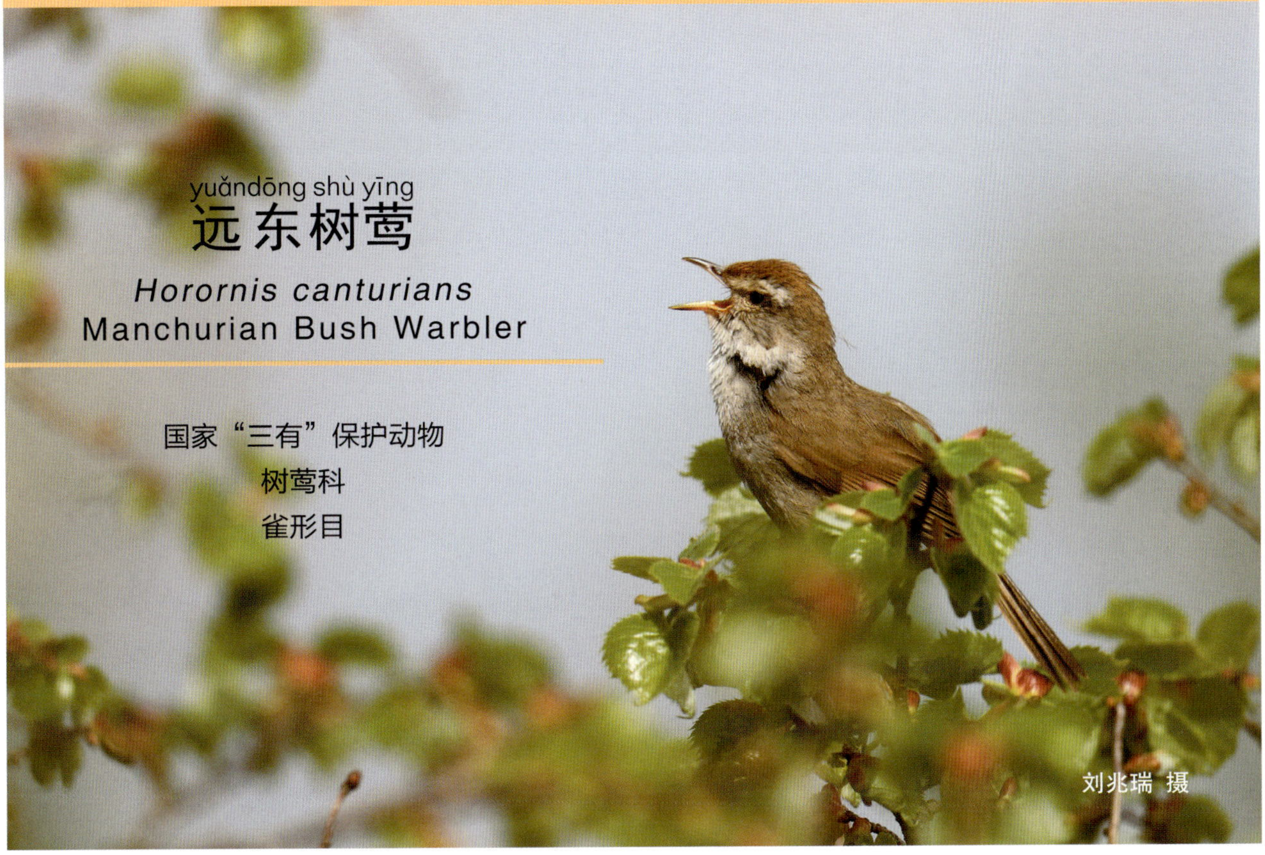
yuǎndōng shù yīng
远东树莺
Horornis canturians
Manchurian Bush Warbler
国家“三有”保护动物
树莺科
雀形目
刘兆瑞 摄

“咕噜——粪球”既是远东树莺的一个外号，也是对它鸣叫声音的描述。这个描述抓住了主要特点，就是远东树莺的鸣叫分两个部分，第一部分是先导音，是一个颤鸣短句，就像有人喜欢讲话时清一下嗓子，只是远东树莺的开场白很悦耳，像风铃；这种鸣叫的方式既特别又有趣，使它的声音识别很有优势。

第二部分是主旋律，我觉得“粪球”两个字概括得简单、粗暴了。实际上，主旋律部分很丰富又很难描述，人用裸耳来听，是很难听出变化的，而显然，每一次远东树莺要表达的内容也不是完全一样的。而远东树莺的雄性幼鸟在次鸣阶段，由于学习还未到位，鸣叫声也是不同的。

达尔文认为：鸟鸣是性选择的产物。布丰对鸟鸣看得很透彻：春时雄性鸣叫多含亲切之情……而一旦哺育期止，其鸣或止，或失亲切之感，是为鸟鸣作用在于示爱之佐证。求爱、示爱、陪伴，以使雌鸟在烦劳的巢事中保持愉悦，这一切很明显都为繁殖大计。对于雌鸟来说，选择善鸣者，既使自己愉悦，也为下一代基因传递找一个好伴侣。毕竟，鸣叫既消耗体能，又使自身陷于危险中，但一切为了种族繁衍，劣势就必须克服。

那像远东树莺这样向天空宣布，我要登场了，“咕噜——粪球”，既是示爱，也是示威。

# 蝗莺科

刘兆瑞 摄

běi duǎn chì huángyīng
## 北短翅蝗莺
*Locustella davidi*
Baikal Bush Warbler

国家"三有"保护动物
蝗莺科
雀形目

## 中华短翅蝗莺

zhōng huá duǎn chì huáng yīng

*Locustella tacsanowskia*
Chinese Bush Warbler

国家"三有"保护动物
蝗莺科
雀形目

张湘坤 绘

## 两种短翅蝗莺

    鸟类的翅膀相当于哺乳动物的前肢，不同鸟类的翅膀在结构上并没有太大差别。骨骼由指骨、掌骨、腕骨、尺骨、桡骨和肱骨组成；羽毛则分为覆羽，包括翼上、翼下，小、中、大覆羽和飞羽（初级、次级、三级）。尽管大家的初始装备都差不多，但是功能有显著的差异。一切都是老生常谈的那个道理——物竞天择，适者生存。鸟类选择了分散在地球上的各种生境中，翅膀也因此被各自生存的需求塑造成了多样的形态。不同翅膀的长宽比例、分担的体重比例，都昭示着鸟类的生活习性和生存的环境。

    短翅蝗莺和我们生活中最常见到的一些小型林鸟一样，都有着普通的椭圆形翅膀：既不帮助滑翔，也不能长久飞翔。不过这种毫无特色的翅膀，却是最适合它们的"生存装备"，支撑它们每天在树林间短距离跳跃、飞行与穿梭。这样的翅膀通常拥有比较短的初级飞羽，以及相对较长的次级飞羽，总体使翅膀呈现出比较短而圆润的形状，因此得名"椭圆翼"，当然也可能是短长方形或三角形。拥有此类翅膀，鸟的飞行模式必然是快起、快落，可以瞬间加速起飞，同时不会有太长的滞空时间，当然，飞行时翅膀必须持续拍打。

    短翅蝗莺的翅膀不仅短，而且在羽毛之间还有一些小的空间，这有利于排风，从而使它们能够减轻重量，频繁地扇动翅膀而不易疲劳，便于快速行动。

    北短翅蝗莺和中华短翅蝗莺都是褐色莺。北短翅黄莺的羽色要丰富些，喉为白色，上胸有黑褐色斑块，在喉和胸之间，有线性黑色斑点连接；北短翅黄莺的腹部为污白色，尾下覆羽是污白色带有黑褐色横带。中华短翅蝗莺上体和胁为褐色，翼羽为浅棕褐色，喉和腹部为白色，上胸沾浅褐色，有模糊的褐色纵斑，尾下覆羽为污白色，有隐约模糊的褐色横带。

    北短翅蝗莺繁殖期活动在海拔 1000-1800 米的中高山针叶林和林缘灌丛、溪流沼泽附近；中华短翅蝗莺繁殖期活动的区域要高，在海拔 2800-3600 米的落叶松林林缘灌丛中。两种短翅蝗莺都到东北繁殖，营巢在海拔较低的相似生境中。它们生性隐秘，常常只闻其声却不见其踪迹。寻找它们需要在茂密的草丛或灌丛中，它们也偷偷摸摸在草丛或灌丛中跳跃穿梭，很少飞翔，很隐蔽而不易被发现。

## 苍眉蝗莺

cāng méi huáng yīng

*Helopsaltes fasciolatus*
Gray's Grasshopper Warbler

国家"三有"保护动物
蝗莺科
雀形目

张湘坤 绘

## 四种旅居东北的蝗莺

蝗莺类的学名 Locustella 来源于拉丁文 locusta，意为蝗虫。蝗莺类与苇莺类相似，但是喙更短，鸣唱声与昆虫十分相似，这也是它们名字的由来。蝗莺常在地面活动、像小老鼠似的在茂密的灌丛和草丛间钻来钻去。它们会在地面上搜寻食物、捕猎昆虫、蜘蛛等小型无脊椎动物。繁殖季节来临之时，蝗莺会通过鸣唱吸引异性。它们的鸣声中有很多类似弹响的颤音，与很多螽斯类昆虫发出的音色类似。如果你有机会来到高海拔地区，听到来自灌丛中的"虫鸣"，没准就是蝗莺在偷偷鸣唱。

不过即使它们在鸣唱时，也很难定位。它们通常会停栖在隐蔽处，很难让人找准方向。蝗莺给人的印象是很爱鸣唱，喙会一直保持张开的状态，头部会机械般地从一边转向另一边，而身体不动。即使行动的时候也很隐蔽，你会看到它拖着沉重的尾巴在地面穿梭，它们激动地行走或奔跑，但不会跳跃前进。蝗莺的翅膀与树莺的翅膀比起来更长、更纤细；翅膀收起时，边缘略微弯曲。

四种蝗莺，矛斑蝗莺略小，体长在11-14厘米，小蝗莺和北蝗莺差不多大，体长在14-16厘米，苍眉蝗莺最大，体长在17-18厘米。除了苍眉蝗莺羽色较淡外，其他三种蝗莺羽色基本属于褐色；矛斑蝗莺偏橄榄褐色，密布黑褐色纵纹，下体乳白色也具有黑色纵纹；小蝗莺上体偏橙褐色或橄榄褐色，具有显著的黑褐色斑纹，下体羽为乳白色，无斑纹；北蝗莺偏锈褐色，头和背有些不明显的暗色斑，下体为白色，胸和两胁缀皮黄色；苍眉蝗莺整体羽色是淡淡的橄榄褐，下体泛白，胸及两胁有灰色或棕黄色条带，除了小蝗莺，其他三种蝗莺都有白色或淡黄色的眉纹，北蝗莺的眉纹偏灰，矛斑蝗莺的眉纹偏鲜黄色。

四种蝗莺的栖息地也有不同，矛斑蝗莺主要栖息于低山和山脚地带的林缘疏林灌丛和草丛中；小蝗莺主要栖息于湖泊、河流等水域附近的沼泽地带、低矮树木、灌丛、芦苇丛中及草地，亦见于麦田；北蝗莺主要栖息于低山丘陵和山脚平原的河谷两岸、沼泽湿地和芦苇岸边茂密的灌丛和高草丛中，有时也沿着路边的灌丛和草丛进入亚高原的草地迁徙；苍眉蝗莺多见于低地及沿海的林地、棘丛、丘陵草地及灌丛。

## máo bān huáng yīng
## 矛斑蝗莺
*Locustella lanceolata*
Lanceolated Warbler

国家"三有"保护动物
蝗莺科
雀形目

刘兆瑞 摄

## xiǎo huáng yīng
## 小蝗莺
*Helopsaltes certhiola*
Pallas's Grasshopper Warbler

国家"三有"保护动物
蝗莺科
雀形目

刘兆瑞 摄

# 北蝗莺
### běi huáng yīng

*Helopsaltes ochotensis*
Middendorff's Grasshopper Warbler

国家"三有"保护动物
蝗莺科
雀形目

张湘坤 绘

# 苇莺科

赵俊 摄

hòu zuǐ wěi yīng
## 厚嘴苇莺

*Arundinax aedon*
Thick-billed Warbler

国家"三有"保护动物
苇莺科
雀形目

## 几种苇莺

苇莺类是芦苇中生活的莺类的统称。身体细长，尾尖略圆，羽色主要为棕色，喙长，面部颇具神采，前额有倾斜，苇莺的学名 arundinax 原意就是尖尖的头部。

苇莺是芦苇荡中的精灵，它们会在植被的茎秆部位活跃地移动，不断上蹿下跳，而且常常大头朝下。它们还愿意停栖在显眼的位置，尤其是在鸣唱的时候。苇莺是鸟类中著名的歌者，鸣唱时，喙一张一合十分明显。除了大苇莺高而响亮的鸣叫声常常被误认为青蛙外，大多数湿地苇莺都是"流浪歌手"。它们会唱出狂野、急切的国际歌混编，其中包括100多种其他鸟类的曲调，欧洲的曲调和亚洲的曲调，是它在筑巢地学来的，大多数是非洲曲调，是它们在越冬地乌干达一带学来的，从它们的歌声中可以知道它们去过哪些国家和地方。

苇莺体形和其他莺类相比更大，翅膀和尾部更长，在飞翔的时候，翅膀边缘平直，尾部不明显。苇莺常出现在低矮的水生植物中鸣唱和觅食，很少出现在灌丛中。在地面上时，通常跳跃前进，并会竖起尾部。湿地苇莺主要以昆虫为食，捕食蜘蛛、蚁类、豆娘、甲虫、水生昆虫以及蜗牛等，也吃水生植物种子，是益鸟，需要保护。

常来东北的夏候鸟有东方大苇莺、厚嘴苇莺、黑眉苇莺，还有过境鸟远东苇莺，这四种都是国家"三有"保护动物。苇莺种类繁多，长相近似，不易分辨，多通过它们的叫声加以区别。由于苇莺善于鸣叫，特别是能模仿其他鸟类的叫声，受到不少养鸟人青睐，野外捕捉较多，导致不少种类数量减少，加上人类对湿地进行破坏，不少苇莺种群数量受到威胁。另外，苇莺个头小，猛禽、蛇类等天敌较多，还是杜鹃等寄生鸟类巢寄生的重要对象，东方大苇莺、大苇莺等繁殖受到杜鹃类鸟寄生的威胁，经常上演代父母的悲剧，后代未孵出便遭养子女毒手。

### 黑眉苇莺
### hēi méi wěi yīng

*Acrocephalus bistrigiceps*
Black-browed Reed Warbler

国家"三有"保护动物
苇莺科
雀形目

刘兆瑞 摄

### 东方大苇莺
### dōngfāng dà wěi yīng

*Acrocephalus orientalis*
Oriental Reed Warbler

国家"三有"保护动物
苇莺科
雀形目

刘兆瑞 摄

# 冕柳莺
miǎn liǔ yīng

*Phylloscopus coronatus*
Eastern Crowned Warbler

国家"三有"保护动物
柳莺科
雀形目

刘兆瑞 摄

**柳莺科**

## 八种柳莺

　　柳莺的学名 phylloscopus 原意是"叶子的检查者",栖息在叶片间的莺类,在中国俗称"柳串儿"或"槐串儿",是我国最常见、数量最多的小型食虫鸟类。柳莺种类很多,极难辨识。在东北繁殖的常见的有褐柳莺、巨嘴柳莺、黄腰柳莺、黄眉柳莺、极北柳莺、双斑绿柳莺、淡脚柳莺、冕柳莺这八种。它们冬季迁徙至云南、广西、广东、台湾等地。

　　柳莺体形比麻雀更小些,喙纤细而柔弱,面部斑纹明显。腿部细,尾巴窄。上体羽色可以分为两个色系,一是黄绿色,如双斑绿柳莺;二是暗褐色,如褐柳莺、巨嘴柳莺。但是每种色调上都包含很多形态和颜色极为接近的鸟类,所以最终的辨识还要借助声音。柳莺的腹羽多为白色,略显黄绿色斑,有黄色、黄绿色或淡黄色眉纹。柳莺停歇时会习惯轻轻扇动翅膀,在突出的枝头鸣唱;在乔木、灌木中觅食时,动作灵活而有生气,不知疲倦,其间会飞行着捕捉猎物,有些甚至会悬停。

　　"柳浪闻莺"是杭州西湖著名的十景之一,"林外莺声啼不尽,画船何处又吹笙"。所有莺类在春夏季,都会发出精力充沛的独特鸣唱声,经验丰富的观鸟人通过声音就可以辨识它们。当然,柳莺的声音辨识度高,可不是为了方便观鸟人,而是为了呼唤配偶。如果它们在鸣啭中传达出不确定的、喃喃自语的感觉,那么很快,许多莺类都会停止鸣唱。多数柳莺要迁徙到高纬度或高海拔的地区繁殖,但这些适合柳莺繁殖的温暖季节通常都十分短暂,对于柳莺来说,快速找到配偶并完成生育大计,才是首要大事,这时候,穿透力强、传递范围远的声音信号就格外重要。柳莺也用鸣唱保卫领地。柳莺体形小、适应性强,可以在人类生活的公园、树林生存。如果从茂密的树林深处传出响亮的声音,常常就是柳莺的歌声在飘荡。

hè liǔ yīng
## 褐柳莺
*Phylloscopus fuscatus*
Dusky Warbler

国家"三有"保护动物
柳莺科
雀形目

刘兆瑞 摄

jù zuǐ liǔ yīng
## 巨嘴柳莺
*Phylloscopus schwarzi*
Radde's Warbler

国家"三有"保护动物
柳莺科
雀形目

刘兆瑞 摄

## 黄腰柳莺
*Phylloscopus proregulus*
Pallas's Leaf Warbler

国家"三有"保护动物
柳莺科
雀形目

赵俊 摄

## 黄眉柳莺
*Phylloscopus inornatus*
Yellow-browed Warbler

国家"三有"保护动物
柳莺科
雀形目

白学唯 摄

## 极北柳莺
*Phylloscopus borealis*
Arctic Warbler

国家"三有"保护动物
柳莺科
雀形目

赵俊 摄

## 双斑绿柳莺
### shuāng bān lǜ liǔ yīng

*Phylloscopus plumbeitarsus*
Two-barred Warbler

国家"三有"保护动物
柳莺科
雀形目

张湘坤 绘

## 淡脚柳莺
### dàn jiǎo liǔ yīng

*Phylloscopus tenellipes*
Pale-legged Leaf Warbler

国家"三有"保护动物
柳莺科
雀形目

赵俊 摄

# 戴菊
## dài jú

*Regulus regulus*
Goldcrest

国家"三有"保护动物
戴菊科
雀形目

赵俊 摄

戴菊科

## 东北最小的留鸟

  戴菊是东北最小的留鸟，体重不到 6 克，体长不过 10 厘米。这样小的鸟在东北零下 30 多度的严寒中生存，不禁令人感叹生命的奇迹。戴菊也超级可爱，身体浑圆如绒球，头戴"花冠"，脸颊圆润，搭配黑亮的小圆眼睛，在苍白的眼圈衬托下格外明亮；纤细的嘴巴呈黑色，两边还有两撇如胡须的细毛。戴菊上半身的羽色以橄榄绿为主，下半身主要是黄白色。脚细而长，呈黄褐色或黑色。

  戴菊名字的由来是因为浅灰色的头顶有一黄色线纹状冠羽，雄鸟黄中带红，当求偶或激动时，羽冠耸立如同菊花一样，因而得名。戴菊的动作轻快，习性很像柳莺，它们都是有"多动症"的小鸟，常于林冠层跳跃，几乎一刻不停地穿行于松树枝间，用小嘴寻找食物，它们的食物几乎为昆虫及其幼虫，很少吃植物。这也是它们能适应寒冷生活的食物标配吧！

  戴菊不喜欢集群活动，多成对在一起，或者集小群而互不远离。在飞行和觅食时，它们常发出类似老鼠"吱吱"的叫声，声音微弱。戴菊对生境要求较高，偏好针叶林，不爱阔叶林。欧洲拥有数量可观的针叶树，是戴菊绝佳的栖息地。亚洲主要生长着阔叶树，戴菊也就随着针叶林一同生活在高海拔和高纬度的小片地区。

  为了抵御严寒，戴菊拥有高超的筑巢技术。它们用苔藓和蜘蛛网做成杯状巢挂在树枝底部，内衬为软毛。巢的保暖性极佳，戴菊可以离开巢一个半小时，而不用担心里面的卵变冷；下雨时小巢能吸收 60 多克水，但巢里绝对干燥。这样的巢很稳固，不怕风吹；幼鸟在巢里时重达 100 克，整个巢被拉长了 1/3，仍不失稳固性。巢的稳固除了得益于三层复杂结构和保暖材料外，还得益于其构架是用蛛丝这种坚固和有弹性的材料做成的。因此，戴菊又被称为"鸟类的建筑师"。

# 绣眼鸟科

丁传江 摄

hóng xié xiù yǎn niǎo
## 红胁绣眼鸟
*Zosterops erythropleurus*
Chestnut-flanked White-eye

国家二级重点保护野生动物
绣眼鸟科
雀形目

# 最小的名鸟

### 绣眼鸟属

绣眼鸟属的属名 zosterops 的意思为眼圈，源自希腊语。zoster 是周围的意思，ops 意为眼睛。英文名是 White-eye，这一俗名非常贴切地描绘出这个属的鸟类特点：它们的眼睛周围有一圈白色的宽眼圈。

绣眼鸟属是世界上最大的鸟类属之一，包含98种鸟类。它们是非常优秀的拓殖物种，因此分布范围很广，非洲、亚洲及澳洲。别看它们的体形娇小，不论是沙漠还是高山，却可以自如地生活在环境、气候和海拔不同的地方。绣眼鸟如此成功的其中一个原因就是，它们在夜晚可以进入休眠状态，这种能力使它们的体温下降5摄氏度，进而将基础代谢率减半。

绣眼鸟是社会性鸟类，喜欢集群，飞至不同环境呼朋唤友分享寻找的食物；夜晚则挤在一起睡觉；它们甚至可以包容其他科的鸟类混入其中。

### 外号"白眼儿"

绣眼鸟在中国境内仅见三种，分别为红胁绣眼鸟，灰腹绣眼鸟和暗绿绣眼鸟。在吉林，只有一种红胁绣眼鸟，是夏候鸟，在全省范围内广泛分布。

《说文解字》中有："胁，两膀也。"身体的左右腋下为胁。红胁绣眼鸟区别其他绣眼鸟最大的特征就是两胁为一抹栗色（有时不显露），且上体灰色羽较多。成年的红胁绣眼鸟是一种黄绿色小鸟，体长12厘米左右；嘴小，为头长的一半，嘴峰稍向下弯；鼻孔为薄膜所掩盖；舌能伸缩，先端具有角质硬性的纤维簇；翅圆长；尾短；跗跖长而健。雌雄相似。红胁绣眼鸟完全树栖生活，取食昆虫、花蜜和甜软的果实。和其他绣眼鸟相同的就是它们都有"白眼圈"。晶亮的眼球外围，仿佛立体刺绣般嵌着一圈雪白而且毛茸茸的白眼圈，这是一种识别度相当高的鸟。老百姓给它起外号叫"白眼儿"，虽然描述很精准，但人家实在不喜欢给可爱的绣眼起这个"外号"。

### 四大名鸟之一

中国四大名鸟有绣眼鸟、百灵鸟、靛颏鸟、画眉鸟。把它们列为四大名鸟，是因为这些鸟都是名副其实的"国货"。四大名鸟不仅具有很高的观赏价值，而且也具有很高的知名度。可以说，它们是在中国特定的文化背景下名声大噪的。

四大名鸟中绣眼是最小的，也是叫声最柔且温婉的，"啼溜——啼溜"，鸣啭犹如落花流水，受到很多鸟友的喜爱。

百灵和画眉作为鸣禽笼鸟历史悠久，百灵有得天独厚的歌喉，还有其他鸣禽不能比拟的独特叫法，不仅能歌而且善舞，百灵的寿命也长，还善于模仿，听到什么学什么，可以给人带来无限欢乐，所以百灵能雄冠鸣禽之首，成为中国第一笼鸟。

画眉鸟颇受诗人和画家的青睐，一出世就现身在六朝《乐府诗》中，第一次被描绘是在我国花鸟画的始祖五代西蜀大画家黄筌的《写生珍禽卷》里。欧阳修在宋仁宗庆历七年写了首《画眉鸟》，从此画眉鸟名扬全国。画眉鸟不仅有优美的歌声，羽毛也光彩夺目，最重要的是还有两道魅力无穷的远山眉。另外，画眉鸟还像蟋蟀、雄鸡那样好斗。画眉鸟之所以在百鸟中备受青睐，就是因为它兼有观赏鸟类的各种优点。画眉鸟笼子又大、又沉，养鸟、遛鸟必须有力气，所以当时文人养画眉的少，因此又有"文百灵，武画眉"一说。画眉鸟的笼养到明代成为时尚，到了清代就已进入千家万户。大约在这段时期，绣眼鸟和靛颏鸟也相继进入名鸟的行列。它们占尽风流，各领风骚，构成了享誉中外的"中国四大名鸟"。

自古这养鸟、玩鸟就是一件很讲究的事情，什么鸟怎么伺候怎么训练，叫出什么样的叫声为最高水准，都有一套详细的说辞和标准，也是老一辈玩家留下来的文化。那些专用鸟笼的造型和样式，甚至笼中的鸟具、鸟缸等物都很有讲究，不仅有很高的收藏价值，而且构成了一方鉴赏的天地。

绣眼鸟体形小，所以养殖的笼子也非常袖珍；百灵鸟的鸟笼，内部有供其展示舞姿的站台，底层有细沙铺垫；画眉鸟生活于中国长江以南的山林地区，喜欢在灌木丛中穿飞和栖息，为了给尚未驯服的画眉鸟隐居的密林氛围，要先用板笼，板笼呈四方形，除了正面和箱底外，其上面、左面、右面和后面都用平阔竹片或薄木板遮盖住，给画眉鸟创造一个幽静的角落，使画眉鸟有在野外树丛间的感觉，较易驯养。待驯服到见人不惊慌后，可以换入亮笼，亮笼有腰鼓形和直圆形。

靛颏鸟分红、蓝两色。靛颏鸟一般用圆笼饲养，在我国属于传统笼养鸟，是皇家宫廷中的"长住客"。这种鸟经过换食调养后鸣叫，再配上精致的笼子，价格极高。高到什么程度呢？印象深刻的是《红旗谱》中，一只被作家写作"脯红鸟"的红靛颏鸟，可以换三挂大车，或是两头牛，或是一头骡子。在恶霸冯兰池眼里，这只小鸟"春兰秋红天地成，喝人奶喂肉泥，一声啼叫万人迷"；可是当朱老忠说起这只鸟时："红叫天，野林子里只要一叫，百鸟迎送……那脯红是心血，红得越多越是孤寂……"

**绣眼鸟与宋徽宗**

忙着在花朵中觅食的昆虫，一头扎进花盘中，恰巧会成为路过的绣眼鸟最喜欢的花中餐。绣眼鸟的嘴尖而小，主要的食物就是花中的昆虫，也少量食浆果。随着绣眼鸟在中国的分布越来越广，你会看到"紫荆花与绣眼鸟""金玲花与绣眼鸟""灯笼花与绣眼鸟""木棉花与绣眼鸟"……而这个世界上最令人称道的是自宋朝穿越而来的最有名的"梅花与绣眼鸟"，那是宋徽宗的一幅名画《梅花绣眼图》。

宋朝审美的清逸、高雅离不开宋徽宗的贡献。《梅花绣眼图》就是此种审美的高贵体现。此图所绘梅花为宫梅，宫中的梅花总是要不断修剪，老桩中的新枝瘦劲凌厉，枝上疏花秀蕊，充满新生的志趣，一只绣眼鸟俏立枝头，鸣叫顾盼，与清丽的梅花相映成趣。

《梅花绣眼图》虽然景物不多，却颇为优美、动人。宋徽宗注重写生，体物入微，绣眼鸟精细逼真，栩栩如生；绣眼鸟的白眼圈与梅花的白相映成趣，花鸟的灵动浑然一体。或许，这就是宋徽宗创作此画的灵感来源，这样的风格一直是宋徽宗独树一帜的审美意味，也塑造了宋代美学的精髓。

孟宪茹 摄

153 / 雀形目　如是观鸟集 **林间的歌声**　林鸟卷

刘兆瑞 摄

# 攀雀科

zhōng huá pān què
## 中华攀雀
*Remiz consobrinus*
Chinese Penduline Tit

国家"三有"保护动物
攀雀科
雀形目

赵俊 摄

岳汝华 摄

## "佐罗"与"大头鞋"

中华攀雀就像鸟中的"佐罗",一双眼睛完全包裹在一片黑色眼罩中;背部褐色,向后逐渐转为沙褐色,下体是皮黄色,看起来像一个穿着褐色上衣,皮黄色裤子,用宽阔黑布蒙面的佐罗大侠。

攀雀科鸟类共有5属13种,中国有2属3种。该科鸟类形似长尾山雀,但尾较短,嘴较薄,常生活在水边。中华攀雀是其中一种代表物种。水边的香蒲是中华攀雀筑巢的好材料,它们是非常擅于就地取材的建筑师,树皮、杨絮、柳絮也是建巢的主要材料。当春风吹绿柳梢头,雄性中华攀雀就开始忙碌起来,准备营造它们经典的"大头鞋"造型的巢穴。它们会选择在杨树、榆树、柳树等阔叶树上打好基座,基座选在细软的枝条分叉处,攀雀用树皮纤维做框架,羊毛填充反复缠绕做结,成为巢的悬挂处,然后向下织成一纵向圆环,再由圆环织成半球形的提篮状,就好像"鞋帮";最后向上收口,织成顶端留有左右对称的两个圆形小孔的袋状巢,方便进出;在织巢期间,攀雀充分发挥"攀缘"技巧,就像成熟的杂技演员或者是体操运动员,围绕着篮状巢穴横竖穿梭、左右垂吊,只为全方位、无死角地将柔软的羊毛或者香蒲织进巢壁。最后,其中一个小孔被封死,另一个小孔则横向延伸出来织成"靴口",此时,雄鸟的筑巢行动告一段落,开始在巢边鸣叫,期待雌鸟的垂青,并由雌鸟完成"靴口"的最后建筑。这个"大头鞋"般的囊袋状巢穴,结构相当精巧,可以说完全为攀雀量身定做。营巢基本完成后,攀雀仍不断需要在内壁用杨絮和柳絮加厚,直到产卵期间也不停止。每个巢从开始营造到最后完成需要8-12天。巢的大小为长12-16.5厘米,宽8.4-10.5厘米,深8.5-10厘米,外径3-4.5厘米,巢口内径2-3.8厘米,巢口管长0.9-4厘米。作为体长11厘米左右的攀雀安全屋,这个浅灰色的毛绒"大头鞋",看起来密实、美观又舒适。它不需要任何支撑点,而是凌空系在树梢头,悠悠地在空中晃荡,颇有艺术气质。因此,中华攀雀也被称为鸟类中的"建筑大师"。

# 长尾山雀科

běi cháng wěi shān què
## 北长尾山雀
*Aegithalos caudatus*
Long-tailed Tit

国家"三有"保护动物
长尾山雀科
雀形目

尹全红 摄

## 东北"黏豆包"

  北长尾山雀曾经是银喉长尾山雀的东北亚种，现在自立门户。和银喉长尾山雀的中分发型不同，北长尾山雀小脑袋白白净净，圆头小嘴长尾巴，擅长"歪头杀"，可以说它是世界上最呆萌的小鸟之一。作为东北的留鸟，北长尾山雀可有一身真本事。寒冷时全靠一身"羽绒服"加持，令它的体温保持在40摄氏度左右。这个行走的"小火炉"，使北长尾山雀圆润、饱满、蓬蓬松松，妥妥的一个小肥啾，令人百看不厌。在北方漫天的雪地上，它像会飞的雪球，停落在树枝上，就像东北人冬天在室外冻的"黏豆包"挂在了树上，想象着咬一口软糯香甜。

  北长尾山雀不仅是森林中的萌物，还是森林小卫士，主要食物中90%-95%是半翅目、鞘翅目、鳞翅目以及其他昆虫，例如，危害森林的落叶松鞘蛾、天蛾、尺蠖等都是它的主要食物。尤其是在寒冷的冬天，昆虫的高蛋白维持了北长尾山雀足够的热量。

  北长尾山雀也是一个擅于筑巢的小鸟，它们用青苔打造一个舒适的家，这个像袋子一样依附在树干上的巢，私密性极强。北长尾山雀捡拾足够多的羽毛，有时候多达一千根，填充进由青苔和蛛丝构架的巢穴里，再用小腿踢出连环腿，加固、扩大、定型碗装巢。别看北长尾山雀又小、又呆萌，可是有谁要是在它营巢期间飞来或就近取食，那一定会遭到它强悍地撵啄。

许善友 摄

# 山雀科

## 杂色山雀
### *Sittiparus varius*
### Varied Tit

国家"三有"保护动物
山雀科
雀形目

## 八种山雀的辨识

**生境和筑巢**

山雀虽然是体形比麻雀还小的食虫鸟类,却是平原或丘陵山地林区最常见的鸟类之一。体羽以灰褐色为主,鸣声差异显著。嘴短而尖,呈锥形。跗跖强健。性活跃,多筑巢于树洞或房洞中,几乎终日不停地在林间取食昆虫,且多为害虫。山雀穿梭于树丛间,在树上取食,很难观察。除了生境的一些差别,可以通过胸部纵纹、翅斑、冠羽、脸斑及上体颜色、下体颜色识别其繁多的种类。

沼泽山雀的名字非常有迷惑性,乍一看你会认为它生活在沼泽里,实际上,它们只生活在林地。核心生境茂密的落叶林,比如,栎树、山毛榉树林,通常比较潮湿,且具有丰富的林下层。沼泽山雀的巢位于树洞或者其他洞穴中,筑巢时会使用大量的苔藓。

褐头山雀最喜欢的生境是具有沼泽灌丛的潮湿林地,常位于河道边上;比沼泽山雀更喜爱在沼泽区域生活;喜欢在北桦树、柳树等树干较细的树上出没。褐头山雀比沼泽山雀的头看起来更大,有着发达的颈部肌肉。这有助于它们在腐朽的树干上挖掘巢洞,而沼泽山雀则不会挖洞,但常常会将褐头山雀的劳动果实占为己有。与沼泽山雀不同的是,褐头山雀不会衔取苔藓筑巢,即使用的话也很少。褐头山雀的头部羽毛看起来更凌乱,冠羽没有光泽显得很暗。

煤山雀体形较小,只有11厘米,喜欢所有类型的针叶林,并不局限于单一树种的森林,也会频繁出入于混交林。在冬季,栖息的生境更多样。煤山雀的巢为洞巢,通常位于针叶树上,有时也位于接近地面位置,例如,树木的根系处,或者石洞内。

黄腹山雀最理想的生存栖息地是海拔1500米左右的山区森林。此外,也会在一些平原林区、次生林或者灌丛地带活动。它们的生存依赖各种植被，因为越是植被茂密的地方，越有利于它们隐匿自己的身影。黄腹山雀是我们国家特有的鸟类，当然其他国家也有引进的情况，而且神奇的是，在千万年的繁衍过程中，黄腹山雀并没有其他亚种的分化。并且在我国的分布极其广泛，无论是南部的省份、中部的省份还是北部的省份，无论是潮湿多雨的地区还是干旱的地区，都有原生的黄腹山雀繁衍生息。

苍背山雀栖息于低山和山麓地带的次生阔叶林、阔叶林和针阔叶混交林中，也出入于人工林和针叶林中。苍背山雀性较活泼而胆大，不甚畏人，行动敏捷，常在树枝间穿梭、跳跃，或从一棵树飞到另一棵树上，边飞边叫，略呈波浪状飞行，波峰不高。

灰蓝山雀主要栖息于山地和平原地带的阔叶林与混交林中，尤以山溪、河流和湖泊沿岸的树林与灌丛中较常见，也出现于芦苇沼泽和荒漠边缘地带的灌丛与柳丛。

杂色山雀主要栖息于海拔1000米以下的阔叶林、人工林和针阔叶混交林中，尤以郁闭度较小的落叶松、油松、刺槐、阔叶杂木林和针阔叶混交林中较常见；有时也与苍背山雀和其他鸟类混群。杂色山雀性活泼，多在树冠中下层枝叶间，也在林下灌木丛中，偶尔也到地上活动和觅食。

**羽色和斑纹**

在这几种东北常见的山雀中，胸中部无黑色纵纹、下体为白色的山雀有沼泽山雀、褐头山雀、煤山雀；胸中部有黑色纵纹的山雀是苍背山雀；上体为褐色、下体为黄色的山雀是黄腹山雀。煤山雀翼上有两道白色翼斑以及颈背部的大块白斑使之有别于褐头山雀及沼泽山雀。苍背山雀整个头呈黑色，头两侧各有一大型三角形白斑，翼上有一道醒目的白色条纹，一道黑色带沿胸中央而下。黄腹山雀脸颊和后颈各有一处弦月形白色块斑，下体为淡黄绿色，翅上有两道翅斑。沼泽山雀头为黑色，眼以下脸颊至颈侧为白色，与下体的苍白色并不相通。灰蓝山雀头白沾灰，有蓝灰领环并与贯眼纹相连；下体为白色，上体为蓝灰色，翅蓝有白色粗翼斑，腹部有黑块。杂色山雀体色斑杂明显，额、眼先为棕黄色，颊斑为浅棕色；头顶黑，有细顶冠纹；喉为黑，下体为棕红色；后颈为棕色，背为灰色。

**觅食方式**

在觅食方式上，沼泽山雀与褐头山雀在一起，多在树木的低层或者中层的树枝上觅食，避免出现在树冠层。在处理各种食物时，沼泽山雀比褐头山雀办法多，也更有激情，会采取捶打和撕扯动作，而这种行为是在其他山雀中看不到的。沼泽山雀常在远离隐蔽处的开阔地带觅食；典型见于小径旁边的植物上。沼泽山雀会通过长距离飞行接近可食用的植物，而褐头山雀则是缓慢地进行短距离飞行，逐步接近。褐头山雀几乎总在树木的低矮树枝上觅食，十分接近地面，但不会站在地面上。褐头山雀性羞怯，与沼泽山雀比起来更安静；沼泽山雀则比褐头山雀更常在地面上觅食。

苍背山雀倾向于在乔木、灌木生境的低层觅食，尤其是在冬季，比其他山雀都喜欢在地面觅食。在秋季，尤其喜爱山毛榉的果实，为了弄碎坚硬的果壳，它们会用爪子抓住坚果乱砸，像啄木鸟一样轻轻叩击树干，胆大且不怕人。

煤山雀通常在针叶树顶端和靠外的枝条上觅食，常常难以见到。它的体形小，身形敏捷，是所有山雀中尾部最短的。煤山雀喙十分精致，很适合深入针叶树内寻找食物。相比于其他山雀，煤山雀更多是悬停。

**集群行为**

在非繁殖季，许多山雀会成群出现，集成单一物种的群体，或与其他山雀，再加上少量的戴菊、普通䴓和旋木雀一起混群。但并非所有的山雀类都踊跃加入鸟群，因此也是辨识的一条线索。

苍背山雀经常有许多个体会加入漫游的鸟群；煤山雀也会有少量个体加入，有时还会和戴菊组成小的混合群；沼泽山雀全年会成对地占据一块领域。如果混合的山雀群经过，领域边界范围允许的话，这对沼泽山雀也会加入鸟群，但它们不会再飞到更远的领域，不会出现成群的沼泽山雀；褐头山雀的集群行为和沼泽山雀相似，有时会组成4-5只的个体小群，并具有大面积固定的群体领域。其他的山雀除了繁殖季外，多集小群或和其他种类混群。

## 沼泽山雀

*Poecile palustris*
Marsh Tit

国家"三有"保护动物
山雀科
雀形目

赵俊 摄

白学唯 摄

## 褐头山雀

*Poecile montanus*
Willow Tit

国家"三有"保护动物
山雀科
雀形目

张湘坤 绘

## méi shān què
# 煤山雀
*Periparus ater*
Coal Tit

国家"三有"保护动物
山雀科
雀形目

白学唯 摄

张湘坤 绘

## huáng fù shān què
# 黄腹山雀
*Pardaliparus venustulus*
Yellow-bellied Tit

国家"三有"保护动物
山雀科
雀形目

刘兆瑞 摄

## cāng bèi shān què
# 苍背山雀
*Parus cinereus*
Cinereous Tit

国家"三有"保护动物
山雀科
雀形目

景玉宏 摄

白学唯 摄

## huī lán shān què
# 灰蓝山雀
*Cyanistes cyanus*
Azure Tit

国家"三有"保护动物
山雀科
雀形目

张湘坤 绘

# 䴓科

## 普通䴓 pǔ tōng shī

*Sitta europaea*
Eurasian Nuthatch

国家"三有"保护动物
䴓科
雀形目

白学唯 摄

## 黑头䴓
### hēi tóu shī
*Sitta villosa*
Chinese Nuthatch

国家"三有"保护动物
䴓科
雀形目

张湘坤 绘

## 世界上唯一能头向下爬树的鸟类

　　䴓科鸟类属于小型鸣禽,非常善于鸣啭,叫声多变、悦耳;而且这种小鸟具有离趾型足,趾三前一后、后趾与中趾等长,因此非常善于爬树。虽然腿细弱,却能做到头朝下、尾朝上爬树,甚至身体背部向下站立在树上,这种能力是其他鸟所不具有的。因此,它们还有个外号叫作"贴树皮"。它们喜欢居住在高大的乔木、针阔混交林和阔叶林中,在森林草原的高大栎树林里及古老的公园内也有分布,有时也活动于村落附近的树丛中,或是低山丘陵地带的森林中。在高大的树干上,䴓科鸟类完全不受地球引力的束缚,而是如履平地、倒退自如,它们会用喙衔着剥落的树皮,把树干或树枝上的皮翘起来,以便吃到底下的虫子。因此能消灭许多其他森林鸟类吃不到的害虫,对农业、林业有较多的保护效益。

　　普通䴓比黑头䴓体形略大,13厘米左右,羽色优雅、体态流畅。普通䴓上体为蓝灰色,有醒目的黑色过眼纹,喉为白色,腹部为淡皮黄色,两胁为浓栗色。

　　黑头䴓顾名思义头顶为黑色,头颈短,上体为石板灰蓝色,一条宽阔的白色眉纹长而显著,同时具有一条稍细的黑色过眼纹;下体为灰棕色或棕黄色;体侧为栗色;尾短。

　　䴓科鸟类营巢于树洞中,既能自己啄洞,也能利用啄木鸟的洞穴,巢材为多种树皮,并辅以兽毛及鸟羽等;它们还具有修巢的能力,能衔泥土修整洞内壁使其平整。

# 旋木雀科

### ōu yà xuán mù què
## 欧亚旋木雀
*Certhia familiaris*
Eurasian Treecreeper

国家"三有"保护动物
旋木雀科
雀形目

张湘坤 绘

## 爬树雀

　　旋木雀就像一块行走的树皮，披着棕褐色的背羽，隐藏在树干上，以此躲过天敌的捕猎，从下向上旋转着攀树觅食，所以就这么叫旋木雀的吧！它们坚硬的尾羽可支撑起垂直爬升的身体；下弯的鸟喙可以帮助它们捕捉树皮褶皱里的无脊椎动物。一旦爬到树梢，就俯冲到另一棵树的底部继续攀爬。树干上为旋木雀提供的食物有各种昆虫、蜘蛛和其他节肢动物，到了冬天食物短缺时，旋木雀也会在地面觅食，并把植物种子纳入菜单。即使旋木雀天天抱着树，也不能全部接盘树干上的食物，因为红色木蚂蚁会与旋木雀争夺食物，尤其是无脊椎动物，为了躲避蚂蚁大军的骚扰，旋木雀尽量避免与大量木蚂蚁同处一树。到了晚上，旋木雀也结群而居，尤其是低温的夜晚，会十几只挤在一起。

　　旋木雀既在树上觅食，也在树上筑巢。每年的三月到六月，它们会把隐秘的巢穴置于树缝中或者剥落的树皮后，筑巢材料一般为细枝、草木、茧壳、树皮纤维、树叶、苔藓、羽毛，还会使用蜘蛛丝加固。如果生育期有外敌来犯，它们就会发出只有自己人能听懂的"tjii"声，这是一种窄频高音警示，可以使雏鸟安静下来，而令猎食者难以察觉。旋木雀的平均寿命只有2年，但是每个繁殖季可以生育两次，每窝产卵1-6枚。卵呈白色，布有细密的粉红色或红褐色斑点。雌鸟的孵卵期在13-17天，雏鸟孵出后的13-18天长出羽毛，1年后长成便可继续繁殖。第一窝生育的幼鸟由双亲照看，但多数情况下，第二窝幼鸟只有雌鸟单独守巢，抚育期13-18天，直到幼鸟羽毛丰满。雌鸟与雄鸟轮流喂养后代，雌鸟喂食多于雄鸟，雄鸟多数时间在鸟巢周围防御和巡视领地，防止其他雄鸟及捕食者入侵。

## 麻雀

*Passer montanus*
Eurasian Tree Sparrow

国家"三有"保护动物
雀科
雀形目

雀科

沈荣 摄

## 世界公民

麻雀实属世界公民，除了极寒冷的南北极和高山荒漠，凡是有人类居住的地方，都广泛分布着麻雀。整个麻雀属共有27种，有5种分布在中国境内。它们的大小、体色十分接近，一般上体呈棕、黑色的斑杂状，因而俗称"麻雀"。

麻雀之所以"无所不在"，是因为它们的适应能力相当强，当其他鸟有一种创新行为时，它们有44种。科学家称麻雀的记忆力非常好，在所有鸟类中都是数一数二的，这也是为何很多麻雀每天都会在几个固定的地方寻觅食物，哪怕几个地方相隔甚远，它们也能记得方位。我家后院常年生活着一群树麻雀，它们在对面学校的高楼屋檐、墙洞里繁殖，每天飞下来在花园里觅食。我总在一块石磨上投喂它们小米、煎饼碎、瓜子等杂粮，从繁殖季的小鸟到长成，它们对这里了如指掌。并且能和一群喜鹊和平共处。樱桃、葡萄、桑葚是归喜鹊的，一片苏子叶的种子，整个冬天都归了树麻雀。春天，我的蔷薇、金银花茎上的蚜虫也归树麻雀。因为在后院能看到的鸟种类并不多，大多数鸟，如鸦科或者鸭科的鸟，只是一走一过，能见到实属不易。只有麻雀，我们隔着一扇玻璃门，可以互望、可以一起吃饭。所以，我觉得它们不仅仅是邻居，更是"亲戚"了呢。

　　树麻雀也真是干净、漂亮可爱的小鸟。它们的额、头顶至后颈为栗褐色，头侧为白色，耳部有一黑斑，在白色的头侧极为醒目。嘴短粗而强壮，呈圆锥状，嘴峰稍曲。背为沙褐色或棕褐色具黑色纵纹。颏、喉为黑色，其余下体为污灰白色微沾褐色。相似种树麻雀以及其他麻雀颊部均无黑斑，在野外不难区别。除树麻雀外，雌雄均异色。所以很难辨认出，那些投喂自己宝宝的麻雀是爸爸还是妈妈。我坐在屋里，拿着望远镜，可以从容、仔细地观察这群麻雀来觅食。它们常常略歪着头，用一只眼睛看食物，另一只眼睛瞄着天空或者周围，还有屋里我这边的动静。观察了整一年，从春到冬，只有一只麻雀看起来很没有教养，它吃东西的时候，又是甩头，又是腿刨，弄得食物乱飞，不像其他的麻雀，安静地站在一侧，一下又一下地啄食。树麻雀习惯蹲下，松弛的胸羽会盖住一小部分腿。飞行时，呼呼作响，路线通常笔直。

　　记得约翰雷曾说家麻雀有着传奇般的交配能力，其交合繁殖之欲炽不可抑，半时辰中可交二十余次。对面房檐上生活的树麻雀也有过之而无不及，我曾数过，几分钟内交配十几次是绝对有的。雌性麻雀站在屋檐边，一边往下看风景，一边漫不经心地等着雄麻雀，跑来跑去，飞到它的身上，一次又一次。在这方圆不大的地方，它们知足而长乐，繁衍生息。所以，麻雀家族无处不在，堪称"世界公民"。

沈荣 摄

## 燕雀科

### 燕雀
*Fringilla montifringilla*
Brambling

国家"三有"保护动物
燕雀科
雀形目

燕雀雄鸟 冬羽 刘兆瑞 摄

## 两种燕雀

苍头燕雀身形细长，尾也长，体态优雅；燕雀与苍头燕雀的身形相似，但没有那么修长，尾部更短。苍头燕雀与其他燕雀类相比，有时尾部虽然会下垂，但停栖时的站姿相对水平，移动时苍头燕雀有着独特的、轻快的步伐，头部也会一点一点，就像机械版小鸡，跳跃前进；燕雀尾部分叉更明显，看起来比苍头燕雀略大，喙也略厚。

飞行时，苍头燕雀呈波浪形，其间有长而适中的浅幅度猛冲动作，降落地面时，会有很夸张的振翅动作；与苍头燕雀相比，燕雀尾部较短，且有明显的缺刻，飞行时也更生机勃勃、精神饱满。

苍头燕雀在地面或树上觅食，不在草本植物上觅食，取食多种植物种子，包括山毛榉的果实，在夏季也会取食许多昆虫，会很耐心地在树林间搜寻猎物，甚至能在空中捕捉飞行的虫子；燕雀在地面或树上觅食，也不在草本植物上觅食，但更依赖山毛榉林地。

燕雀要比苍头燕雀安静，没有那么吵闹，这两个物种都会在林地和田地聚集，并常常混群。所以要想找到燕雀，最好的方法是在苍头燕雀的群里找。不过，燕雀的集群更倾向于紧密结合，往往比苍头燕雀的群体更大、组织更严密。

燕雀是候鸟，它们经常大规模迁徙，当上千只燕雀集群而飞的时候，声势是非常浩大的！而且它们的阵容非常严谨，就仿佛是一支训练有素的军队。整个欧亚大陆乃至中东地带，都有这小小生灵活跃的痕迹，所以燕雀的志向不是远大，而是非常远大！虽然苍头燕雀在气候比较温和的地区不迁徙，但是在冬季会避开比较寒冷的地区。苍头燕雀是林内本人命名的。在林内的故乡瑞典，雌性苍头燕雀在冬季经常抛弃其雄性配偶独自迁徙，所以其拉丁语学名的第二个单词"coelebs"的意思是"单身汉"。

苍头燕雀因其美妙、响亮的歌声而出名，成年雄性苍头燕雀一般能唱2-3种不同的鸟歌，和很多其他鸟类一样，其鸟歌具有地域性。雏鸟如果在学习期间不接触其他鸟类唱的歌曲，那么它们将永远不会歌唱；鸟群中年轻的鸟类会在睡眠中学习，即在夜晚会复习白天从父母亲那里学习的歌曲。

## 苍头燕雀

*Fringilla coelebs*
Eurasian Chaffinch

国家"三有"保护动物
燕雀科
雀形目

张湘坤 绘

燕雀繁殖羽 刘兆瑞 摄

# 粉红腹岭雀
## fěn hóng fù lǐng què
*Leucosticte arctoa*
Asian Rosy Finch

国家"三有"保护动物
燕雀科
雀形目

张湘坤 绘

## 草率的羽色

  粉红腹岭雀就像淘气的小孩随手将粉红的颜料涂在一只像麻雀的鸟腹上，随后就跑开了。只不过粉红腹岭雀的体形更大些，是一种中等体形的深色岭雀。实际上，粉红腹岭雀的羽色描述起来要复杂得多，除了两翼及腹部泛玫红色、又宽、又厚的嘴很醒目外，雄鸟的额部、头顶、眼部、脸颊和耳部的羽毛是黑褐色，后脑勺和后颈部是灰白色，背部和肩部是淡棕褐色，腰部和尾巴上面的羽毛是灰褐色，尾部是黑褐色；下体是黑褐色，胸部有灰白色的斑点，腹部是灰褐色。雌鸟的羽色和雄鸟类似，但是它的上体和下体粉红色比较少并且不明显。粉红腹岭雀的虹膜是红褐色或者暗褐色，嘴巴是黑色和橙黄色，脚是黑色。打个比方，粉红腹岭雀简直是在这些颜色的调色盘上，草率地打了个滚。

  粉红腹岭雀是岭雀属三个种之一。岭雀属的鸟为高山鸟类，主要分布在东北、西北、西南和青藏高原，多见于海拔2700米以上的高山岩壁、石砾堆、高山盆地、丛林高地、沿海砂地港口及灌木丛中。成对或成群的在地面觅食，越冬时在有稀疏树木的裸露山坡上活动，就像落地的松塔。粉红腹岭雀主要以野生植物种子为食，也吃灌木果实和种子，还吃部分昆虫和小型无脊椎动物。粉红腹岭雀的羽翼较雀亚科中其他属为长，初级飞羽先端和次级飞羽也差很大，尾翼属于中等长，呈凹形。它们善于奔跑，在地面奔跑的时候速度很快，善于螺旋形下降飞行，并且伴随着单调的叫声。

## 白翅交嘴雀
### bái chì jiāo zuǐ què

*Loxia leucoptera*
White-winged Crossbill

国家"三有"保护动物
燕雀科
雀形目

张湘坤 绘

## 色彩缤纷的七种燕雀

**清楚更多的识别特征**

对于观鸟新手来说，需要理解的一个重点就是，鸟类识别不是一门精准的科学，通常不包含绝对的确定性。尤其是野外看到的鸟和观鸟手册上的图片不可能是一模一样的。观鸟手册上的那些画像都是理想中的标准照，是在光线充足、角度合适的情况下，鸟类最具有代表性的模样。在大多数情况下，鸟种越是常见，特征越鲜明，越能准确地进行识别。可是在野外观鸟，尤其是林鸟，为了更加准确、可靠，单一的识别特征是不够的，必须尽可能找到更多的识别特征，即使是模糊的或暗示性的，也可能对你有所帮助。每一种属的鸟类，在体形大小、身体结构、生活习惯上都有很多共性特征。像燕雀科成员，几乎都有着一些相似的羽色和颜色组合，所以最重要的是进行特征对比。

**羽色、形态特征**

红腹灰雀有着珠圆玉润的身材，通红的、圆嘟嘟的腹部，头顶为黑色，羽翼为灰色，在风雪中是一抹娇艳的存在。浑身红、黑、灰、白色彩分明，搭配得一丝不苟。红腹灰雀虽然身形圆胖，但飞翔起来并不沉重，可以迅速振翅，飞行路线呈波浪形，但幅度比不上擅长此动作的锡嘴雀那么大；从下方看，飞行的红腹灰雀尾部末端呈方形，长度适中。

因为是冬候鸟，松雀就像冬天里的一把火，雄鸟主体是玫瑰红羽色，再由一条黑色贯眼纹和背、肩的暗灰褐色，翅羽和尾羽的褐黑色裹挟，由飞羽的白色羽缘点缀，非常漂亮。松雀是一种体形较大而尾长的雀。成年雌鸟似雄鸟，用橄榄绿色取代玫瑰红色。于是，在冰天雪地里，两只鸟栖息于树枝上，红绿相映，十分有趣。松雀与白翅交嘴雀雄雌两性的图纹相似，但嘴厚成钩状而非交叉，翼斑不如其显著，尾开叉较浅且色彩不显浓重。

锡嘴雀有着优雅的棕色系羽色，虽不及其他几种燕雀明丽，但仍然鲜亮有光彩。它以棕黄色或淡皮黄色为主色，在嘴基、眼先、颏和喉中部以及额部克制地点缀着黑色、棕白色，后颈的灰色形成一条宽带，向两侧延伸至喉侧。锡嘴雀的外形轮廓很独特，圆胖而尾部短，乍一看有点像燕雀和鹦鹉的结合。它的喙异常宽大，还有同样粗壮的脖颈，看起来加重了身体的前部，只有快速地振翅才能保证身体不骤然坠落。

普通朱雀从头到尾披着喜气洋洋的红色"盔袍"，比松雀和红交嘴雀的体形小，并且不依赖针叶林、阔叶林和次生林，林缘、溪边和农田地边的小块树丛与灌丛中也较常见，有时也出现在村寨附近的果园、竹林和房前屋后的树上，是性格活泼的小鸟。普通朱雀与红交嘴雀相比，有更正常的燕雀科鸟类特征，尾部更长，喙短粗，并不交叉，总是飞来飞去，行踪诡秘。

北朱雀外表比普通朱雀看起来更规整、更斯文。北朱雀虽然也是粉红色小鸟，但羽色比普通朱雀要浅，额前头及喉部均为银白色，灰褐色背羽，羽缘粉红，且具有较宽的黑色羽干纹，腰和尾上覆羽为粉红色，尾羽为黑褐色，外羽片具粉红色边缘。北朱雀栖于针叶林，但越冬是在雪松林及有灌丛覆盖的山坡，以家族群迁徙。平时北朱雀比较安静，有时候会发出短促且低的哨音，鸣叫声洪亮婉转，听起来有抑扬顿挫的感觉。

红交嘴雀雄鸟通体砖红色，上体较暗，腰为鲜红色，翼和尾近黑色，头侧为暗褐色；雌鸟为暗橄榄绿或染灰色，腰为较淡或鲜绿色，头侧为灰色。两性均具粗大而尖端相交叉的嘴。红交嘴雀身形矮胖，尾部较短，头部看起来沉重，尤其是它们满载而归的时候。它们常常在超过树顶的高处飞行，集合时从5只左右的小群，到20只以上的大群一起活动。

白翅交嘴雀通体朱红色，翼和尾近黑色，翼上有一道白斑，下腹为白色，脸为暗褐色。雌鸟是暗绿色，脸为灰色。白翅交嘴雀的身形和羽色与苍头燕雀相似，但头部更宽，尾部更短。

**喜欢的食物**

红腹灰雀在乔木、灌木上觅食，不经常到地面觅食。偏爱吃树芽，有时会危害果树，花椒籽、荨麻、落叶种子、长白松子和苔藓都出现在它们的食谱上。

松雀主要在树上觅食，很少见于草本植物；当喜爱的种子脱落到地上时，也会到地面取食。松雀主要以松子、橡子等树木种子、果实和叶芽为食，也吃灌木果实、种子和草籽；繁殖期间也吃部分昆虫。

锡嘴雀会在树顶或地面觅食，不在草本植物上觅食，主要以植物果实、种子为食，也吃昆虫。所吃昆虫主要有象鼻虫、梨虎、金花虫、步行虫、叶蜂、山楂粉蝶和其他鳞翅目、鞘翅目、膜翅目、双翅目等昆虫和昆虫幼虫。植物性食物主要是草籽、葵花子、角瓜子、橡子、元胡种子、红松子、忍冬果、山丁子等种子和果实，偶尔也吃玉米、高粱、谷子、小豆等农作物种子。

普通朱雀在地面的灌丛中或草本植物中觅食。看起来没有特别的取食偏好，几乎什么都吃。菜谱十分宽泛：果实、种子、花序、芽苞、嫩叶等植物性食物，繁殖期间也吃部分昆虫。春季为白桦嫩叶、杨树叶芽、榆树花序，夏季以鞘翅目昆虫为主，秋季则以浆果和各种种子及昆虫为食。

北朱雀生性机警，善藏匿，平时多站在高大树木顶枝上或灌木上，只有觅食时才下到草丛或灌丛中；主要以草籽和灌木种子，如刺玫、山荆子、五味子、山里红等为食，也吃松子、稻米等树木种子和农作物种子。

红交嘴雀只在树上觅食，不在草本植物或者地面上觅食，但会到地面上喝水。红交嘴雀很擅长取食不同针叶林的球果。尤其喜欢吃落叶松子，也吃红松子、榛子、树叶、花序、浆果等其他乔木种子和灌木种子与果实及草籽、昆虫。

白翅交嘴雀栖于针叶林带和混交林带的针叶林中，冬季多结群活动；食物为松树和杉树的种子。白翅交嘴雀能够倒悬进食，用交嘴嗑开松子。

**飞行特征**

红腹灰雀飞行时振翅迅速，飞行路线呈波浪状，不会集合成关系紧密的群体，更倾向于一只跟着另一只，独立飞行。

松雀飞行时，身形介于大型燕雀类和小型鸫类之间，长长的尾部很明显，而且会有强有力的跳上、跳下动作。

锡嘴雀振翅速度相当快，路线呈很深的波浪形，常飞得超过树顶的高度，独来独往。

普通朱雀喜欢在栖息地频繁地飞来飞去，在乔木或灌丛间飞上、飞下；飞行时迅速扇动两翅，多呈波浪式前进，有时亦见停息在树梢或灌木枝头。

红交嘴雀有较明显的波浪状飞行，幅度处于燕雀类的平均水平。有些燕雀会一边飞行一边鸣唱，颇有表演性，它们飞着圆圈状或者"8"字形，并保持同一高度；振翅也会变得缓慢，有的还会做出翻滚动作。而红交嘴雀只有普通的飞行鸣唱。

白翅交嘴雀飞行迅速而带起伏；叫声轻柔，不像红交嘴雀生硬，从树顶或做悬空炫耀飞行时发出。

## 松雀
### sōng què

*Pinicola enucleator*
Pine Grosbeak

国家"三有"保护动物
燕雀科
雀形目

张湘坤 绘

## 普通朱雀
### pǔ tōng zhū què

*Carpodacus erythrinus*
Common Rosefinch

国家"三有"保护动物
燕雀科
雀形目

丁传江 摄

## 北朱雀
### *Carpodacus roseus*
### Pallas's Rosefinch

国家二级重点保护野生动物
燕雀科
雀形目

## 红交嘴雀
### *Loxia curvirostra*
### Red Crossbill

国家二级重点保护野生动物
燕雀科
雀形目

## 红腹灰雀
### *Pyrrhula pyrrhula*
### Eurasian Bullfinch

国家"三有"保护动物
燕雀科
雀形目

赵俊 摄

## 锡嘴雀
### *Coccothraustes coccothraustes*
### Hawfinch

国家"三有"保护动物
燕雀科
雀形目

刘兆瑞 摄

## 白腰朱顶雀
### *Acanthis flammea*
### Common Redpoll

国家"三有"保护动物
燕雀科
雀形目

## 极北朱顶雀
### *Acanthis hornemanni*
### Arctic Redpoll

国家"三有"保护动物
燕雀科
雀形目

## 两种朱顶雀也是一点红

白腰朱顶雀和极北朱顶雀头顶都有一抹红，极为醒目，因此名为"朱顶雀"。它们看起来像麻雀，体长13厘米左右，极北朱顶雀略小些。白腰朱顶雀上体多是黑色羽干纹，翼上有两条白色横带；极北朱顶雀偏白羽色，且纵纹较少。

白腰朱顶雀和极北朱顶雀主要栖息在北极地带，在中国是冬候鸟，只是极北朱顶雀比较少见。

在北极冻土地带，极北朱顶雀多生活于平原上的草地和灌丛、丘陵与山谷多草的柳丛、白桦林、幼矮针叶树丛及一些杂木林缘等。白腰朱顶雀繁殖期间栖息于环北极开阔的森林和苔原森林灌丛地带，特别是在桦树林、赤杨林、矮树丛和生长稀疏柳树、赤杨的开阔沼泽、河

赵俊 摄

流和湖泊沿岸较常见。白腰朱顶雀也出入于多岩石的开阔苔原杨桦灌丛和柳灌丛，偶尔也到苔原岩石草地活动与觅食。两者活动的环境还是有区别的。

极北朱顶雀除繁殖期多成对活动外，常成小群活动，在草本植物、谷穗、灌木和树枝上活动与觅食。极北朱顶雀以植物性食物为主，从春天的嫩芽，到秋天的谷物或者种子，如高粱、小米和荞麦等谷物；过冬时，鞘翅目等小型昆虫、蜘蛛也是主菜。大雪封山时，极北朱顶雀能飞落在草尖处，还可以倒攀姿势啄食果实。鸣声似白腰朱顶雀，但音调略高。

白腰朱顶雀每年9月末或10月初迁到中国东北，有正值壮年的会在长白山越冬，虽在零下30多摄氏度，仍很活跃，至翌年3月末或4月初离去；其余大部分鸟经东北南下，秋季从河北省等沿海地区见到它们大批地迁徙。迁徙期间和冬季，白腰朱顶雀栖息于低山丘陵和山脚平原地带的针阔叶混交林、阔叶林和次生林中，尤以林缘、疏林、草坡、灌丛以及生长有幼树和灌木的沼泽、河谷及农田草地较常见。白腰朱顶雀喜好的食物和极北朱顶雀差不多。白腰朱顶雀通常飞得很高，与其他朱顶雀相比较，飞行动作更有活力，但尾部更短；叫声有金属声的质感。

赵俊 摄

## huáng què
## 黄 雀

*Spinus spinus*
Eurasian Siskin

国家"三有"保护动物
燕雀科
雀形目

赵俊 摄

## 给黄雀正名

最早的"螳螂捕蝉，黄雀在后"的故事衍生自庄子的《山木》一篇，经后人提炼成这一俗语，寓意为"欲得其前利，而不顾其后之患也"。此后，这一俗语被老百姓当成口头禅挂在嘴边，就是频繁出现在武侠小说惯用的场景里。

而科学家今天可以轻易地为黄雀捕螳螂—这流传千百年的习性被正名，彼黄雀非此黄雀。当然，这也不能怪古人，那时候鸟类还没有科学的命名法，有着黄色羽毛的鸟都可成为黄鸟，不足为怪。而名正言顺叫作"黄雀"的鸟，是燕雀科金翅雀属的小型鸣禽，体长不过10-12厘米，与庄子所言"翼广七尺，目大运寸"的来自南方的异鹊差之甚远。

最为重要的是黄雀其实很少吃螳螂，不只是很少吃螳螂，甚至昆虫都很少吃。黄雀的食物依随季节和地区有所不同，春季在中国东北吃嫩芽、野生植物种子、裸子植物种子和鞘翅目小昆虫；夏季以多种昆虫喂雏，尤以蚜虫为主；而秋季则食浆果、草籽、稗、粟等素食。有些黄雀可以打包票地说，它们一生都没吃过螳螂，更没有打过螳螂的主意。

事实上，观鸟时能从鸟喙上看出鸟的食物是什么。比如，鸭子用它宽大的喙狼吞虎咽，猛禽能够用钩子般的喙把猎物啄碎，吃昆虫的鸟长有尖利的小喙，可以叼住小甲壳虫。鸟喙也多种多样，有长的、短的、钝的、扁的、锋利的、有的喙是交叉的，有的喙像剪刀，有的喙向上或者向下弯曲，看起来任何形状和尺寸的喙都有。甚至同一科的鸟喙之间都有差异，黄雀是苍头燕雀的亲戚。苍头燕雀跟黄雀一样，都是吃种子的鸟，它们都有坚固的三角形的喙，黄雀的喙更尖一些，因为它们吃的种子和昆虫更小。

黄雀尽管只是一种貌不惊人的小型鸣禽，但是在我国鸟类的地位比较高。因为黄雀的叫声非常优美，历史上颇受文人墨客的青睐。才高八斗的曹植就曾作过一首歌颂黄雀的诗："拔剑捎罗网，黄雀得飞飞。飞飞摩苍天，来下谢少年。"曹植赋予了黄雀和自己一样的灵性。诗圣杜甫也写过一首关于黄雀的五言诗："啾啾黄雀啅，侧见寒蓬走。念尔形影干，摧残没藜莠。"这四句诗的字面意思是，见到黄雀不断地啄着棕榈，棕毛如同飞蓬一样乱飘。不禁想到如此高大的乔木也就被摧残得形影枯干，埋没在杂草中了。悲天悯人的杜甫表面上是写黄雀啄棕榈，实则是写百姓受剥削、国家处于危亡之中的情感。

## 金翅雀

*Chloris sinica*
Grey-capped Greenfinch

国家"三有"保护动物
燕雀科
雀形目

刘兆瑞 摄

### 有着金色"徽章"的鸟

金翅雀是体色主要为黄绿色的燕雀，头顶为灰褐色有绿斑，背肩偏栗色；腰为金黄色，尾下覆羽和尾基也是金黄色，并且翅上、翅下都有一块大的金黄色翼斑，这个耀眼的翼斑就像它们翅膀上的徽章一样，无论站立还是飞翔都非常醒目，也因此它们拥有"金翅雀"的头衔。

金翅雀的体形壮实，头宽、尾短、喙大，并且有着苍白的肉色，加上平直的额头，看起来有一种严肃而略微凶狠的模样。停栖时，金翅雀身体十分挺直，和少数燕雀诸如赤胸朱顶雀一样，有长时间停落在电线杆上的行为。很多时候金翅雀在树冠层枝叶间跳跃或飞来飞去，在草本植物上部或者低矮的灌丛和地面活动与觅食，所吃食物全是草籽、豆科植物幼芽、稗子、糜子、谷子、麻子等植物和农作物种子。金翅雀飞翔迅速，两翅扇动甚快，常发出呼呼声响。鸣声单调、清晰而尖锐，并带有颤音。

据说，金翅雀尚未人工繁育成功，却曾被广泛笼养。达·芬奇有一则寓言故事，似乎可以佐证这一点。故事讲到一只金翅雀去觅食时，自己的孩子被恶棍掏走了。一只苍头燕雀告诉它，曾在一个农舍里见过它的孩子。金翅雀喜出望外，奋力向村子飞去。它找到了被关在鸟笼里的自己的孩子，它的孩子也认出了爸爸。金翅雀试着把笼子的铁丝扯烂，让孩子出来，可无论如何也办不到。最后，它把一种毒草送进孩子嘴里，笼里的孩子死去了。"不自由，宁愿死"是作者通过高傲的金翅雀要表达的主旨。

17世纪，荷兰的画家卡尔·法布里蒂乌斯曾创作了一幅名为《金翅雀》的画作。这幅珍品是荷兰海牙毛里泰斯美术馆的藏品之一。遗憾的是，这幅画的作者在一次火药弹爆炸中去世。2013年，这幅画在纽约展出，吸引了众多参观者。美国作家唐娜·塔特以此为契机，创作了小说《金翅雀》，讲述了主人公西奥和母亲正在观看展览中的名画《金翅雀》，却遭遇大爆炸，母亲不幸遇难，西奥在爆炸中幸存，然而没有人知道的是，西奥悄悄收藏了一件那次爆炸事件的纪念物，那是他回忆母亲的唯一慰藉——一幅绘有小鸟被链条锁住的画——那正是所有人都以为早已在大爆炸中化为乌有的世界名作《金翅雀》，而这也改变了西奥的命运。唐娜·塔特凭借小说《金翅雀》获得了2014年的普利策奖；2019年，以小说改编的同名电影《金翅雀》问世，唐娜·塔特也在其中扮演了重要角色。故事虽然充满各种意外和反转，但传递了一个坚定的信念：不管发生什么事情，艺术都能让我们通过超越自我而拯救自我。

# 两种蜡嘴雀

## 黑头蜡嘴雀
*Eophona personata*
Japanese Grosbeak

国家"三有"保护动物
燕雀科
雀形目

刘兆瑞 摄

　　黑尾蜡嘴雀和黑头蜡嘴雀是亲兄弟。要想区分它们，一是看头部黑色块的分布，黑头蜡嘴雀的黑色块正好到眼睛，而黑尾蜡嘴雀的头部黑色块超过眼睛好多。二是看嘴巴，黑头蜡嘴雀和黑尾蜡嘴雀的嘴虽然都是橘黄色，但是黑尾蜡嘴雀的嘴先是黑色，黑头蜡嘴雀的嘴为纯黄；黑尾蜡嘴雀的嘴稍窄弧度大，黑头蜡嘴雀的嘴钝圆而弧度小。还有一点区别是，黑头蜡嘴雀羽色发白雌雄同色，而黑尾蜡嘴雀羽色发灰雌雄异型异色。黑头蜡嘴雀体形也比黑尾蜡嘴雀稍大一点。它们之所以被称为"蜡嘴"，是因为其嘴蜡黄。

　　"蜡嘴儿开声，气死百灵"，民间一直有这样的说法，说的就是蜡嘴雀要么不叫，一旦鸣叫能把百灵鸟给气个半死，因为它的叫声比百灵鸟还要悦耳、动听。不过想要听到它们悦耳的叫声还要看你的运气，蜡嘴雀只有在求偶繁殖期才频繁地鸣叫，平常很少能听到它们的鸣叫。它们的鸣声高亢，音节不长却悠扬、婉转，颇有穿透力。仔细倾听，黑头蜡嘴雀叫声委婉如箫，而黑尾蜡嘴雀叫声颇似唢呐。它们生性活泼、好动，大胆又警觉，不断地从一枝到另一枝，从一树到另一树的飞翔，见到远处有人便即刻飞走或藏匿。它们飞行迅速、两翅鼓动有力，在林内常一闪即逝。

　　蜡嘴雀栖息于山地及平原各种林中，以各种植物种子、浆果、树芽为食，也兼食少量昆虫。在果农眼里，它们是最"坏"的一种鸟，因为只要是快要熟的水果，没有一种它不"毁"的。

# 黑尾蜡嘴雀

hēi wěi là zuǐ què

*Eophona migratoria*
Chinese Grosbeak

国家"三有"保护动物
燕雀科
雀形目

## 蒙古沙雀
### *Bucanetes mongolicus*
### Mongolian Finch

国家"三有"保护动物
燕雀科
雀形目

刘兆瑞 摄

### 一种褐色的燕雀

蒙古沙雀是一种中等体形的沙褐色燕雀，但是因为是燕雀属，似乎一定要沾些红色，于是蒙古沙雀在进化中，选择了在自己的羽翼上缀有粉红色羽缘，尤其是在繁殖季，雄鸟粉红色较深，大覆羽多绯红色，腰、胸及眼周也沾粉红色。蒙古沙雀嘴厚重而呈暗角质色，与其他沙雀的区别在于羽色单一且嘴色较浅。虹膜为深褐色，脚为粉褐色。

蒙古沙雀喜爱栖息于荒漠和半荒漠等开阔地区及裸露的岩石山坡、悬崖、有零星草丛和灌木生长的岩石平原上，所以在山边悬崖和岩石坡以及铺满砾石的宽阔沟谷和洼地较常见，偶尔也进入零星的农田地区。像所有生活在沙地上的鸟类一样，沙雀在地面上筑巢，依靠的就是石头和岩壁缝隙的石洞，也有些在土崖与灌木旁地上用自己敦实、厚重的喙掘洞做巢。巢用细枝、草叶、草茎等材料，内垫有羊毛、马毛或鸟类羽毛。蒙古沙雀身体颜色接近沙土的颜色，具有隐蔽作用。它们善于跑动，轻易不起飞，在地上也常常是蹲起的状态，以牢牢抓住大地抵御风沙；同时看起来更像石头，规避天敌。它们甚至不爱鸣叫，尤其是在冬天，很少发出声音。蒙古沙雀也非常耐旱，善于从食物中获取水分；主要以各种野生植物的种子为食，也吃嫩叶、芽苞、花蕾和果实，还吃麦粒等农作物。作为留鸟，它们是冬日荒地里游荡的生灵。

# 长尾雀
## cháng wěi què

*Carpodacus sibiricus*
Siberian Long-tailed Rosefinch

尹全红 摄

国家"三有"保护动物
燕雀科
雀形目

## 林花谢了春红

　　长尾雀又名"春红",在长白山地区是典型的留鸟,当万物凋零、天地一片萧瑟间,长尾雀犹如春花,披戴着一身玫红的羽色在低山和平原间游荡。当然,长尾雀不是纯红色,珠白、褐色和黑色,间或分布在喉部、羽翼和尾部,使它略带伪装。

　　长尾雀的分布仅限于亚洲,有五个亚种,中国有四个。长尾雀是湿地灌丛和林缘鸟类,在河溪沿岸、林间空地等潮湿、浓密的灌木丛以及公园、果园等地栖息,基本上是素食鸟类。

　　长尾雀由雌鸟筑巢,雄鸟不筑巢,但会随雌鸟活动。雌鸟有自己固定的选择巢材的地点,每次都低飞来回,谨慎小心地回巢,不易被发现。巢型上大、下小为杯状,很精致,巢主要用杨柳絮垫底,加上细草叶和兽毛,四周用杨柳絮和细枝条以及细长草编织。筑巢地点以潮湿、低矮、稠密的灌丛为首选,当然好的地盘也属于强者,弱的鸟没办法,只好选择在湿草甸旁的白桦树上。因为雏鸟离巢时如果在低矮的灌木丛中,很容易就到达地面,而在高树上的雏鸟既没有攀抓能力,又不能飞翔,跳出巢落地很容易摔死,只好比在灌丛中的雏鸟晚一周左右离巢。

刘兆瑞 摄

鹀科

### huī tóu wú
### 灰头鹀
*Emberiza spodocephala*
Black-faced Bunting

国家"三有"保护动物
鹀科
雀形目

## 从灰头到白发

旧大陆的鹀属是三十多种以种子为食的鸟以及其他几种外形相似的鸟的统称。它们的原种可能和古人类一样，是从新大陆穿过白令海峡进入亚洲的。之前曾被划分进雀科，后来是因为和雀科鸟类相比较还有很多不同才分开。比如，鹀科鸟类的喙大多为圆锥形，比雀科鸟类的喙细弱，为了方便固定种子，下嘴的底缘略微向上弯曲，这样上下喙边缘的咬合不是很紧密，留有一道缝隙；但这种锥形喙很结实，还有斜向咬合的能力。各种鹀的体羽和鸣声具有多样性，尤其是羽色，有暗淡的，有鲜艳的，也有带条纹的，还有在头部羽色醒目的。

灰头鹀的小朋克头上，有灰黑色斑羽，基本羽色为灰褐色、黄绿色；白头鹀具有独特的头部标识羽纹，正面观看，白色的顶冠纹像毛笔刷上去的，笔触都清晰可见，与嘴基经眼下的白色耳覆羽和白色胸带相呼应，就好像一个白头发老头儿，有着两撇白胡子，戴着白围嘴，整体羽色偏栗色。

小鹀几乎是吃蝗虫、蜈蚣等节肢动物长大的，而它们的父母除了吃害虫，更多时候吃植物的种子、树芽和果实。为了占有和保护自己的领地，雄性鹀会比雌性鹀早早赶到，用响亮的鸣叫清扫地盘；如果雌性鹀迟迟不来，雄性鹀也会焦虑，用"腹语"表达自己的思念。

白头鹀在中国的平原地带十分常见，在人类居住的村旁、公园、河边附近的乔木与灌木丛中，都可以见到它们的身影。

灰头鹀选择在海拔3000米以下的平原和中高山区，以及山区的河谷溪流、平原的灌丛和较稀疏的林地栖息。

## bái tóu wú
# 白头鹀
*Emberiza leucocephalos*
Pine Bunting

国家"三有"保护动物
鹀科
雀形目

张湘坤 绘

# 大白眉和小白眉

bái méi wú
## 白眉䳭
*Emberiza tristrami*
Tristram's Bunting

国家"三有"保护动物
䳭科
雀形目

刘兆瑞 摄

**大白眉是三道眉草䳭，小白眉是白眉䳭。**

三道眉草䳭不仅拥有一条大白眉，脸上还有别致的褐色及黑色条纹，看起来像三道眉毛，因此得名"三道眉草䳭"。这三道黑白相间的眉毛由上向下横斜着，侧面看起来尤为清秀；正面看平添喜感，像极了"囧"字。小白眉的眉纹其实又宽、又长，之所以屈尊为小，是因为体形比三道眉草䳭小两三厘米。白眉䳭头部羽色为黑色，而大白眉的头羽是栗红色。因此，大白眉的眼下黑纹很突出，而小白眉眼下的黑纹就被淡化了，但是更突出的是头顶中央的白色冠纹和从嘴基直到颈侧的白色颚纹，长且宽阔并弯曲着延伸至颈侧。

三道眉草䳭在东北是留鸟，而白眉䳭则是夏候鸟。有人还管三道眉草䳭叫作"山麻雀"，不仅是因为它们叫声很相似，还因为它们都能跳着走路，就像放学后的小学生；既能保持稳定性，又能提高警惕性；更说明它们在地上觅食的时间很长。三道眉草䳭的羽色很像麻雀，是一种棕色䳭，上身为栗红色，越向后羽毛颜色越淡，羽毛边缘是土黄色且点缀着黑色条纹。

和三道眉草䳭喜欢集群的性情不同，白眉䳭总是单个或成对活动，仅在迁徙时集结成小群而从不集成大群；家族群时期也很短。作为旅居的夏候鸟，它们生性寂静而怯疑，一见有人走过，便立刻起飞隐藏于较远的树间或草下。飞翔颇快而呈直线型。

和三道眉草䳭动不动在阳光下大合唱不同，白眉䳭很少鸣叫，一切声音都积攒在繁殖期间爆发。东北丰富的林下植物，也是昆虫的乐园，所以白眉䳭的夏季，也是开荤季，吃的全是昆虫和昆虫幼虫，有的还吃少数蠕虫和蜘蛛，但喂雏的食物绝大多数是鳞翅目幼虫，偶尔有螨类和浆果。而作为留鸟的三道眉草䳭，不仅在夏季吃高蛋白食物，全年都可以轻松找到野生草籽和一些植物的种子、各种谷粒以及冬菜。

sān dào méi cǎo wú
# 三道眉草鹀
*Emberiza cioides*
Meadow Bunting

国家"三有"保护动物
鹀科
雀形目

刘兆瑞 摄

## 有栗色羽纹的鹀

### 栗鹀 lì wú

*Emberiza rutila*
Chestnut Bunting

国家"三有"保护动物
鹀科
雀形目

刘兆瑞 摄

虽然名称中都带有栗字，但栗斑腹鹀、栗耳鹀和栗鹀还是有羽色层级上的区分的。栗斑腹鹀体形和羽色更像三道眉草鹀，只是体色为棕栗色；也有白色的眉纹，眼先和颧纹为黑褐色，黑色颧纹上还有一道白纹。栗斑腹鹀最大的特点是在污白色的腹中央有一明显的心脏形栗色大斑。

而栗耳鹀的栗色大斑在耳羽上，它还有独特的颈部图纹，在颔下、喉胸部是淡皮黄白色，围绕此处有一条由黑色点斑组成的横带，两端与黑色颚纹相连，形成一黑色"U"形斑环绕在喉部。比起栗斑腹鹀，栗耳鹀的整体羽色偏重，在颈部黑色横带下还有一条栗红色横带横跨胸部，两胁缀皮黄色或砖红色带黑褐色羽干纹，分布在污白色的下体上。

栗鹀又叫"大红袍"，可见羽色鲜亮，是栗色和黄色的羽色组合。它的上半部分是栗红色，包括头部、喉、颈、翼覆羽及内侧飞羽的外翈；而胸、腹则是灰黄色，翼、尾是黑褐色。

三者中栗鹀偏小些，其次是栗斑腹鹀，栗耳鹀体形稍大。栗斑腹鹀多栖息于有矮树的山坡草地、河岸、丘陵草地的灌丛间、山麓台地的干草原、沙丘灌丛和杂草草原中。栗耳鹀喜栖于低山区或半山区的河谷沿岸草甸，森林湿地形成的湿草甸或草甸夹杂稀疏的灌丛。栗鹀则喜欢生活在田间树上或者沼泽地的柳林、灌木丛等地方。

栗斑腹鹀性稳、胆大、不怯疑，常常单个或成对生活，很少集结成大群；巢筑在草丛中，或者小灌木和乔木上，十分隐蔽。雌鸟孵卵时，即使有人接近巢穴，哪怕只有一米远，也稳稳不动。栗耳鹀筑巢在沼泽草甸中的塔头苔草中，在非繁殖期常成3-5只的小群或家族群活动在草丛中，会贴地面飞行，与人保持距离。栗鹀会在落叶松树林下面的灌木丛和草丛地面筑巢，一些干草、枯枝树叶、羽毛和细根是它们筑巢的主要材料。栗鹀一般会集成小群活动，一个群体内的成员有10-30只。它们也是鹀科中迁徙最晚的鸟，胆子也不小，只有危险临近的时候才会逃走。

## 栗斑腹鹀
### lì bān fù wú

*Emberiza jankowskii*
Jankowski's Bunting

国家一级保护动物
鹀科
雀形目

张湘坤 绘

## 栗耳鹀
### lì ěr wú

*Emberiza fucata*
Chestnut-eared Bunting

国家"三有"保护动物
鹀科
雀形目

赵俊 摄

# 芦鹀
### *Emberiza schoeniclus*
### Reed Bunting

国家"三有"保护动物
鹀科
雀形目

赵俊 摄

## 三种栖息于芦苇地的鹀

苇鹀、红颈苇鹀、芦鹀主要的栖息地都是芦苇地区。芦鹀属于开阔地区鸟类，一般栖息于平原沼泽地和湖沼沿岸低地的草丛与灌丛，也见于丘陵和山区，但不出现在高山森林中。红颈苇鹀除了栖于芦苇地外，还栖于高地的湿润草甸。苇鹀春季一般生活在平原沼泽地和沿溪的柳丛及芦苇中，秋冬多在丘陵、低山区的散有密集灌丛的平坦台地和平原荒地的稀疏小树上。

所以要想记住苇鹀的模样，就要分别记住它的春羽和秋羽。雄性苇鹀春羽头为黑色，一条白色颈环分外醒目；秋羽头为沙褐色，白颈圈则被沙黄色取代，整体羽色要浅很多。

红颈苇鹀的羽色、体形和苇鹀非常相似，夏羽整个头部、颏和喉均为黑色，有不大明显的棕白色眉纹；后颈和上背为栗红色；没有白颈圈；冬羽头和上体的栗色羽缘格外突出，有些遮住了头和背，看起来整体偏栗色。总的看来，白色颈圈是区分它们的第一眼标识。

雄性芦鹀头部黑而无眉纹；颈圈和颧纹为白色；上体栗黄，有黑色纵纹；翅上小覆羽为栗色。雌性芦鹀头部为赤褐色，有眉纹；体羽似麻雀，外侧尾羽有较多的白色，有显著的白色下髭纹。繁殖期雄鸟似苇鹀，但上体多棕色。雌鸟及非繁殖期雄鸟头部的黑色多褪去，头顶及耳羽有杂斑，眉线为皮黄色。芦鹀与苇鹀的区别在于小覆羽为棕色而非灰色，且上嘴呈圆凸形。芦鹀和苇鹀辨别的金指标——小覆羽颜色。

如果芦鹀和苇鹀的小覆羽不容易看到，金指标也不能发挥作用了。还有一个就是可以用芦鹀和苇鹀嘴的不同颜色作为判断依据。芦鹀上下嘴颜色一样，都是灰黑色；苇鹀上嘴颜色深，是灰黑色，下嘴颜色浅，是角质色。繁殖期雄性苇鹀的嘴先都是黑色；繁殖期过后，上嘴颜色不变，还是灰黑色，下嘴颜色逐渐变浅，直到角质色。雌性苇鹀不论是繁殖期还是非繁殖期，嘴的颜色都不变，上嘴为灰黑色，下嘴为角质色。嘴形上一般认为芦鹀嘴形圆凸，苇鹀嘴形平直。

而和两者的特点比较起来，红颈苇鹀上体多棕色，这是芦鹀的特点，小覆羽为灰色，嘴形平直，上嘴颜色深，下嘴颜色浅，又和苇鹀一样。只是没有白髭纹，下体少纵纹，颈背和腰呈棕色是红颈苇鹀的特点。

## wěi wú
# 苇鹀
*Emberiza pallasi*
Pallas's Bunting

国家"三有"保护动物
鹀科
雀形目

刘兆瑞 摄

## hóng jǐng wěi wú
# 红颈苇鹀
*Emberiza yessoensis*
Ochre-rumped Bunting

国家"三有"保护动物
鹀科
雀形目

赵俊 摄

# 两种叫花椒的鹀

  鹀科的鸟很难辨认，彼此难认不说，同一种雌雄也难认，就是雄性一只，夏羽和冬羽也难认。唯一好认的只有一种，那就是田鹀。雄性田鹀头羽为黑色，最醒目的是顶着一个"小背头"，就是头顶的羽毛可以竖起来，这个时髦的发型是辨认它们的好办法。田鹀也有宽大的白色眉纹，耳羽上有一白色小斑点，腰羽有鱼鳞斑。白头鹀腰部也有鱼鳞斑，但是它比田鹀体大，而且它的男士头戴一顶"白冠"，没有"背头"。

  东北人叫田鹀为"花椒嗉"，因为在它嗉子的位置，也就是胸部，有棕红色的条纹，像缀着花椒粒一样。另一种鹀类鸟——小鹀叫"花椒籽"，虽然它的胸部装饰有花椒粒一样的纹饰，但是花椒籽比花椒嗉身量小，而且小鹀的脸是化了妆的——涂了棕红色的"腮红"。所以黑头的田鹀与小鹀是很不容易混淆认错的。

  每年的春天，田鹀总是最早返回东北，是春天迁来最早的小鸟，也是春天的信使。迁来时一路高歌，似乎告诉人们春回大地了。田鹀喜欢在田边地头捡拾农作物种子、草籽。不甚畏人，因此很容易见到。当它们恢复了体能，就开始为今年的"婚事"做准备了，雄性田鹀换上了庄重的黑色系"新郎服"：头顶棕褐色"背头"换成油亮的黑羽，雪白的眉纹，白色的领结——喉和颊为白色，一身栗色黑条的西装——上体为栗色，胸部有栗色的纵纹，背部有黑色纵纹，下体中央为白色，腹部多纵纹。婚羽变换成功，它们就开始了天籁般的鸣唱。

  有消息说，春季四月在黑龙江曾回收到来自芬兰秋季环志的田鹀，吉林珲春初冬回收到瑞典秋季环志的田鹀，这说明北欧的田鹀秋季横跨欧亚大陆，迁徙 6000 千米来到我国的东北越冬了。

  小鹀和麻雀有点类似，常被误以为是树麻雀，实际上二者有不小差距。小鹀雌鸟、雄鸟同色，头部有黑色和栗色条纹，眼睛外围有一圈较浅的眼纹。它们上半身为褐色且有深色纵纹，下半身颜色偏白，胸部及两胁有黑色纵纹。从外表上看，小鹀区别于树麻雀的最大特点在于小型冠羽和腹部羽色，树麻雀的头顶没有小冠羽，腹部也没有条纹。小鹀的冬羽颜色较淡，没有黑色头侧线，耳羽和顶冠纹为暗栗色，颊纹及耳羽边缘为灰黑色，眉纹及第二道下颊纹为皮黄褐色。夏羽小鹀的小脑袋红红的，头顶和头侧均为赤栗色，眉纹为红褐色，耳羽也是暗栗色，头侧有一条带弧度的黑色线。

  小鹀和芦鹀相比体形小，身形更紧实。喙相对更长，尖端也更锐利。喙边缘直，看起来有种翘鼻子的感觉。田鹀的体形比芦鹀小，但比小鹀大，喙与小鹀类似，只是整体看起来比小鹀、芦鹀略厚重。停栖时，三种小鹀都有轻轻扇动尾部的习惯，小鹀的尾短，很少展开，但愿意轻轻扇动翅膀；田鹀的尾巴也比芦鹀短。飞翔时，小尾羽有规律地散开和收拢，频频露出外侧白色尾羽，姿态像燕雀类，动作轻盈，路线呈波浪状。田鹀的飞行更坚定，没有芦鹀的犹豫感。

  小鹀愿意生活在有地被植物的树林中和近水的开阔地里。田鹀和小鹀相比，需要更多的乔木、灌木生境，或者平原的杂木林、灌丛和沼泽草甸中，因为在哺育幼鸟时，田鹀会捕捉淡水中的无脊椎动物给自己的孩子吃。

tián wú
# 田鹀
*Emberiza rustica*
Rustic Bunting

国家"三有"保护动物
鹀科
雀形目

刘兆瑞 摄

## xiǎo wú
## 小鹀
*Emberiza pusilla*
Little Bunting

国家"三有"保护动物
鹀科
雀形目

刘兆瑞 摄

# 鲜黄羽饰的三种鹀

## 黄喉鹀
### huáng hóu wú
*Emberiza elegans*
Yellow-throated Bunting

国家"三有"保护动物
鹀科
雀形目

刘兆瑞 摄

　　黄胸鹀在东北有个响亮的名字叫"黄豆瓣"，在南方被称作"禾花雀"，在 20 世纪还是乡间常见的鸟。可是现在，在观鸟人的心中，它却成了鸟类的"大熊猫"。身为国家一级重点保护野生动物，不论是南方还是北方，它可都是"稀客"。黄胸鹀身体上半部分颜色为栗色，翅膀为黑褐色，上面还夹杂一些白色的横带及斑点，身体下半部分颜色为鲜艳的黄色，最重要的是鸟的脖颈下有一条深栗色横带，这就是黄胸鹀的标志性特征。

　　黄眉鹀的鲜黄色羽饰在眉毛上十分醒目。头顶和头侧为黑色，有条纹；头顶中央有一白色冠纹，前段较窄，到中央变宽；黑色下颊纹比白眉鹀明显，并和喉部黑褐色条纹一起融入胸部纵纹；背为棕褐色，有宽的黑色中央纹，腰和尾上覆为羽棕红色或栗色，两翅和尾为黑褐色；下体为白色多纵纹，胸和两胁有暗色条纹。黄眉鹀与冬季灰头鹀的区别在于腰为棕色，头部多条纹且反差明显。

　　黄喉鹀的鲜黄羽饰在上喉部，和鲜黄色的后半段眉纹一起，成为三点亮色装饰头部。黄喉鹀另一个醒目的特点是雄鸟有一短而竖直的黑色羽冠，堪比二郎神的第三只眼；眉纹自额至枕侧长而宽阔，前段为黄白色、后段为鲜黄色。黄喉鹀的背羽是栗红色或暗栗色，颏为黑色，上喉为黄色，下喉为白色，胸有一半月形黑斑，其余下体为白色或灰白色。雌鸟和雄鸟大致相似，但羽色较淡，头部黑色转为褐色，前胸半月形黑斑不明显或消失。

　　关于黄胸还有重要的一点需要提及，在 20 世纪，世上还有几亿只黄胸鹀，由于人类的捕杀，黄胸鹀的数量下降了 90%，目前已经濒临灭绝，堪称"旅鸽第二"。虽然在 1997 年我国就开始禁止捕猎黄胸鹀，但保护还应该从每个人做起，让生态文明带领人类，和那些我们有羽毛的朋友走得更加长远。

### 黄胸鹀
### huángxiōng wú
*Emberiza aureola*
Yellow-breasted Bunting

国家一级重点保护野生动物
鹀科
雀形目

张湘坤 绘

### 黄眉鹀
### huáng méi wú
*Emberiza chrysophrys*
Yellow-browed Bunting

国家"三有"保护动物
鹀科
雀形目

赵俊 摄

# 铁爪鹀科

## 铁爪鹀
*tiě zhǎo wú*

*Calcarius lapponicus*
Lapland Longspur

国家"三有"保护动物
铁爪鹀科
雀形目

## 铁爪子

铁爪鹀有一双黑色爪子，之所以叫铁爪鹀，是因为它们的跗跖，也就是腿以下到趾之间的部分，长于中趾和爪；后爪则是又长、又细，比它的后趾还长；其余的趾头又扁扁的，抓地的时候，就像园艺工具里的铁爪。

铁爪鹀算是比较大型的鹀类了。从侧面看，雄鸟沙黄色的眉纹，以括号形划过颈侧渐变成白色，然后又一个括号划过黑色前胸，成为一个醒目的数字"3"，嵌进颏部、喉部和前颈部的黑色羽色里。肩部、背部、腰部和尾巴上面的羽毛是栗色、黄色和黑色，胸部、腹部和尾巴下面的羽毛是黄白色。天冷的时候，为了保暖，铁爪鹀的毛发会蓬起，十分厚实，而且萌萌的。

铁爪鹀在北极的苔原冻土区域完成繁殖大计，尽管雄性铁爪鹀引吭高歌，用极大的魅力吸引雌鸟，但雌性铁爪鹀总是免不了出现滥交的行为。当然，这也是鸟类的普遍现象。科学家研究发现，与人类和其他哺乳动物不同，鸟类的睾丸在体内，而不是在体外。他们还观察出林岩鹨、家麻雀、公鸡等，体量大的睾丸的确与"纵欲好褒"有关。经过对比和研究，从昆虫、鱼类、蛙类到哺乳动物和鸟类而得出结论：睾丸相对于体形而言，体积越大，也就意味着此物种的雌性更倾向于滥交。这

刘兆瑞　摄

看起来是一个奇怪的逻辑，但的确有道理，在雌性倾向于滥交的物种中，雄性演化出了相对较大的睾丸，因为睾丸越大，产生的精子越多，而雄性个体向滥交的雌性个体输送的精子也越多，这样雌性卵子受精的可能性也越大，从而保持了与同一雌性交配竞争者的优势。且随着季节的差异，睾丸大小也有普遍的变化，那就是繁殖季节增大，非交配期睾丸常不可见。为了把更好的、更多的基因传递下去，也为了生存，它们不介意多养几个"备胎"，这对于它们来说，是最正常不过的事情了。

## 雪鹀

xuě wú

*Plectrophenax nivalis*
Snow Bunting

国家"三有"保护动物
铁爪鹀科
雀形目

张湘坤 绘

## 小雪球

看到雪鹀，难免会想到雪鸮。它们在同一个生境里繁衍子嗣，遗憾的是，当荒原上的旅鼠不多时，雪鸮还会捕食雪鹀作为食物。但雪鹀更值得钦佩，在雀形目的鸟类里，雪鹀的耐寒能力属于十级水平。

雪鹀常年生活在寒带的低山丘陵地区，但是它们并不喜欢在雪地中生活，这从羽色上可见，它们差不多属于矮圆形黑白色的鸟。因为基本上都是在路边的草丛或者灌木中活动，所以它们的背、肩为黑色，有窄的白色羽缘或栗黄色，而下体像雪鸮一样雪白。所以当一群雪鹀飞起来时，在下面仰望，就像一个个小雪球一样。

雪鹀平时的食物也非常多，其中包括种子、植物果实等，如谷粒、燕麦等，基本上都是草籽类的食物。雪鹀是冬候鸟，在东北的天寒地冻中，寻找食物也很不易，所以雪鹀常栖息在人类聚集区，因此胆子也大，常常人快到跟前时才飞走，飞不多远又落在地上，继续边走边觅食。不过雪鹀的胃口不大，不要吝啬你家的粮食，它还有国家"三有"保护动物的身份，可惹不起哟！

# 参考文献

[1] 赵正阶. 中国鸟类志[M]. 长春：吉林科学技术出版社，2001.
[2] 马敬能，菲利普斯，何芬奇. 中国鸟类野外手册[M]. 长沙：湖南教育出版社，2000.
[3] 莱德勒，伯尔. 常见鸟类的拉丁名[M]. 重庆：重庆大学出版社，2020.
[4] 伯克黑德. 鸟的智慧[M]. 北京：商务印书馆，2019.
[5] 贝克. 游隼[M]. 杭州：浙江教育出版社，2017.
[6] 伯克黑德. 剥开鸟蛋的秘密[M]. 北京：商务印书馆，2020.
[7] 卡曾斯. 鸟类行为图鉴[M]. 长沙：湖南科学技术出版社，2020.
[8] 伯克黑德. 鸟的感官[M]. 北京：商务印书馆，2017.
[9] 尼科尔森. 海鸟的哭泣[M]. 长沙：湖南文艺出版社，2020.

# 国家区块链+版权创新应用
·可信数字版权生态示范项目·

———— ·读者须知· ————

本书已接入可信版权链正版图书查证溯源交易平台,"一本一码、一码一证"。扫描上方二维码,您将可以:

1. 查验此书是否为正版图书,完成图书记名,领取正版图书证书。
2. 领取吉林人民出版社赠送的购书券,可用于在版权链书城购买吉林人民出版社其他书籍。
3. 领取数字会员卡,成为吉林人民出版社读者俱乐部会员。
4. 加入本书读者社群,有机会和本书作者、责任编辑进行交流。还有机会受邀参加本社举办的读书活动,以书会友。
5. 享受吉林人民出版社赠予的其他权益(通过读者俱乐部进行公示)。